高等院校"十三五"规划教材——机电专业系列

AutoCAD 2013
中文版实例教程

主　编　张　兰　杨　斌
副主编　张克义　黄伟莉
　　　　李卫平　范芳蕾

东南大学出版社
·南京·

内 容 简 介

本书是为满足机械制图类课程实践教学的需要而编写的，是对机械制图课程的延续和巩固。它以机械制图、计算机绘图、计算机三维实体造型为理论基础，以机械零部件实物、现代工程测绘工具、计算机及最常用的工程设计软件 AutoCAD 2013 为实践平台，指导学生进行工程制图的基础型、提高型、创新型多个层次和多种方式的全面工程素质实践。

本书的基本内容包括计算机绘图基本技能训练、绘制平面图训练、三视图训练、零件图训练、装配图训练、轴测图训练、立体图训练 7 个实践项目。

本书可作为高等工科院校的机械类、近机类机械制图、工程制图课程的实验教材或补充教材，也可作为工程设计人员的现代工程制图培训教材，还可供其他有关专业教师和工程技术人员参考。

图书在版编目(CIP)数据

AutoCAD 2013 中文版实例教程 / 张兰，杨斌主编.
— 南京：东南大学出版社，2016.8(2018.1 重印)
ISBN 978-7-5641-6633-5

Ⅰ.①A… Ⅱ.①张… ②杨… Ⅲ.①AutoCAD 软件—高等学校—教材 Ⅳ.①TP391.72

中国版本图书馆 CIP 数据核字(2016)第 161080 号

AutoCAD 2013 中文版实例教程

出版发行：东南大学出版社
社　　址：南京市四牌楼 2 号　邮编：210096
出 版 人：江建中
责任编辑：史建农　戴坚敏
网　　址：http://www.seupress.com
电子邮箱：press@seupress.com
经　　销：全国各地新华书店
印　　刷：大丰市科星印刷有限责任公司
开　　本：787mm×1092mm　1/16
印　　张：21.25
字　　数：544 千字
版　　次：2016 年 8 月第 1 版
印　　次：2018 年 1 月第 2 次印刷
书　　号：ISBN 978-7-5641-6633-5
印　　数：3 001—5 500 册
定　　价：58.00 元

本社图书若有印装质量问题，请直接与营销部联系。电话：025—83791830

前　言

“AutoCAD 2013 中文版实例教程”课程是“制图”课程的延续和提高。本课程改变了传统“AutoCAD 实例教程”课程以实体模型的测绘和手工制图为主的实践教学方式，要求学生既要掌握手工绘图的技能，也须掌握计算机绘图方法，同时将工程制图与实际应用工具、现代应用技术紧密联系起来，与生产实际紧密联系起来，课程的性质是实践。课程内容分为：

（1）基础型：包括计算机绘图基本技能训练、组合体的绘图和尺寸标注、机件的表达方法、机械零件的测绘方法和步骤等实验。

（2）提高型：包括组合体的读图训练、组合体的构型设计训练、零件测绘、部件测绘等实验。

（3）创新型：包括零部件的轴测图、轴测分解图和轴测剖视图的设计绘制和真实感图形及其动画制作等实验。

本书编者多年从事高等院校制图和计算机绘图的教学和专业培训工作，所以深知学生在学习中遇到的各种问题和困难。在编写时，编者将教学、培训工作中积累的一些行之有效的解决问题和克服困难的办法充实到本书中，力求能够满足广大读者轻松学习和运用 AutoCAD 2013 绘制工程图的迫切需要。为此，本书在编写中主要突出了以下几方面的特点：

（1）按照教学规律科学编排全书内容。本书的内容按照制图课程的顺序进行编排，既前后衔接紧密，又不重复，内容由浅入深、循序渐进，对命令执行过程中的注意事项、作图技巧及容易出现的操作错误等都及时给出了各种提示。命令的操作过程结合具体工程图实例进行详细讲解，使读者能够顺利地运用 AutoCAD 2013 绘制工程图的操作。

（2）突出本书行为导向模式的特点。在编写具体内容时，编者根据多年的教学经验，先将运用 AutoCAD 2013 绘制工程图过程中经常出现的问题向读者提出，让读者自己先考虑解决该问题的方法，从而达到带着问题去学习新知识的目的，这样就提高了读者学习的主动性。

（3）可以自我检验学习效果。在每章结尾，编者都精心编制和安排了全面涵盖本章内容且实用的练习题。读者通过完成这些实际练习，可达到巩固本章知识的目的，同时，读者也可以自我检验学习的效果。

(4) 突出本书的可读性。在编写具体内容时，编者在细致地讲述问题的基础上，力求做到叙述简练、语言亲切、贴近读者。同时，根据工程实际图样，精选各种绘图实例，增强了本书的可读性，提高了读者的学习兴趣，使读者能够轻松、全面地掌握、运用 AutoCAD 2013 绘制工程图的知识。

“AutoCAD 2013 中文版实例教程”课程是理论教学的深化和补充。实例教程的目的是经过多个层次、多种方式的全面工程素质训练，进一步培养学生投影制图能力、空间分析问题和解决问题的能力、形象思维能力和利用计算机绘制工程图的能力；使学生巩固和加深对“制图”基本知识的理解，熟练掌握投影制图的基本理论、基本技能和方法，正确使用计算机及先进的测绘工具快速进行工程图样的绘制；同时注意培养学生科学研究能力和严肃认真的科学作风，为后续的专业课学习、课程设计、毕业设计以及今后的工作打下良好的基础，以满足新世纪经济建设和社会发展对高素质人才培养的需求。

本书由南昌理工学院张兰、广东理工学院杨斌担任主编，东华理工大学张克义、黄伟莉、李卫平、范芳蕾担任副主编，最后由张兰负责全书的统稿工作。其中：第 1、2 章由张兰编写；第 3、4 章由张克义编写；第 5、6 章由杨斌编写；第 7、8 章由黄伟莉编写；第 9、10 章由李卫平编写；第 11 章由范芳蕾编写。

由于编者水平有限，时间仓促，书中难免有一些错误与不当之处，恳请广大读者批评指正。

编　者

2016 年 7 月

目　录

1 AutoCAD 制图概述

图样是工程技术部门中用来表达设计意图、指导生产的一项重要文件。AutoCAD 机械绘图实践的主要目的是培养学生综合运用机械图学的理论、结合实际绘制机械图样的能力，并使其所学知识得到进一步巩固和深化。通过实践，使学生将所学理论和生产实践结合起来，牢固地掌握工程制图知识，提高绘制机械图样的基本技能。CAD 实验与实践是学习计算机技术在机械绘图领域中的应用课程，其主要任务是结合机械制图教学，实施"甩图板工程"，培养学生计算机绘图能力，为后续专业课程的学习和课程设计、毕业设计以及今后的工作奠定一定的基础。

本章重点介绍 AutoCAD 2013 的一些基本知识，包括绘图环境的设置、坐标的输入、对图形文件操作的常识以及图形文件的管理。

本章学习目标

- 熟悉 AutoCAD 2013 的工作界面；
- 熟练掌握四大坐标的输入方法；
- 学会操作 AutoCAD 文件；
- 掌握控制文件显示的技巧。

1.1 AutoCAD 简介

1.1.1 AutoCAD 应用领域

AutoCAD 是美国 Autodesk 公司 1982 年在计算机上开发的绘图软件，AutoCAD 的版本不断更新，功能逐步增加，现已成为强有力的绘图工具，在国际上广为流传。AutoCAD 被广泛应用于建筑、机械、电子、艺术造型及工程管理等领域，是最为流行的计算机绘图软件之一。掌握好 AutoCAD的关键是实践，通过实践可以掌握各种命令的应用，学习绘图技巧可以提高绘图的速度。

1.1.2 AutoCAD 软件功能

1）绘图功能

AutoCAD 提供了丰富的基本绘图实体，具有完善的图形绘制功能，绘制的图形由预先定义好的图形元素即实体(Entity)所组成,实体通过命令调用和光标定位即可输入所需绘制的图形,如点、直线、多边形、圆弧、椭圆、文本、剖面线、尺寸等。

2)编辑功能

AutoCAD 提供了各种修改方法,具有强大的图形编辑功能,可以对图形进行擦除、修改、复制、移动、镜像、断开、修剪、旋转等多种编辑操作。

3)辅助功能

AutoCAD 为用户提供了大量的绘图工具,如捕捉、栅格、正交、动态坐标、目标捕捉、缩放、点过滤、用户坐标等辅助绘图工具。

4)三维功能

AutoCAD 可直接绘制三维图形,它提供了一个实体造型模块(AME),可以生成典型三维实心体、拉伸体、回转体,对这些实心体进行并、差、交等布尔运算可以构成组合体,进而可获得剖切轮廓图、渲染图等。

1.2 AutoCAD 工作界面详解

1.2.1 AutoCAD 2013 的启动

方法一:在 Windows 2000 或 Windows XP 的界面上,打开 Program 程序组,用鼠标点中 AutoCAD 2013 启动图标,双击后 AutoCAD 2013 开始启动。首先,显示 AutoCAD 2013 的界面,然后,自动切换到 AutoCAD 2013 中的应用程序窗口,如图 1-1 所示。

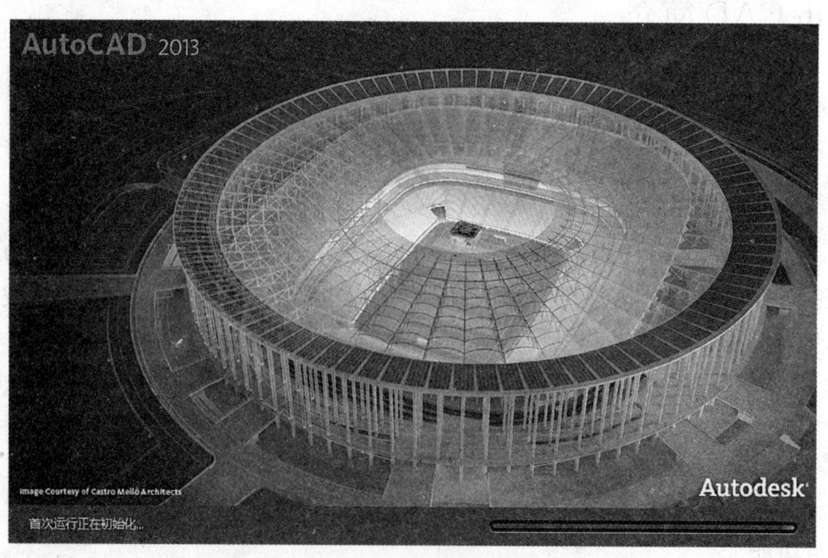

图 1-1 启动

方法二：用快捷方式。

直接用鼠标双击 Windows 2000 或 Windows XP 桌面下的 AutoCAD 2013 图标，从而启动 AutoCAD 2013。

1.2.2　AutoCAD 2013 的退出

(1) 工具按钮：单击操作界面右上角的"×"按钮。
(2) 菜单：单击下拉菜单【文件】|【退出】。
(3) 命令行：QUIT 或 EXIT。
(4) 控制按钮：双击标题栏左上角 AutoCAD 2013 注册商标按钮。

1.2.3　AutoCAD 2013 窗口界面

启动了 AutoCAD 2013 后，系统进入如图 1-2 所示的界面，这就是 AutoCAD 2013 的应用程序窗口，是显示、编辑图形的区域。一个完整的 AutoCAD 的显示界面包括标题栏、菜单栏、工具栏、绘图区、命令窗口、状态栏等。

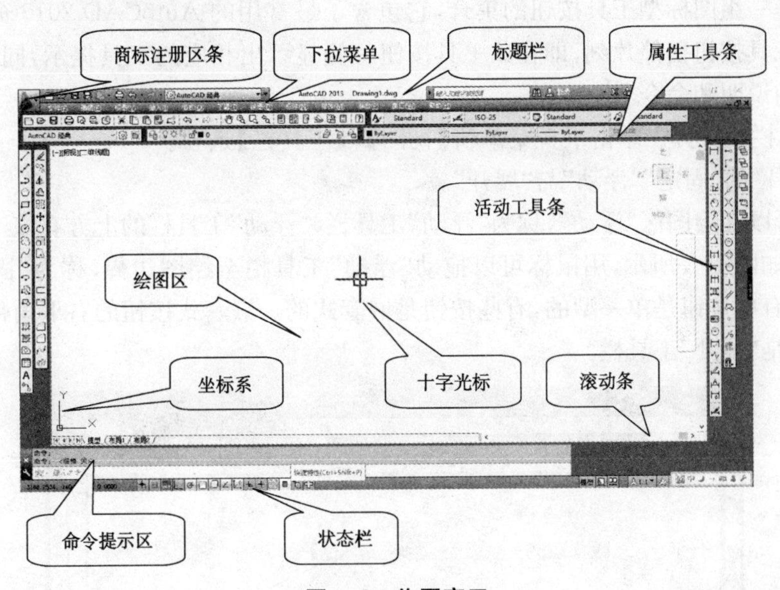

图 1-2　作图窗口

1）标题栏

AutoCAD 2013 中文版显示界面的最上端是标题栏。在标题栏中，显示了系统当前正在运行的应用程序和用户正在使用的图形文件。默认文件的显示名称为"Drawing1. dwg"。在标题栏的左侧，是标准 Windows 应用程序的控制按钮；在标题栏的右侧有三个按钮，分别是最小化窗口按钮、还原窗口按钮和关闭程序按钮。

2）绘图区

(1) 作图窗口。在 AutoCAD 2013 界面中间的一个大空白区域是绘图区，也叫视图窗口，相当于图板。它是工作区域的总称，也是十字光标的移动范围，也叫“画面”。

(2) 十字光标。在绘图区域中，将类似光标的十字线称为十字光标，其中，水平线平行于 X 轴，相当于丁字尺；垂直线平行于 Y 轴，相当于三角板；两线交点相当于绘图铅笔的笔尖，所有的绘图命令都要使用它来完成。

(3) 指针。鼠标移动时的箭头符号“↖”用来选择工具条。

(4) 滚动条。在水平、垂直两个方向移动。

方法：单击水平(垂直)滚动条上带箭头的按钮或拖动滑块左右(上下)移动。

(5) 坐标系图标。作图窗口内左下角处有一“L”形图标，可以看到分别代表 X 轴和 Y 轴方向的箭头。旧版本 AutoCAD Y 轴的下方还有一个 W 字母，叫做 WS 世界坐标系统。

3）下拉菜单

使用鼠标的左键可以选择所需要的命令，下拉菜单的表现方法有三种。

(1) 带有小三角的菜单项，表示它还有子菜单。

(2) 带有省略号的菜单项，表示它后面将显示一个对话框。

(3) 后面没有内容的菜单项，表示它直接执行相应的 AutoCAD 2013 命令。

4）工具栏

工具栏是一组图标型工具按钮的集合，它包含了最常用的 AutoCAD 2013 命令。把光标移动到某个工具按钮稍停片刻，即在该工具按钮一侧显示出相应的工具提示，同时，在状态栏中显示对应的说明和命令名。

(1) 工具栏的打开。单击下拉菜单项【视图】|【工具栏】选项。

(2) 工具栏的“固定”“浮动”与“展开”。

工具栏可以在绘图区“浮动”，称为“浮动”工具栏，“浮动”工具栏的上方有该工具栏的标题和关闭按钮，如图 1-3 所示，用鼠标可以拖动“浮动”工具栏至绘图边界，称为“固定”工具栏。在工具栏中，有些按钮是单一型的，有些按钮是嵌套式的。嵌套式按钮的右下角带有一个实心小三角，这就是“展开”工具栏。

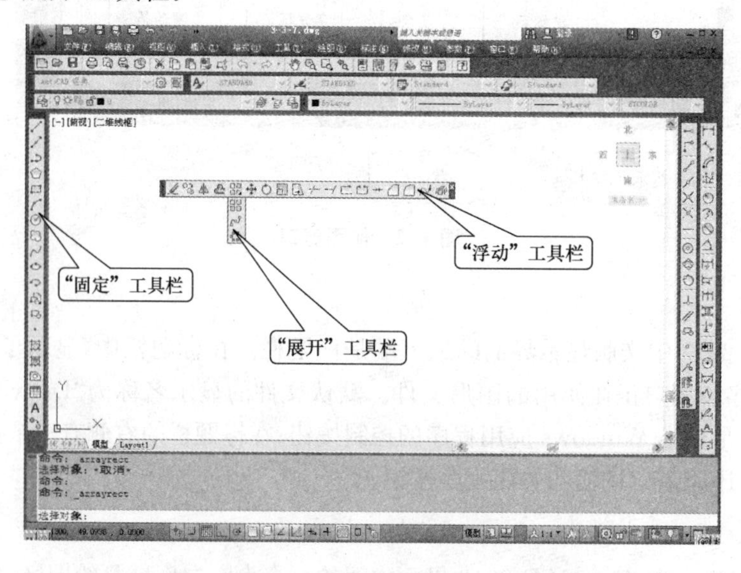

图 1-3 “固定”“浮动”与“展开”工具栏

5）状态栏

状态栏也称乒乓开关，用来反映当前的作图状况。

(1) 当前光标的坐标。

(2) 绘图时，是否打开了正交、栅格捕捉、栅格显示等。

(3) 当前的作图空间。

6）命令提示窗口

命令提示窗口也称信息栏，是输入命令和显示命令提示的区域，默认的命令窗口位于绘图区的下方。命令窗口由两部分组成，即命令行和命令历史窗口。该窗口一般保留最后三行所执行的命令或提示信息，大小可以改变。

最常看到的信息栏文字是“命令：”。

7）屏幕菜单

屏幕菜单位于作图窗口的右边。

(1) 每个子菜单的项都有一“AutoCAD”项，单击该项，AutoCAD 返回到屏幕菜单的根菜单。

(2) 每个子菜单的第二行为“* * *”项，单击该项，会显示出一个包括对象捕捉和其他常用命令的子菜单。

8）选择钮

在对话框中，它是用来选取执行动作的按钮，一般由“OK”“Cancel”“Help”组成。

1.3 设置绘图环境

在 AutoCAD 中，绘图环境主要是指绘图窗口的显示颜色、光标颜色和尺寸、默认保存文件的路径以及打开和保存图形文件的格式等。对其设置主要包括提前设置或选定一系列属性参数。

一个好的绘图环境能使用户有效地提高工作效率。

1.3.1 选择绘图单位

在 AutoCAD 中，可以指定单位的显示格式。对绘图单位最基本的设置一般包括长度单位和角度单位设置。

1）设置长度单位的格式

基于要绘制图形的大小来确定一个图形单位所代表的实际大小，然后据此创建图形。在 AutoCAD 中，可以用二维坐标的输入格式输入三维坐标，同样包括科学、小数、工程、建筑或分数标记法。

选择下拉菜单【格式】|【单位】命令，打开【图形单位】对话框，如图 1-4 所示。

在【长度】下拉列表中，选择单位类型，在【精度】下拉列表中，选择精度类型，此时，在【输出样例】区域显示了当前精度下的单位格式的样例。

2）设置角度单位的格式

在【角度】下拉列表中选择角度类型，在【精度】下拉列表中选择精度类型，此时，在【输出样例】区域显示了当前精度下的单位格式的样例。

AutoCAD 在默认情况下是按逆时针方向进行正确角度测量的，如果要调整为顺时针方向，只需勾选【顺时针】复选框即可。单击【方向】按钮，打开如图 1-5 所示的【方向控制】对话框来选择方向。

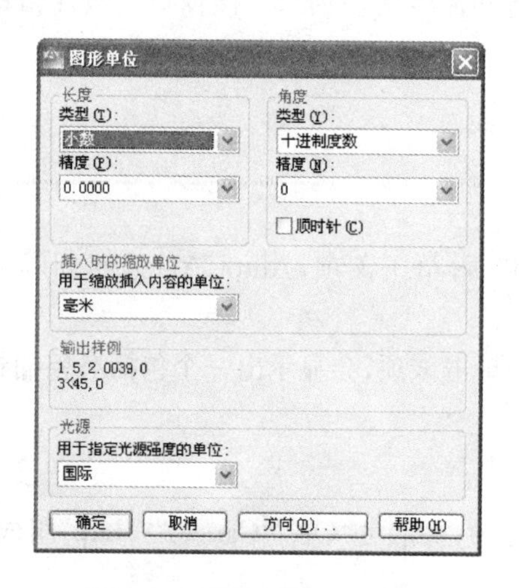

图 1-4 【图形单位】对话框

图 1-5 【方向控制】对话框

1.3.2 设置绘图范围

在绘图过程中，为了避免所绘制的图形超出用户工作区域或图纸的边界，必须用绘图边界线来标明边界。

设置图形界限的命令是：Limits。

启动该命令有以下两种方式。

- 直接执行 Limits 命令。
- 选择菜单栏中的【格式】|【图形界限】命令。

启动 Limits 命令后，AutoCAD 将给出如图 1-6 所示的提示信息，此时要求输入左下角的坐标，如果直接按下回车键，则默认左下角位置的坐标为(0,0)。

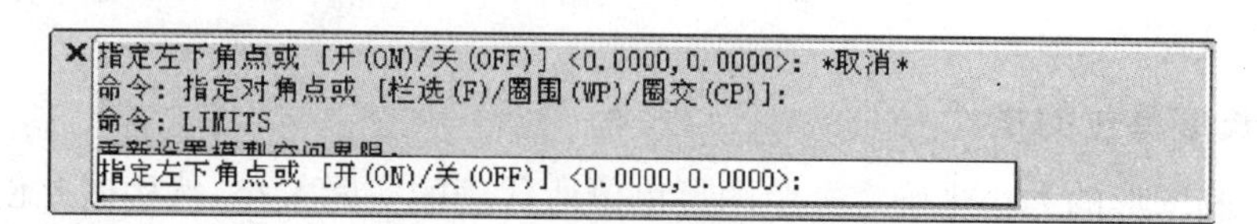

图 1-6 设置边界的命令提示

AutoCAD 继续提示输入右上角位置，例如输入(420,297)，即 A4 的纸张幅面，同样也可按回车键接受默认值。

1.3.3 设置绘图环境

对于大部分绘图环境的设置，最直接的方法是使用【选项】对话框。单击鼠标右键，在快捷菜单中选择【选项】命令，打开【选项】对话框。

1）设置命令行字体

选择【显示】选项卡，单击【字体】按钮，将打开【命令行窗口字体】对话框，如图 1-7 所示。在该对话框中，可以对命令行中的字体、字形、字号进行设置。

2）设置最近打开的文件数

选择【打开和保存】选项卡，如图 1-8 所示。在【列出最近所用文件数】文本框中，输入想要在【文件】菜单列表中显示的文件数，然后单击【确定】按钮。

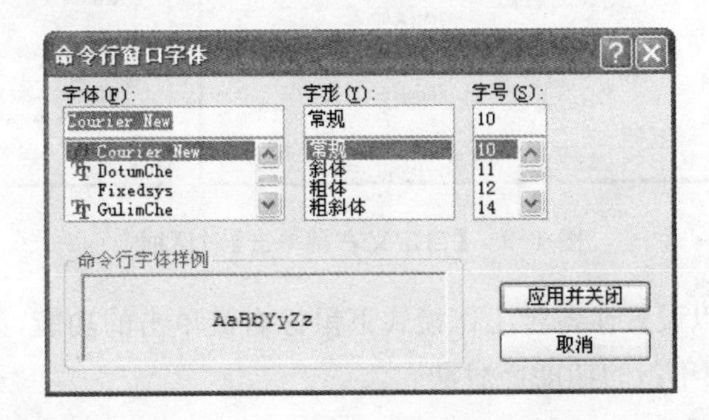

图 1-7 【命令行窗口字体】对话框

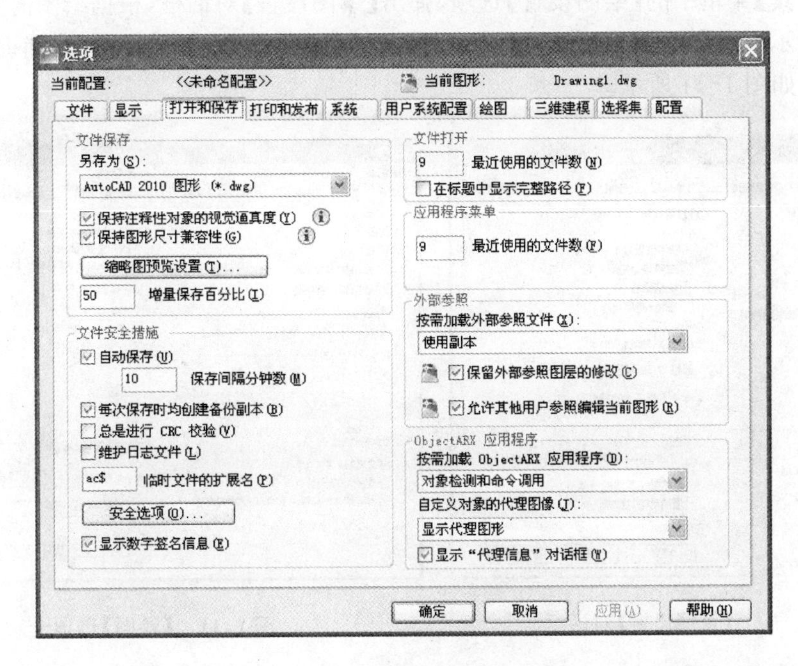

图 1-8 【打开和保存】选项卡

3）设置右键单击的功能

选择【用户系统配置】选项卡，然后单击【自定义右键单击】按钮，将打开【自定义右键单击】对话框，如图 1-9 所示。

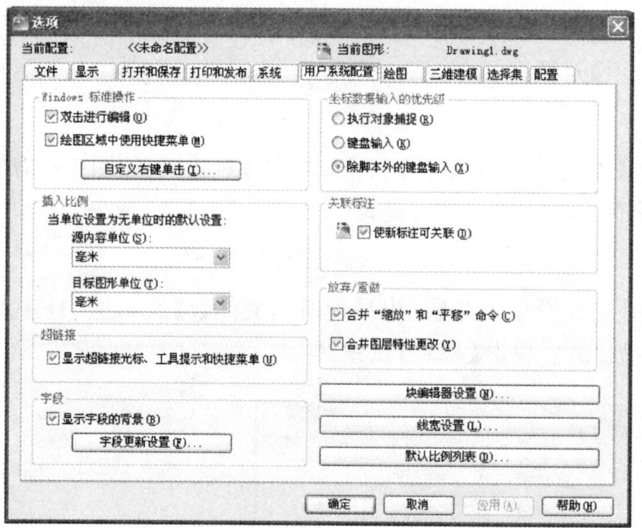

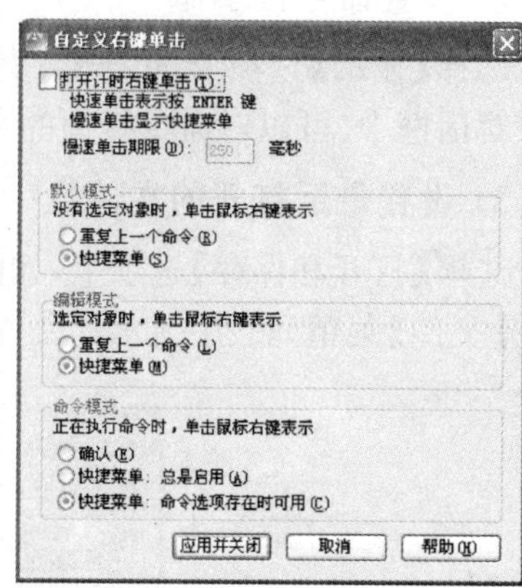

图 1-9 【自定义右键单击】对话框

在该对话框中，可以设置在各种工作模式下鼠标右键单击的功能，设定后单击【应用并关闭】按钮，此时鼠标右键单击的功能已启动。

4）捕捉功能的设置

选择【工具】菜单中的【绘图设置】选项，弹出【草图设置】对话框，根据绘图需要进行选择，如图 1-10 所示。在【选项】对话框中的【绘图】选项卡中，可以设置捕捉功能、捕捉标记以及捕捉标记颜色，如图 1-11 所示。

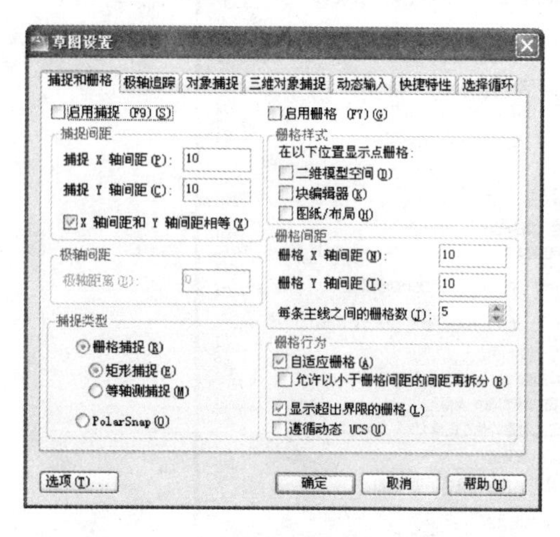

图 1-10 【草图设置】对话框

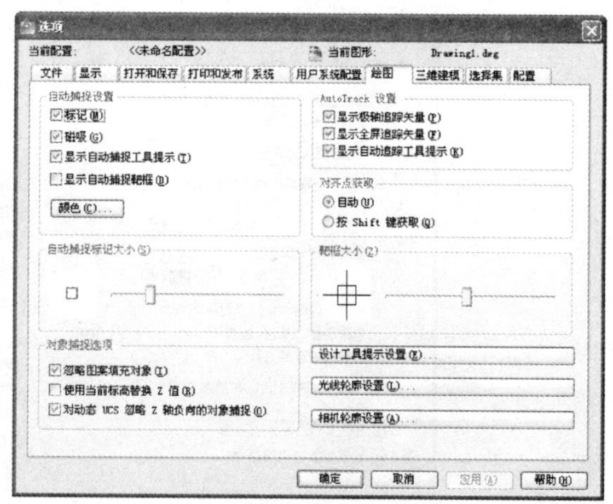

图 1-11 【绘图】选项卡

【草图设置】选项卡中的对象捕捉功能提供了 13 种捕捉方式，便于用户对捕捉图形中特殊点的控制，下面分别介绍。

➢ 端点捕捉：用来捕捉某个实体对象的端点，对象可以是一段弧线或直线，使用捕捉时，将选取框移到选定端点的一侧，单击即可。

➢ 中点捕捉：用来捕捉某个实体对象的中点，对象可以是一段弧线或直线。

➢ 圆心捕捉：用来捕捉圆、圆弧、圆环的圆心，选取时，一定要用拾取框选择圆、圆弧、圆环本身，光标就会在锁定圆心处出现。

➢ 节点捕捉：用来捕捉某个点实体或对象的节点，将光标靠近即可显示出实体的节点。

➢ 象限点捕捉：用来捕捉圆、圆弧、圆环上周围的四分点，将光标放在指定位置上便可显示。

➢ 交点捕捉：利用交点捕捉可以捕捉实体空间内的任何一个交点。

➢ 延伸捕捉：用来捕捉一条已知直线上延长线上的点，利用十字光标可以在延长线上选择出该点。

➢ 插入点捕捉：用来捕捉插入图块、文本框及其他文件的插入基点。

➢ 垂足捕捉：可以选择两个对象的垂足，可以是圆弧与直线、直线与直线、直线与实体、实体与实体等。

➢ 切点捕捉：捕捉圆弧或圆上的一点，使这一点与另外一点或实体相切。

➢ 最近点捕捉：捕捉直线、圆弧或实体上离光标最近的一点。

➢ 外观交点捕捉：捕捉两个实体延伸的交点。

➢ 平行捕捉：捕捉的点与已知点的连线要与一条已知直线平行。

常用的对象捕捉方式如图 1-12 所示。

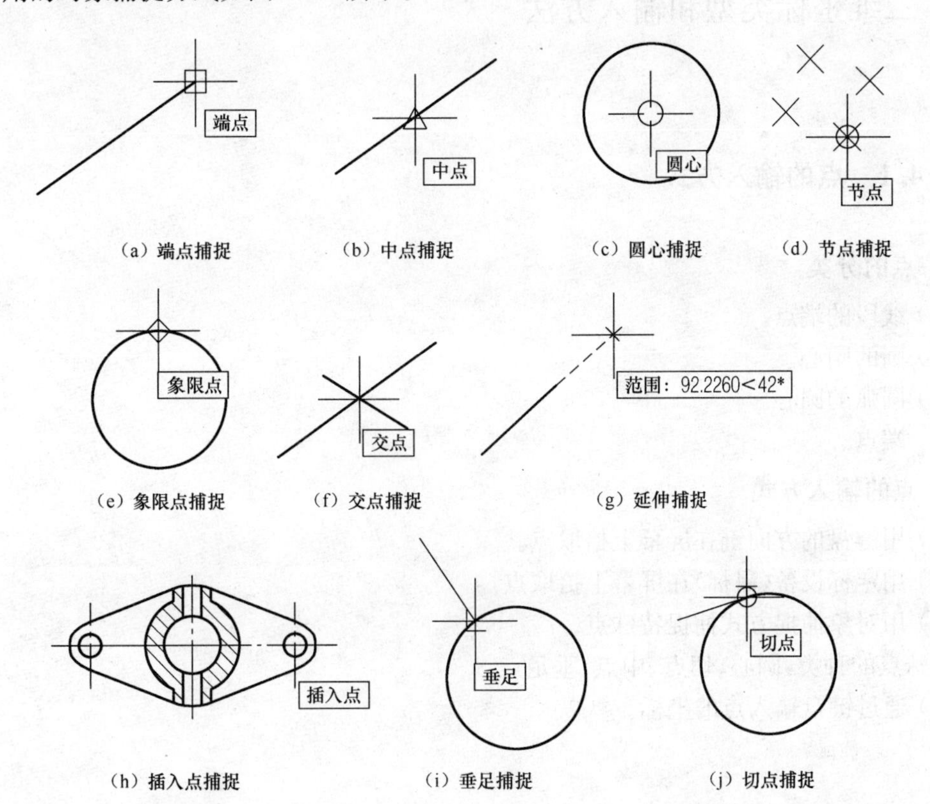

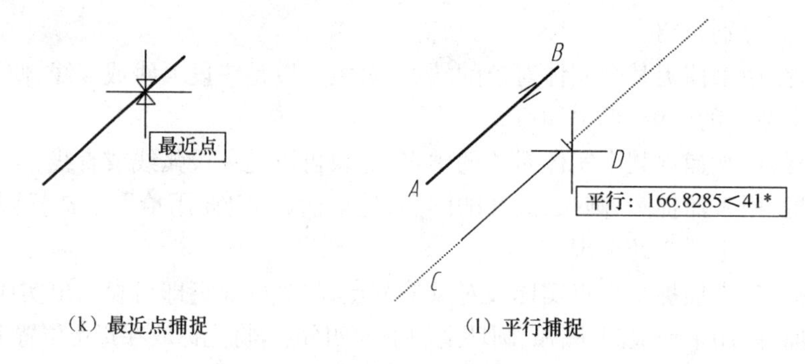

（k）最近点捕捉　　　　（l）平行捕捉

图 1-12　常用对象捕捉方式

1.3.4　使用 AutoCAD 2013 中文版绘图方法

➢ 方法一：利用下拉菜单绘图。
➢ 方法二：利用工具栏绘图。
➢ 方法三：利用键盘输入绘图。
➢ 方法四：利用屏幕菜单绘图。

1.4　二维坐标类型和输入方法

1.4.1　点的输入方式

1）点的分类

（1）线段的端点。
（2）圆的圆心。
（3）圆弧的圆心。
（4）端点。

2）点的输入方式

（1）用键盘的方向键在屏幕上拾取点。
（2）用定标设备(鼠标)在屏幕上拾取点。
（3）用对象捕捉方式捕捉特殊点。
特殊点的种类：圆心、切点、中点、垂足点。
（4）通过键盘输入点的坐标。

1.4.2 坐标的类型及输入方法

在 AutoCAD 2013 中，点的坐标可以用直角坐标、极坐标等方法表示。

1）直角坐标系

（1）*X* 轴与 *Y* 轴相交的点为原点，如图 1-13(a)所示。

（2）以原点为基准，向上、向右为正向，向下、向左为负向，如图 1-13(b)所示。

（3）AutoCAD 绘图取第一象限。即原点为(0,0)，左下角、右上角由 Limits 更改，如图 1-13(c)所示。

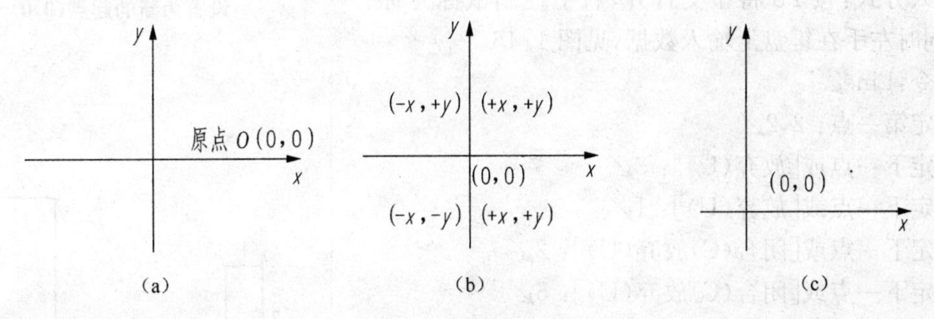

图 1-13 直角坐标系

2）坐标输入方式

（1）绝对坐标

输入方式：*X*, *Y*

注意：*X* 与 *Y* 的数值是相对于原点的距离(只有一个参考点)。

例如：见图 1-14。

设置为新的起点(0,0)

命令：Line↙

指定第一点：2,2↙

指定下一点或[放弃(U)]:2,7↙

指定下一点或[放弃(U)]：5,7↙

指定下一点或[闭合(C)/放弃(U)]：7,4↙

指定下一点或[闭合(C)/放弃(U)]：10,4↙

指定下一点或[闭合(C)/放弃(U)]：10,2↙

指定下一点或[闭合(C)/放弃(U)]：C↙

结束

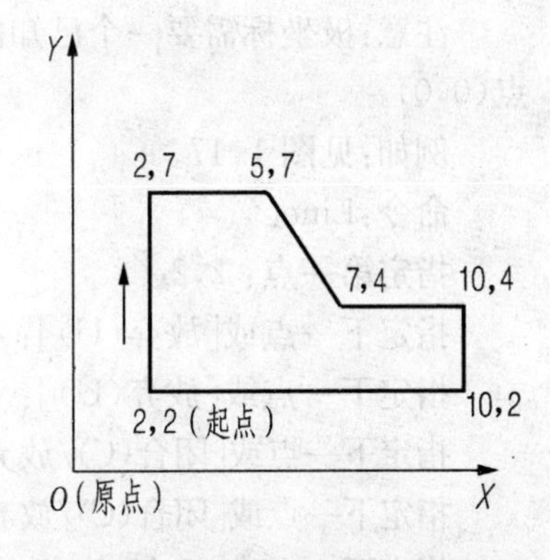

图 1-14 所有的点以原点为参考点

（2）相对坐标

输入方式：@*X*,*Y*

注意：@表示相对坐标，而 *X* 与 *Y* 则是相对于前一点的距离。

例如：见图 1-15。

命令：Line↙

指定第一点：2,2↙

指定下一点或[放弃(U)]：@0,4↙

指定下一点或[放弃(U)]：@4,2↙

指定下一点或[闭合(C)/放弃(U)]：@3,0↙

指定下一点或[闭合(C)/放弃(U)]：@3,－4↙

指定下一点或[闭合(C)/放弃(U)]：@－3,－2↙

指定下一点或[闭合(C)/放弃(U)]：C↙

结束

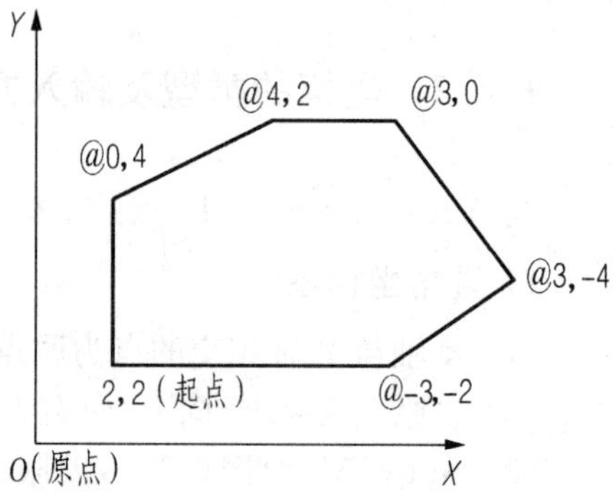

图 1-15　每一行中的@都会将前一点设置为新的起点(0,0)

(3) 方向坐标

输入方式：按 F8 将正交打开，右手控制鼠标光标方向，同时左手在键盘上输入数据，见图 1-16。

命令：Line↙

指定第一点：2,2↙

指定下一点或[放弃(U)]：3↙

指定下一点或[放弃(U)]：1↙

指定下一点或[闭合(C)放弃(U)]：2↙

指定下一点或[闭合(C)放弃(U)]：5↙

指定下一点或[闭合(C)放弃(U)]：4↙

指定下一点或[闭合(C)放弃(U)]：2↙

指定下一点或[闭合(C)放弃(U)]：5↙

指定下一点或[闭合(C)放弃(U)]：8↙

结束

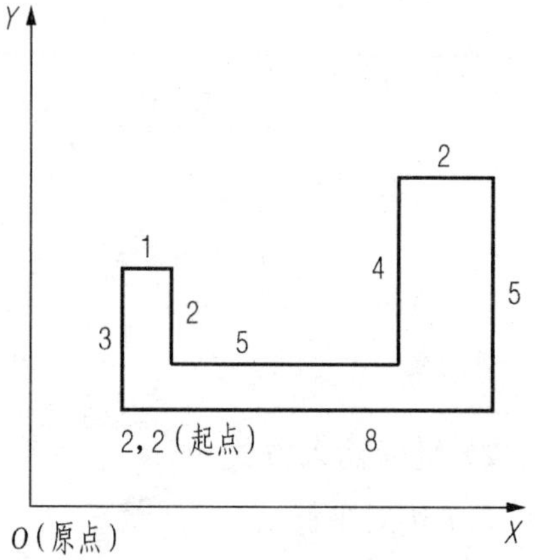

图 1-16　将前一点设置为新的起点(0,0)

(4) 极坐标

输入方式：@ 距离＜角度(方向)

注意：极坐标需要一个已知的距离与表示方向的角度，@ 符号会将前一点设置为新的起点(0,0)。

例如：见图 1-17。

命令：Line↙

指定第一点：2,2↙

指定下一点或[放弃(U)]：@ 8＜0↙

指定下一点或[放弃(U)]：@ 5＜90↙

指定下一点或[闭合(C)/放弃(U)]：@ 2＜180↙

指定下一点或[闭合(C)/放弃(U)]：@ 4＜270↙

指定下一点或[闭合(C)/放弃(U)]：@5＜180↙

指定下一点或[闭合(C)/放弃(U)]：@ 1＜90↙

指定下一点或[闭合(C)/放弃(U)]：@ 1＜180↙

指定下一点或[闭合(C)/放弃(U)]：@2＜－90↙或输入 C↙

结束

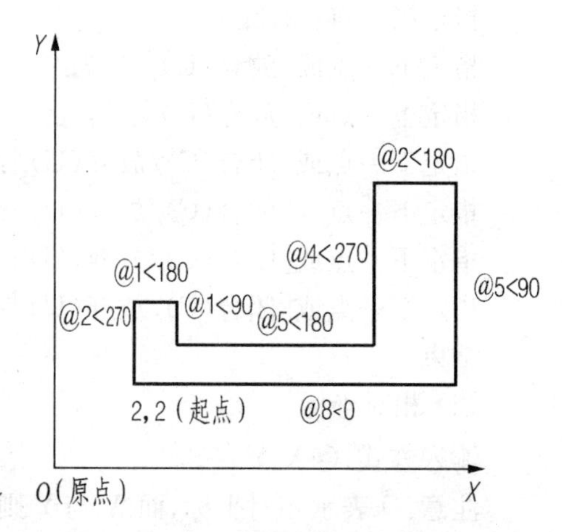

图 1-17　每一行中的@都会将前一点设置为新的起点(0,0)

(5) 组合坐标

输入方式：前面四种坐标的组合使用，哪个方便、快速就使用哪个。

例如：见图 1-18。

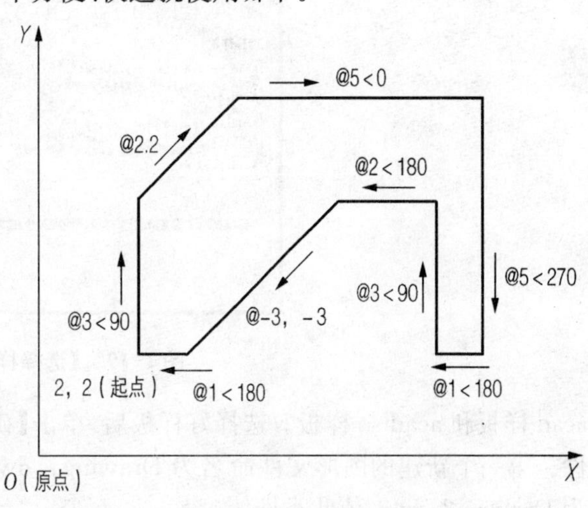

图 1-18　组合坐标

命令：Line↙

指定第一点：2，2

指定下一点或[放弃(U)]：@ 3<90↙

指定下一点或[放弃(U)]：@ 2，2↙

指定下一点或[闭合(C)/放弃(U)]：@5<0↙

指定下一点或[闭合(C)/放弃(U)]：@5<270↙

指定下一点或[闭合(C)/放弃(U)]：@ 1<180↙

指定下一点或[闭合(C)/放弃(U)]：

@ 3<90↙

指定下一点或[闭合(C)/放弃(U)]：@ 2<180↙

指定下一点或[闭合(C)/放弃(U)]：@ −3，−3↙

指定下一点或[闭合(C)/放弃(U)]：@1<180 或输入 C↙

结束

1.5　图形文件管理

在 AutoCAD 2013 中，对图形文件的操作主要有创建文件、打开文件、保存文件等。为了提高工作效率，还可以启动自动保存功能，这些操作的技能也是学习和使用其他软件必备的基础知识。

1.5.1　创建新文件

正常启动 AutoCAD 2013 后，有一个默认的图形文件被创建，无论是否在此图形文件中进行过编辑工作，在未保存之前，其名称都默认为“Drawing. dwg”。在用户的设计过程中，可以随时创建新的图形文件。

新建文件的命令是 New。

启动该命令有以下三种方式。

➢ 直接执行 New 命令。

➢ 选择菜单栏中的【文件】|【新建】命令。

➢ 单击【标准】工具栏中的【新建】按钮。

启动 New 命令后，AutoCAD 将打开如图 1-19 所示的【选择样板】对话框。

在该对话框中，可以选择一种样板作为模板来创建新的图形，在日常设计中，最常用的是

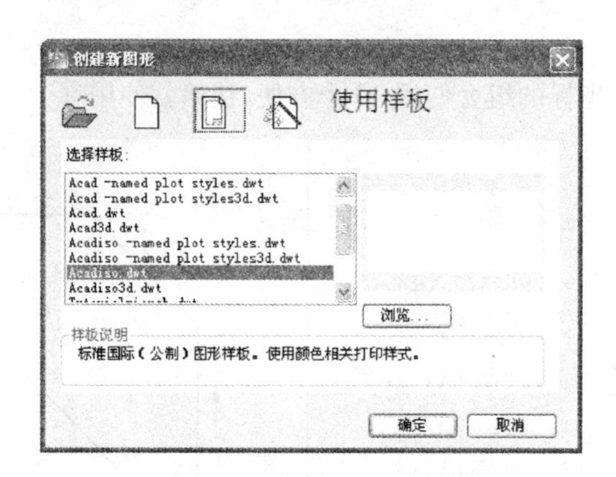

图 1-19　【选择样板】对话框

acad 样板和 acadiso 样板。选择好样板后，单击【确定】按钮，系统将打开一个基于样板的新文件。第一个新建的图形文件命名为 Drawing1. dwg。如果再创建一个图形文件，其默认名称为 Drawing2. dwg，依此类推。

1.5.2　打开图形文件

用户在操作过程中，往往不能一次完成所要设计或绘制图纸的任务，通常要在下次打开 AutoCAD 2013 时继续上一次的操作，这就涉及对图形文件打开的操作。

打开文件的命令是 Open。

启动该命令有以下三种方式。

➢ 直接执行 Open 命令。

➢ 选择菜单栏中的【文件】|【打开】命令。

➢ 单击【标准】工具栏中的【打开】 按钮。

启动 Open 命令后，AutoCAD 将打开如图 1-20 所示的【选择文件】对话框。

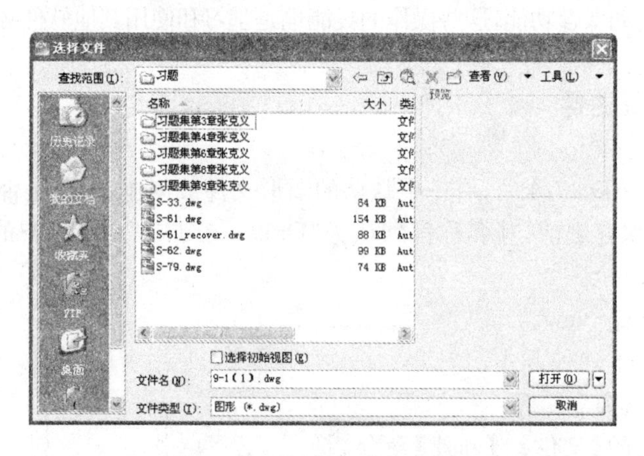

图 1-20　【选择文件】对话框

单击【打开】按钮右侧的黑三角，打开下拉菜单，有 4 个打开选项，如图 1-21 所示。

如果选择【以只读方式打开】命令打开图形文件，用户不能对其进行任何修改操作。

如果用户只记得文件名，忘记了该文件所在的文件夹，可以在【选择文件】对话框中选择【工具】|【查找】命令，弹出【查找】对话框，如图 1-22 所示。

打开(O)
以只读方式打开(R)
局部打开(P)
以只读方式局部打开(T)

图 1-21 【打开】按钮的下拉菜单

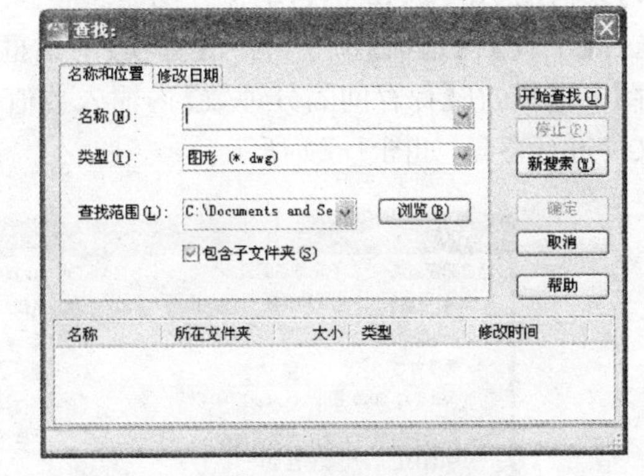

图 1-22 【查找】对话框

1.5.3 保存图形文件

在使用计算机时，往往因为断电或其他意外的机器事故而造成文件的丢失，给我们的工作带来很多不必要的损失，所以，在工作时，应养成一种经常存盘的好习惯。

与使用其他 Windows 应用程序一样，AutoCAD 也需要保存图形文件以便今后使用。AutoCAD 还提供自动保存、备份文件和其他保存功能。

保存文件的命令是 Save。

启动该命令有以下三种方式。

➢ 直接执行 Save 命令。

➢ 选择菜单栏中的【文件】|【保存】命令。

➢ 单击【标准】工具栏中的【保存】按钮。

启动 Save 命令后，如果以前保存并命名了该图形，则 AutoCAD 将保存所做的修改并重新显示命令提示。如果是第一次保存图形，会打开如图 1-23 所示的【图形另存为】对话框。

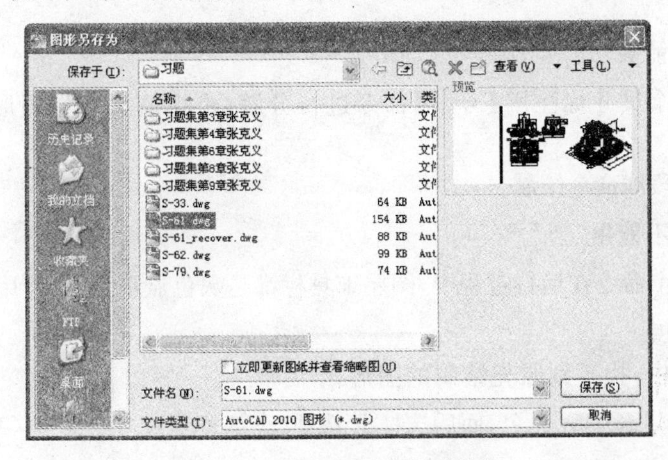

图 1-23 【图形另存为】对话框

输入图形文件的名称(不必带扩展名),然后单击【保存】按钮,此时该文件将成功地保存。

如果仅靠人为地保存文件,总会有遗忘或失误的时候,同时也很浪费时间,为了解决这个问题,可以借助 AutoCAD 的自动保存功能。

选择【工具】|【选项】命令,打开【选项】对话框,然后选择【打开和保存】选项卡,勾选【自动保存】复选框,在【保存间隔分钟数】内输入数值以后,AutoCAD 将以此数字为间隔时间自动对文件进行存盘,如图 1-24 所示。

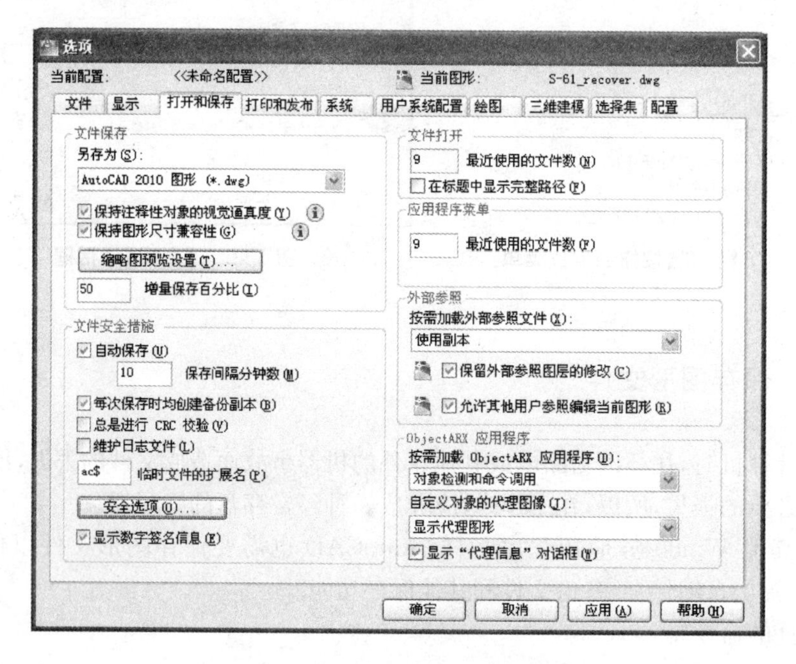

图 1-24　创建备份文件和文件安全设置

1.6　AutoCAD 常见问题小结

1) 如何绘制箭头

方法一:把一个尺寸标注用【分解】命令进行分解(可把箭头当作图形来放大、缩小、旋转)。

方法二:用多段线命令绘制。

2) 图层设置不能用

原因:任何一个命令在运行过程中,图层工具栏都是灰色显示,不能使用,要中断命令后才能使用。

3) 画图过程中,找不到原先绘制的图形

解决方法:输入 ZOOM 命令,而后选择 E 选项(全部显示)。

4）小圆放大显示后，看起来像多边形

解决方法：下拉菜单|【视图】|【重生成】。

5）写出来的文字太小，如何调大

方法一：用比例缩放命令，把文字放大(可把文字当作图形来放大、缩小、旋转)。

方法二：在多行文字中，可设定文字的高度。

6）写出的汉字会自动旋转 90°

原因：选择汉字字体时，不能选择前面带@符号的汉字字体。

7）绘制的虚线和点画线看起来像实线

原因：线型全局比例因子(线型比例)没有设置得当。

8）绘图过程中找不到"命令提示区"

解决方法一：按快捷键"CTRL＋9"，打开/关闭命令提示区。

解决方法二：输入 menu 命令，选择 acad. cui 文件，系统会重新调入菜单。

9）点坐标输入后，提示出错

原因：坐标间要用英文逗号隔开，不能用中文逗号、空格或其他符号。

1.7 上机实践：AutoCAD 绘图基础

1）实践目的

(1) 熟悉 AutoCAD 2013 中文版绘图界面。

(2) 掌握鼠标、键盘、按钮以及输入命令、选项、参数的操作。

(3) 掌握不同菜单及子菜单的显示形成及其含义。

(4) 掌握部分功能键的用法。

(5) 掌握文件操作、使用向导的方法。

(6) 掌握相对坐标和绝对坐标的不同输入方法。

(7) 掌握状态栏各项按钮的含义及设置方法。

(8) 了解利用中介文件和其他应用程序交换数据的格式和方法。

2）实践内容

【实践 1-1】 启动 AutoCAD(3 种方法)。

具体操作步骤如下。

(1) 双击 Windows 桌面上的 AutoCAD 快捷图标，启动 AutoCAD。

(2) 从【开始】菜单的【程序】子菜单中找到并单击 AutoCAD 项，启动 AutoCAD。

(3) 在"我的电脑"中找到 AutoCAD 图形文件，双击它，则启动 AutoCAD 并打开该文件。

【实践 1-2】 熟悉 AutoCAD 用户界面。

具体操作步骤如下。

(1) 从【文件】下拉菜单中选择【新建】,在"Template"下拉菜单中选择"acadiso. dwt",然后单击【确定】按钮。

(2) 选择【视图】菜单的【工具栏】菜单项,打开【工具栏】对话框,用鼠标点取【绘图】工具栏前的复选框,观察【绘图】工具栏的打开与关闭情况。

(3) 关闭【工具栏】对话框。

(4) 将光标放在【工具】菜单的【查询】菜单项上,显示它的级联菜单,选择【状态】,将弹出AutoCAD的文本窗口,观察显示的内容。

(5) 按【F2】键观察文本窗口的打开与关闭情况。文本窗口打开时,通过移动滚动条或上下箭头键浏览已执行的命令,最后关闭文本窗口。

(6) 选择【工具】下拉菜单的【选项】,弹出【选项】对话框,在对话框中选择【显示】标签,在左上角【窗口元素】中选择【颜色】按钮,弹出【颜色选项】对话框,在【窗口元素】下拉列表中选择【模型空间背景】,从【颜色】下拉列表中选择灰色;在【窗口元素】下拉列表中选择【命令行背景】,从【颜色】下拉列表中选择青色,单击【应用并关闭】,返回【选项】对话框,再单击【确定】按钮(也可从模型选项卡中直接选择要改变颜色的元素,然后从颜色中选择所需要的颜色)。

(7) 选择【工具】下拉菜单中的【选项】,弹出【选项】对话框,在对话框中选择【显示】标签,在左上角【窗口元素】中选择【颜色】按钮,弹出【颜色选项】对话框,单击【全部默认】按钮,然后单击【应用并关闭】,返回【选项】对话框,再单击【确定】按钮,AutoCAD的窗口元素颜色将恢复默认颜色。

【实践 1-3】 设置自动保存文件时间。

具体操作步骤如下。

(1) 从【工具】下拉菜单中选择【选项】,弹出【选项】对话框。

(2) 在对话框中选择【打开和保存】标签,选中自动保存(复选框为√),将保存间隔分钟数改为"10"。

【实践 1-4】 坐标输入方法。

使用不同的输入方式画出如图 1-25 所示的图形。

具体操作步骤如下。

(1) 打开 A4 样板图。

(2) 命令:Line

指定第一点:80,100↙

指定下一点或 [放弃(U)]:80,78↙

指定下一点或 [放弃(U)]:@60,0↙

指定下一点或 [闭合(C)/放弃(U)]:@19<120↙

指定下一点或 [闭合(C)/放弃(U)]:@7<210↙

指定下一点或 [闭合(C)/放弃(U)]:@10<120↙

指定下一点或 [闭合(C)/放弃(U)]:@7<30↙

指定下一点或 [闭合(C)/放弃(U)]:@14<120↙

指定下一点或 [闭合(C)/放弃(U)]:(将鼠标光标向左移动,使极轴追踪线水平)19↙

指定下一点或 [闭合(C)/放弃(U)]:C↙

以文件名"E1-2. DWG"保存到个人文件夹。

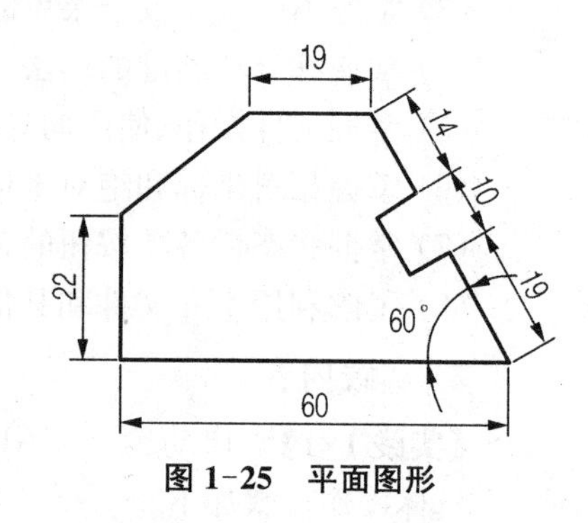

图 1-25 平面图形

【实践 1-5】 捕捉中点、垂足和切点。

打开文件"1-5. DWG"(见图 1-26(a)),用"line"命令完成图形(见图 1-26(b)),以文件"E1-5. DWG"保存到个人文件夹。

操作步骤提示如下。

(1) 鼠标右击状态栏中的【对象捕捉】按钮,单击快捷菜单中的【设置】,在打开的【草图设置】对话框中选择【对象选择模式】中的【中点】、【垂足】、【切点】,并启用对象捕捉(复选框为✓)。

(2) 用"line"命令依次画出圆的切线、三角形底边垂线和中点连线。

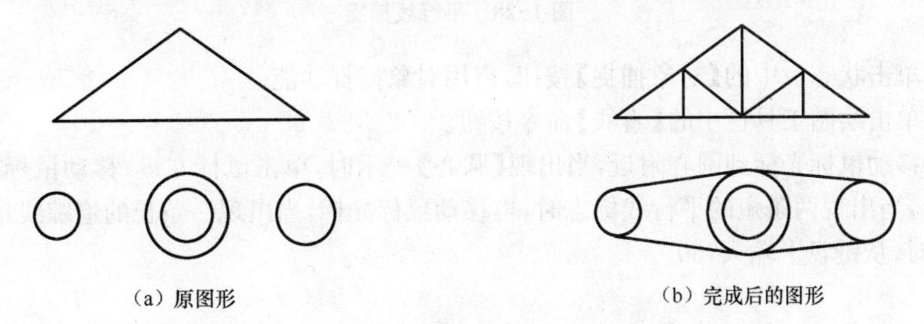

(a) 原图形　　(b) 完成后的图形

图 1-26 捕捉中点、垂足和切点

【实践 1-6】 捕捉中点。

打开文件"1-6. DWG"(见图 1-27(a)),用"line"命令完成图形(见图 1-27(b)),以文件"E1-6. DWG"保存到个人文件夹。

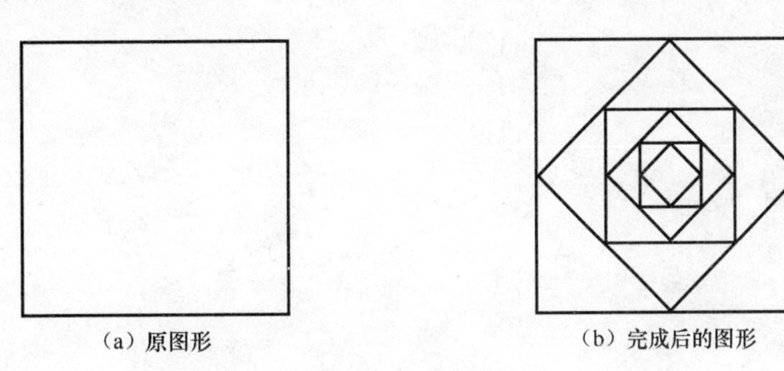

(a) 原图形　　(b) 完成后的图形

图 1-27 中点捕捉

操作步骤提示如下。

(1) 鼠标右击状态栏中的【对象捕捉】按钮,单击快捷菜单中的【设置】,在打开的【草图设置】对话框中单击【全部清除】按钮,然后选择【中点】,并启用对象捕捉(复选框为✓)。

(2) 用"line"命令依次画直线(当鼠标光标移动到矩形各边上出现提示【中点】时,单击鼠标左键)。

【实践 1-7】 捕捉平行线。

打开文件"1-7. DWG"(见图 1-28(a)),用"line"命令过圆心作直线 *MN* 与直线 *AB* 平行,且长 50 mm,完成后的图形如图 1-28(b)所示,以文件名"E1-7. DWG"保存到个人文件夹。

操作步骤提示如下。

(1) 鼠标右击状态栏中的【对象捕捉】按钮,单击快捷菜单中的【设置】,在打开的【草图设置】对话框中单击【全部清除】按钮,然后选择【圆心】、【平行】(复选框为✓)。

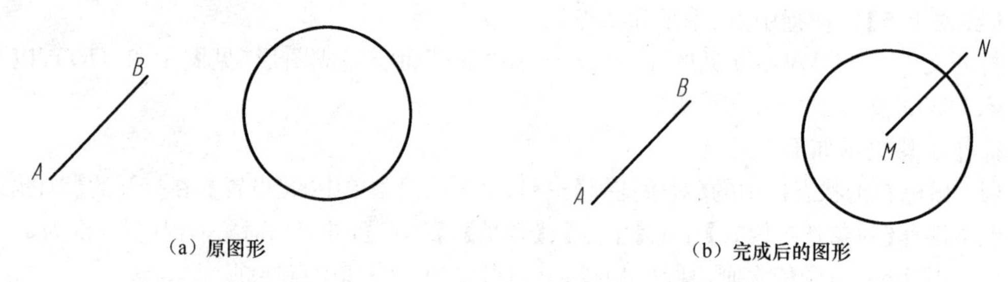

（a）原图形　　（b）完成后的图形

图 1-28　平行线捕捉

（2）单击状态栏中的【对象捕捉】按钮，启用对象捕捉功能。

（3）单击绘图工具栏中的【直线】命令按钮。

（4）移动鼠标光标到圆心附近，当出现【圆心】提示时，单击鼠标左键；移动鼠标光标到直线 AB 上，当出现两条短的平行线标志时，再移动鼠标光标，当出现一条长的追踪线且出现“平行”提示时，从键盘上输入“50”。

2 二维图形绘制与编辑

工程图的绘图实践中，主要工作是围绕几何图形展开的，因而，熟练地绘制二维图形是顺利工作的一个重要条件。

多数工程图是由线段、圆和圆弧等基本图形元素组成的，手工绘图时，使用丁字尺、三角板、分规和圆规等辅助工具绘图，AutoCAD 作图也与此类似，应首先掌握作图命令。在 AutoCAD 中，为用户提供了丰富的图形元素，这些元素被称为“对象”，同时 AutoCAD 又提供了多种方法创建每个对象。这些绘图命令中，有一些是二维基本绘图命令，它们是进行二维高级绘图和三维绘图的基础，利用这些命令可以绘制出各种基本图形对象。本章主要介绍如何使用点、线等基本图形来绘制平面图，对已有图形对象进行移动、旋转、缩放、复制、删除等编辑操作。用户可以轻松而方便地绘制出各种复杂的图形，不但保证了绘图的准确性，而且减少了重复的绘图操作，大大提高了绘图效率。

本章学习目标

- 掌握创建点与设置点样式；
- 掌握各种线的创建方法；
- 掌握创建多边形、圆、椭圆、圆弧的基本方法；
- 使用删除、移动、复制、旋转、比例缩放、重做和撤销等基本修改命令；
- 使用修剪、偏移、环形阵列、延伸和镜像等修改命令；
- 使用阵列、圆角和倒角等修改命令；
- 使用拉伸、拉长、打断和分解等修改命令。

2.1 基本绘图工具条

AutoCAD 2013 提供了大量的绘图工具，可以帮助用户完成二维图形及三维图形的绘制，而图形主要由一些基本几何元素组成。本节主要介绍点、直线和圆等基本的绘图命令。

AutoCAD 2013 提供的图形绘图命令名称、工具栏按钮、命令名称及简称列于表 2-1 所示。

表 2-1　常用 AutoCAD 2013 绘图命令

序号	方法	按钮	命令	简称	序号	方法	按钮	命令	简称
1	直线		Line	L	7	圆		Circle	C
2	构造线		XLine	XL	8	修订云线		Revcloud	
3	多段线		PLine	PL	9	样条曲线		Spline	SPL
4	正多边形		Polygon	POL	10	椭圆		Ellipse	EL
5	矩形		Rectang	REC	11	椭圆弧		Ellipse	EL
6	圆弧		Arc	A	12	点	▪	Point	Po

2.1.1　点、直线、射线及构造线

1）创建点

点是构成图形的最基本的元素，使用点绘制命令可以作出辅助点和标记点，以方便作图。

（1）单点绘制命令

① 命令功能：在屏幕指定位置绘制一个点。

② 命令调用方式：

菜单方式：【绘图】|【点】|【单点】

键盘输入方式：POINT

③ 操作步骤：

命令：POINT

当前点模式：PDMODE=3，PDSIZE=8.0000

指定点：可以在绘图区直接指定点或输入点的坐标值。

（2）多点绘制命令

① 命令功能：在屏幕上连续绘制多个点。

② 命令调用方式：

菜单方式：【绘图】|【点】|【多点】

图标方式：▫

③ 操作步骤：

激活命令后，AutoCAD 提示如下。

当前点模式：PDMODE=3，PDSIZE=8.0000

指定点：可以在绘图区直接指定点或输入点的坐标值。系统连续提示。

指定点：可以在绘图区不同的位置绘制一系列点。如果要退出命令，只有按下 Esc 键。

（3）调整点的样式和大小

点的样式系统默认为一个小黑点，AutoCAD 提供了多种样式的点，用户可以根据需要设置点的样式。

命令调用方式：

菜单方式：【格式】|【点样式】

AutoCAD 会弹出如图 2-1 所示的“点样式”对话框。

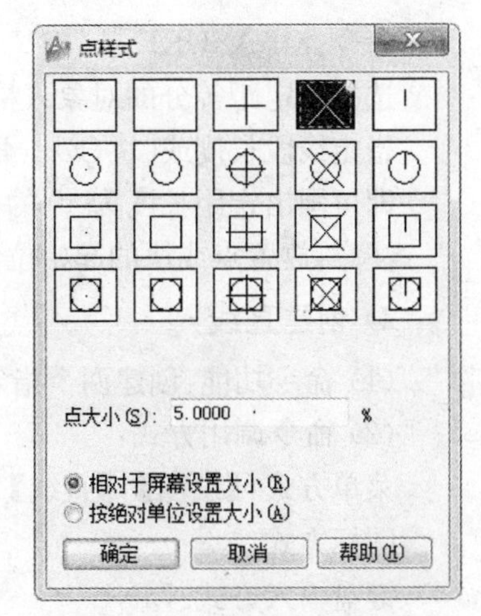

图 2-1　【点样式】对话框

在该对话框中，可以单击相应的点的图标来选择点的外观样式。点的大小是按照相对于绘图屏幕的百分比或者以绘图单位来设置的，可以在对话框中勾选“点大小”下面的两个单选框来设置点的尺寸样式，在点大小的文本框中，输入不同的值则可以改变点的大小。

修改点样式后，单击“确定”按钮，这时，图形中已有的点对象和将要绘制的点对象的样式都会发生改变。

(4) 定数等分点绘制命令

① 命令功能：按指定的等分数将对象等分，并在该对象上绘制等分点，或在等分点处插入块。它适用的对象可以是直线、圆、圆弧、多段线和样条曲线等。

② 命令调用方式：

菜单方式：【绘图】|【点】|【定数等分】

键盘输入方式：DIVIDE

③ 操作步骤：

下面以如图 2-2(a)所示四等分线段为例介绍定数等分点的画法。

命令：DIVIDE

选择要定数等分的对象：拾取直线 AB

输入线段数目或[块(B)]：4 ↙

即可画出四等分线段。

④ 选项说明：

块(B)——将在等分点处插入块(关于块的相关知识将在第 7 章讲述)。

(5) 定距等分点绘制命令

① 命令功能：按指定的长度测量某一对象，并用点在该对象上的分点处作标记，或在分点处插入块。

它适用的对象可以是直线、圆、圆弧、多段线和样条曲线等。

② 命令调用方式：

菜单方式：【绘图】|【点】|【定距等分】

键盘输入方式：MEASURE

③ 操作步骤：

下面以如图 2-2(b)所示为例介绍定距等分点的画法。

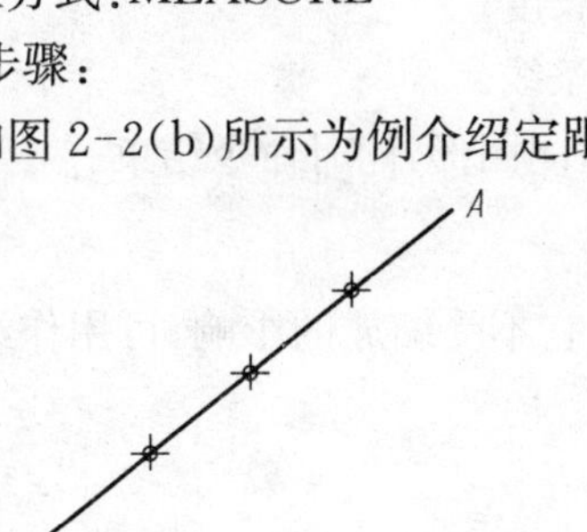

(a) 定数等分点

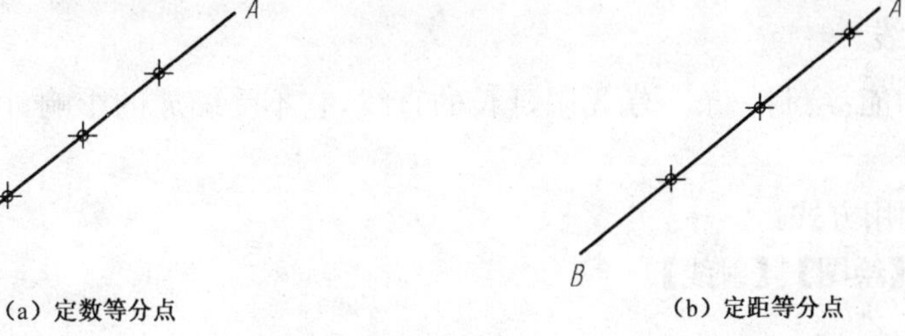

(b) 定距等分点

图 2-2

命令:MEASURE

选择要定距等分的对象:(拾取直线 *AB*)

指定线段长度或[块(B)]:40 ↙

即可画出定距长度为 40 的等分点。

注意:放置点或块的起始位置是从选择对象时离选择点最近的端点开始的。

2) 创建直线

(1) 命令功能:创建两个指定坐标点之间的直线。

(2) 命令调用方式:

菜单方式:【绘图】|【直线】

图标方式:

键盘输入方式:LINE

(3) 命令操作:

下面以如图 2-3 所示为例介绍直线的画法。

命令:LINE

指定第一点: 80,70↙(指定 *A* 点的坐标)

指定下一点或 [放弃(U)]: @0,100↙(指定 *B* 点的坐标)

指定下一点或 [放弃(U)]: @60,0↙(指定 *C* 点的坐标)

指定下一点或 [闭合(C)/放弃(U)]: @40,−60 ↙(指定 *D* 点的坐标)

指定下一点或 [闭合(C)/放弃(U)]: @60<0↙(指定 *E* 点的坐标)

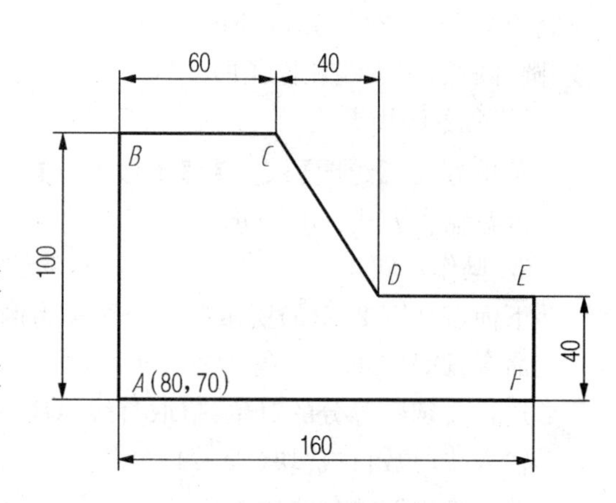

图 2-3 平面图形

指定下一点或 [闭合(C)/放弃(U)]: @0,−40↙(指定 *F* 点的坐标)

指定下一点或 [闭合(C)/放弃(U)]:C↙

(4) 说明:

① 最初由两点决定一直线,若继续输入第三点,则画出第二条直线,以此类推。

② 坐标输入时,可用光标指点输入坐标,或用绝对坐标和相对坐标直接输入。

③ 在"From Point:"处直接打回车。若上次作出的是线,则从其终点开始绘图;若最后作出的是弧,则从其终点及其切线方向作图,要求输入长度。

④ U(Undo)——回退一次,即消去最后画的一条线。

C(Close)——最后一段线回到起始点,即形成封闭图形,同时命令结束。

3) 创建射线

(1) 命令功能:绘制一条一端无限延长的直线,它不受缩放的影响,可用作绘图过程的辅助线。

(2) 命令调用方式:

菜单方式:【绘图】|【射线】

图标方式:

键盘输入方式:RAY

(3) 操作步骤:

命令:RAY

指定起点:当指定射线的起始位置后,AutoCAD 继续提示如下。

指定通过点:

与构造线一样,可以通过指定多个通过点来绘制多条射线,所有的射线都具有相同的起点。

【例 2-1】 使用构造线和射线绘制如图 2-4 所示图形中的辅助线。

操作步骤如下。

(1) 单击绘图工具栏上的"构造线"命令按钮 ⤢。

(2) 指定点或[水平(H)/垂直(V)/角度(A)/二等分(B)/偏移(O)]:H ↙

(3) 指定通过点:在绘图窗口单击一点,绘制一条水平构造线。

(4) 指定通过点:↙

(5) 单击绘图工具栏上的"构造线"命令按钮 ⤢。

(6) 指定点或[水平(H)/垂直(V)/角度(A)/二等分(B)/偏移(O)]:V↙

(7) 指定通过点:在绘图窗口单击一点,绘制一条垂直构造线。

(8) 指定通过点:↙

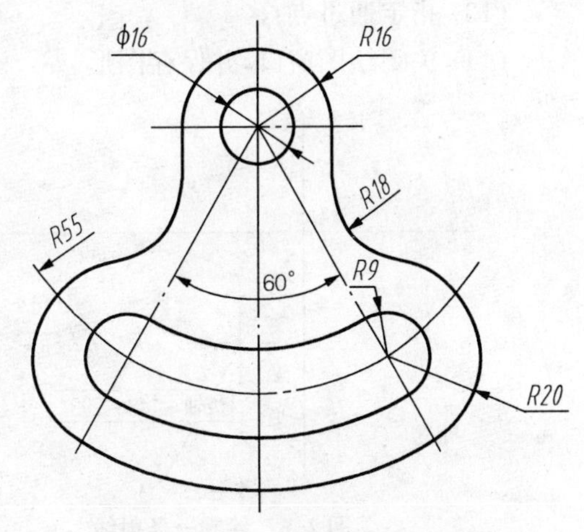

图 2-4 样条曲线的调整点显示

(9) 选择【工具】|【绘图设置】菜单,打开【草图设置】对话框,在"极轴追踪"选项卡中,勾选"启用极轴追踪",然后在"增量角"的下拉列表框中选择"30",并单击"确定"按钮,如图 2-5 所示。

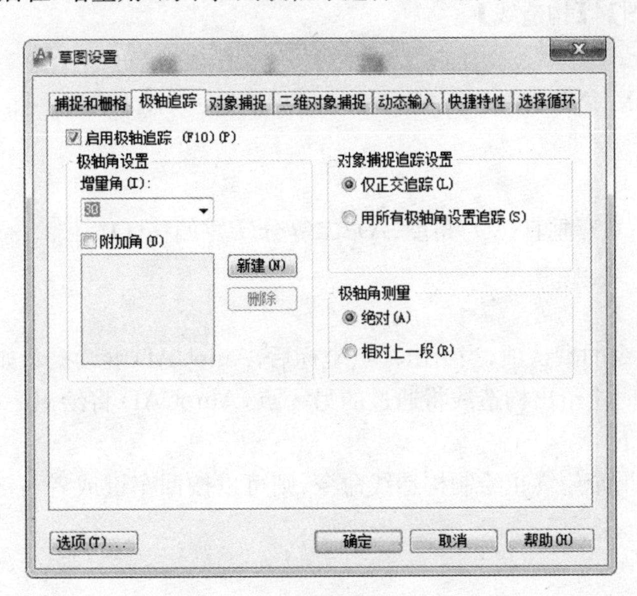

图 2-5 【草图设置】对话框

(10) 选择【绘图】→【射线】菜单。

(11) 指定通过点：单击水平构造线与垂直构造线的交点 O，然后移动光标，此时将显示跟踪线，并显示跟踪参数。等到跟踪参数显示为“极轴：300.0000＜300°”(前面的长度可以是任意值)时单击，绘制一条射线，如图 2-6 所示。

(12) 指定通过点：移动光标，此时将显示跟踪线，并显示跟踪参数。等到跟踪参数显示为“极轴：300.0000＜240°”(前面的长度可以是任意值)时单击，绘制另外一条射线，如图 2-7 所示。

(13) 指定通过点：↙

(14) 关闭绘图窗口，并保存图形。

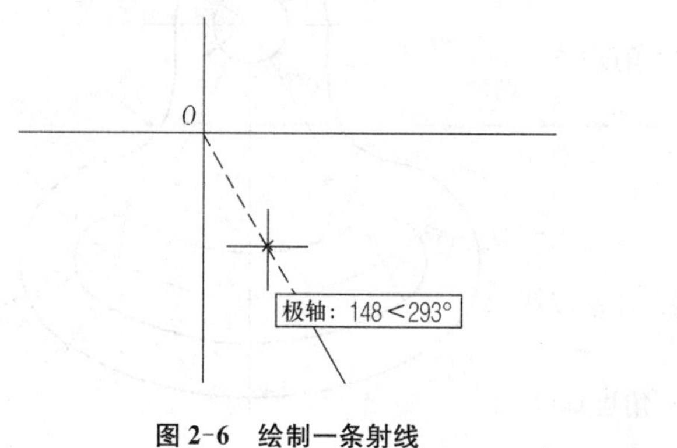

图 2-6　绘制一条射线

图 2-7　绘制另一条射线

4）创建构造线

(1) 命令功能：绘制一条两端无限延长的直线，它不受缩放的影响，可作为绘图过程的辅助线。

(2) 命令调用方式：

菜单方式：【绘图】|【构造线】

图标方式：↗

键盘输入方式：XLINE

(3) 操作步骤：

命令：XLINE

指定点或[水平(H)/垂直(V)/角度(A)/二等分(B)/偏移(O)]：

(4) 选项说明：

① 指定点

这是 XLINE 命令的默认项，当给出一点坐标后，AutoCAD 继续提示如下。

指定通过点：此时应给出构造线将通过的另一点，AutoCAD 将绘出一条通过两指定点的直线，并继续提示如下。

指定通过点：如果希望终止绘制构造线命令，则可以按回车键或者右键确认，都可以退出命令。

② 水平(H)

可以绘制出通过指定点的平行于当前坐标系 X 轴的水平构造线。可以连续指定通过点，绘制出一系列构造线，直至按回车键或者右键确认，退出命令。

③ 垂直(V)

可以绘制出通过指定点的平行于当前坐标系 Y 轴的垂直构造线。可以连续指定通过点，绘制出一系列构造线，直至按回车键或者右键确认，退出命令。

④ 角度(A)

可以绘制出与指定直线成一定角度的构造线。选择该选项后，AutoCAD 提示如下。

输入构造线角度(O)或[参照(R)]：

a. 输入构造线角度

输入角度后，AutoCAD 提示如下。

指定通过点：

指定点后，AutoCAD 将绘制出通过指定点且与 X 轴正方向成给定夹角的构造线。可以连续指定通过点，绘制出一系列构造线，直至按回车键或者右键确认，退出命令。

b. 参照(R)

选择该选项，则绘制出与已知直线成指定角度的构造线。AutoCAD 提示如下。

选择直线对象：

拾取将被参照的直线后，AutoCAD 继续提示如下。

输入参照线角度(O)：

指定与参照线的夹角后，AutoCAD 继续提示如下。

指定通过点：

指定点后，AutoCAD 将绘制出一条与参照线成指定角度并通过指定点的构造线。可以连续指定通过点，绘制出一系列构造线，直至按回车键或者右键确认，退出命令。

⑤ 二等分(B)

可以绘制出一条通过第一点，并平分以第一点为顶点与第二、第三点组成的夹角的构造线。选择该选项后，AutoCAD 提示如下。

指定角的顶点：

指定角的起点：

指定角的端点：

逐一响应后，将绘制出平分以上三点组成的角并通过顶点的构造线。可以连续指定角的端点，绘制出一系列构造线，直至按回车键或者右键确认，退出命令。

⑥ 偏移(O)

可以绘制出与指定直线平行且满足给定距离的构造线。选择该选项后，AutoCAD 提示如下。

指定偏移距离或[通过(T)]〈当前值〉：

a. 指定偏移距离

输入距离后，AutoCAD 提示如下。

选择直线对象：

指定向哪侧偏移：

给定偏移方向后，AutoCAD 绘制出构造线。可以连续选择直线对象，绘制出一系列构造线，直至按回车键或者右键确认，退出命令。

b. 通过(T)

选择该选项后,AutoCAD 提示如下。

选择直线对象:

指定通过点:

指定通过点后,AutoCAD 绘制出构造线。可以连续选择直线对象,绘制出一系列构造线,直至按回车键或者右键确认,退出命令。

2.1.2 多线、多段线、正多边形和矩形

1) 创建多线

(1) 命令功能:绘制多行平行线,最多可达 16 条。

(2) 命令调用方式:

菜单方式:【绘图】|【多线】

图标方式:

键盘输入方式:MLINE

(3) 操作步骤:

命令:MLINE

当前设置:对正=上,比例=1.00,样式=STANDARD

指定起点或[对正(J)/比例(S)/样式(ST)]:

(4) 选项说明:

① 指定起点

指定多线起点后,AutoCAD 继续提示如下。

指定下一点或[放弃(U)]:

指定下一点后,AutoCAD 继续提示如下。

指定下一点或[闭合(C)/放弃(U)]:

系统将重复这一提示,直至按回车键或者右键确认,退出命令。

② 对正(J)

执行该选项后,AutoCAD 提示如下。

输入对正类型[上(T)/无(Z)/下(B)]〈上〉:

此处可以设置对正方式,有三种方式可选择。

a. 上(T)

使具有最大偏移量的线画在点定线(即通过指定点的线)上。从左向右画多线时,点定线在其他线上面。

b. 无(Z)

使多线的中线与点定线重合。从左向右画多线时,具有正偏移量的线在上面,具有负偏移量的线在下面。

c. 下(B)

使具有最小偏移量的线画在点定线上。从左向右画多线时,点定线在其他线下面。

③ 比例(S)

选择该选项后，AutoCAD 提示如下。

输入多线比例〈1.00〉：

此处可以设置多线的比例系数，系统默认为 1.00，它将决定多线中各条线间的距离。

④ 样式(ST)

选择该选项后，AutoCAD 提示如下。

输入多线样式名或[?]：

此处可以输入定义过的多线样式名或输入“?”显示已有的多线样式。

⑤ 设置多线样式

系统默认的多线样式为“标准样式(STANDARD)”，是由两条距离为 1 的平行线组成的。用户还可以根据需要设置多线的样式。

命令调用方式：

菜单方式：【格式】|【多线样式】

AutoCAD 会弹出如图 2-8 所示的【多线样式】对话框。

图 2-8 【多线样式】对话框

各选项使用说明如下。

(1) 置为当前：在下拉列表框中，可以选择已有的线型作为当前线型。

(2) 新建：定义新的多线线型，方法是先在“名称”框中输入线型名称，然后单击该按钮，则在当前框中显示相应的线型名称，并以此作为当前线型。

(3) 重命名：为已有的线型重新命名。

(4) 加载：将以.MLN 为扩展名的多线线型文件加载到系统中。

(5) 保存：将定义的线型以.MLN 为扩展名存储在 SUPPORT 文件夹中，使该线型能够为其他文件所使用。

(6) 修改：将设置好的线型进行编辑。

在【多线样式】对话框中，单击【新建】按钮，AutoCAD 会弹出【新建多线样式】对话框，如图 2-9 所示。在该对话框中，可以设置多线的数目、颜色和线型等。

各选项使用说明如下。

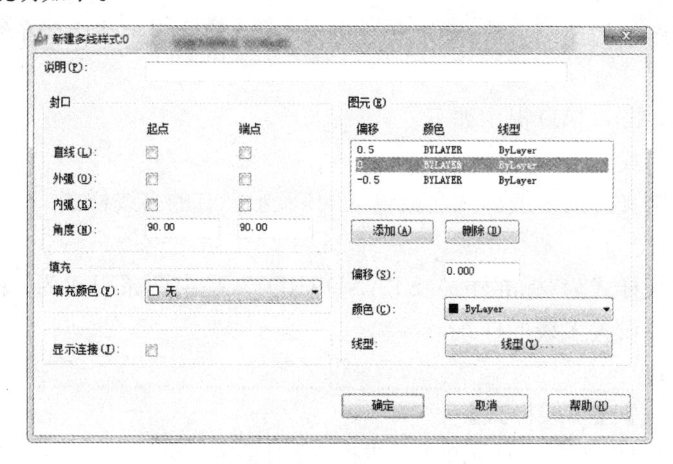

图 2-9 【新建多线样式】对话框

① 添加：为多线添加一条线，添加的多线都将自动地放置在偏移为 0 的位置。在下拉列表框中，可以选择已有的线型作为当前线型。

② 删除：删除多线中的线条。

③ 偏移：设置所选线条的偏移量。偏移量以 0 为基准，以正、负表示向上或向下具体的移动量。例如，如果存在三条线，其偏移量分别为 0.5、0、－0.5，则这三条线之间的实际线宽为 1，每一条线之间的间距均为 0.5 个单位。设置偏移值以后，系统将自动根据每条线的数值大小进行排序。

④ 颜色：单独为选择的线条定义颜色。单击该按钮将打开【选择颜色】对话框，如图 2-10 所示，直接选择其中的颜色即可。

⑤ 线型：单独为选择的线条定义线型。单击该按钮将打开【选择线型】对话框，如图 2-11 所示。先加载线型(如果还未加载的话)，然后将所需要的线型作为当前线型即可。

图 2-10 【选择颜色】对话框

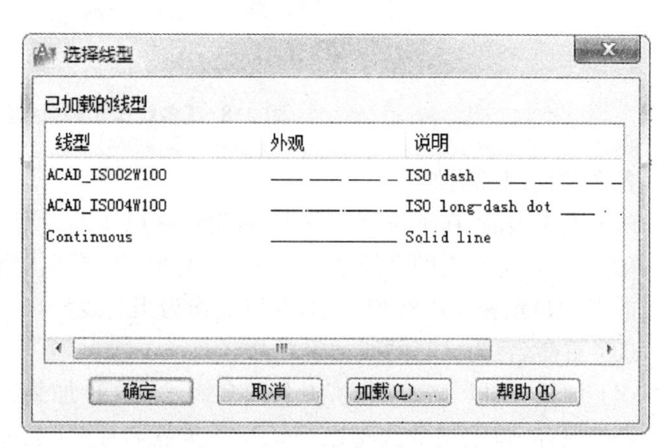

图 2-11 【选择线型】对话框

在【多线样式】对话框中，单击【修改】按钮，AutoCAD会弹出【修改多线样式】对话框，如图2-12所示。在该对话框中，可以设置多线对象的特性，如显示多线的连接、起点和端点的封口及角度等。

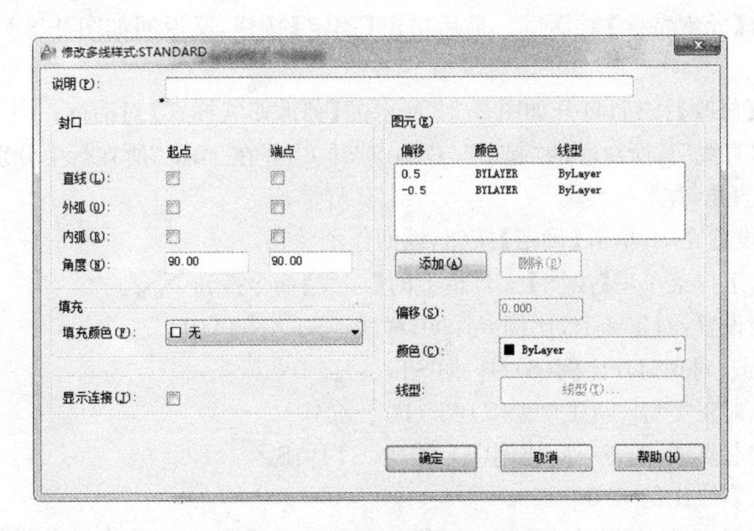

图2-12 【修改多线样式】对话框

各选项使用说明如下。

(1) 显示连接：控制在多线转折点是否显示线段。

(2) 封口：控制多线起点与终点的封端形式。

① 直线：表示以直线形式封端。

② 外弧：表示存在多线条时外端以圆弧形式封端。

③ 内弧：表示存在多线条时内端以圆弧形式封端。

④ 角度：表示按指定角度封端。

⑤ 填充：选择后将在多线中填充指定颜色。

在【多线样式】对话框中，单击【确定】按钮，完成新样式的设置。

【例2-2】 使用多线绘制如图2-13所示的管道图形，其中中线为红色虚线，边线为黑色实线，管道宽为60。

操作步骤如下。

(1) 单击【格式】|【多线样式】菜单，弹出如图2-8所示的【多线样式】对话框。

(2) 单击【新建】按钮，打开如图2-9所示的【新建多线样式】对话框。

(3) 在"新样式名"框中输入线型名为"管道"，并单击【继续】按钮，将其作为当前线型。

(4) 单击【添加】按钮，增加一条新线，其偏移量为"0"。

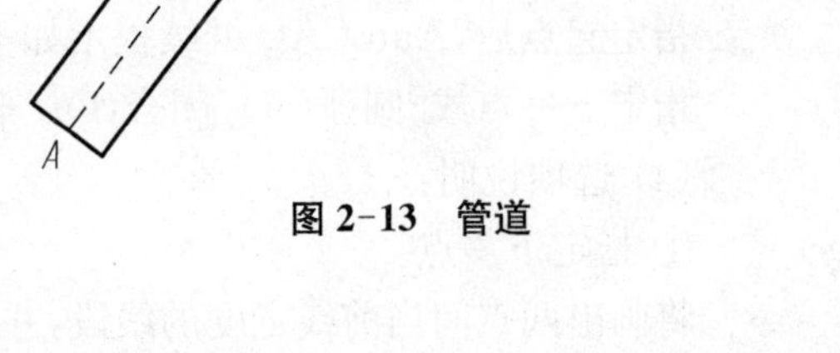

图2-13 管道

(5) 单击中间线段(即偏移量为"0"的线段)，其颜色变成蓝色，表示已被激活。单击【颜色】按钮，打开如图2-10所示的【选择颜色】对话框，选择红色，然后单击【确定】按钮。

(6) 单击【线型】按钮，打开如图 2-11 所示的【选择线型】对话框，再单击【加载】按钮，打开【加载或重载线型】对话框，从中选择“DASHED”作为中间线条的线型，然后单击【确定】按钮返回如图 2-11 所示的【选择线型】对话框，选中该线型，单击【确定】按钮，返回如图 2-9 所示的【元素特性】对话框。最后单击【确定】按钮，又返回如图 2-8 所示的【多线样式】对话框。

(7) 单击【修改】按钮，打开如图 2-12 所示的【修改多线样式】对话框。

(8) 勾选“直线”行所对应的“起点”与“端点”开关，并在“角度”所在行中分别输入 90，以确定多线两端以直角封端。

(9) 线型设置完毕，单击【确定】按钮，返回作图状态。

(10) 单击下拉菜单里【绘图】工具栏上的【多线】命令按钮 。

(11) 当前设置：对正＝上，比例＝1.00，样式＝STANDARD

指定起点或[对正(J)/比例(S)/样式(ST)]：J↙

(12) 输入对正类型[上(T)/无(Z)/下(B)]：Z↙

(13) 指定起点或[对正(J)/比例(S)/样式(ST)]：S↙

(14) 输入多线比例〈1.00〉：60↙

(15) 指定起点或[对正(J)/比例(S)/样式(ST)]：拾取 *A* 点作为多线的起点

(16) 指定下一点或[放弃(U)]：拾取 *B* 点后

(17) 指定下一点或[放弃(U)]：拾取 *C* 点

(18) 指定下一点或[闭合(C)/放弃(U)]：C↙

即可绘制出如图 2-13 所示的图形。

2）创建二维多段线

(1) 命令功能：绘制任意宽度的直线、任意宽度任意形状的曲线或者直线与曲线的任意结合。

(2) 命令调用方式：

菜单方式：【绘图】|【多段线】

图标方式：

键盘输入方式：PLINE 或 PL

(3) 操作步骤：

命令：PLINE

指定起点：

当前线宽是 0.0000(或另外的数字)。

指定起点后，AutoCAD 继续提示如下。

指定下一点或[圆弧(A)/闭合(C)/半宽(H)/长度(L)/放弃(U)/宽度(W)]：

(4) 选项说明：

① 指定下一点

将画出两点间当前线宽度的线段，并重复以上提示，直至按回车键或右键确认，退出命令。

② 闭合(C)

闭合用于绘制由当前位置到起点位置的直线段，构成一个封闭图形，并结束命令。

③ 放弃(U)

放弃用于删除多段线上最后绘出的线段，它可以重复使用，直至全部删除多段线并结束命令。

④ 长度(L)

从当前点绘制指定长度的直线段。选择该选项后，AutoCAD 提示如下。

指定直线长度：

输入长度值后，AutoCAD 将绘制以前一条线段的末端为起点，给定长度的线段。如前一条线段是直线，绘出的直线段与其方向相同；如前一条线段是圆弧，绘出的直线段沿着该圆弧终点的切线方向。

⑤ 宽度(W)

用于设定线宽。选择该选项后，AutoCAD 提示如下。

指定起始宽度：

指定终止宽度：

可直接输入宽度值，也可通过鼠标拾取宽度，即以最后一点到拾取点的距离作为线宽。起始宽度与终止宽度的值可以相同也可以不同。终止宽度将作为后面绘制多段线的默认宽度，直至被重新设置。

注意：多段线段的起点和终点坐标位于线宽度的中心。

⑥ 半宽(H)

其用法和提示与宽度(W)类似，但输入的数值应为线宽的一半。

⑦ 圆弧(A)

用于画多段线圆弧。

选择该选项后，AutoCAD 提示如下。

指定圆弧的端点或[角度(A)/圆心(CE)/闭合(CL)/方向(D)/半宽(H)/直线(L)/半径(R)/第二点(S)/放弃(U)/宽度(W)]：

a. 指定圆弧的端点

指定圆弧端点后，AutoCAD 将前一段的终点作为本次所画圆弧的起点，并以前一线段终点的方向作为本次所画圆弧的起始方向绘制圆弧，并重复以上提示，可以绘制多段圆弧。

b. 闭合(CL)、放弃(U)、宽度(W)和半宽(H)

此提示下的这四个选项与上一层提示中的相应选项类似，故不再赘述。

c. 角度(A)

选择该选项后，AutoCAD 提示如下。

指定包含角：

指定圆弧的端点或[圆心(CE)/半径(R)]：

输入正的角度，按逆时针方向画弧，否则按顺时针方向画弧。

d. 圆心(CE)

选择该选项后，AutoCAD 提示如下。

指定圆弧的圆心：

指定圆弧的终点或[角度(A)/长度(L)]：

以上选项与圆弧命令中的相应选项类似。

e. 方向(D)——用来确定圆弧的方向。

选择该选项后，AutoCAD 提示如下。

指定切线方向：

指定圆弧的端点：

重复响应，可以绘制一系列光滑过渡的圆弧。

f. 直线(L)——将绘圆弧方式改为绘直线方式。

g. 半径(R)——按半径绘制圆弧。

选择后 AutoCAD 提示如下。

指定圆弧半径：

指定圆弧的端点或[角度(A)]：

h. 第二点(S)——根据三点画圆弧。

选择后 AutoCAD 提示如下。

指定圆弧上的第二点：

指定圆弧的端点：

多段线绘制示例如图 2-14 所示。

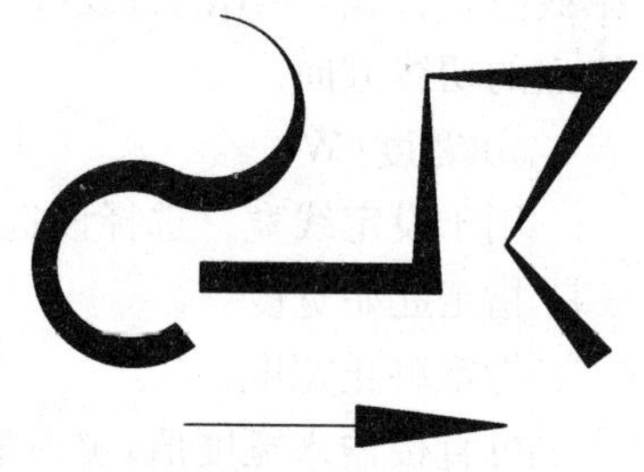

图 2-14　绘制多段线示例

【例 2-3】 使用多段线绘制如图 2-15(a)所示图形的边框线。

操作步骤如下。

(1) 单击绘图工具栏上的【多段线】命令按钮。

(2) 指定起点：在绘图窗口单击，确定多段线的起点为点 1。

(3) 指定下一点或[圆弧(A)/闭合(C)/半宽(H)/长度(L)/放弃(U)/宽度(W)]：@−30，0↙(确定点 2)

(4) 指定下一点或[圆弧(A)/闭合(C)/半宽(H)/长度(L)/放弃(U)/宽度(W)]：A↙

(5) 指定圆弧的端点或[角度(A)/圆心(CE)/闭合(CL)/方向(D)/半宽(H)/直线(L)/半径(R)/第二点(S)/放弃(U)/宽度(W)]：A↙

(6) 指定包含角：−180↙

(7) 指定圆弧的端点或[圆心(CE)/半径(R)]：R↙

(8) 指定圆弧半径：14↙

(9) 指定圆弧的弦方向：90↙　　　　　　　　(这时将确定点 3)

(10) 指定下一点或[圆弧(A)/闭合(C)/半宽(H)/长度(L)/放弃(U)/宽度(W)]：L↙

(11) 指定下一点或[圆弧(A)/闭合(C)/半宽(H)/长度(L)/放弃(U)/宽度(W)]：@32，0↙(确定点 4)

(12) 指定下一点或[圆弧(A)/闭合(C)/半宽(H)/长度(L)/放弃(U)/宽度(W)]：@0，−4↙(确定点 5)

(13) 指定下一点或[圆弧(A)/闭合(C)/半宽(H)/长度(L)/放弃(U)/宽度(W)]：A↙

(14) 指定圆弧的端点或[角度(A)/圆心(CE)/闭合(CL)/方向(D)/半宽(H)/直线(L)/半径(R)/第二点(S)/放弃(U)/宽度(W)]：A↙

(15) 指定包含角：180↙

(16) 指定圆弧的端点或[圆心(CE)/半径(R)]：R↙

(17) 指定圆弧半径：10↙

(18) 指定圆弧的弦方向:270↙ (这时将确定点 6)

(19) 指定下一点或[圆弧(A)/闭合(C)/半宽(H)/长度(L)/放弃(U)/宽度(W)]:L↙

(20) 指定下一点或[圆弧(A)/闭合(C)/半宽(H)/长度(L)/放弃(U)/宽度(W)]:C↙

这时将得到一个封闭图形,如图 2-15(b)所示。

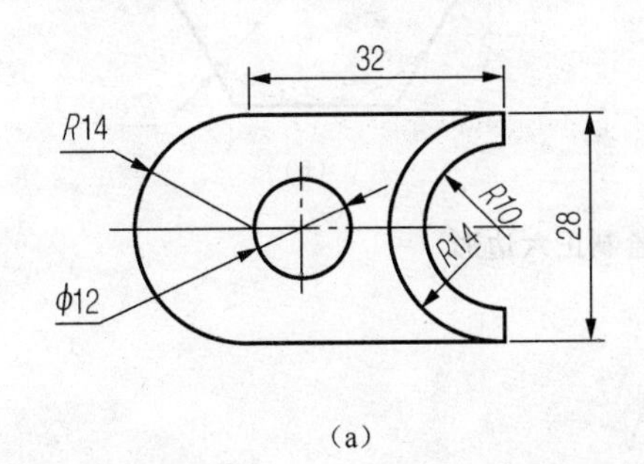

(a)

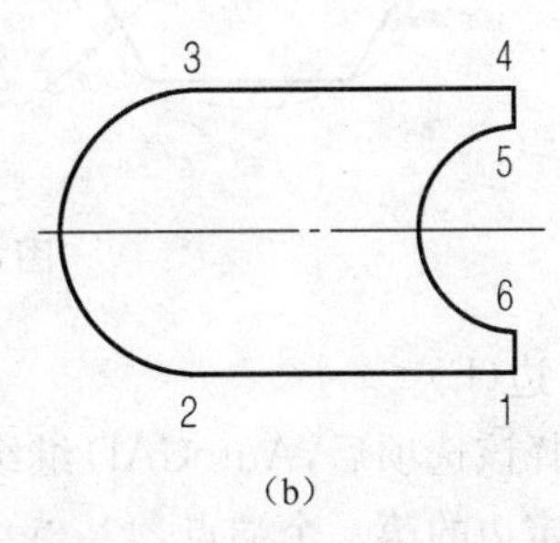

(b)

图 2-15 使用多段线绘制图形

3) 创建正多边形

(1) 命令功能:绘制由 3 到 1024 条边正多边形,正多边形的大小可由与其内接、外切圆的半径或者以边的长度来确定。

(2) 命令调用方式:

菜单方式:【绘图】|【正多边形】

图标方式:

键盘输入方式:POLYGON

(3) 操作步骤:

命令:POLYGON

输入边的数目〈4〉:

输入要绘制的多边形的边数后,AutoCAD 继续提示如下。

指定正多边形中心点或[边(E)]:

(4) 选项说明:

① 指定正多边形中心点

输入正多边形中心点后,AutoCAD 继续提示如下。

输入选项[内接于圆(I)/外切于圆(C)]〈I〉:

a. 内接于圆(I)——可以绘制与圆内接的正多边形。

b. 外切于圆(C)——可以绘制与圆外切的正多边形。

确定选项后,AutoCAD 继续提示如下。

指定圆的半径:

输入半径后,系统会假设由一圆心为指定的中心点,以指定半径为半径的圆,所绘制的正多边形与该圆内接或外切。例如,绘制与指定假想内接圆或外切圆的正六边形,如图 2-16 所示。

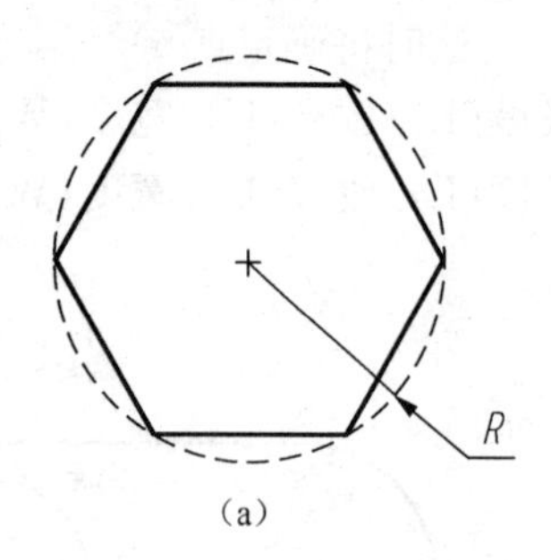

(a)

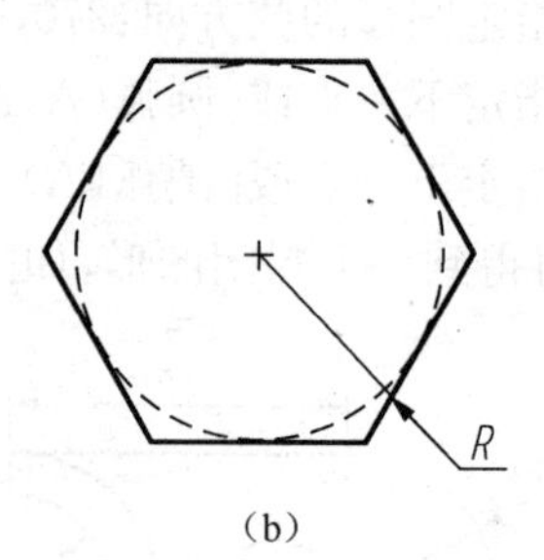

(b)

图 2-16　通过假想圆绘制正六边形

② 边(E)

选择该选项后，AutoCAD 继续提示如下。

指定边的第一个端点：

指定要绘制的多边形某一条边的第一个端点后，AutoCAD 继续提示如下。

指定边的第二个端点：指定要绘制的多边形某一条边的第二个端点后，AutoCAD 会以两个端点的连线作为多边形的一条边，并按指定的边数沿逆时针方向绘制多边形。

4）创建矩形

(1) 命令功能：根据已知的两个角点或者长度和宽度绘制矩形。

(2) 命令调用方式：

菜单方式：【绘图】|【矩形】

图标方式：

键盘输入方式：RECTANG

(3) 操作步骤：

命令：RECTANG

指定第一个角点或[倒角(C)/标高(E)/圆角(F)/厚度(T)/宽度(W)]：

选择各选项的方法有两种：一是直接输入相应的字母；二是单击鼠标右键，弹出快捷菜单，在快捷菜单中选取。

(4) 选项说明：

① 指定第一角点

这是该命令的默认项，可用光标拾取，或直接输入点的绝对坐标和相对坐标。

② 倒角(C)

可以设置所画矩形倒角尺寸。

③ 圆角(F)

可以设置所画矩形圆角的半径。

④ 标高(E)

可以设置三维矩形的高度。

⑤ 厚度(T)

可以设置三维矩形的厚度。

⑥ 宽度(W)

可以设置构成矩形的直线宽度,其默认值为 0。

【例 2-4】 绘制第一角点(20,30),第二角点(80,60),圆角半径为 5,直线宽度为 1 的矩形。

操作步骤如下。

单击绘图工具栏上的【矩形】命令按钮 ▭。

指定第一个角点或[倒角(C)/标高(E)/圆角(F)/厚度(T)/线宽(W)]:F ↙

指定矩形的圆角半径〈默认值〉:5↙

指定第一个角点或[倒角(C)/标高(E)/圆角(F)/厚度(T)/线宽(W)]:W ↙

指定矩形的线宽〈默认值〉:1 ↙

图 2-17　绘制矩形实例

指定第一个角点或[倒角(C)/标高(E)/圆角(F)/厚度(T)/线宽(W)]:20,30 ↙

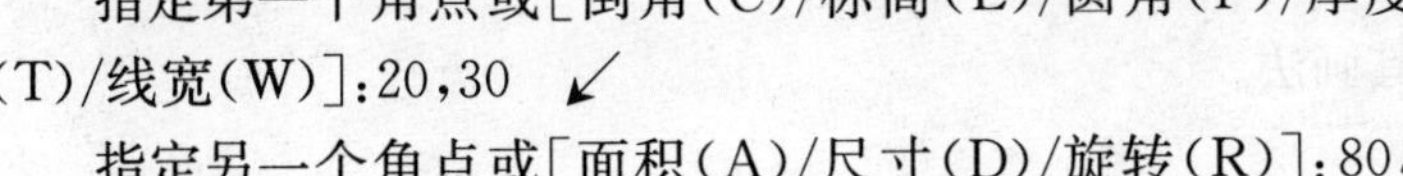

指定另一个角点或[面积(A)/尺寸(D)/旋转(R)]:80,60↙

所绘图形如图 2-17 所示。

2.1.3　圆、圆弧、圆环及椭圆、椭圆弧

1) 创建圆

(1) 命令功能:创建圆。

(2) 命令调用方式:

菜单方式:【绘图】|【圆】(见图 2-18)

图标方式:⊘

键盘输入方式:CIRCLE

(3) 命令操作:

AutoCAD 2013 提供了 6 种绘制圆的方法,如图 2-19 下拉菜单中所示,下面分别介绍。

① 圆心坐标和半径

下面以如图 2-18 所示为例介绍圆的画法。

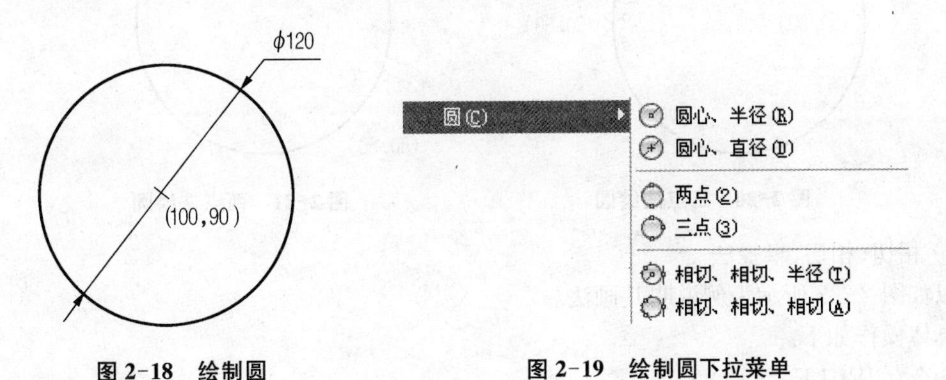

图 2-18　绘制圆　　　　图 2-19　绘制圆下拉菜单

具体操作如下。

命令:CIRCLE

指定圆的圆心或[三点(3P)/两点(2P)/相切、相切、半径(T)]:100,80↙

指定圆的半径或[直径(D)]:60↙

② 圆心、直径法

还以如图 2-18 所示为例介绍圆的画法。

具体操作如下。

命令:CIRCLE

指定圆的圆心或[三点(3P)/两点(2P)/相切、相切、半径(T)]:100,80↙

指定圆的半径或[直径(D)]:D↙

指定圆的直径:120↙

③ 三点法

以如图 2-20 所示为例说明其画法。

具体操作如下。

命令:CIRCLE

指定圆的圆心或[三点(3P)/两点(2P)/相切、相切、半径(T)]:3P↙

指定圆上的第一个点:50,50↙

指定圆上的第二个点:100,100↙

指定圆上的第三个点:150,50↙

④ 两点法

以如图 2-21 所示为例说明其画法。

具体操作如下。

命令:CIRCLE

指定圆的圆心或[三点(3P)/两点(2P)/相切、相切、半径(T)]:2P↙

指定圆直径的第一个端点:50,50↙

指定圆直径的第二个端点:100,100↙

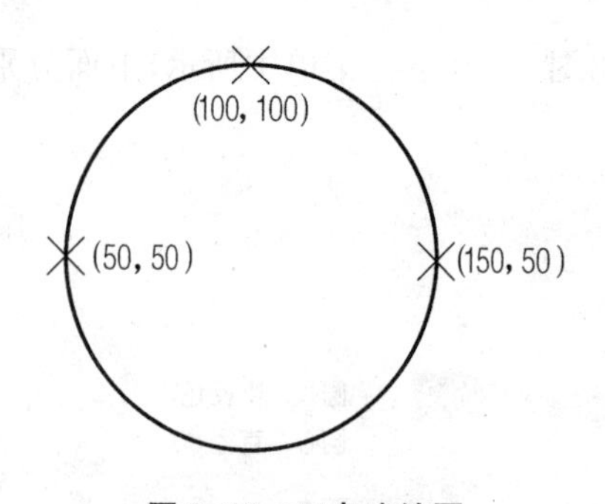

图 2-20　三点法绘圆

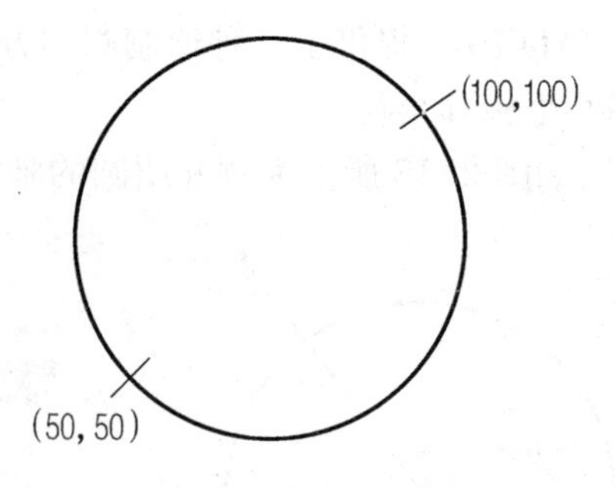

图 2-21　两点法绘圆

⑤ 相切、相切、半径法

以如图 2-22 所示为例说明其画法。

具体操作如下。

命令:CIRCLE

指定圆的圆心或[三点(3P)/两点(2P)/相切、相切、半径(T)]:T↙
指定对象与圆的第一个切点:　　　　　　(选择第一个相切实体圆 01)
指定对象与圆的第二个切点:　　　　　　(选择第二个相切实体圆 02)
指定圆的半径〈44.4197〉:40↙

⑥ 相切、相切、相切法

以绘制如图 2-23 所示与三条直线相内切的圆为例。

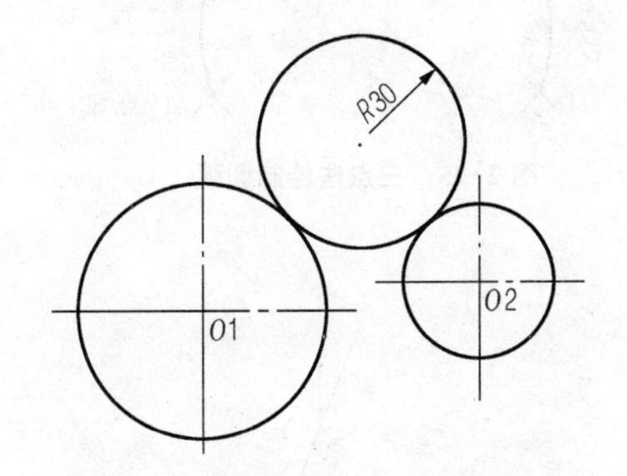

图 2-22　相切、相切、半径法绘制圆

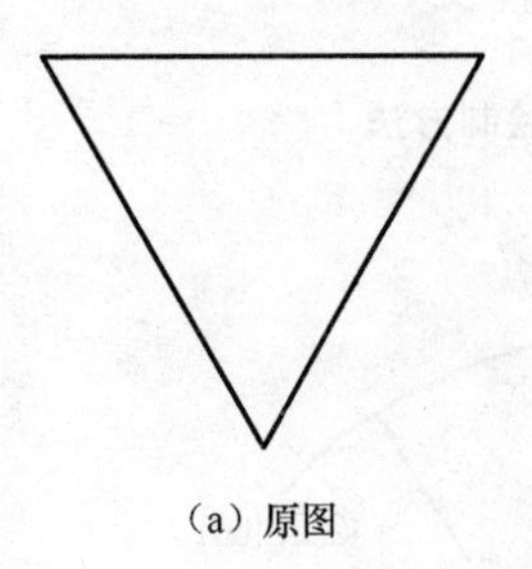

(a) 原图

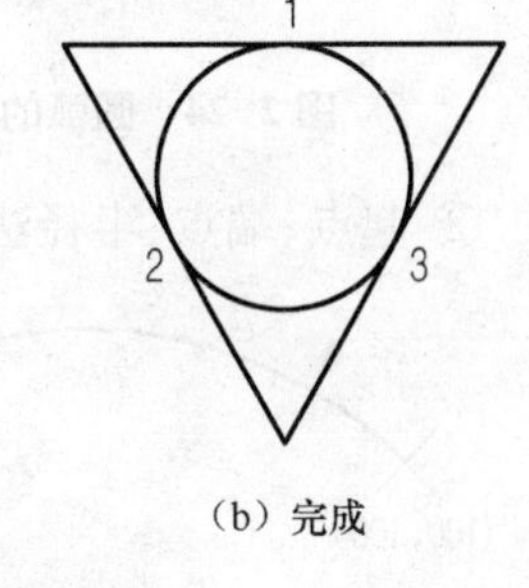

(b) 完成

图 2-23　绘制圆

具体操作如下。
命令:CIRCLE
指定圆的圆心或[三点(3P)/两点(2P)/相切、相切、半径(T)]:3P↙
指定圆上的第一个点:_tan 到　　　　(利用捕捉方式选择与圆相切的第一条直线)
指定圆上的第二个点:_tan 到　　　　(利用捕捉方式选择与圆相切的第二条直线)
指定圆上的第三个点:_tan 到　　　　(利用捕捉方式选择与圆相切的第三条直线)

2) 创建圆弧

(1) 命令功能:创建圆弧。
(2) 命令调用方式:
菜单方式:【绘图】|【圆弧】(见图 2-24)
图标方式:⌒
键盘输入方式:ARC
(3) 命令操作:

圆弧的画法有多种,但一般情况用得并不多,而是先画出整圆,再经剪断处理生成圆弧则显得更加直观、方便。图 2-24 所示为绘制圆弧的 11 种方法。

下面介绍最常用的 3 种绘制圆弧的方法。

① 三点法

以绘制如图 2-25 所示的圆弧为例。
命令:ARC
指定圆弧的起点或[圆心(C)]:100,80↙
指定圆弧的第二个点或[圆心(C)/端点(E)]:150,150↙
指定圆弧的端点:200,80↙

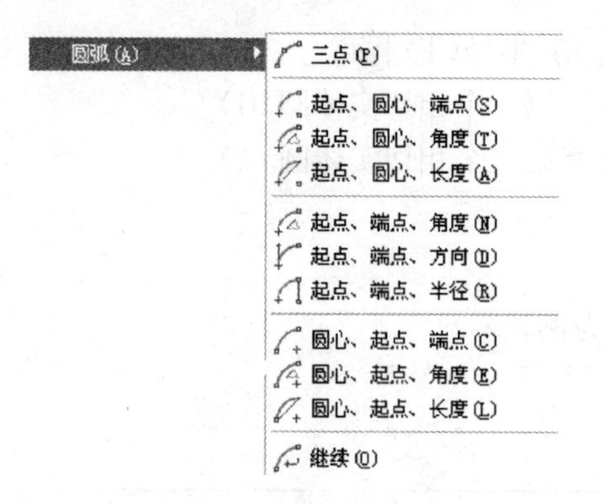

图 2-24 圆弧的绘制方法

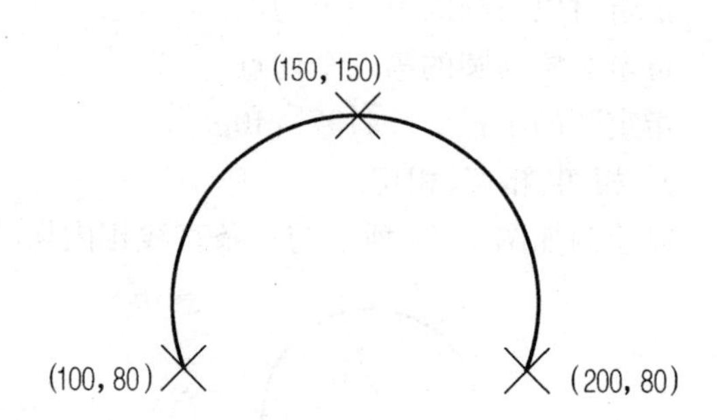

图 2-25 三点法绘制圆弧

② 起点、端点、半径法

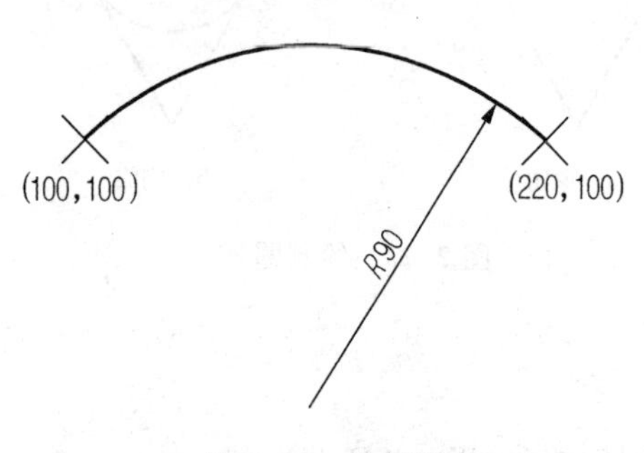

图 2-26 凸圆弧

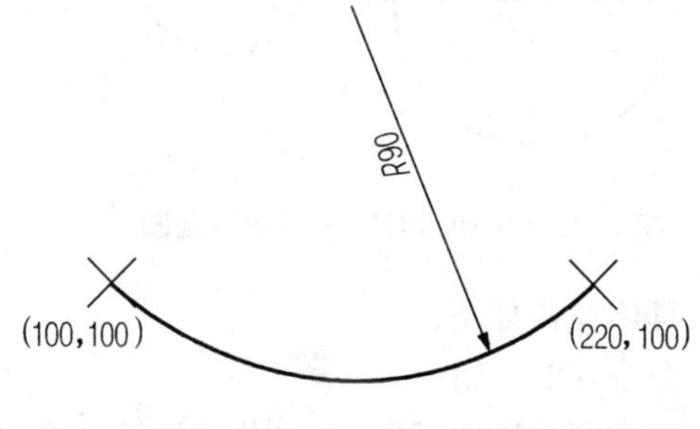

图 2-27 凹圆弧

具体操作如下。

命令:ARC

指定圆弧的起点或[圆心(C)]:220,100↙

指定圆弧的第二个点或[圆心(C)/端点(E)]:E↙

指定圆弧的端点:100,100↙

指定圆弧的圆心或[角度(A)/方向(D)/半径(R)]:R↙

指定圆弧的半径:90↙

结果绘出如图 2-26 所示的凸圆弧。

如果输入的起点坐标为(100,100),端点坐标为(220,100),绘制出来的圆弧将如图 2-27 所示。这是因为 AutoCAD 中默认设置的圆弧正方向为逆时针方向,圆弧沿正方向生成。

③ 起点、端点、角度法

以绘制如图 2-28 所示的圆弧为例。

具体操作如下。

命令:ARC

指定圆弧的起点或[圆心(C)]:200,100↙

指定圆弧的第二个点或[圆心(C)/端点(E)]:E↙

指定圆弧的端点:100,100↙

指定圆弧的圆心或[角度(A)/方向(D)/半径(R)]:A↙

指定包含角:60°↙

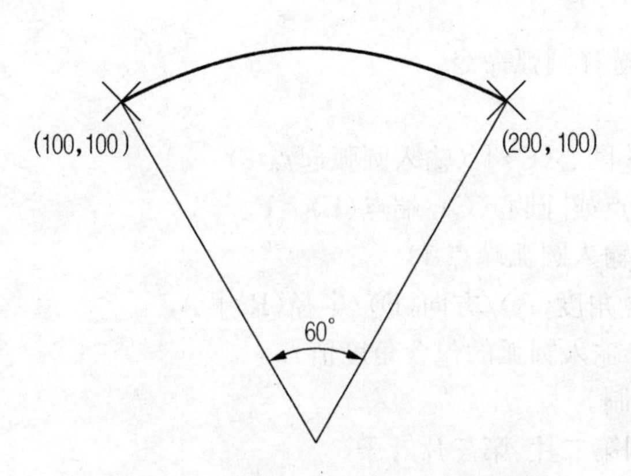

图 2-28 起点、端点、角度法绘制圆弧

(4) 说明：

① 默认状态时，以逆时针画圆弧。若所画圆弧不符合需要，可以将起始点及终点倒换次序后再画。

② 如果用回车键回答第一提问，则以上次所画线或圆弧的终点及方向作为本次所画弧的起点及起始方向。这种方法特别适用于与上次线或圆弧相切的情况。

【例 2-5】 绘制如图 2-29 所示的与已知直线连接的圆弧。

具体操作如下。

命令：ARC

指定圆弧的起点或[圆心(C)]：↙ （直接回车，圆弧的起点直接连接在直线的 *B* 点）

指定圆弧的端点：@50<270↙

【例 2-6】 绘制如图 2-30 所示的三叶草图。

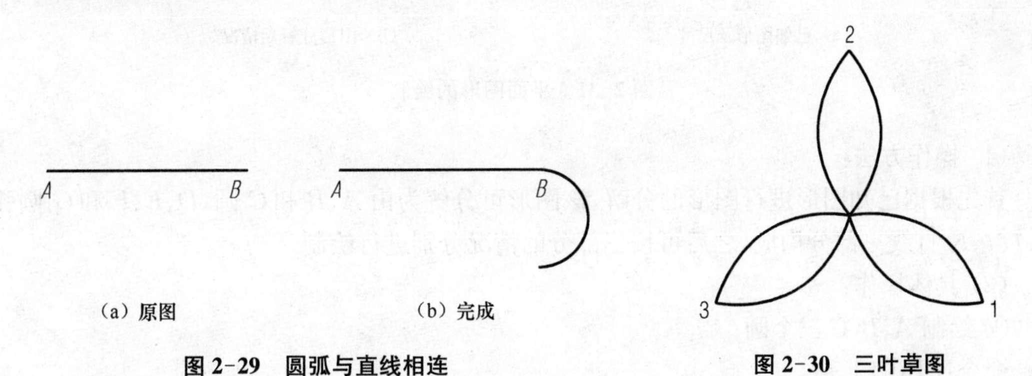

图 2-29 圆弧与直线相连

图 2-30 三叶草图

具体操作如下。

(1) 选用“起点、端点、角度”画圆弧方式。

命令：ARC

指定圆弧的起点或[圆心(C)]：(选取圆弧起点 1)

指定圆弧的第二个点或[圆心(C)/端点(E)]：E↙

指定圆弧的端点：(选取圆弧端点 2)

指定圆弧的圆心或[角度(A)/方向(D)/半径(R)]：A↙

指定包含角：90°↙(输入圆弧的包含角度值)

(2) 按回车键重复选择圆弧命令。

命令:ARC

指定圆弧的起点或[圆心(C)]:(输入圆弧起点 2)

指定圆弧的第二个点或[圆心(C)/端点(E)]:E↙

指定圆弧的端点:(输入圆弧端点 1)

指定圆弧的起点或[角度(A)/方向(D)/半径(R)]:A↙

指定包含角:90°↙(输入圆弧的包含角度值)

完成一片叶子的绘制。

(3) 依此类推,绘制第二片、第三片叶子。

说明:所画圆弧是逆时针画弧。

【例 2-7】 按如图 2-31 所示尺寸,完成平面图形的绘制。

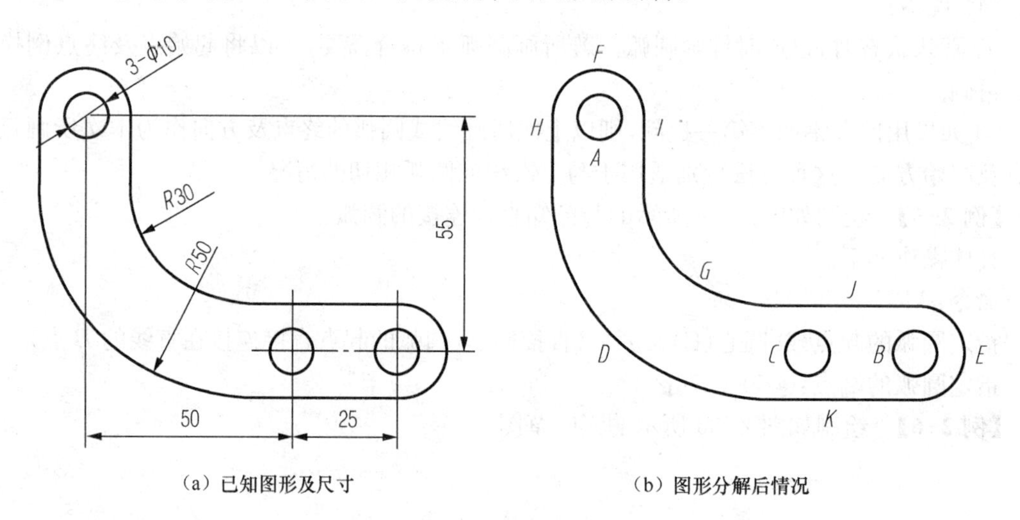

(a) 已知图形及尺寸　　(b) 图形分解后情况

图 2-31　平面图形的绘制

(1) 操作方法:

首先根据已知图形进行图形的分解,该图形可分解为由 *A*、*B* 和 *C* 圆,*D*、*E*、*F* 和 *G* 圆弧,*H*、*I*、*J*、*K* 直线三部分构成,之后可按三部分的情况分别进行绘制。

(2) 具体操作:

① 绘制 *A*、*B*、*C* 三个圆

命令:CIRCLE

指定圆的圆心或[三点(3P)/两点(2P)/相切、相切、半径(T)]:20,75↙

指定圆的半径或[直径(D)]〈5.0000〉:D↙

指定圆的直径〈10.0000〉:↙

绘制完成 *A* 圆。

命令:CIRCLE

指定圆的圆心或[三点(3P)/两点(2P)/相切、相切、半径(T)]:@75,−55↙

指定圆的半径或[直径(D)]〈5.0000〉:↙

绘制完成 *B* 圆。

命令:CIRCLE

指定圆的圆心或[三点(3P)/两点(2P)/相切、相切、半径(T)]:@-25,0↙

指定圆的半径或[直径(D)]〈5.0000〉:↙

② 绘制 D、E、F、G 四段圆弧

命令:ARC

指定圆弧的起点或[圆心(C)]:C↙

指定圆弧的圆心:60,60↙

指定圆弧的起点:10,60↙

指定圆弧的端点或[角度(A)/弦长(L)]:60,10↙

绘制完成圆弧 D。

命令:ARC

指定圆弧的起点或[圆心(C)]:95,10↙

指定圆弧的第二个点或[圆心(C)/端点(E)]:E↙

指定圆弧的端点:95,30↙

指定圆弧的圆心或[角度(A)/方向(D)/半径(R)]:R↙

指定圆弧的半径:10↙

绘制完成圆弧 E。

命令:ARC

指定圆弧的起点或[圆心(C)]:30,75↙

指定圆弧的第二个点或[圆心(C)/端点(E)]:E↙

指定圆弧的端点:10,75↙

指定圆弧的圆心或[角度(A)/方向(D)/半径(R)]:A↙

指定包含角:180°↙

绘制完成圆弧 F。

命令:ARC

指定圆弧的起点或[圆心(C)]:C↙

指定圆弧的圆心:60,60↙

指定圆弧的起点:30,60↙

指定圆弧的端点或[角度(A)/弦长(L)]:60,30↙

绘制完成圆弧 G。

③ 画 H、I、J、K 四段直线段

命令:LINE

指定第一点:10,75↙

指定下一点或[放弃(U)]:10,60↙

指定下一点或[放弃(U)]:↙

命令:LINE

指定第一点:30,75↙

指定下一点或[放弃(U)]:30,60↙

指定下一点或[放弃(U)]:↙

命令:LINE
指定第一点:60,30↙
指定下一点或[放弃(U)]:95,30↙
指定下一点或[放弃(U)]:↙
命令:LINE
指定第一点:60,10↙
指定下一点或[放弃(U)]:95,10↙
指定下一点或[放弃(U)]:↙
结果如图 2-31(b)所示。

3) 创建椭圆

(1) 命令功能:绘制椭圆或椭圆弧。
(2) 命令调用方式:
菜单方式:【绘图】|【椭圆】
图标方式:
键盘输入方式:ELLIPSE
(3) 操作步骤:
命令:ELLIPSE
指定椭圆轴的端点或[圆弧(A)/中心点(C)]:
(4) 选项说明:
① 中心点(C)
选择该选项后,AutoCAD 继续提示如下。
指定椭圆中心点:
椭圆的中心点确定后,椭圆的位置就随之确定。此时,只要再为两轴各确定一个端点,便可确定椭圆的形状。AutoCAD 继续提示如下。
指定轴的端点:(指定椭圆某一轴的一个端点)
指定另一条半轴的长度或[旋转(R)]:
回答与上述相同。
这种绘制椭圆的方法如图 2-32(a)所示。
② 指定椭圆轴的端点
指定椭圆上某轴的一个端点后,AutoCAD 继续提示如下。

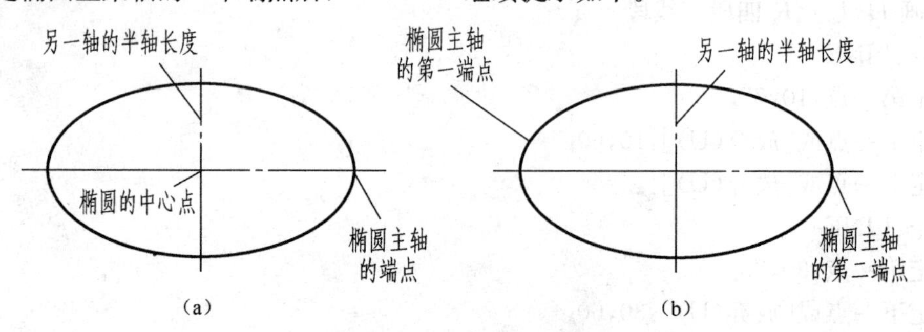

图 2-32 椭圆的绘制方法

指定轴的另一端点：

指定轴的另一个端点后，AutoCAD 继续提示如下。

指定另一条半轴的长度或[旋转(R)]：

a. 指定另一条半轴的长度

输入另一条半轴的长度值或者用光标点取距离都可绘制出椭圆并结束命令。

b. 旋转(R)

选择该选项后，AutoCAD 继续提示如下。

指定绕长轴旋转的角度：

根据椭圆生成原理，即圆绕其一条直径旋转一定角度后的投影就是椭圆，作为轴的这条直径就是椭圆的长轴。当旋转角度为 0°时，就是圆。当旋转角度为 90°时，是一条直线。输入角度范围为 0°～89.4°，随着角度的增加，椭圆越来越扁。

这种绘制椭圆的方法如图 2-32(b)所示。

③ 圆弧(A)

此选项用于绘制椭圆弧。它需要先画出椭圆再截取一段弧，因而开始的提示及应答与绘制椭圆一样。AutoCAD 提示如下。

指定椭圆轴的端点或[圆弧(A)/中心点(C)]：

指定轴的另一端点：

指定另一条半轴的长度或[旋转(R)]：

上述命令用于绘制一个椭圆，当椭圆确定后，AutoCAD 继续提示如下。

指定起始角度或[参数(P)]：

a. 指定起始角度

输入起始角度后，AutoCAD 继续提示如下。

指定终止角度或[参数(P)/包含角度(I)]：

Ⅰ. 输入终止角后，将画出起始角至终止角之间(逆时针为正)的椭圆弧。

Ⅱ. 指定包含角后，则画出自起始角开始包含指定角度(逆时针为正)的椭圆弧。

b. 选择参数(P)选项时，AutoCAD 提示如下。

指定起始参数或[角度(A)]：

指定终止参数或[角度(A)/包含角度(I)]：

参数的作用仍然是用来计算椭圆弧的起始角和终止角。

一般而言，绘制椭圆弧需要确定一系列参数，比较烦琐，所以应用机会不多，实际绘图时，往往通过编辑修改椭圆来得到满足要求的椭圆弧。

绘制椭圆弧的途径与绘制椭圆相同。它需要先画出一个母体椭圆，然后再指定起始角与终止角或者指定起始角与夹角来截取一段弧。

4）创建椭圆弧

(1) 命令功能：绘制一段椭圆弧。

(2) 命令调用方式：

菜单方式：【绘图】|【椭圆】|【圆弧】

图标方式：

(3)操作步骤:

命令:ELLIPSE

指定椭圆轴的端点或[圆弧(A)/中心点(C)]:

指定轴的另一端点:

指定另一条半轴的长度或[旋转(R)]:

指定终止角度或[参数(P)/包含角度(I)]:

指定起始参数或[角度(A)]:

指定终止参数或[角度(A)/包含角度(I)]:

可见,此命令与椭圆命令中的"圆弧(A)"相同。

5) 创建圆环和填充圆

(1) 命令功能:绘制实心或空心的圆或圆环。

(2) 命令调用方式:

菜单方式:【绘图】|【圆环】

键盘输入方式:DONUT

(3) 操作步骤:

命令:DONUT

指定圆环的内径〈10〉:输入圆环的内径。如果内径值设为0,则绘制的圆环为填充的实心圆。

指定圆环的外径〈20〉:输入圆环的外径后,在绘图区光标处会出现一个满足指定内径和外径的没有填充的圆环。

指定圆环的中心点:

此时可以给定圆环的中心位置,如果直接按回车键,会退出圆环的绘制命令。给定圆环的中心位置后,AutoCAD 会不断提示如下。

指定圆环的中心点:

在该提示下,可以绘制多个相同的圆环,直到按下回车键,退出圆环的绘制命令为止。

(4) 圆环的填充控制

圆环是否填充可以用 FILL 命令来控制。

命令:FILL

输入模式[开(ON)/关(OFF)]〈开〉:系统默认值为"开"。此时,如果输入"OFF",则可取消填充方式,在此之后绘制多个相同的圆环便不再有填充,如图 2-33 所示。

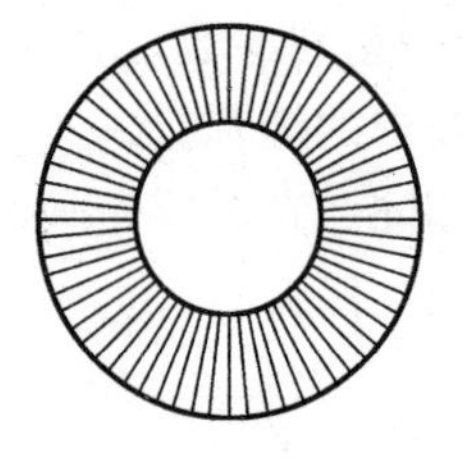

图 2-33　圆环和实心圆

6) 创建样条曲线

(1) 命令功能:绘制一条平滑相连的样条曲线。

(2) 命令调用方式：

菜单方式：【绘图】|【样条曲线】

图标方式：~

键盘输入方式：SPLINE

(3) 操作步骤：

命令：SPLINE

指定第一个点或[对象(O)]：

(4) 选项说明：

① 指定第一个点

输入第一个点后，出现一条橡皮筋线，并提示如下。

指定下一点：

指定下一点或[闭后(C)/拟合公差(F)]〈起点切向〉：

a. 按回车键或右键确认，则结束线段控制点的选择，并提示如下。

指定起点切向：

如选择一点，则起点至该点的方向就决定了起点切向，直接回车则以第一点至第二点的方向决定起点切向。AutoCAD 继续提示如下。

指定端点切向：

如选择一点，则末端点至该点的方向就决定了终点切向，直接回车则以最后一点至倒数第二点的方向决定终点切向。

b. 下一点。

拾取下一点后，则下一段加入样条曲线，再拾取一点又加入一段，直至退出命令。

c. 闭合(C)选项。

选择该选项后，AutoCAD 用第一段样条的起点作为最后一段样条的终点，并结束样条曲线的绘制，然后提示如下。

指定切向：

可以选择一点决定闭合点处的切向，也可直接回车，由 AutoCAD 计算切向。

d. 拟合公差(F)。

拟合公差用于控制样条曲线对数据点的接近程度，拟合公差的大小对当前图形有效。拟合公差越小，样条曲线越接近数据点。如果拟合公差为 0，表明样条曲线精确通过数据点，如图 2-34 所示。

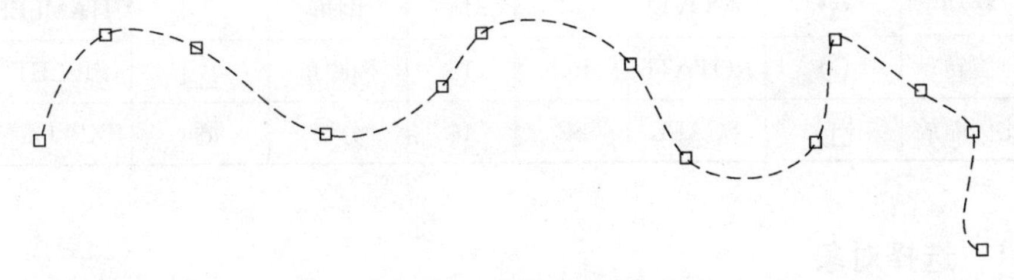

图 2-34 样条曲线示例

② 对象(O)

此选项用于将经过样条曲线拟合的多义线变成样条曲线。

(5) 样条曲线的应用

在机械制图中，样条曲线常用作波浪线，用来绘制机件断裂处的边界线、视图与剖视的分界线，如图 2-35 所示。

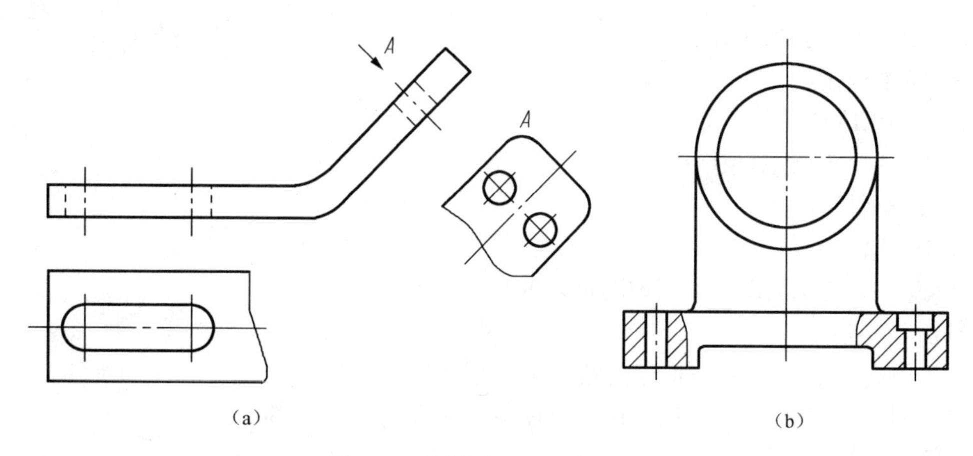

图 2-35 样条曲线的应用示例

2.2 基本编辑命令

AutoCAD 2013 提供的图形编辑命令名称、工具栏按钮、命令名称及简称列于表 2-2 中。

表 2-2 常用 AutoCAD 2013 编辑命令

序号	方法	按钮	命令	简称	序号	方法	按钮	命令	简称
1	删除		ERASE	E	9	拉伸		STRETCH	S
2	复制		COPY	CO	10	修剪		TRIM	TR
3	镜像		MIRROR	MI	11	延伸		EXTEND	EX
4	偏移		OFFSET	O	12	点打断		BREAK	BR
5	阵列		ARRAY	AR	13	打断		BREAK	BR
6	移动		MOVE	M	14	倒角		CHAMFER	CHA
7	旋转		ROTATE	RO	15	倒圆角		FILLET	F
8	比例缩放		SCALE	SC	16	分解		EXPLODE	X

2.2.1 选择对象

AutoCAD 具有高效的图形编辑功能，可以对图形进行删除、修改、复制等操作。许多图形编辑命令都要求用户选择要执行的对象，AutoCAD 提供的选择对象的方法如下。

(1) 点选：用光标点取要选择的对象。

(2) W 窗口选(Window)：选窗口对角两点形成窗口，则窗口内所围对象被选中。图形有任何一部分在窗外都不能被选中。

(3) C 窗口选(Crossing)：选窗口对角两点形成窗口，则窗口内所围对象被选中。只要图形有任何一部分在窗内均被选中。

(4) 最后图元(Last)：选中最后一个绘图命令操作的对象。

(5) 前选择集(Previous)：将上一次选取的对象作为本命令的选择对象，用于同一组对象进行多次编辑。

(6) 移去(Remove)：在选择集中移出对象，每选中一个选择集中的对象，该对象就被移出选择集。

(7) 添加(Add)：加入选择对象方式。使用移去选项后，再进入选择对象的操作。

(8) 返回(Undo)：取消选择方式。此选项允许用户逐步从选择集中移出对象，移出顺序与选择顺序相反。

(9) WP 窗口选(WPolygon)：与 Window 操作类似，但选择框为任一多边形。

(10) CP 窗口选(CPolygon)：与 Crossing 操作类似，但选择框为任一多边形。

(11) 围栏选(Fence)：选择与围栏相交的图元，围栏可以不封闭。

(12) 全部选(All)：所有对象选择方式。这一选项用来选择在当前屏幕上非冻结层、非锁定层的所有对象。

在实际图形编辑中，往往要把以上选择方式结合起来使用，互相补充。

2.2.2 复制、镜像、偏移对象

为了提高工作效率，我们可以在原有图形对象的基本上进行复制和镜像操作，从而起到事半功倍的作用。

1) 复制对象

(1) 命令功能：可以在当前图形中复制单个或多个对象，而且可以在图形文件间或图形文件与其他 Windows 应用程序间进行复制。

(2) 命令调用方式：

菜单方式：【修改】|【复制】

图标方式：

键盘输入方式：COPY

(3) 命令操作：

命令：COPY

选择对象：(选择要复制的实体)

指定基点或位移，或者[重复(M)]：(定“基点”)

指定位移的第二点或〈用第一点作位移〉：(给定位移第二点或用鼠标导向直接给距离)

结果如图 2-36(a)所示。

(4) 选项：

要复制的对象选择完毕后选项如下。

① 基点和位移：如果以回车键确定位移的第二点，则 AutoCAD 2013 将基点的坐标作为复制的相对位移，即已拾取的基点坐标或是输入的基点坐标作为相对位移量。

② 多重(M)：默认方式为单个复制。回应 M 可以对所选目标进行多次复制，如图 2-36(b)所示。

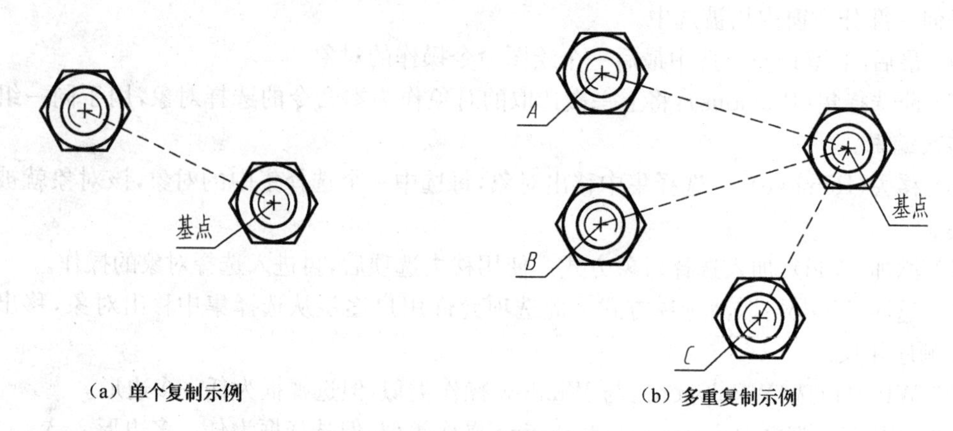

(a) 单个复制示例　　(b) 多重复制示例

图 2-36　复制命令

2) 镜像对象

工程制图中经常遇到对称图形，可以只画二分之一甚至四分之一的图形，再使用镜像复制得到完全图形，达到事半功倍的目的。

(1) 命令功能：可以对选择的对象做镜像处理，生成两个相对镜像线完全对称的对象，原始对象可以保留，也可以删除。

(2) 命令调用方式：

菜单方式：【修改】|【镜像】

图标方式：⏃

键盘输入方式：MIRROR

(3) 操作步骤：

命令：MIRROR

选择对象：选取某一个或几个对象后，AutoCAD 继续提示如下。

指定镜像线的第一点：拾取镜像线上 A 点。

指定镜像线的第二点：拾取镜像线上 B 点。AutoCAD 继续提示如下。

是否删除源对象？[是(Y)/否(N)]〈N〉：

默认选项为"否(N)"，按回车键或者右键确认即可完成操作；如果只需要得到新出现的源对象，选择"是(Y)"按回车键或者右键确认即可。

镜像命令的操作如图 2-37 所示。

(4) 说明：

镜像命令在默认时，镜像变换所有对象，如果所选择的对象含有文字，那么文字同样要进行镜像变换，造成文字反向书写，这时可以使用系统变量 MIRRTEXT 来控制文字是否参与镜像。

在命令行输入"MIRRTEXT"后，按回车键或右键确认，命令行会提示输入 MIRRTEXT

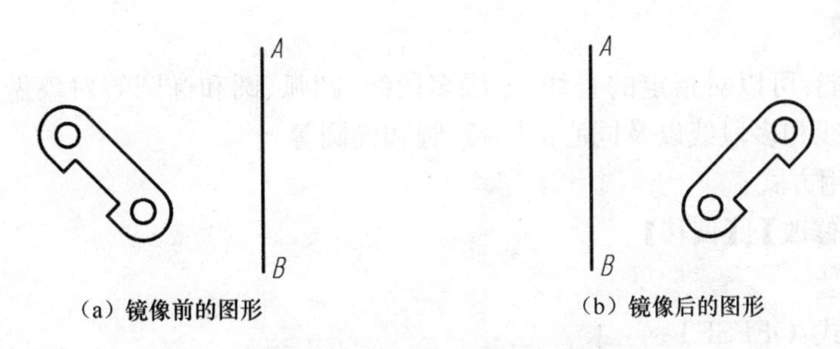

图 2-37 用镜像命令复制图形

的值。系统变量 MIRRTEXT 有两种取值，如果将系统变量 MIRRTEXT 设置为“0”，则禁止文字相对于源对象镜像；如果将系统变量 MIRRTEXT 设置为“1”，则文字就会相对于源对象镜像。系统变量 MIRRTEXT 取值为“0”和“1”时的区别如图 2-38 所示。

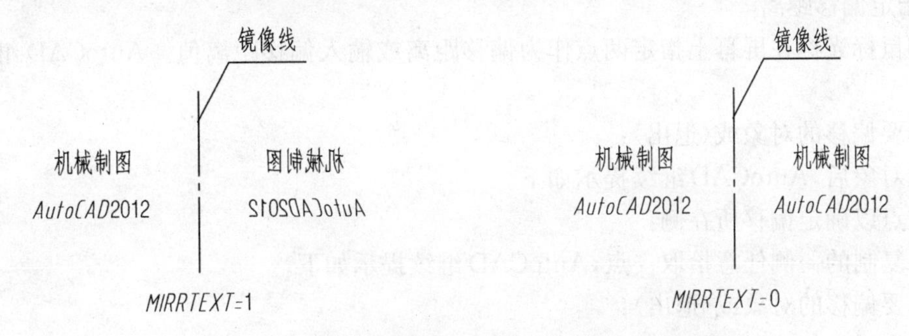

图 2-38 用系统变量 MIRRTEXT 来控制文字镜像

【例 2-8】 使用镜像命令绘制如图 2-39(c)所示的图形。

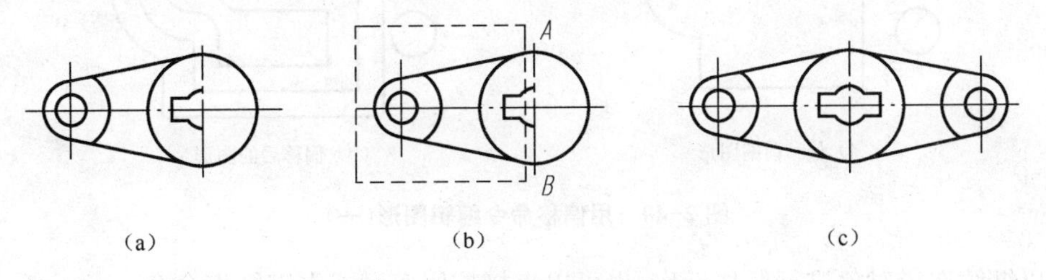

图 2-39 用镜像命令绘制图形

操作步骤如下。

(1) 先用已学过的绘图和编辑命令绘制出如图 2-39(a)所示的图形。

(2) 单击修改工具栏上的“镜像”命令按钮。

(3) 选择对象：用窗口选择方式选取要创建镜像的对象，如图 2-39(b)所示。

(4) 指定镜像线的第一点：拾取中心线上 A 点。

(5) 指定镜像线的第二点：拾取中心线上 B 点。

(6) 是否删除源对象？[是(Y)/否(N)]〈N〉：↙

即可得到如图 2-39(c)所示的图形。

3）偏移对象

（1）命令功能：可以对指定的直线、二维多段线、圆弧、圆和椭圆等对象做相似复制，即可复制生成平行直线和多段线以及同心的圆弧、圆和椭圆等。

（2）命令调用方式：

菜单方式：【修改】|【偏移】

图标方式：

键盘输入方式：OFFSET

（3）操作步骤：

命令：OFFSET

指定偏移距离或[通过(T)]：

（4）选项说明：

① 指定偏移距离

可用鼠标光标在屏幕上指定两点作为偏移距离或输入偏移距离值。AutoCAD 继续提示如下。

选择要偏移的对象或〈退出〉：

选择对象后，AutoCAD 继续提示如下。

指定点以确定偏移所在侧：

在要复制的一侧任意拾取一点，AutoCAD 继续提示如下。

选择要偏移的对象或〈退出〉：

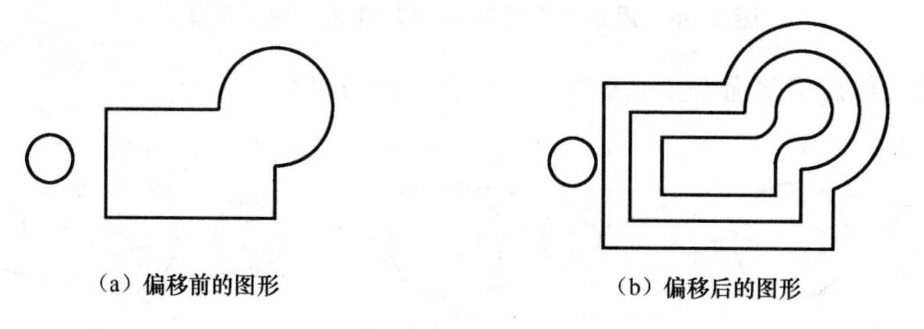

（a）偏移前的图形　　（b）偏移后的图形

图 2-40　用偏移命令编辑图形(一)

可以继续选择对象进行偏移操作，也可以直接按回车键或右键结束命令。

偏移命令的操作如图 2-40 所示。

② 通过(T)

选择该选项后，AutoCAD 继续提示如下。

选择要偏移的对象或〈退出〉：

选择对象后，AutoCAD 继续提示如下。

指定通过点：

用鼠标光标在屏幕上拾取复制对象要通过的点即可。

如图 2-41 所示，可指定通过左侧小圆的圆心。

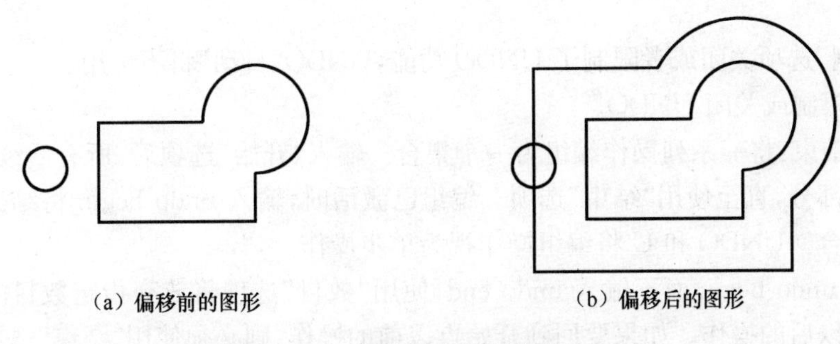

图 2-41 用偏移命令编辑图形(二)

2.2.3 删除与恢复对象

1) 删除对象

(1) 命令功能:删除图形中的所选对象。

(2) 命令调用方式:

菜单方式:【修改】|【删除】

图标方式:

键盘输入方式:ERASE

(3) 命令操作:

命令:ERASE

选择对象:

指定对角点:

(4) 说明:

当应用该命令删除对象时,可以采用多种方法选择对象。

2) 取消对象

(1) 命令功能:逐步取消本次进入绘图状态后的操作对象。

(2) 命令调用方式:

菜单方式:【编辑】|【放弃】

图标方式:

键盘输入方式:UNDO

(3) 命令操作:

命令:选择对象

当前设置:自动=开,控制=全部,合并=是,图层=是

输入要放弃的操作数目或[自动(A)/控制(C)/开始(BE)/结束(E)/标记(M)/后退(B)]〈1〉:

(4) 说明:

① 数目:放弃指定数目的以前的操作。效果与多次输入 U 相同。

② 自动:将宏(如菜单宏)中的命令编组到单个动作中,使这些命令可通过单条 U 命令

反转。

如果“控制”选项关闭或者限制了 UNDO 功能，UNDO“自动”将不可用。

③ 控制：限制或关闭 UNDO。

④ 开始、结束：将一系列操作编组为一个集合。输入“开始”选项后，所有后续操作都将成为此集合的一部分，直至使用“结束”选项。编组已激活时，输入 undo begin 将结束当前集合，并开始新的集合。UNDO 和 U 将编组操作视为单步操作。

如果输入 undo begin 而不输入 undo end，使用“数目”选项将放弃指定数目的命令，但不会备份开始点以后的操作。如果要回到开始点以前的操作，则必须使用“结束”选项（即使集合为空），这也同样适用于 U 命令。由“标记”选项放置的标记在 UNDO 编组中不显示。

⑤ 标记、后退：“标记”是在放弃信息中放置标记。“后退”是放弃直到该标记为止所做的全部工作。如果一次放弃一个操作，到达该标记时程序会给出通知。

只要有必要，可以放置任意个标记。“后退”一次后退一个标记，并删除该标记。如果没找到标记，“后退”将显示以下提示。

这将放弃所有操作。确定？〈是〉：输入 Y 或 N，或按 Enter 键。

输入 Y 可放弃所有输入到当前任务中的命令，输入 N 可忽略“后退”选项。

如果使用“数目”选项放弃多个操作，UNDO 将在遇到标记时停止。

2.2.4 移动、旋转、阵列对象

1）移动对象

(1) 命令功能：将一个或多个对象从当前位置按指定方向平移到一个新位置。

(2) 命令调用方式：

菜单方式：【修改】|【移动】

图标方式：✥

键盘输入方式：MOVE

(3) 操作步骤：

命令：MOVE

选择对象：

选取要移动的对象。AutoCAD 继续提示如下。

选择对象：

可以继续选择需要旋转的对象，如果不再选择，按回车键或右键确认即可。AutoCAD 继续提示如下。

指定基点或位移：

可以拾取移动的起始点。AutoCAD 继续提示如下。

指定位移的第二点或〈用第一点作位移〉：

此时若拾取移动的第二点，则系统将所选对象按第一点和第二点之间的距离和两点连线方向作为位移进行移动；如果直接按回车键，则系统会将第一点的各坐标分量作为位移来移动对象。

【例 2-9】 使用移动命令将如图 2-42(a)所示的图形从当前坐标系(0,0)移动到(—30,—22)点。

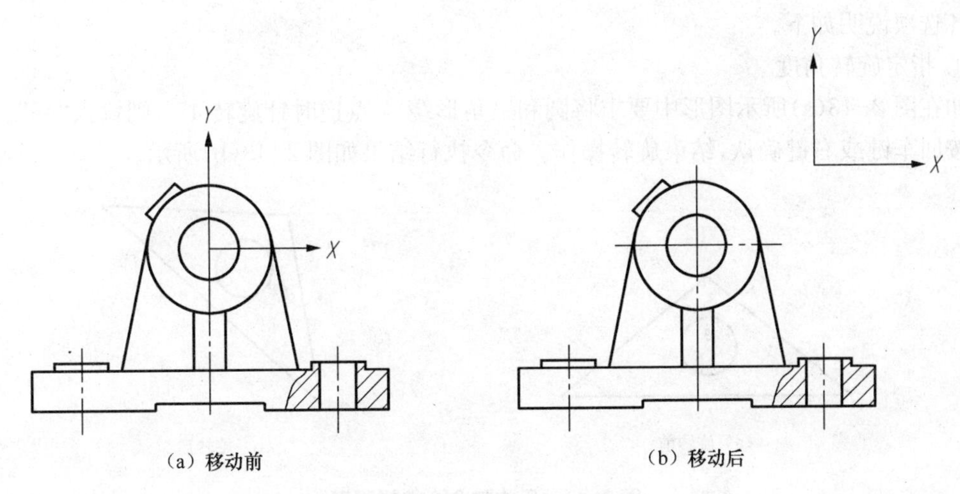

(a) 移动前 (b) 移动后

图 2-42 用移动命令编辑图形

操作步骤如下。

(1) 单击修改工具栏上的“移动”命令按钮 ✥。

(2) 选择对象:在绘图窗口中选择整个图形,按回车键或右键确认。

(3) 指定基点或位移:0,0↙

(4) 指定位移的第二点或〈用第一点作位移〉:—30,—22↙

即可将图形移动到指定位置,如图 2-42(b)所示。

2) 旋转对象

(1) 命令功能:将编辑对象绕指定的基点,按指定的角度及方向旋转。

(2) 命令调用方式:

菜单方式:【修改】|【旋转】

图标方式:↻

键盘输入方式:ROTATE

(3) 操作步骤:

命令:ROTATE

UCS 当前的正角方向:ANGDIR=逆时针,ANGBASE=0 (意思是当前的正角度方向为逆时针方向,零角度方向为 X 轴方向)

选择对象:

选取某一个对象,例如,在如图 2-43(a)所示的图形中选择三角形和圆。AutoCAD 继续提示如下。

选择对象:

可以继续选择需要旋转的对象,如果不再选择,按回车键或右键确认即可。AutoCAD 继续提示如下。

指定基点:

拾取 A 点为旋转基点。AutoCAD 继续提示如下。

指定旋转角度或[参照(R)]:

各选项说明如下。

① 指定旋转角度

如在图 2-43(a)所示图形中要求将圆和三角形绕 A 点逆时针旋转 45°,则输入"45"。

按回车键或右键确认,结束旋转操作。命令执行结果如图 2-43(b)所示。

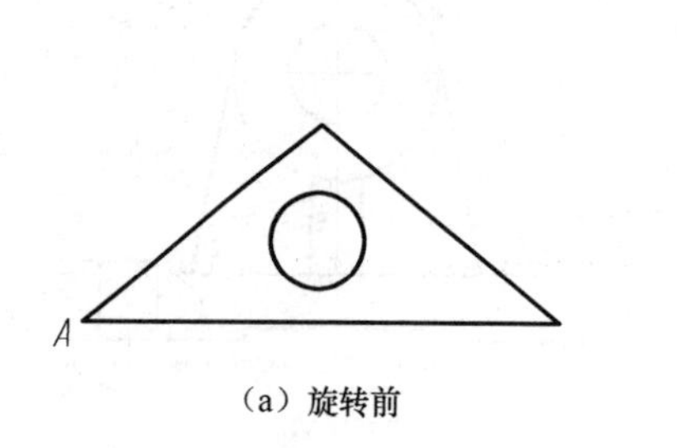

(a) 旋转前

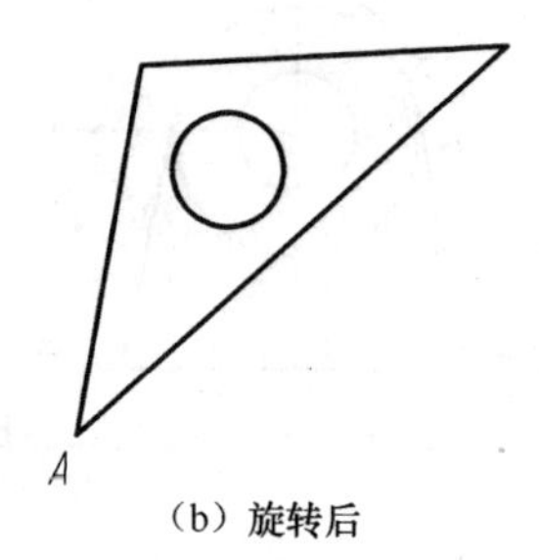

(b) 旋转后

图 2-43 用旋转命令编辑图形

② 参照(R)

在此提示下以 R 响应,AutoCAD 继续提示如下。

指定参考角:

可以输入参考方向的角度值,或者用鼠标光标拾取两点所确定的直线与 X 轴的夹角为参考方向角。AutoCAD 继续提示如下。

指定新角度:

输入相对参考方向的角度,按回车键或右键确认,结束旋转操作。此执行结果实际旋转的角度值是新角度与参考角度之差。

【例 2-10】 使用旋转命令将如图 2-44(a)所示图形的右边部分旋转 60°,结果如图 2-44(b)所示。

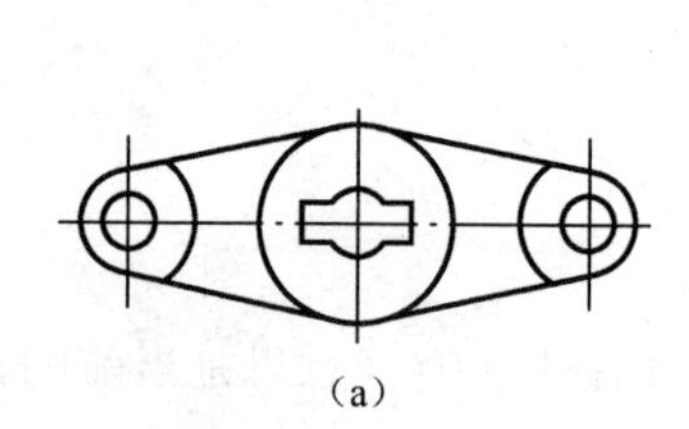

(a)

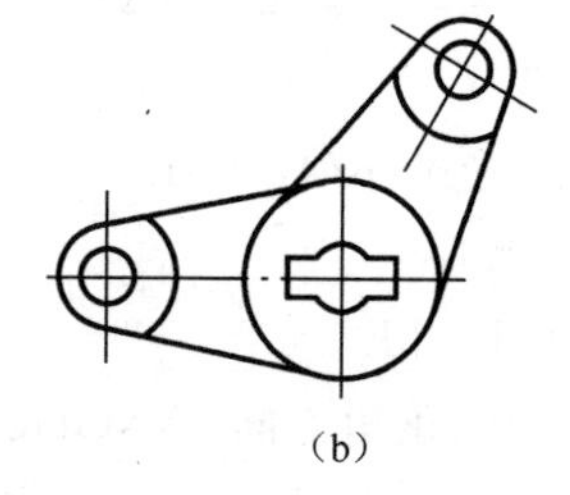

(b)

图 2-44 旋转图形

操作步骤如下。

(1) 单击修改工具栏上的"旋转"命令按钮 。

(2) 选择对象:用窗口选择方式选取要创建旋转的对象,如图 2-45(a)所示。

(3) 指定基点:拾取圆心 A 点为旋转基点,如图 2-45(b)所示。

(4) 指定旋转角度或[参照(R)]:60°↙

即可得到如图 2-45(c)所示的图形。

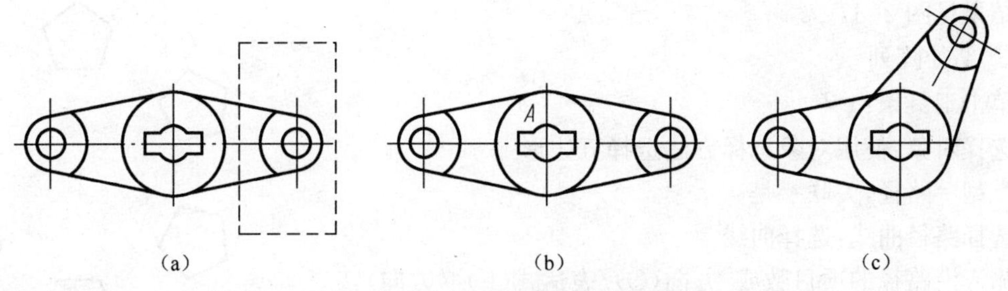

图 2-45　用旋转命令绘制图形

3）阵列对象

(1) 命令功能：按矩形或环形方式多重复制对象。

(2) 命令调用方式：

菜单方式：【修改】|【阵列】

图标方式：

键盘输入方式：ARRAY

(3) 操作步骤：

命令：ARRAY

在命令工具条中，可以完成【矩形阵列(R)】、【环形阵列(PO)】和【路径阵列(PA)】的设置和操作。

(4) 工具条说明：

① 矩形阵列

单击工具条：

选择对象：使用对象选择方法

类型＝矩形，关联＝是

为项目数指定对角点或[基点(B)/角度(A)/计数(C)]〈计数〉：C

输入行数或[表达式(E)]〈4〉：2

输入列数或[表达式(E)]〈4〉：3

指定对角点以间隔项目或[间距(S)]〈间距〉：50

按 Enter 键接受或[关联(AS)/基点(B)/行(R)/列(C)/层(L)/退出(X)]〈退出〉：

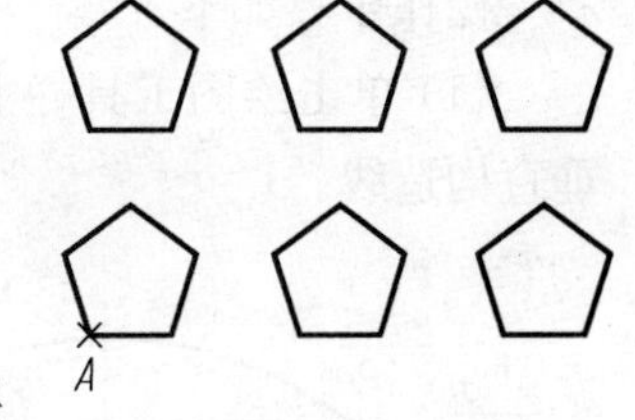

图 2-46　矩形阵列

结果见图 2-46。

② 环形阵列

单击工具条：

选择对象：使用对象选择方法

类型＝极轴，关联＝是

指定阵列的中心点或[基点(B)/旋转轴(A)]：〈对象捕捉关〉〈打开对象捕捉〉

输入项目数或[项目间角度(A)/表达式(E)]〈4〉：6

指定填充角度(＋＝逆时针、－＝顺时针)或[表达式(EX)]〈360〉：

按 Enter 键接受或[关联(AS)/基点(B)/项目(I)/项目间角度(A)/填充角度(F)/行(ROW)/层(L)/旋转项目(ROT)/退出(X)]〈退出〉：

结果见图 2-47。

③ 路径阵列

单击工具条：

选择对象：使用对象选择方法选择五边形

类型＝路径，关联＝是

选择路径曲线：选择曲线

输入沿路径的项目数或[方向(O)/表达式(E)]〈方向〉：5

指定沿路径的项目之间的距离或[定数等分(D)/总距离(T)/表达式(E)]〈沿路径平均定数等分(D)〉：

按 Enter 键接受或[关联(AS)/基点(B)/项目(I)/行(R)/层(L)/对齐项目(A)/Z 方向(Z)/退出(X)]〈退出〉：

结果见图 2-48。

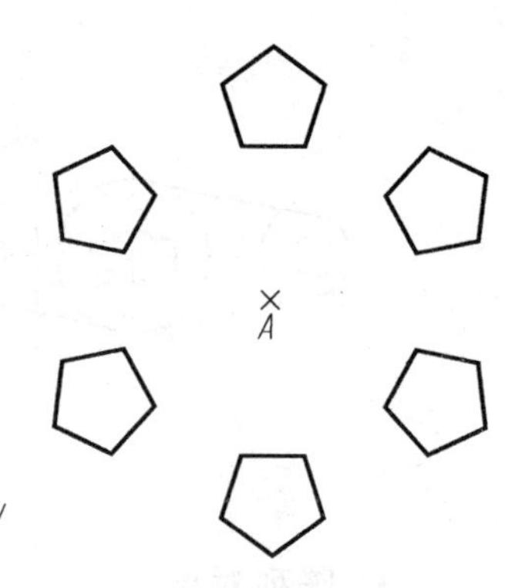

图 2-47　环形阵列

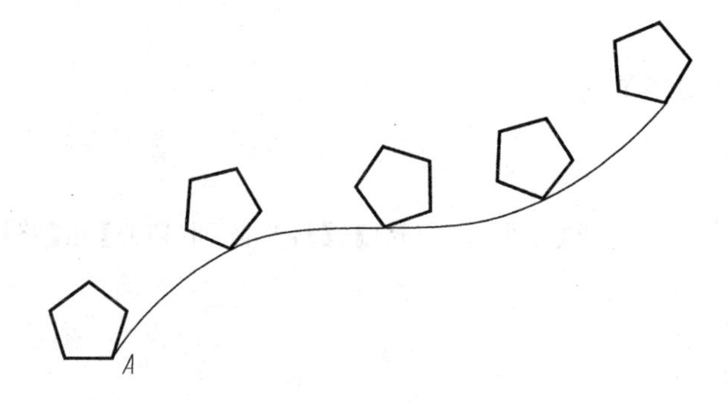

图 2-48　路径阵列

【例 2-11】 使用环形阵列命令绘制如图 2-49 所示的图形。

操作步骤如下。

(1) 单击绘图工具栏上的【构造线】命令按钮，在绘图窗口中分别绘制一条水平和一条垂直构造线。

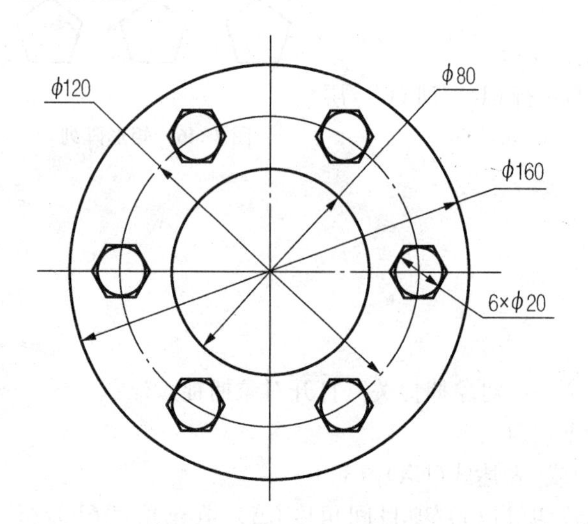

图 2-49　用环形阵列命令绘制图形

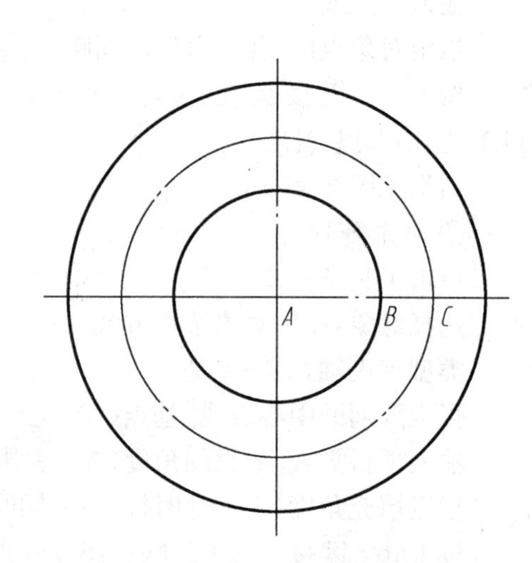

图 2-50　绘制同心圆 *A*、*B*、*C*

(2) 单击绘图工具栏上的“圆”命令按钮 ，并以构造线的交点为圆心，绘制半径分别为40、60、80 的同心圆 A、B、C，如图 2-50 所示。

(3) 以圆 B 与水平构造线的交点为圆心，绘制一个半径为 10 的圆。单击绘图工具栏上的【多边形】命令按钮 ，在命令行输入“6”(表示绘制六边形)，捕捉小圆的圆心为中心点，然后输入“C”(表示外切于圆)，按回车键，输入“10”(表示内切圆的半径)，如图 2-51 所示。

(4) 单击修改工具栏上的【阵列】命令按钮 ，打开【阵列】对话框，选择【环形阵列】。

(5) 单击【中心点】按钮后面的【拾取中心点】按钮，然后在绘图窗口中选择圆 B 的圆心。

(6) 在【方法和值】设置区中选择创建方法为【项目总数和填充角度】，并设置【项目总数】为 6，【填充角度】为 360。

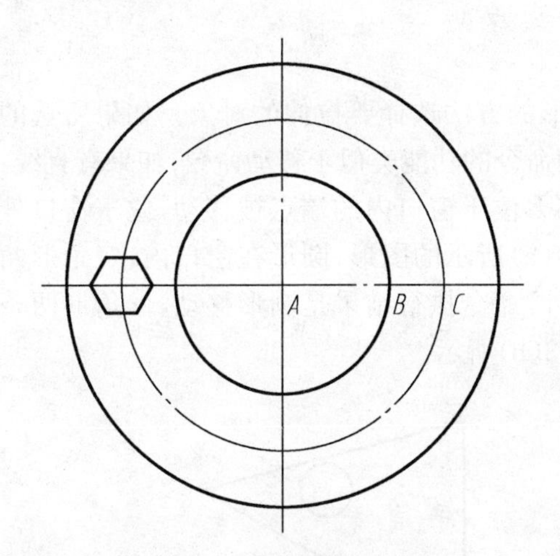

图 2-51　绘制小圆和多边形

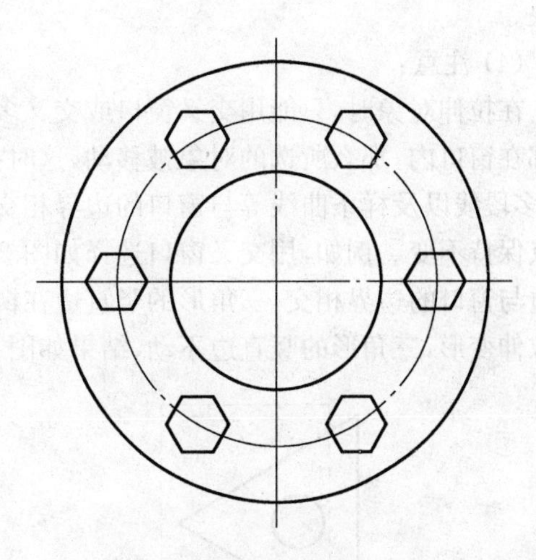
图 2-52　环形阵列的结果

(7) 单击“选择对象”按钮，然后在绘图窗口中选择六边形和内切圆，按回车键或右键确认，返回【阵列】对话框。

(8) 单击【确定】按钮，关闭【阵列】对话框，阵列结果如图 2-52 所示。

2.2.5　拉伸对象

(1) 命令功能：可以拉伸、缩短、移动对象，编辑过程中除被拉伸、缩短的对象外，其他图元之间的几何关系将保持不变。

(2) 命令调用方式：

菜单方式：【修改】|【拉伸】

图标方式：

键盘输入方式：STRETCH

(3) 操作步骤：

命令：STRETCH

以交叉窗口或交叉多边形选择要拉伸的对象……

选择对象：

选取某一个对象后，AutoCAD 提示如下。

找到一个

选择对象：

可以继续选择需要拉伸的对象，如果不再选择，按回车键或右键确认即可。AutoCAD 继续提示如下。

指定基点或位移：

可以拾取拉伸的起始点，AutoCAD 继续提示如下。

指定位移的第二点或〈用第一点作位移〉：

此时若拾取拉伸的第二点，则系统将所选对象按第一点和第二点之间的距离和两点连线方向作为位移进行拉伸；如果直接按回车键，则系统会将第一点的各坐标分量作为位移来拉伸对象。

(4) 注意：

在拉伸对象时，只能用交叉窗口或交叉多边形的方法选择要拉伸的对象。如果所选的对象都在窗口内，那么所选的对象被移动，这时拉伸命令的功能类似于移动命令；如果有直线、圆弧、多段线以及样条曲线等与窗口的边界相交，那么位于窗口内的端点被移动，位于窗口外的端点保持不变。例如，用交叉窗口选择如图 2-53(a)所示的图形，圆形在窗口内，三角形两条斜边与窗口的边界相交，三角形的竖直边在窗口外，命令执行结果是圆形移动，三角形两条斜边拉伸变形，三角形的竖直边不动，结果如图 2-53(b)所示。

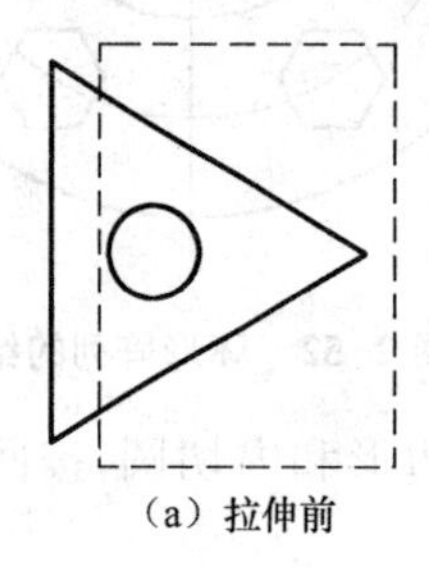

(a) 拉伸前

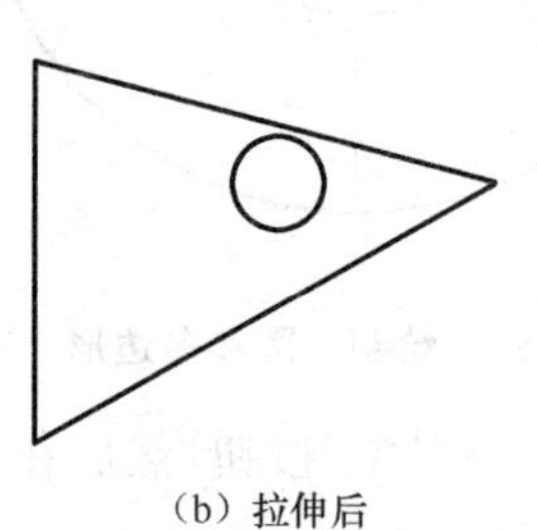

(b) 拉伸后

图 2-53 用拉伸命令编辑图形

【例 2-12】 使用拉伸命令拉伸如图 2-54(a)所示的图形。

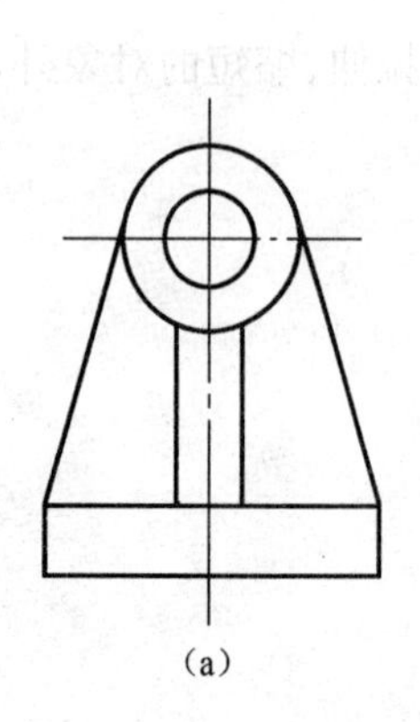

(a)

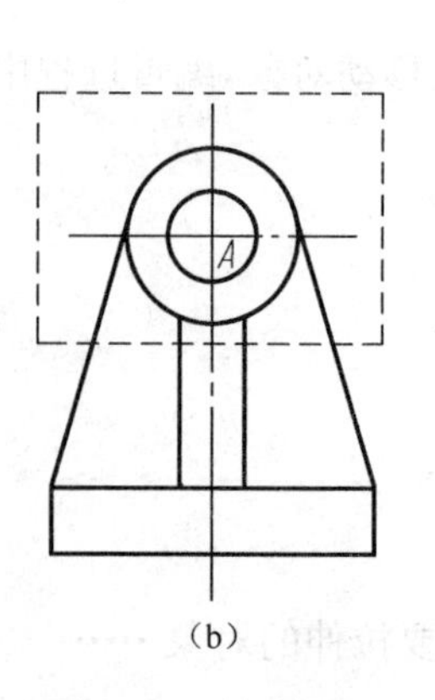

(b)

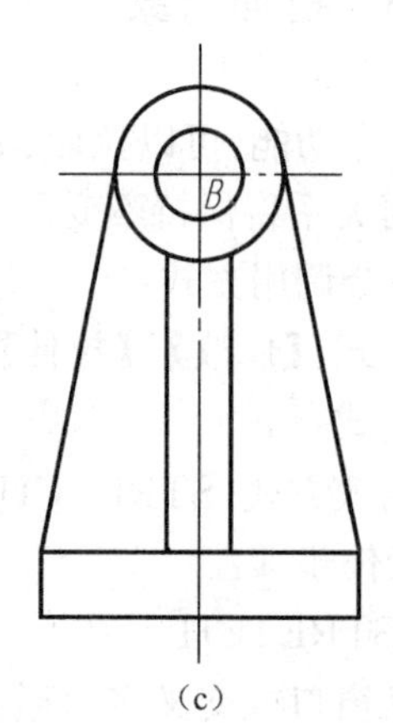

(c)

图 2-54 拉伸图形

操作步骤如下。

(1) 单击修改工具栏上的【拉伸】命令按钮。

(2) 选择对象:用交叉窗口选择要拉伸的图形部分,按回车键或右键确认,如图 2-54(b)所示。

(3) 指定基点或位移:拾取圆心 A 点为拉伸基点。

(4) 指定位移的第二点或〈用第一点作位移〉:拾取 B 点为位移点。

拉伸结果如图 2-54(c)所示。

2.2.6 修剪与延长对象

1) 修剪对象

(1) 命令功能:将所选对象的一部分切断或切除。

(2) 命令调用方式:

菜单方式:【修改】|【修剪】

图标方式:-/--

键盘输入方式:TRIM

(3) 命令操作:

命令:TRIM

当前设置:投影=UCS,边=无

选择剪切边……

选择对象:

选择要修剪的对象,或按住 Shift 键选择要延伸的对象,或

[栏选(F)/窗交(C)/投影(P)/边(E)/删除(R)/放弃(U)]:

(4) 选项说明:

当 AutoCAD 提示选择剪切边时,按↙键,然后即可选择待修剪的对象。在两个或更多相交对象中,先选一个或若干对象作为边界,再选其他对象作为被切对象,则被切对象在与边界交点处被切断,靠近选择点的部分被切除。

① 栏选:选择与选择栏相交的所有对象。选择栏是一系列临时线段,它们是用两个或多个栏选点指定的。选择栏不构成闭合环。

② 窗交:选择矩形区域(由两点确定)内部或与之相交的对象。

③ 投影:指定修剪对象时 AutoCAD 使用的"投影"模式。

④ 边:确定修剪对象的位置,是在剪切边的延伸处还是在与它在三维空间中相交的对象处。

⑤ 删除:选择要删除的对象。

⑥ 放弃:放弃最近做的一次修改。

【例 2-13】 应用 TRIM 命令修剪如图 2-55(a)所示图形,修剪结果如图 2-55(b)所示。

命令操作如下。

命令:TRIM

当前设置:投影=UCS,边=无
选择剪切边……
选择对象:找到 1 个(选择圆 A 作为剪切边界)
选择对象:找到 1 个,总计 2 个(选择圆 B 作为剪切边界)
选择对象:
选择要修剪的对象,按住 Shift 键选择要延伸的对象,或[投影(P)/边(E)/放弃(U)]:
(选择要修剪的对象圆 C)
选择要修剪的对象,按住 Shift 键选择要延伸的对象,或[投影(P)/边(E)/放弃(U)]:
(选择要修剪的对象圆 D)
选择要修剪的对象,按住 Shift 键选择要延伸的对象,或[投影(P)/边(E)/放弃(U)]:↙
结果如图 2-55(b)所示。

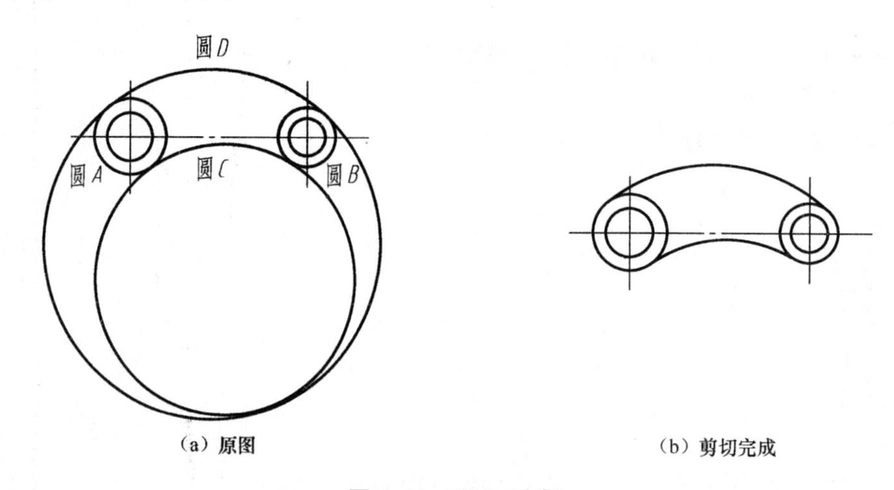

(a) 原图　　(b) 剪切完成

图 2-55　TRIM 实例

2) 延伸对象

(1) 命令功能:延长所选定的对象,使其准确地到达指定的对象(或边界)。作为边界的对象可以是直线、圆弧、圆、椭圆弧、多段线、射线、构造线、文字和区域等。

(2) 命令调用方式:

菜单方式:【修改】|【延伸】

图标方式:--/

键盘输入方式:EXTEND

(3) 操作步骤:

命令:EXTEND
当前设置:投影=UCS,边=无(当前延伸操作设置)
选择边界的边……
选择对象:
这里选择的是作为边界的对象。当选取某一个对象后,AutoCAD 提示如下。
找到一个,并继续提示如下。
选择对象:

可以继续选择作为边界的对象，如果不再选择，按回车键或右键确认即可。AutoCAD 继续提示如下。

选择要延伸的对象，或按住 Shift 键选择要修剪的对象，或[栏选(F)/窗交(C)/投影(P)/边(E)/放弃(U)]：

(4) 选项说明：

① 选择要延伸的对象

选择需要延伸的对象后，该对象即可延伸到作为边界的对象上。并且 AutoCAD 连续提示如下。

选择要延伸的对象，按住 Shift 键选择要修剪的对象，或[栏选(F)/窗交(C)/投影(P)/边(E)/放弃(U)]：

可以继续选择需要延伸的对象，如果不再选择，按回车键或右键确认，即可结束延伸命令。

② 按住 Shift 键选择要修剪的对象

这是 AutoCAD 2013 新增加的功能，因为修剪命令和延伸命令应用频率很高，所以 AutoCAD 2013 软件设计可以用 Shift 键在这两个命令之间切换，而不用退出命令运行，即在延伸命令的执行过程中也能完成修剪操作，其操作过程与修剪命令相同。

③ 投影(P)

用以确定延伸操作的空间。选择此项后，AutoCAD 提示如下。

输入投影选项[无(N)/UCS(U)/视图(V)]：

a. 无(N)：按三维关系延伸，即只有在三维空间中实际相交的对象才能延伸。

b. UCS(U)：在当前 UCS 的 *XOY* 平面上延伸，即按投影关系延伸在三维空间中并不相交的对象。

c. 视图(V)：在当前视图平面上延伸。

AutoCAD 默认项为 UCS。这三个选项在平面图形的编辑操作中没有区别。

④ 边(E)

用以确定延伸的模式，选择此项后，AutoCAD 提示如下。

输入隐含边延伸模式[延伸(E)/不延伸(N)]：

a. 延伸(E)：延伸与短的边界不能相交的对象至边界延长线。

b. 不延伸(N)：按边界实际位置延伸，即不延伸与短的边界不能相交的对象。

在两种模式下，延伸命令的执行结果如图 2-56 所示。

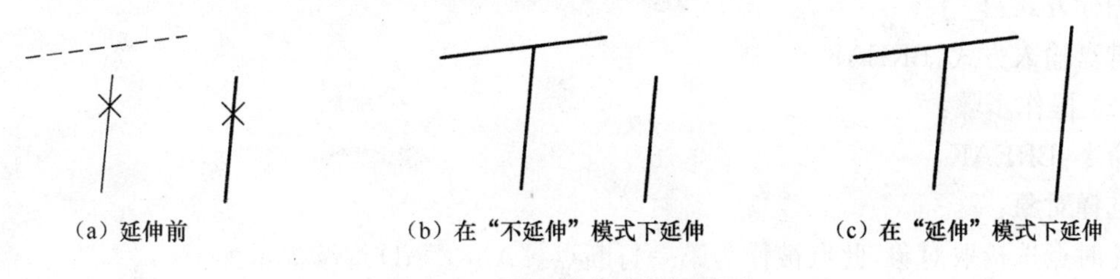

(a) 延伸前　　(b) 在“不延伸”模式下延伸　　(c) 在“延伸”模式下延伸

图 2-56　用延伸命令编辑图形

⑤ 放弃(U)

在延伸对象过程中，可以随时使用该选项取消上一次的操作。

(5) 注意:

① 选择要延伸的对象时,应将拾取框靠近延伸边界的那一端来选择实体目标。

② 延伸命令可以用于延伸尺寸标注,并且操作完成后能自动修正其尺寸值,如图 2-57 所示。

(a) 延伸前　　(b) 延伸后

图 2-57　用延伸命令编辑尺寸标注

③ 直线可以延伸到切点,如图 2-58 所示。

(a) 延伸前　　(b) 延伸后

图 2-58　直线延伸到切点

④ 如果选择了多个边界,那么拾取要延伸的对象后,被延伸的对象首先延伸到离它最近的边界上,再次拾取,被延伸的对象继续延伸到离它次近的边界上,依此类推。

2.2.7　打断与打断于点

1) 打断

(1) 命令功能:把选定的对象实体进行部分删除,或把它断开为两个实体。该命令可以操作的对象有直线、圆弧、圆、宽度线、椭圆、构造线、射线和圆环等。

(2) 命令调用方式:

菜单方式:【修改】|【打断】

图标方式:

键盘输入方式:BREAK

(3) 操作步骤:

命令:BREAK

选择对象:

此时点选拾取对象,此点被作为第一打断点。AutoCAD 继续提示如下。

指定第二个打断点或[第一点(F)]:

(4) 选项说明:

① 指定第二个打断点

a. 在此提示下,若直接在对象上拾取了第二个打断点,则位于两个打断点之间的那部分对象被删除(对象若为圆或弧,则沿逆时针方向从第一打断点至第二打断点之间的那段弧被删除)。

b. 若在对象的一端之外拾取了第二个点,则位于两个拾取点之间的那部分对象被删除。

c. 若键入“@”,表示指定的第二打断点与第一打断点是同一点,则将对象在第一打断点处一分为二。

② 第一点(F)

当选择该选项后,则重新确定第一打断点。AutoCAD 继续提示如下。

指定第一个打断点:

指定第二个打断点:

【例 2-14】 用打断命令将如图 2-59(a)所示图形修改成如图 2-59(b)所示图形。

操作步骤如下。

(1) 单击修改工具栏上的【打断】命令按钮 。

(2) 选择对象:点选拾取圆 1

(3) 指定第二个打断点或[第一点(F)]:F ↙

(4) 指定第一个打断点:捕捉点 A

(5) 指定第二个打断点:捕捉点 B

此时就删除圆 1 的右半边圆弧。(注意:A 点和 B 点的选择顺序不能弄错)

(6) 同理可删除圆 2 的左半边圆弧。

(7) 单击修改工具栏上的【打断】命令按钮 。

(8) 选择对象:点选拾取圆 3

(9) 指定第二个打断点或[第一点(F)]:F ↙

(10) 指定第一个打断点:捕捉点 C

(11) 指定第二个打断点:捕捉点 D

此时就删除圆 3 的上边圆弧。(注意:C 点和 D 点的选择顺序不能弄错)

(12) 同理可删除圆 2 的下边圆弧。

命令执行结果如图 2-59(b)所示。

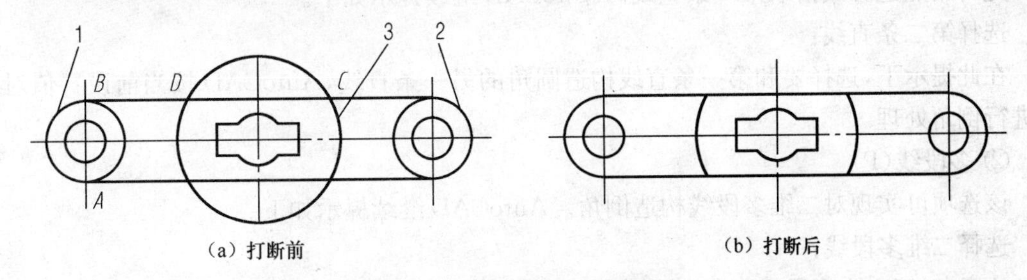

(a) 打断前　　(b) 打断后

图 2-59　用打断命令编辑图形

2) 打断于点

(1) 命令功能:把选定的对象实体断开为两个实体。

该命令可以操作的对象有直线、圆弧、圆、宽度线、椭圆、构造线、射线和圆环等。

(2) 命令调用方式:

图标方式:

(3)操作步骤：

激活命令后，AutoCAD 提示如下。

选择对象：

此时点选拾取对象，AutoCAD 继续提示如下。

指定第二个打断点或[第一点(F)]：F(注意系统自动以 F 响应)

指定第一个打断点：确定第一个打断点后，AutoCAD 继续提示如下。

指定第二个打断点：@(注意系统自动以@响应)，命令就此结束。

可见，打断于点命令实际上是打断命令的一部分，把它单独列为一个命令是为了在作图过程中把一个实体断开为两个实体时使用方便。

2.2.8 倒角与圆角

1) 倒角

(1) 命令功能：在一对相交直线或多段线上按指定的距离或角度构造倒角。

(2) 命令调用方式：

菜单方式：【修改】|【倒角】

图标方式：

键盘输入方式：CHAMFER 或 CHA

(3) 操作步骤：

命令：CHAMFER

(“修剪”模式)当前倒角距离 1=10.0000，距离 2=10.0000

选择第一条直线或[多段线(P)/距离(D)/角度(A)/修剪(T)/方法(M)]：

(4) 选项说明：

① 选择第一条直线：

此时用点选方式拾取第一条直线。AutoCAD 继续提示如下。

选择第二条直线：

在此提示下，选择要和第一条直线构造圆角的另一条直线，AutoCAD 按当前设置值对它们进行倒角处理。

② 多段线(P)

该选项可实现对二维多段线构造倒角。AutoCAD 继续提示如下。

选择二维多段线：

注意：对于一个多段线对象而言，倒角的大小必须一致。

③ 距离(D)

该选项用以确定倒角距离。倒角距离指的是倒角的两个角点与两条直线的交点之间的距离，如图 2-60(a)所示。在构造倒角时，可以先响应此选项重新指定倒角距离，AutoCAD 提示：

指定第一个倒角距离〈10.0000〉：(输入第一个倒角距离)

选择第二个倒角距离〈10.0000〉：(输入第二个倒角距离)

选择第一条直线或[多段线(P)/距离(D)/角度(A)/修剪(T)/方法(M)]：

可以继续选择要构造倒角的对象。

④ 角度(A)

该选项用以确定第一条直线的倒角距离和角度，如图 2-60(b)所示。在构造倒角时，也可以先响应此选项，来重新指定倒角距离和角度，AutoCAD 继续提示如下。

当前设置：模式＝修剪，半径＝0.0000

选择第一个对象或[放弃(U)/多段线(P)/半径(R)/修剪(T)/多个(M)]：

选择第二个对象，或按住 Shift 键选择对象以应用角点或[半径(R)]：

可以继续选择要构造倒角的对象。

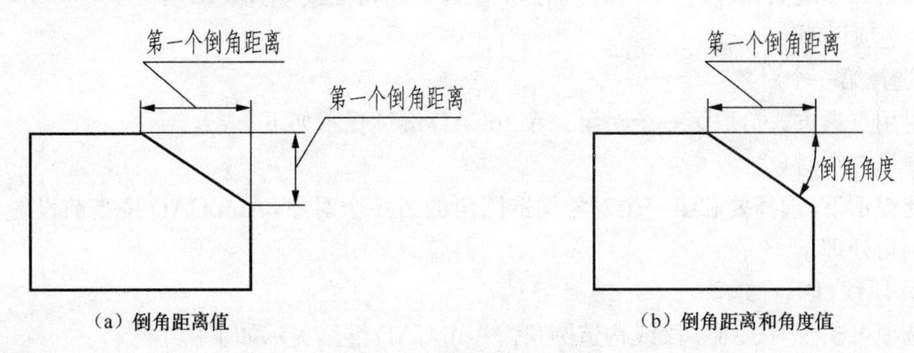

(a) 倒角距离值　　(b) 倒角距离和角度值

图 2-60　倒角距离和角度

⑤ 修剪(T)

倒角设置模式有两种，即修剪模式和不修剪模式。该选项用以改变构造倒角的设置模式。AutoCAD 提示如下。

输入修剪模式选项[修剪(T)/不修剪(N)]：

选择“不修剪(N)”为不修剪模式；选择“修剪(T)”为修剪模式。

在两种模式下，倒角命令的执行结果如图 2-61 所示。

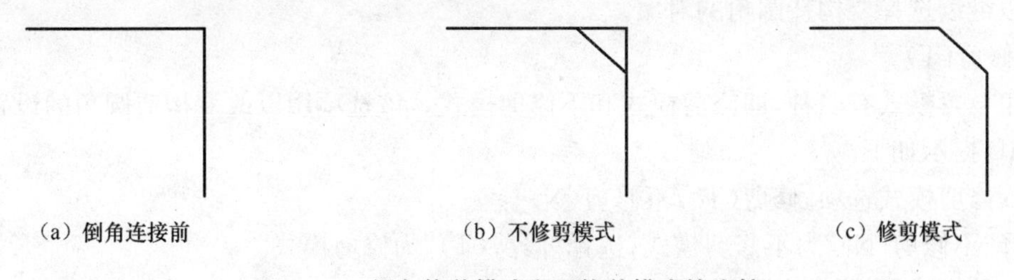

(a) 倒角连接前　　(b) 不修剪模式　　(c) 修剪模式

图 2-61　倒角修剪模式和不修剪模式的比较

⑥ 方法(M)

该选项用以确定按“距离”方法或“角度”方法构造倒角。AutoCAD 提示如下。

输入修剪方法[距离(D)/角度(A)]：

选择“距离(D)”为用“距离”方法构造倒角，选择“角度(A)”为用“角度”方法构造倒角。

2）圆角

(1) 命令功能：按指定半径在选定的两个实体对象(直线、圆弧、圆、椭圆、多段线、射线和构造线等)之间构造圆角。

(2) 命令调用方式:

菜单方式:【修改】|【圆角】

图标方式:

键盘输入方式:FILLET 或 F

(3) 操作步骤:

命令:FILLET

当前设置:模式=修剪,半径=10.0000

选择第一个对象或[放弃(U)/多段线(P)/半径(R)/修剪(T)/多个(M)]:

选择第二个对象,或按住 Shift 键选择对象以应用角点或[半径(R)]:

(4) 选项说明:

① 选择第一个对象:

此时用点选方式拾取第一个对象。AutoCAD 继续提示如下。

选择第二个对象:

在此提示下,选择要和第一个对象构造圆角的另一个对象,AutoCAD 按当前设置值对它们进行圆角处理。

② 多段线(P)

该选项可实现对二维多段线构造圆角。AutoCAD 继续提示如下。

选择二维多段线:

注意:对于一个多段线对象而言,圆角的半径必须一致。

③ 半径(R)

该选项用以确定圆角半径。特别注意:在构造圆角时,一般需先响应此项重新指定圆角半径,AutoCAD 提示如下。

指定圆角半径〈10.0000〉:输入圆角半径后,按回车键或右键确认,AutoCAD 继续提示:选择第一个对象或[放弃(U)/多段线(P)/半径(R)/修剪(T)/多个(M)]:

可以继续选择要构造圆角的对象。

④ 修剪(T)

圆角设置模式有两种,即修剪模式和不修剪模式。该选项用以改变构造圆角的设置模式。AutoCAD 提示如下。

输入修剪模式选项[修剪(T)/不修剪(N)]:

选择"不修剪(N)"为不修剪模式;选择"修剪(T)"为修剪模式。

在两种模式下,圆角命令的执行结果如图 2-62 所示。

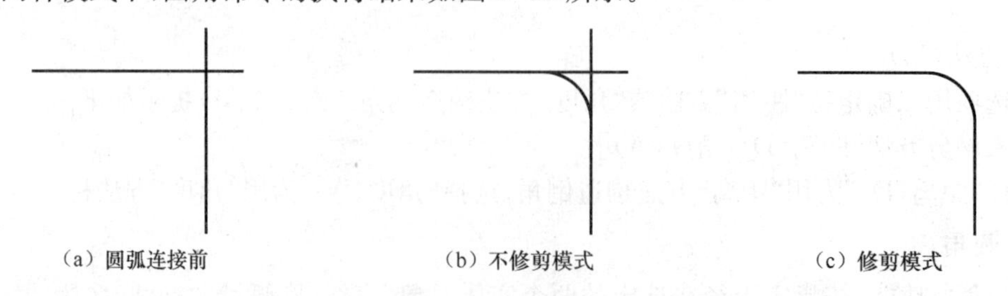

(a) 圆弧连接前　(b) 不修剪模式　(c) 修剪模式

图 2-62 圆角修剪模式和不修剪模式的比较

2.2.9 缩放与分解

1）缩放

(1) 命令功能：将所选对象按比例放大或缩小。

(2) 命令调用方式：

菜单方式：【修改】|【缩放】

图标方式：

键盘输入方式：SCALE

(3) 操作步骤：

命令：SCALE

选择对象：

选择要缩放的图形对象。AutoCAD 继续提示如下。

选择对象：

可以继续选择需要缩放的图形对象，如果不再选择，按回车键或右键确认即可。AutoCAD 继续提示如下。

指定基点：

拾取某一点为缩放基点。AutoCAD 继续提示如下。

指定比例因子或[参照(R)]：

(4) 选项说明：

① 指定比例因子

比例因子就是缩放的系数，比例因子大于 1 时将放大对象，比例因子大于 0 小于 1 时将缩小对象。输入比例因子后按回车键或右键确认，结束缩放操作。

【例 2-15】 使用缩放命令将如图 2-63(a)所示的图形缩小一半。

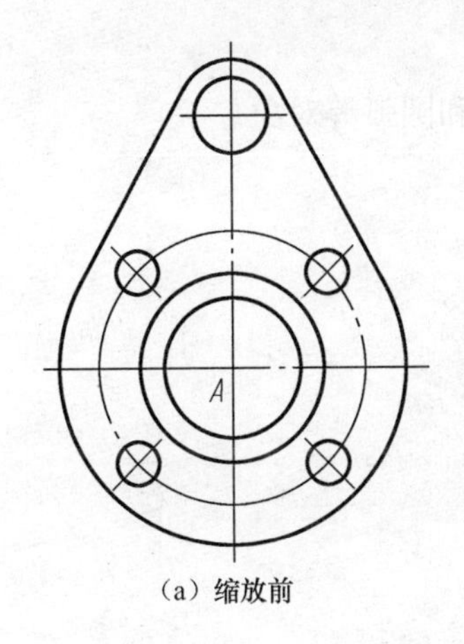

(a) 缩放前

(b) 缩放后

图 2-63 用缩放命令编辑图形

操作步骤如下。

a. 单击修改工具栏上的【缩放】命令按钮 。

b. 选择对象:在绘图窗口中选择整个图形,按回车键或右键确认。

c. 指定基点:拾取圆心 *A* 点为缩放基点。

d. 指定比例因子或[参照(R)]:0.5 ↙

即可得到如图 2-63(b)所示的图形。

② 参照(R)

选择该选项后,AutoCAD 继续提示如下。

指定参照长度:

可以输入一个参照长度值,或者用光标直接拾取两点。AutoCAD 继续提示如下。

指定新长度:

可以输入一个新长度值,或者拖动光标确定缩放的新尺寸。系统自动以新长度值除以参照长度值作为比例因子对图形进行缩放。

必须注意:在缩放对象时,如果其中含有尺寸标注,只要在选择对象时将尺寸标注一起选中,则在缩放操作完成之后能自动修正其尺寸数值。如图 2-64(a)所示,要求圆形放大一倍,命令执行结果如图 2-64(b)所示。

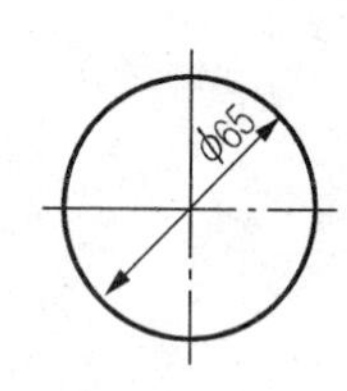

(a) 缩放前

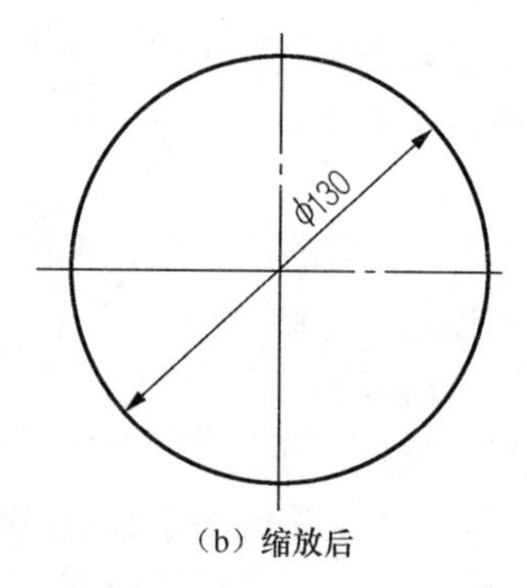

(b) 缩放后

图 2-64　用缩放命令编辑有尺寸标注的图形

2) 分解

(1) 命令功能:把多段线分解成各自独立的直线和圆弧等对象。

(2) 命令调用方式:

菜单方式:【修改】|【分解】

图标方式:

键盘输入方式:EXPLODE 或 X

(3) 操作步骤:

命令:EXPLODE

选择对象:(选取一个对象)

找到一个

选择对象:

可以继续选择要分解的对象,如果不再选择,按回车键或右键确认,选中的对象即被分解。此时从对象的外形上看不出变化,如果拾取该对象,即可看出效果。

注意:一般情况下,分解命令不可以逆转,所以分解命令只有在不得不使用的情况下才被执行。

2.3　AutoCAD 应用技巧小结

1）中心线长度修改方法

根据机械制图规定，圆的中心线一般要超出圆 3～5 mm，要将如图 2-65(a)所示图形的中心线长度修改为如图 2-65(b)所示的长度，可采用的方法如下。

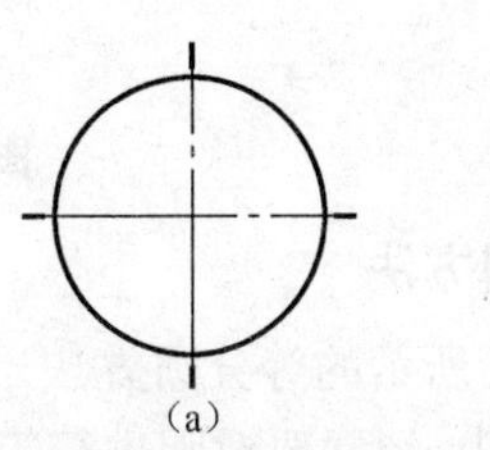
(a)

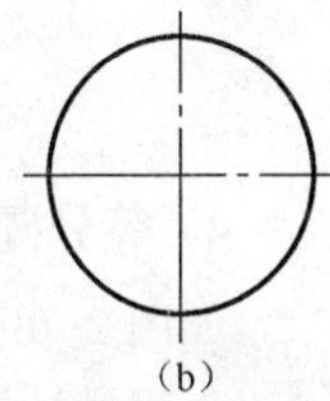
(b)

图 2-65　用夹点编辑中心线方法

(1) 用夹点编辑，首先选中中心线的端点，采用夹点编辑拉伸选项功能就可灵活地修改中心线的长度(此时要打开正交绘图模式，关闭捕捉模式)，此方法最简单，效率最高。

(2) 如图 2-66 所示，画辅助多段线(矩形)，而后用修剪命令，以辅助的多段线(矩形)为修剪边，修剪多余的中心线，最后再删除辅助多段线(矩形)。

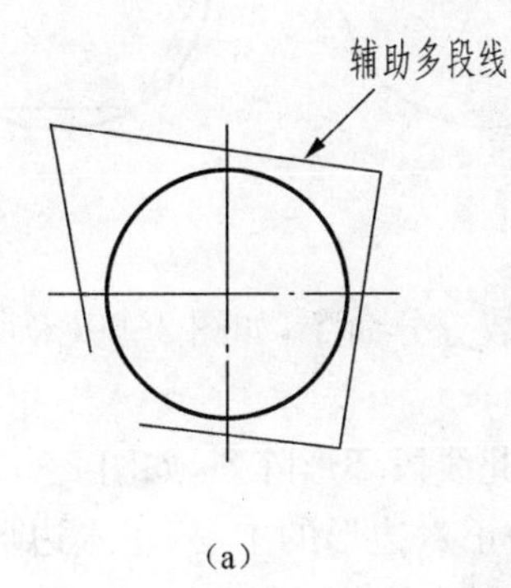

(a)

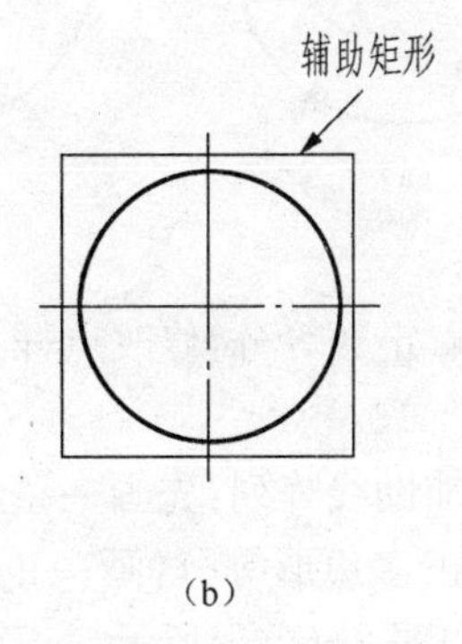

(b)

图 2-66　画辅助多段线方法

(3) 用打断命令，将各中心线在多余处点打断(此时捕捉模式设为捕捉最近点和端点)，此方法效率较低。

(4) 用拉长命令，选择拉长命令的动态选项或增量选项，可动态地拉伸直线的长度。

(5) 用拉伸命令。

以上介绍的方法还可应用于修改任何直线的长度。

2）找辅助点方法

如在如图 2-67 所示图形中，要确定直径为 5 的小圆的圆心的方法有三种。

(1) 用两条直线偏移，找到交点。

(2) 借助于“捕捉自”的捕捉方式。

(3) 小圆圆心和半径为 10 的圆弧的圆心是同一点，用捕捉圆心的方法。

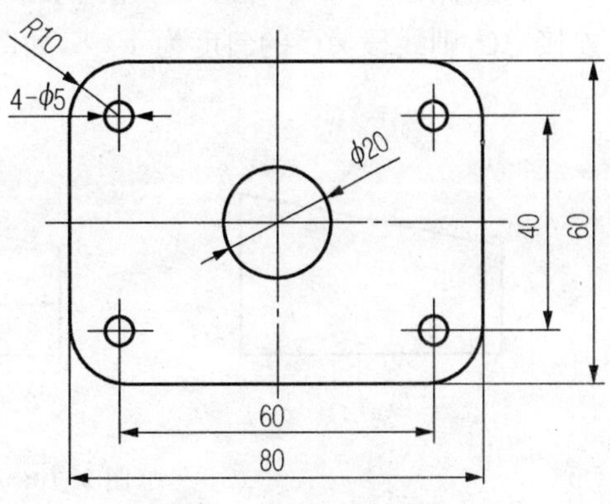

图 2-67　找辅助点方法

3）复制轴的键槽

复制轴的键槽如图 2-68 所示。

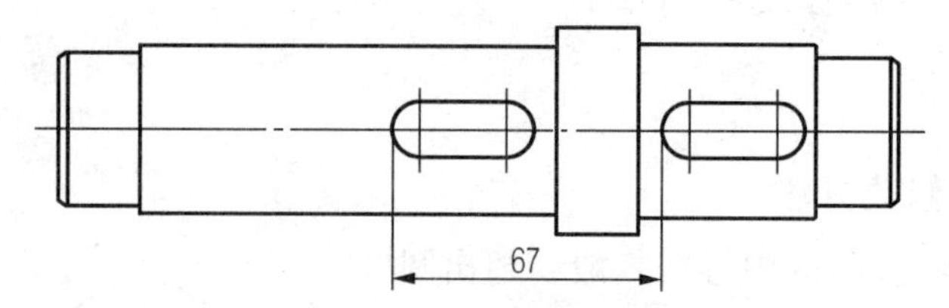

图 2-68　复制轴的键槽方法

4）等分圆方法

如图 2-69 所示的等分圆方法。

工程设计中，经常要对圆进行等分。下面以将圆六等分为例，介绍三种等分圆的方法。

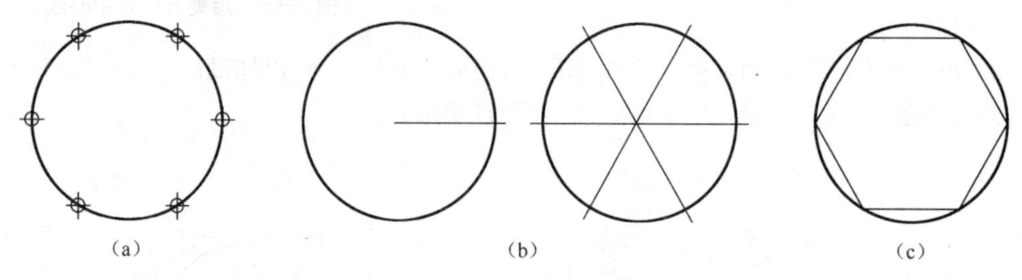

图 2-69　等分圆方法

(1) 用点定数等分：修改点样式为如图所示，用点定数等分命令，如图 2-69(a)所示。此方法最简单。

(2) 作辅助线阵列：先画一条经过圆心的线段，再将此线段环形阵列，如图 2-69(b)所示。

(3) 画正多边形等分：画一正六边形，以圆的中心为正六边形的中心，正六边形的一顶点在圆周上，如图 2-69(c)所示。正多边形和圆的交点即为等分点。

5）指定斜度的直线画法

如图 2-70 所示指定斜度的直线画法。

如图 2-70(a)所示，要画出斜度是 1∶5 的斜线 AD 可采用的方法有以下两种。

(1) 如图 2-70(b)所示，可先画水平辅助线 AB 长度为 5，再画竖直辅助线 BC 长度为 1，连接 AC，则线段 AC 的斜度为 1∶5，如图 2-70(c)所示，延伸 AC 就得到斜线 AD。

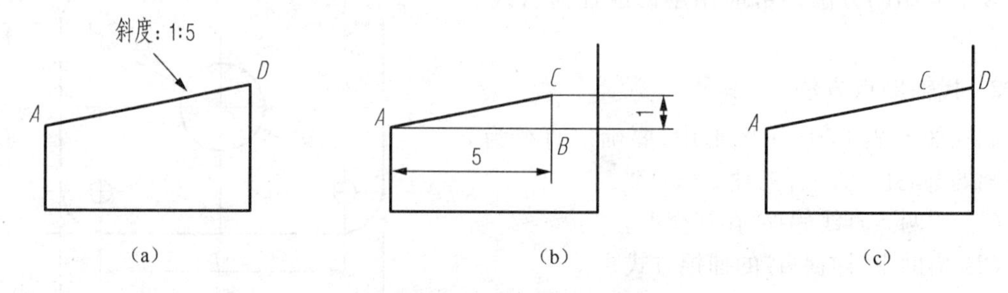

图 2-70　指定斜度的直线画法(1)

(2) 如图 2-71 所示,先画辅助三角形 MNO,尺寸如图所示,则线段 MO 的斜度为 1∶5,接下来以 A 点为起点画平行于 MO 的直线 AE(借助于捕捉方式捕捉平行线),最后修剪 AE,得到线段 AD。

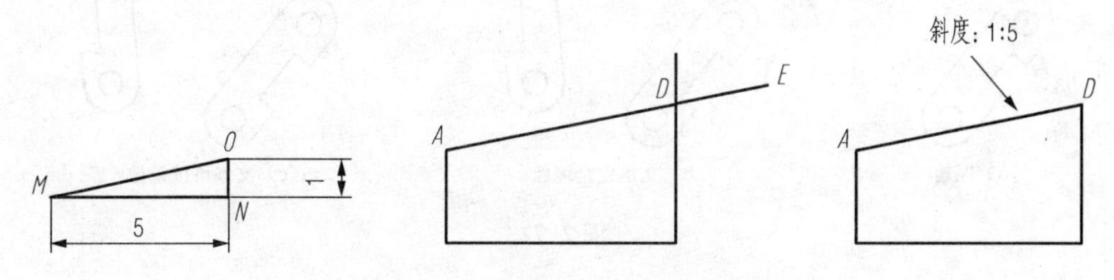

图 2-71 指定斜度的直线画法(2)

6) 小结

从以上实例介绍可知,通过掌握 AutoCAD 软件的应用技巧,会迅速地提高绘图效率和准确性。可通过以下几个方面积累应用技巧。

(1) 从工程实践中积累,在实践设计过程中,遇到问题多思考、多探索,不断地总结如何提高绘图效率,经过长期的积累,会不断地丰富自己掌握的应用技巧。

(2) 通过互联网学习,互联网上大量的 CAD 网站和论坛提供海量的 CAD 资源,经常在互联网上搜索相关的应用文章,学习别人的经验,会快速地积累软件的应用技巧。这种学习方法比通过查阅书籍学习效率要高得多。

(3) 从相关的 AutoCAD 实例设计的视频教程中学习,尤其是专业的 AutoCAD 多媒体教学软件制作公司的产品,每位讲解老师都有不同的设计风格和操作风格,从中会学到不少好的应用技巧。

2.4 上机实践:绘制平面图

1) 实践目的

(1) 熟练掌握二维图形的绘图与编辑命令的使用。

(2) 能够综合利用图形编辑命令和绘制命令绘制二维平面图形。

2) 实践内容

【实践 2-1】 打开文件 2-1.dwg,对如图 2-72(a)所示的图形做镜像。

操作步骤提示如下。

(1) 从命令行输入“MIRRTEXT”并回车。从键盘输入“1”并回车。

(2) 单击【修改】工具栏中的【镜像】按钮。

(3) 选取图形及文本 ABC,回车。

(4) 移动鼠标光标到点“1”附近,当出现“节点”提示时单击鼠标左键;移动鼠标光标到点“2”附近,当出现“节点”提示时单击鼠标左键,回车,结果如图 2-72(b)所示。如果步骤(1)中

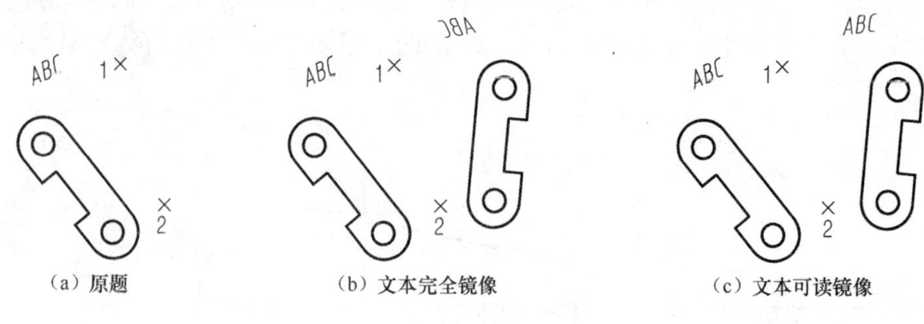

(a) 原题　(b) 文本完全镜像　(c) 文本可读镜像

图 2-72

“MIRRTEXT=0”,则结果如图 2-72(c)所示。

【实践 2-2】 打开文件 2-2. dwg 如图 2-73(a)所示,用 OFFSET 和 ARRAY 命令完成全图,最后完成图形如图 2-73(c)所示。

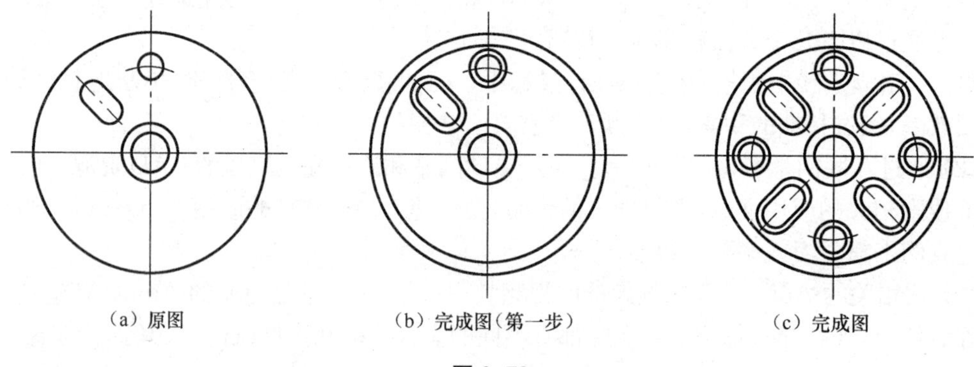

(a) 原图　(b) 完成图(第一步)　(c) 完成图

图 2-73

操作步骤提示如下。

(1) 单击【修改】工具栏中的【偏移】按钮。

(2) 从键盘输入“10”并回车。(偏移距离)

(3) 选取大圆,移动鼠标光标到大圆内单击,画出另一大圆。

(4) 回车两次。从键盘输入“5”并回车。

(5) 选取小圆,在小圆外单击;选取长圆槽,在长圆槽外单击,回车,结果如图 2-73(b)所示。

(6) 单击【修改】工具栏中的【阵列】按钮。

(7) 选取小孔和长圆槽的轮廓线及中心线,从键盘输入“PO”并回车。

(8) 移动鼠标光标到大圆圆心附近,当出现“圆心”提示时,单击鼠标左键。

(9) 从键盘输入“4”并回车。(项目总数,包括原图)

(10) 从键盘输入“360”并回车。(填充角度)

(11) 再次回车,完成环形阵列。最后完成的图形如图 2-73(c)所示。

【实践 2-3】 打开文件 2-3. dwg,用 STRETCH 命令将如图 2-74(a)所示的图形拉伸成如图 2-74(b)所示的图形。(提示:选择对象时,用“交叉窗口”方式)

操作步骤提示如下。

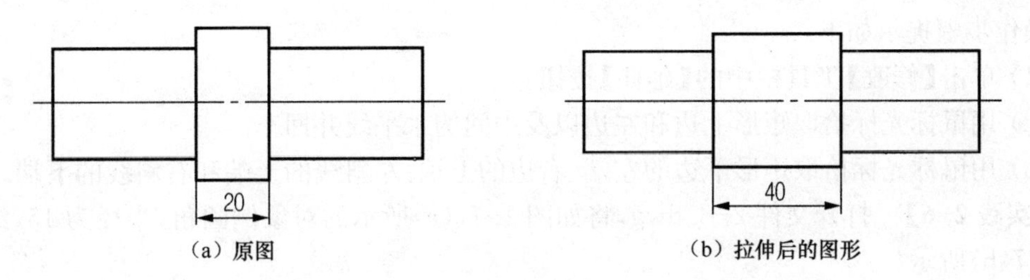

（a）原图　　（b）拉伸后的图形

图 2-74

（1）单击【修改】工具栏中的【拉伸】按钮。

（2）移动鼠标光标，在图形的右上方单击鼠标左键，拖动鼠标光标往左下方移动，当包含中间矩形的上边、下边和右边时，单击鼠标左键并回车。

（3）任意位置单击鼠标左键。

（4）水平往右移动鼠标光标，当极轴追踪提示为 0 度时，从键盘输入“20”并回车。

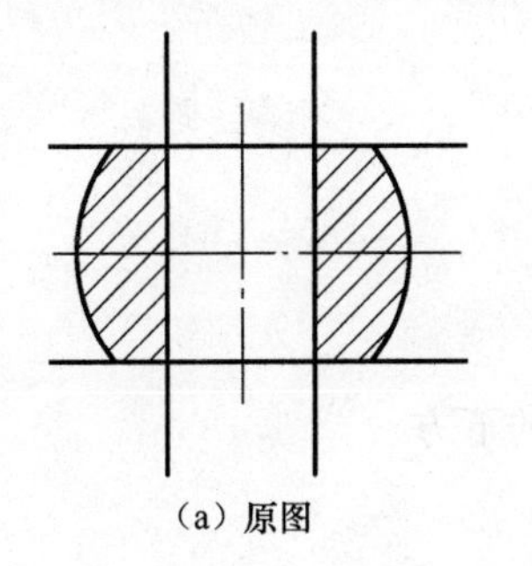
（a）原图

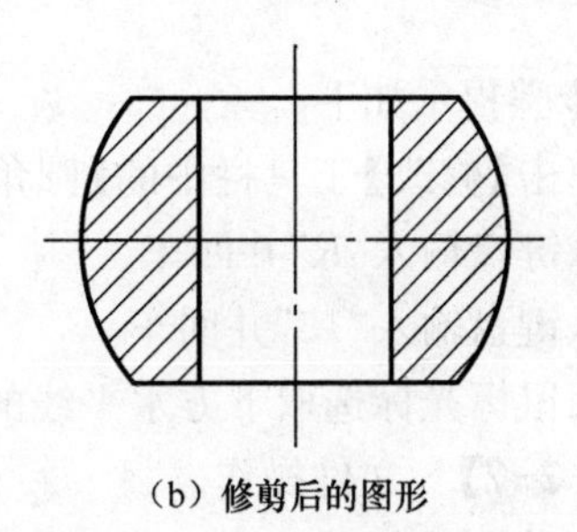
（b）修剪后的图形

图 2-75

【实践 2-4】　打开文件 2-4. dwg，用 TRIM 命令将如图 2-75(a)所示的图形修剪成如图 2-75(b)所示的图形。

操作步骤提示如下。

（1）单击【修改】工具栏中的【修剪】按钮。

（2）拾取左右两端圆弧和上下两条粗实线边。（选择剪切边）

（3）拾取上下两水平线左右两端，拾取左右垂直线上下两端。（选择要修剪掉的对象）

【实践 2-5】　打开文件 2-5. dwg，用 EXTEND 命令将如图 2-76(a)所示的图形延伸成如图 2-76(b)所示的图形。

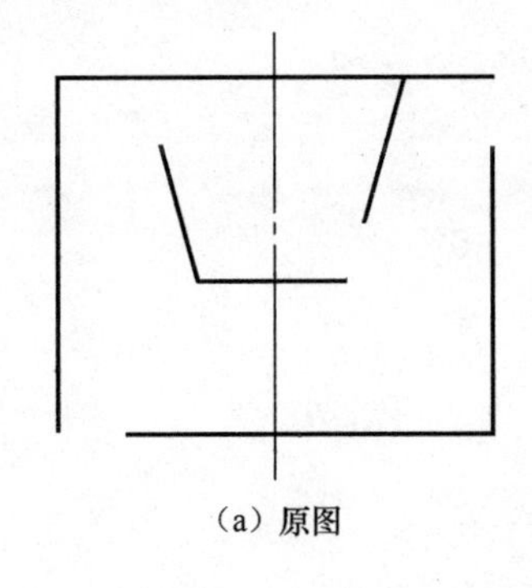
（a）原图

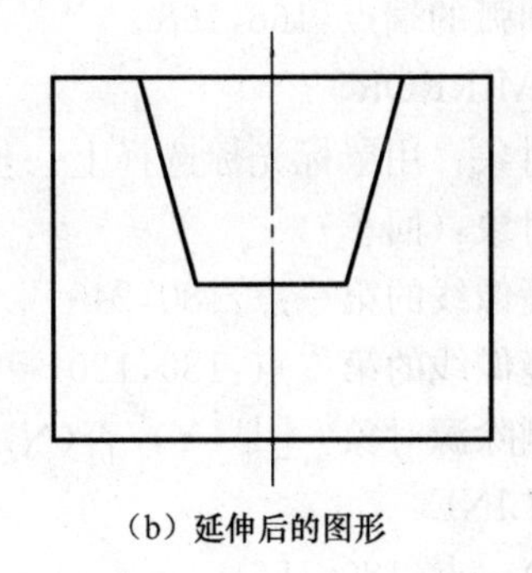
（b）延伸后的图形

图 2-76

操作步骤提示如下。

(1) 单击【修改】工具栏中的【延伸】按钮。

(2) 用鼠标光标拾取矩形上边和左边以及中间的水平线并回车。

(3) 用鼠标光标拾取矩形下边的左端、右边的上端;左斜线的上端和右斜线的下端。

【实践 2-6】 打开文件 2-6.dwg,将如图 2-77(a)所示的对象倒圆角,半径为 15,结果如图 2-77(b)所示。

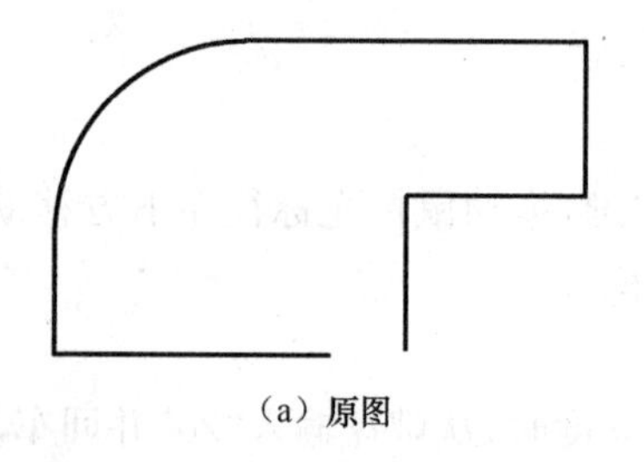

(a) 原图

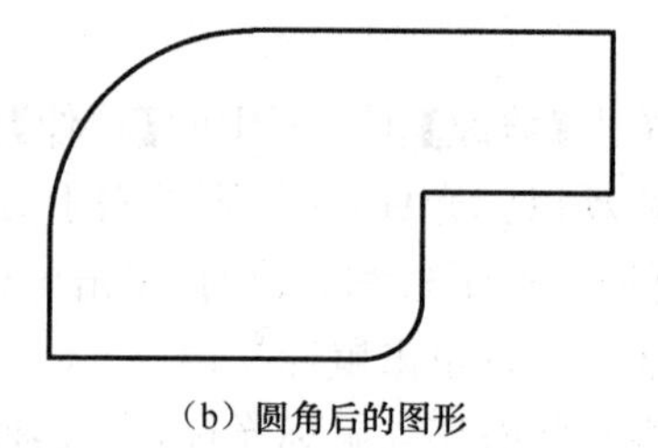

(b) 圆角后的图形

图 2-77

操作步骤提示如下。

(1) 单击【修改】工具栏中的【圆角】按钮。

(2) 从键盘输入“R”并回车。

(3) 从键盘输入“15”并回车。

(4) 用鼠标光标选取下方水平线的右端,选取垂直线的下方。

【实践 2-7】 文件操作。

具体操作步骤如下。

(1) 在指定的位置用班号及学号建立个人的文件夹。

(2) 启动 AutoCAD。

(3) 按以下步骤进行绘图和编辑。

命令:CIRCLE

指定圆的圆心或[三点(3P)/两点(2P)/相切、相切、半径(T)]:180,150

指定圆的半径或[直径(D)]:90

命令:ARC

指定圆弧的起点或[圆心(C)]:129,174

指定圆弧的第二点或[圆心(C)/端点(E)]:150,180

指定圆弧的端点:168,168

命令:MIRROR

选择对象:(用鼠标光标选择上一步中画出的圆弧)

选择对象:(回车)

指定镜像线的第一点:180,240

指定镜像线的第二点:180,120

是否删除源对象? [是(Y)/否(N)]〈N〉:(回车)

命令:LINE

指定第一点:180,156

指定下一点或[放弃(U)]:180,126

指定下一点或[放弃(U)]:(回车)

命令:ARC

指定圆弧的起点或[圆心(C)]:144,105

指定圆弧的第二点或[圆心(C)/端点(E)]:180,90

指定圆弧的端点:216,105

(4) 将所绘图形存盘。

在【文件】菜单选择【保存】,弹出【图形另存为】对话框,将所绘图形以文件名“2-1”保存到个人文件夹。

(5) 查看个人文件夹中是否有文件“2-1. dwg”。

【实践 2-8】 根据所给尺寸,绘制下列图形(任选其一)。

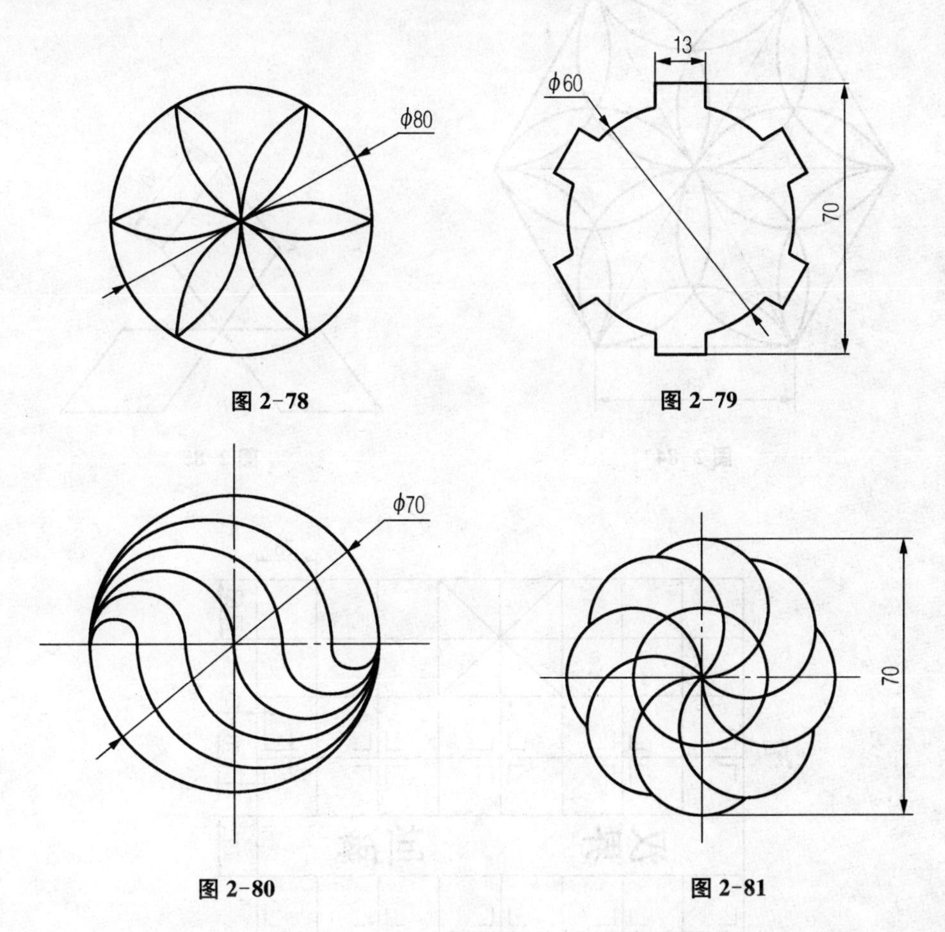

图 2-78　图 2-79

图 2-80　图 2-81

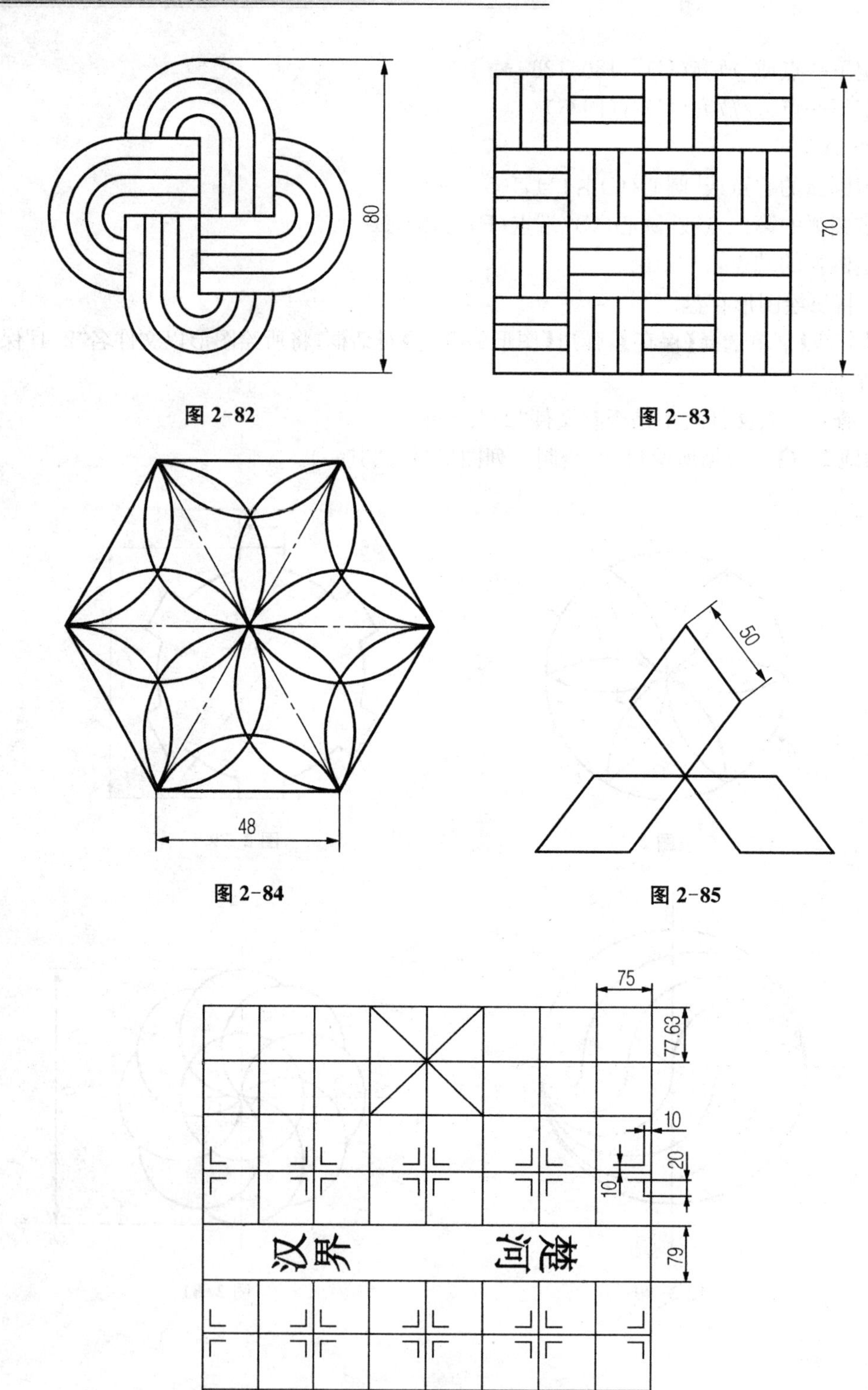

图 2-82

图 2-83

图 2-84

图 2-85

图 2-86

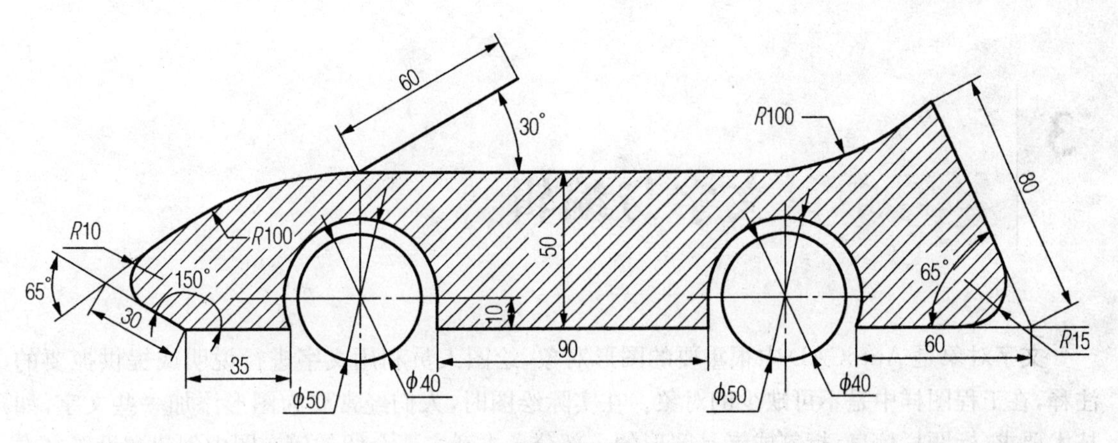
60
30°
R100
80
R10
65°
150°
R100
50
10
65°
30
35
90
60
R15
ϕ50
ϕ40
ϕ50
ϕ40

图 2-87

3 文字与编辑

文字对象是 AutoCAD 中很重要的图形对象，绘图人员利用文字进行说明或提供扼要的注释，在工程图样中是不可缺少的对象。在实际绘图时，人们经常要为图形添加一些文字，如技术要求、标题栏信息、标签或者是图形的一部分。本章主要介绍如何在图中创建和设置文本样式以及如何输入和编辑文字。

本章学习目标

- 掌握文本样式的创建与设置；
- 掌握文本的输入方法；
- 掌握文本的编辑方法。

3.1 文本样式的创建与设置

设置文字样式是进行文字注写和尺寸标注的首要任务。在 AutoCAD 2013 中，文字样式用于控制图形中所使用文字的字体、高度、角度、宽度系数等文字特征。在一幅图形中，可定义技术要求、尺寸标注等多种文本样式。

(1) 命令功能：用来设置文本样式。

(2) 命令调用方式：

菜单：【格式】|【文字样式】

工具栏：【文字样式】|

命令行：STYLE

(3) 命令说明：

执行该命令后，屏幕弹出“文字样式”窗口，如图 3-1 所示。

该窗口中有以下几个区域。

① “样式名”区域：该区域的功能是新建、删除文字样式或修改样式名称。

a. “样式名”下拉列表框：在该列表框中，列出了已定义过的样式名(若还没有设置过文字样式，则列表中只有一个系统默认的 Standard 文字样式)，任选其中的一个，再单击“应用”，可将该样式设置为当前样式。

b. “新建(N)”：建立一个新的文字样式。单击该按钮，出现如图 3-2 所示的“新建文字样式”窗口，系统自动推荐一个名为“样式 n”的文字样式名（其中“n”为从 1 开始排列的自然数），然后单击【确定】按钮，可创建一个新的文字样式，当然也可以在文本框中输入其他样式名。

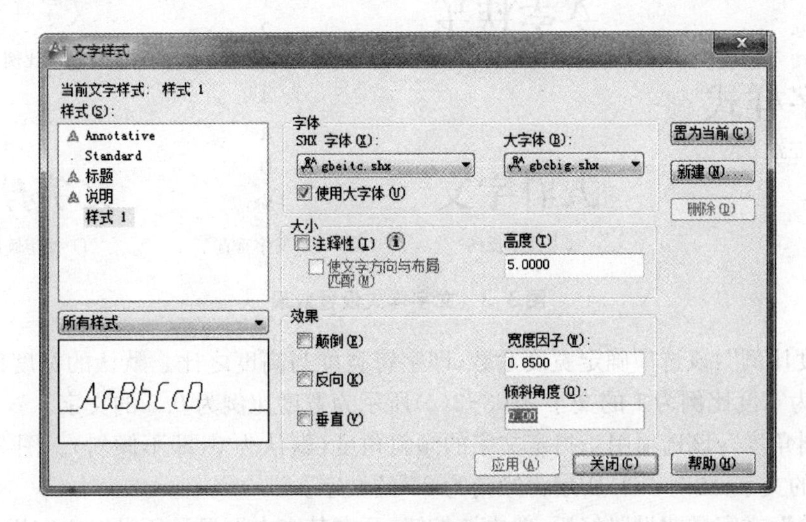

图 3-1 “文字样式”窗口

c. “重命名”：更改文字样式名称。在样式名列表中，选择要更名的文字样式，然后单击“重命名”按钮，弹出“重命名文字样式”窗口，在它的文本框中输入新样式名，最后单击【确定】。STANDARD 文字样式不能被更名。

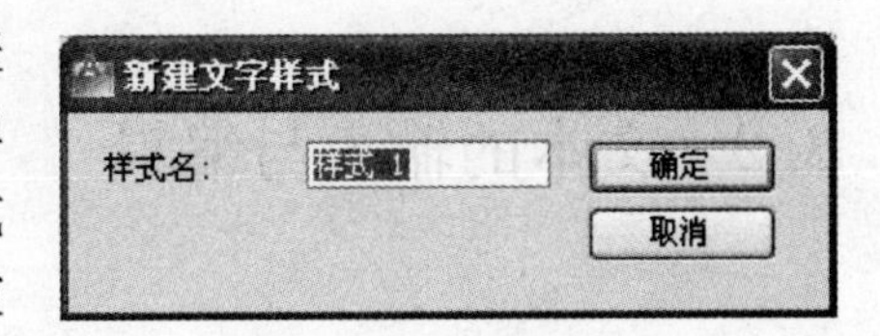

图 3-2 新建文字样式

d. “删除”：删除指定的文本样式。STANDARD 文字样式不能被删除。

② “字体”区域：该区域主要用于定义文字样式的字体。

a. “字体名”下拉列表框：在该列表框中，列出了可以调用的字体，如图 3-3 所示。字体分为两种：一种是 Windows 提供的字体，即 TrueType 类型的字体；另一种是 AutoCAD 特有的字体（有扩展名. shx）。

b. “使用大字体”复选框：若需要创建的文字样式支持汉字等大字体，需选中该复选框。只有选中该复选框后，“大字体”下拉框才有效。

c. “大字体”下拉框：用于选择大字体。

d. “高度”：该选项用于设置文字的高度。如果将其设置为 0，则在输入文本时会提示指定文本高度。如果希望将该文本样式用作尺寸文本样式，则高度值必须设置为 0，否则在设置尺寸文本样式时所设的文本高度将不起作用。

③ “效果”区域：用于设定文字的效果。

a. “颠倒”复选框：选中该选项，可将文字颠倒放置。图 3-3(a)所示为正常放置的文字，图 3-3(b)所示为颠倒放置的文字。

b. “反向”复选框：选中该选项，可将文字反向放置。图 3-3(a)所示为正常放置的文字，图 3-3(c)所示为反向放置的文字。

c. “垂直”复选框：确定文本垂直标注还是水平标注。对于 TrueType 字体而言，该选项不可用。图 3-3(d)所示为垂直放置的文字。

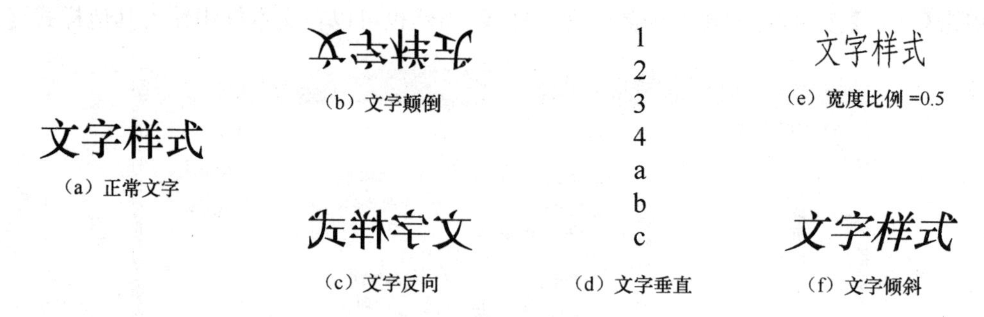

图 3-3　文字样式设置效果

d. “宽度比例”:该选项确定宽度系数,即字符宽度与高度之比。默认的宽度比例为 1,图 3-3(a)所示为宽度比例为 1 的文字,图 3-3(e)所示为宽度比例为 0.5 的文字。

e. “倾斜角度”:该选项用于指定文字的倾斜角度(默认为 0,即不倾斜)。图 3-3(a)所示为倾角为 0°的文字,图 3-3(f)所示为倾角为 30°的文字。

④ “预览”:文字样式设置好后,单击该按钮,可在其文本框显示所设置文字样式的效果。

3.2　文本的输入与编辑

在绘制图形过程中,文字传递很多设计信息,可能是一个很长的说明,也可能是一个简短的文字信息。AutoCAD 提供了单行文字和多行文字注写命令,用于在图中放置文本。对于不需要多种字体或多行的短输入项,可以使用单行文字,单行文字对于标签非常方便,对于较长、较为复杂的内容,可创建多行或段落文字。

3.2.1　单行文字输入

(1) 命令功能:在图中输入一行或多行文字。

(2) 命令调用方式:

菜单:【绘图】|【文字】|【单行文字】

工具栏:【文字】| A

命令行:DTEXT

(3) 命令说明:

执行该命令后,命令行提示如下。

当前文字样式:Standard,当前文字高度:2.5000

指定文字的起点或[对正(J)/样式(S)]:

各选项说明如下。

① 对正(J)选项:用于指定对齐方式。选择该项后,会出现下列提示。

输入选项

[对齐(A)/调整(F)/中心(C)/中间(M)/右(R)/左上(TL)/中上(TC)/右上(TR)/左中(ML)/正中(MC)/右中(MR)/左下(BL)/中下(BC)/右下(BR)]:

a. 对齐(A):要求指定文字的起点和终点,AutoCAD 根据指定的两点自动按照设定的宽度比例调整文本,以使文本均匀放在两点之间。此时不需指定文字的高度和角度,文字的高度和宽度取决于两点间的距离及字符串的长度,文字字符串越长,字符越矮。

b. 调整(F):要求指定文本的起点和终点,使文本按设定的高度均匀分布在两点间。调整与对齐的区别见图 3-4。

c. 中心(C):指定文本基线的水平中点。

d. 中间(M):指定文本基线的水平和垂直中点。

e. 右(R):指定文本基线右端点。

f. 左上(TL):文字对齐在第一个字符的文本单元的左上角。

g. 中上(TC):文字对齐在文本单元串的顶部,文本串向中间对齐。

h. 右上(TR):文字对齐在文本串最后一个文本单元的右上角。

i. 左中(ML):文字对齐在第一个文本单元左侧的垂直中点。

j. 正中(MC):文字对齐在第一个文本单元的垂直中点和水平中点。

其余的选项说明省略。图 3-4 所示为各种对齐的效果。

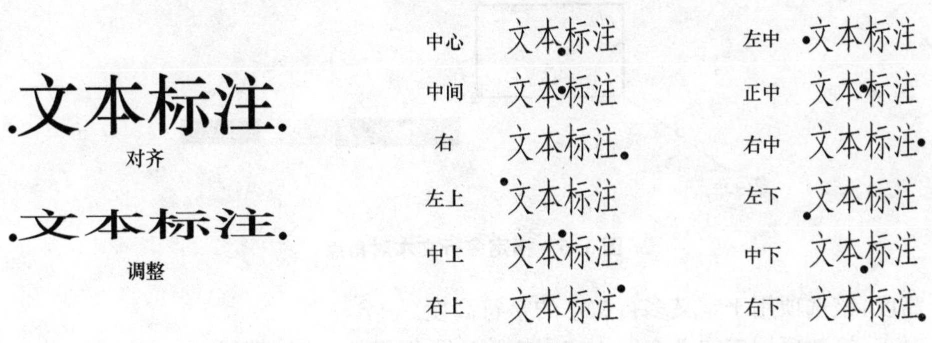

文本标注
对齐
文本标注
调整

中心 文本标注　左中 文本标注
中间 文本标注　正中 文本标注
右 文本标注　右中 文本标注
左上 文本标注　左下 文本标注
中上 文本标注　中下 文本标注
右上 文本标注　右下 文本标注

图 3-4　文本对齐

② 样式(S)选项:用于设置文字样式。

当设置文字的对正方式和文字样式后,单击某点,可以确定单行文字的起点。接下来系统会提示如下。

指定高度〈2.5000〉:(输入字体高度)

指定文字的旋转角度〈0〉:(输入文本行的旋转角度)

输入文字:(输入文本内容)

输入一串文字后,如要输入下一行,可在行尾按 Enter 键;如要在另一处输入文字,可在该处单击鼠标左键;如果希望退出文字输入,可在新起一行时不输入任何内容并按 Enter 键。

TEXT 命令的操作与 DTEXT 命令类似,但 TEXT 命令用键入的方法执行。

3.2.2　多行文字输入

(1) 命令功能:该命令用于在图中输入一段文字。

(2) 命令调用方式:

菜单:【绘图】|【文字】|【多行文字】

工具栏:【文字】| A

命令行:MTEXT

(3) 命令说明:

执行该命令后,命令行提示如下。

当前文字样式:"Standard",当前文字高度:2.5

指定第一角点:(点取文本标注区域的第一点)

指定对角点或[高度(H)/对正(J)/行距(L)/旋转(R)/样式(S)/宽度(W)/栏(C)]:

各选项含义说明如下。

① 指定对角点:如图 3-5 所示,在指定第一角点后,再指定第二角点,系统将弹出"多行文字编辑器"窗口,如图 3-6 所示。在"多行文字编辑器"窗口的文字编辑区中,可以输入文字,并且可像 Word 一样对文字进行编辑。

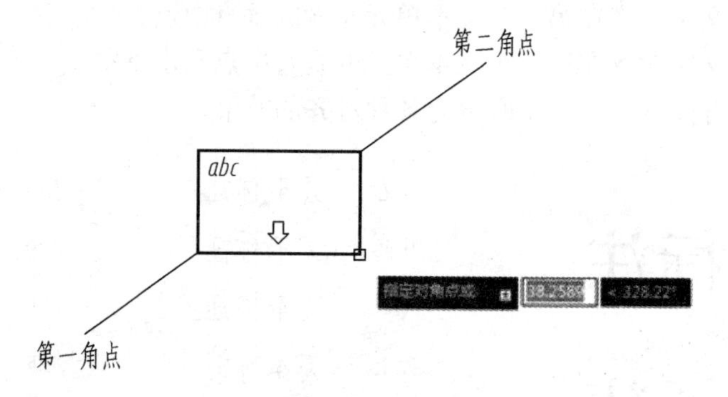

图 3-5　指定多行文本对角点

② 高度:该选项用于定义多行文字的字符高度。

③ 对正:该选项用于定义多行文字在矩形边界框里的对正排列方式。默认的对正方式为左上角对正。

④ 行距:该选项用于设定多行文字行与行之间的间距。行距是一行文字的底部(或基线)与下一行文字底部之间的垂直距离。

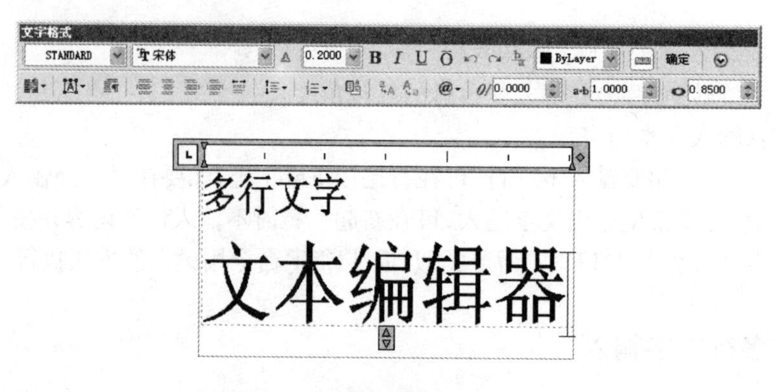

图 3-6　"多行文字编辑器"窗口

当键入“L”后，命令接着提示如下。

输入行距类型[至少(A)/精确(E)]〈至少(A)〉:(键入 A 或 E)

输入行距比例或行距〈1x〉:

“至少(A)”是根据行中最大字符的高度自动调整文字行。在选定“至少”时，包含更高字符的文字行会在行之间加大间距。

“精确(E)”是强制使文字对象中所有文字行之间的间距相等。行间距由对象的文字高度或文字样式决定。建议在用多行文字创建表格时使用精确间距。AutoCAD 根据输入文字中最大字符的高度来确定行间距。若输入的行距值后不加 x，则是输入行距，若输入的行距值后加 x，则是输入行距比例。

⑤ 旋转:该选项用于决定文字边界框的放置角度、文字行的旋转角度。

⑥ 样式:该选项用于确定使用的文字样式。

当键入“S”后，命令接着提示如下。

输入样式名或[?]〈Standard〉:(键入已定义的文字样式或“?”)

若输入“?”，则显示已创建的文字样式。

⑦ 宽度:用于定义文字行的宽度。当键入“W”后，命令接着提示如下。

指定宽度:(指定一个点或输入一个宽度值)

若指定一个点，则文字宽度为指定的第一个角点到该点的距离。

⑧ 栏:指定多行文字对象的栏选项。当输入“C”后，命令接着提示如下。

输入类型[动态(D)/静态(S)/不分栏(N)]〈动态(D)〉:

a. 静态:指定总栏宽、栏数、栏间距宽度(栏之间的间距)和栏高。

b. 动态:指定栏宽、栏间距宽度和栏高。动态栏由文字驱动，调整栏将影响文字流，而文字流将导致添加或删除栏。

c. 不分栏:将当前多行文字对象设置为不分栏模式。

3.2.3 特殊字符输入

在绘图时，常需要输入一些特殊字符，如上划线、下划线、°、±、%等。这些符号不能由键盘直接输入，但在 AutoCAD 中，可使用某些替代代码输入这些符号。不过，在输入这些符号时，用 TEXT、DTEXT 命令和用 MTEXT 命令有所区别，下面我们分别讲述使用上述命令输入特殊符号的方法。

1) 利用单行文字命令输入特殊字符

如表 3-1 所示，列出了用 TEXT 和 DTEXT 生成的特殊字符及代码。

例如，要生成字符串 ϕ30±0.05，可输入字符串“%%C30%%P0.05”。

要生成字符串文本标注，可输入字符串“%%U 文本标注%%U”。

2) 利用多行文字命令输入特殊字符

MTEXT 比 DTEXT 和 TEXT 具有更大的灵活性，因为它本身就具有一些格式化选项。利用【多行文字编辑器】对话框中的“符号”下拉框，也可直接输入±、°、ϕ 等特殊符号。

表 3-1 特殊字符的输入代码

代码	对应字符
%%O	上划线
%%U	下划线
%%D	角度°
%%C	直径符号 ϕ
%%P	±
%%%	%

【例 3-1】 生成字符串 ϕ50±0.025。

操作步骤如下。

(1) 打开【多行文字编辑器】对话框。

(2) 单击【字符】选项卡中的【符号】按钮，在弹出的菜单中分别选择“直径”和“正/负”并输入字符，如图 3-7 所示。

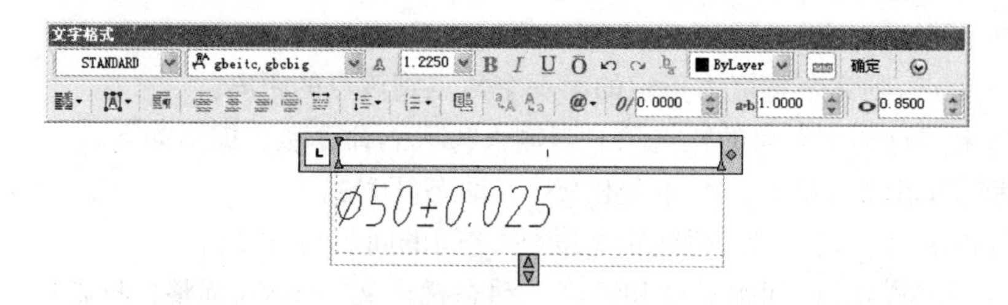

图 3-7 用“多行文字编辑器”输入特殊符号

【例 3-2】 生成字符串 $\phi 50^{+0.027}_{-0.007}$、$\phi 50\,\dfrac{H7}{h6}$、$1\,\dfrac{3}{4}''$。

操作步骤如下。

(1) 打开【多行文字编辑器】对话框。

(2) 在【多行文字编辑器】对话框中输入“%%C50+0.027^-0.007”，如图 3-8 所示，再输入“%%C50H7/h6”、“13#4″”，分别选中“+0.027^-0.007”、“H7/h6”、“3#4”，执行【多行文字编辑器】对话框中的“堆叠”按钮，使其由灰色变亮，单击【确定】，便得到 $\phi 50^{+0.027}_{-0.007}$、$\phi 50\,\dfrac{H7}{h6}$、$1\,\dfrac{3}{4}''$ 的堆叠效果。

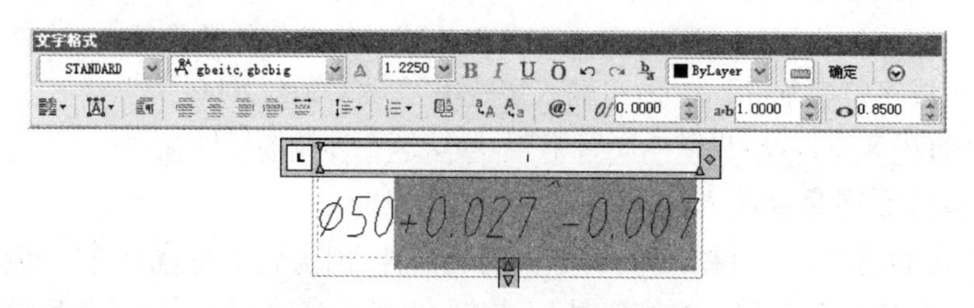

图 3-8 用“多行文字编辑器”堆叠字符

3.3 文本编辑

无论是使用 TEXT、MTEXT、LEADER 还是 QLEADER 创建的文字，都可以像其他对象一样修改。一般来讲，文本编辑应涉及两个方面，即修改文本内容和文本特性，其字体改变可以通过修改文本样式来完成。AutoCAD 提供以下两种文本编辑方式。

3.3.1 用 DDEDIT 命令编辑文本

(1) 命令功能：可用于修改单行文字、多行文字及属性定义。

(2) 命令调用方式：

菜单：【修改】|【对象】|【文字】|【编辑】

工具栏：【文字】| A

命令行：DDEDIT

(3) 命令说明：

执行该命令后，会提示选择要修改的对象，系统将根据不同的修改对象显示不同的对话框。当选择单行文字对象时，系统将打开【编辑文字】对话框(见图 3-9)，可以在此修改文本内容；当选择多行文字对象时，系统将弹出【多行文字编辑器】对话框，可以在此修改文本的内容及特性。

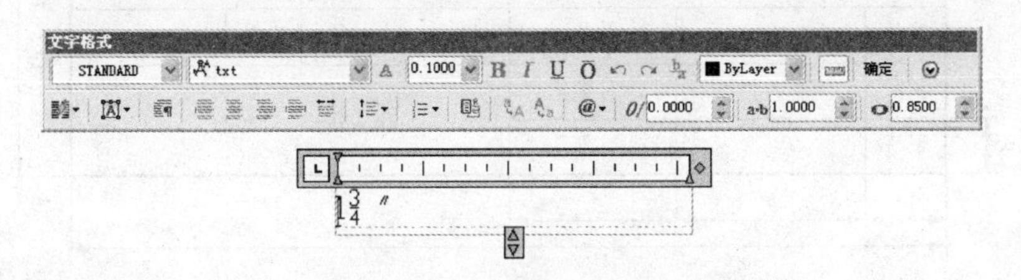

图 3-9 “编辑文字”窗口

3.3.2 在对象特性窗口编辑文本

(1) 命令功能：用于修改单行文字、多行文字等。

(2) 命令调用方式：

菜单：【修改】|【特性】

命令行：PROPERTIES

(3) 命令说明：

执行命令后，出现“特性”窗口。选择要修改的文本，可在“特性”窗口中修改其内容及特性。

若选中的是单行文字，则“特性”窗口如图 3-10 所示。可在“特性”窗口中对文字内容及文字样式、对齐方式、文字高度、旋转角度、宽度比例等属性进行修改。

若选中的是用 MTEXT 命令标注的多行文字，则“特性”窗口如图 3-11 所示，同样可在其中修改文字内容及其他一些属性。

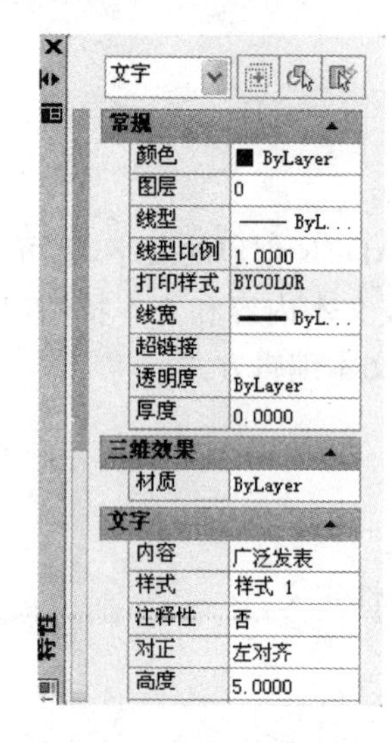

图 3-10　单行文字的“特性”窗口

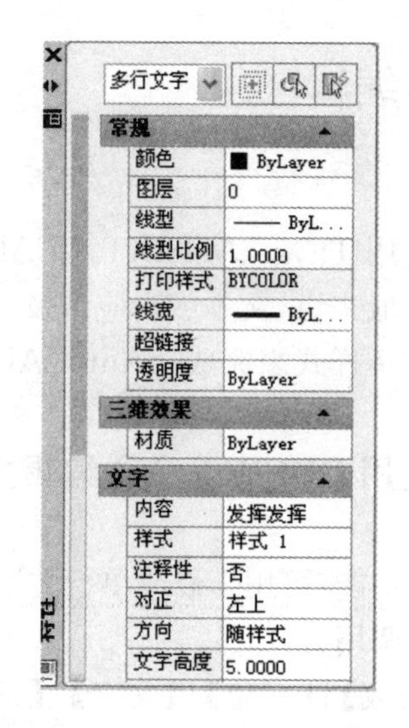

图 3-11　多行文字的“特性”窗口

【例 3-3】　绘制如图 3-12 所示的标题栏。

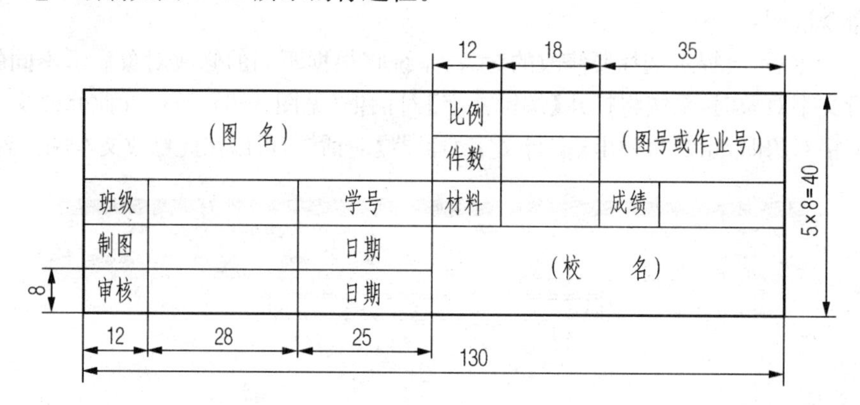

图 3-12　标题栏

操作步骤如下。

(1) 在【图层特性管理器】中创建“粗实线”层，颜色为默认色，线宽为 0.5，其他不变，然后新建一个“细实线”层，颜色、线宽默认。

(2) 绘制标题栏图框。

按照工程制图国家标准设定的尺寸，利用“直线”命令和编辑命令绘制标题栏图框，如图 3-13 所示。

(3) 输入文字。

① 设置文字样式

单击下拉菜单【格式】|【文字样式】命令，在打开的【文字样式】对话框中，单击【新建】按钮，系统打开【新建文字样式】对话框，如图 3-14 所示，接受默认的“样式 1”文字样式名，确认退出。

系统回到【文字样式】对话框，在选项中设置各种数据，单击【应用】，然后单击【关闭】按钮，如图 3-15 所示。

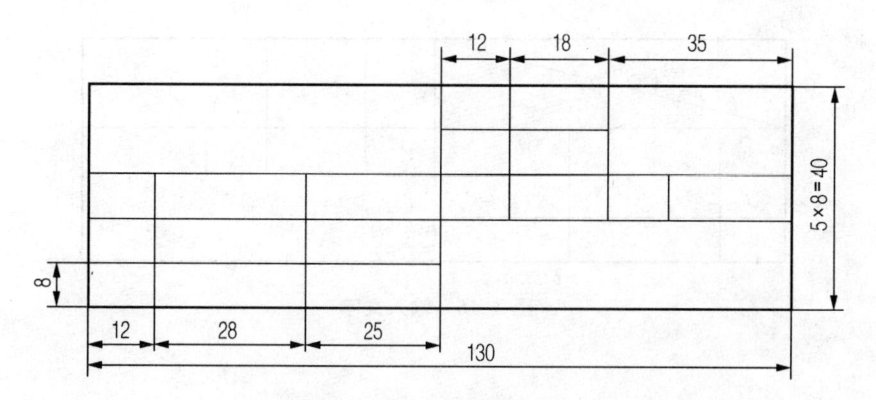

图 3-13 绘制标题栏图框

图 3-14 【新建文字样式】对话框

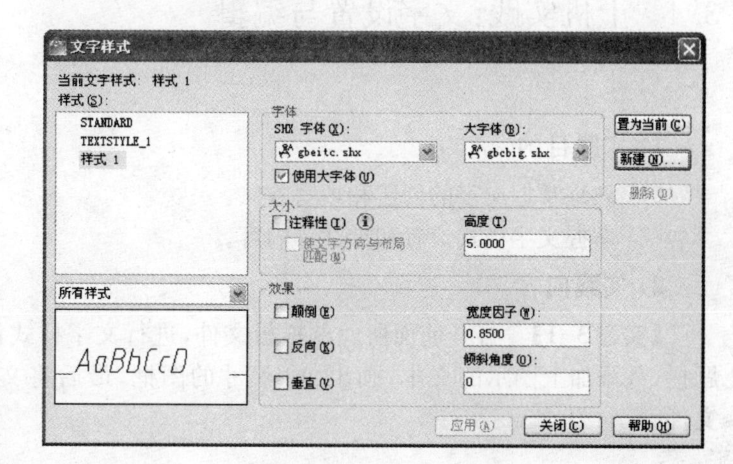

图 3-15 【文字样式】对话框

② 选择当前文字样式

选择“样式 1”为当前文字样式,如果“样式 1”为新设置,则默认设置为当前。如果当前文字不是所需样式,则可以按前面所述方法将“样式 1”置为当前。

③ 设置文字对齐方式

输入“单行文字”命令,命令行提示及操作如下。

命令:DTEXT

当前文字样式:“样式 1”,文字高度:5.0000,注释性:否

指定文字的起点或[对正(J)/样式(S)]:J(选择“对正”)

输入选项[对齐(A)/布满(F)/居中(C)/中间(M)/右对齐(R)/左上(TL)/中上(TC)/右上(TR)/左中(ML)/正中(MC)/右中(MR)/左下(BL)/中下(BC)/右下(BR)]:MC(选择“正中”对齐方式)

指定文字的中间点:捕捉 *AB* 中点　(确定文字的起点,如图 3-16 所示)

指定文字的高度〈5〉:7　(确定文字的高度,〈5〉为默认高度)

指定文字的旋转角度〈0〉:　(确定文字的旋转角度,默认为 0°)

输入文字:(图名)　(按类似方法依次输入各标题栏中的文字)

完成本题。

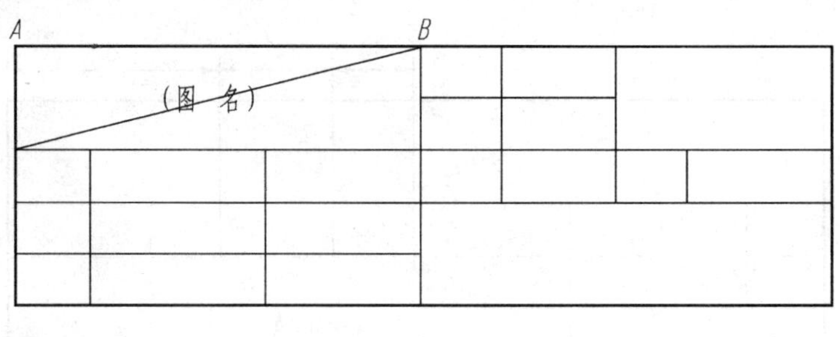

图 3-16 输入文字

3.4 上机实践:文字设置与编辑

1) 实践目的

(1) 熟练掌握文字的创建和填写方法。

(2) 掌握文字样式设置和加注等内容。

2) 实践内容

【实践 3-1】 打开前面所建的样板文件,进行文字样式设置,画出如图 3-17 所示的标题栏,并添加上图示的文本,画出 A3 尺寸的图框,最后将文件另存为名为“A3 样板图”的文件。

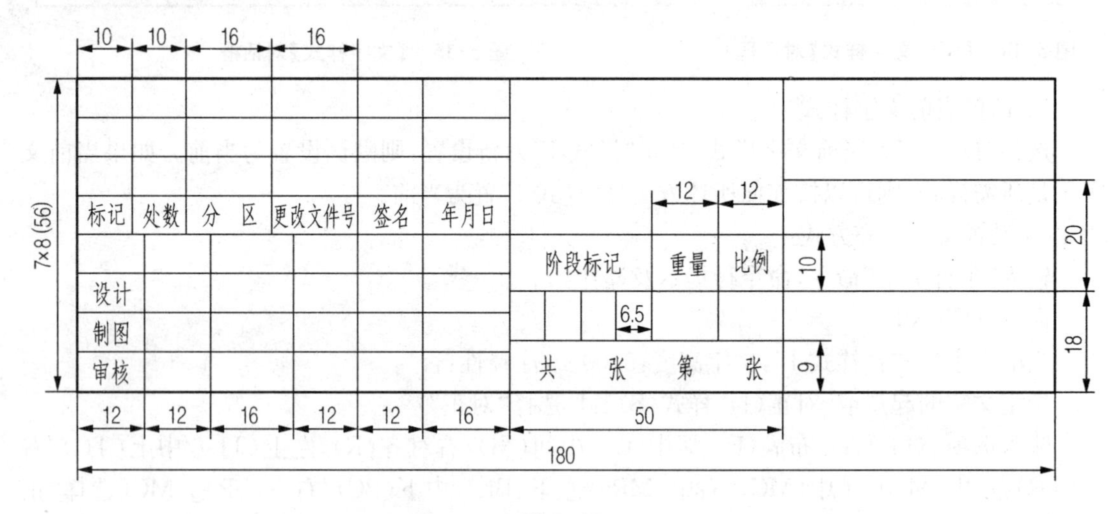

图 3-17

【实践 3-2】 输入下列文字、符号。

$\phi 50^{+0.027}_{-0.007}$　　$\phi 50\dfrac{H7}{h6}$　　$1\dfrac{3}{4}''$

【实践 3-3】 插入下列符号。

¥　　$　　#　　§　　&

【实践 3-4】　输入如图 3-18 所示的多行文字。

(1) 字体为宋体，字高为3.5

AutoCAD 是一种计算机辅助设计软件包。它有较强的文本注释功能，提供多种字体，并可注释分式 $\frac{a}{b}$、角标 X^n、正 / 负号 ±、度符号° 和直径符号 ϕ。

(2) 字体为“gbenor,gbcbig”，字高分别为 5,3.5

技术要求

1 未加工表面去除毛刺，涂防锈漆。

2 未注铸造圆角 R2～3。

3 未注倒角为 C1。

图 3-18

【实践 3-5】　输入如图 3-19 所示的文字。

(1) 单行文字，字体为仿宋，字高为 3.5

牵引钢丝绳的起重量是20t，起重速度30m/min。

支承滑轮的间距是1800mm。

制动器型号为 YWZ800/300。

(2) 多行文字，字体为“gbeitc, gbcbig.shx”，字高为5

1. 主梁在制造完毕后，应按二次抛物线：$y=f(x)=4(L-x)x/L^2$ 起拱。

2. 钢板厚度 $\delta \geqslant 8mm$。

图 3-19

【实践 3-6】　绘制如图 3-20 所示的表格，并填写单行文字。字高为 3.5，字体为宋体。

70

法向模数	Mn	2
齿数	Z	80
径向变位系数	X	0.06
精度等级		8-Dc
公法线长度	F	43.872 ± 0.186

40

24　12　34

注：表格中的“径向变位系数”“公法线长度”和“43.872±0.186”采用“调整”对齐方式。

图 3-20

【实践 3-7】 绘制如图 3-21 所示表格，并填写多行文字。字高为 4，字体为楷体。

78

技术性能	物料堆积密度	Y	$240kg/m^3$
	物料最大块度	α	.580mm
	许可环境温度		$-30°\sim+45°$
	许可牵引力	Fx	45000N
	调速范围	v	$\leqslant 120r/min$
	生产率	ξ	$110\sim180m^3/h$

48

11　29　12　26

图 3-21

4 尺寸标注与编辑

尺寸是工程图中的重要内容，它描述设计对象各组成部分的大小及相对位置关系，是实际生产的重要依据。在工程设计的过程中，由于点、线、面等图形繁多，又错综交叉，使得整个图形空间显得比较混乱复杂。为了提高生产效率，必须使用一套严格的行业标准来对图形进行标注，来表示图形对象的长度、半径、夹角、相互位置、材料的配置情况，以便最终定义图形对象的形状、位置和构造等要素。

AutoCAD 2013 具有十分强大的尺寸标注和编辑功能，它既符合国家标准的有关规定，又能满足不同图样中各种样式的尺寸标注和要求。本章重点讲述 AutoCAD 2013 中文字对象和标注样式的定义，尺寸标注的常见类型，使用关联标注的意义以及如何进行快速标注和编辑尺寸的技巧。

本章学习目标

- 掌握尺寸标注样式的创建与设置；
- 掌握尺寸的标注方法；
- 掌握尺寸的编辑方法。

在工程图样中，尺寸是不可缺少的重要部分，也是图样中指令性最强的部分，因此，尺寸标注是绘图中的一项非常重要的内容。

4.1 尺寸标注的基本要素

在 AutoCAD 中，尺寸标注的要素与我国工程图样绘制标准类似，是由尺寸界线、尺寸线、尺寸箭头和尺寸文本等组成，如图 4-1 所示。在 AutoCAD 中，这四部分通常是以块的形式作为一个整体存储在图形文件中的。

1）尺寸线

尺寸线用于指示标注的方向，用细实线绘制，一般为直线，角度标注则为圆弧线。

2）尺寸界线

尺寸界线用于表示尺寸度量的范围。尺寸界线将尺寸线引出被标注的实体之外，一般为细实线，有时用中心线或轮廓线代替。

3）尺寸箭头

尺寸箭头用于表示尺寸度量的起止，系统提供了斜线、箭头、圆点等样式，一般为实心箭头。用户根据需要也可创建其他箭头样式。

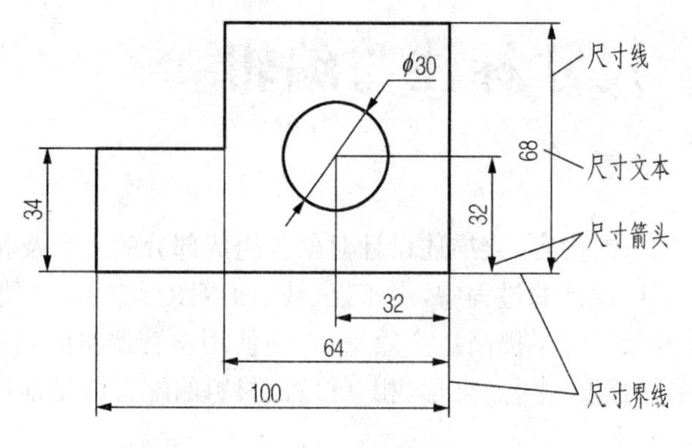

图 4-1 尺寸组成

4）尺寸文本

尺寸文本用于表示尺寸度量的值。尺寸文本包括基本尺寸、尺寸公差（上、下偏差）以及前缀、后缀等。公差尺寸可由 AutoCAD 自动测注，也可人为输入。

5）形位公差

由形位公差符号、公差值、基准等组成，一般与引线同时使用。

6）引线标注

从被标注的实体引出直线，在其末端可添加注释文字或形位公差。

4.2 尺寸标注样式

尺寸标注包括尺寸线、尺寸界线、尺寸文本、箭头等内容，不同行业的图样标注尺寸时，对这些内容的要求是不同的，而同一图样又要求尺寸标注的形式相同、风格一样，这就是我们要讲的尺寸标注样式。尺寸标注样式控制尺寸线、尺寸界线、尺寸文本、箭头的外观，是由一组标注变量构成的。要做到尺寸标注正确，作图前或标注前需要对尺寸标注样式进行设置。

工程图中标注的尺寸种类多种多样，在 AutoCAD 中，根据尺寸标注的需要对各种尺寸标注进行了分类。

尺寸标注可分为线性、对齐、坐标、直径、折弯、半径、角度、基线、连续、引线、尺寸公差、形位公差、圆心标记等类型，还可以对线性标注进行折弯和打断。

4.2.1 命令格式

（1）命令功能：用于创建或设置尺寸标注样式。

(2) 命令调用方式：

菜单方式:【格式】|【标注样式】

图标方式:【标注】|

键盘输入方式:DIMSTYLE

(3) 命令说明：

执行该命令后,出现如图 4-2 所示的【标注样式管理器】窗口。

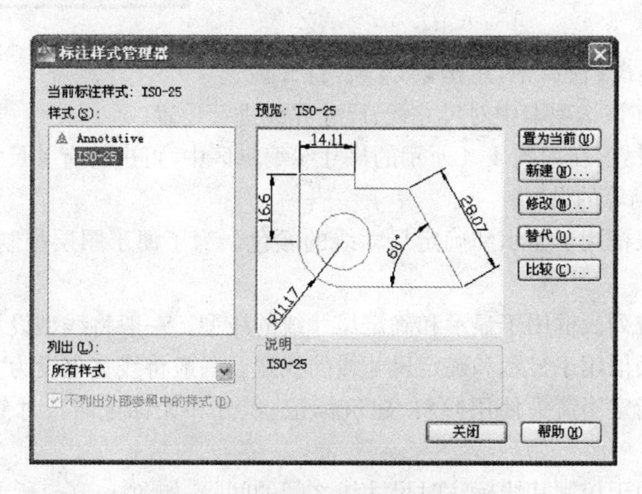

图 4-2 【标注样式管理器】窗口

4.2.2 管理标注样式

【标注样式管理器】窗口中有以下内容。

(1) 样式:列出了已有的标注样式。

(2) 预览:在【预览】框可以预览指定的标注样式。

(3) 置为当前:在【样式】列表框中选取一个样式后,单击此按钮,可将选取的样式置为当前标注样式。双击列表框中一个样式,也可将该样式置为当前标注样式。

(4) 新建:用于创建新的标注样式。

(5) 修改:在【样式】列表框中选取一个样式后,单击此按钮,可对选取的标注样式中的各种设置进行修改。

(6) 替代:在【样式】列表框中选取一个样式后,单击此按钮,可在不改变原标注样式的基础上创建临时的标注样式。

(7) 比较:单击此按钮,可与相应尺寸标注样式的系统变量的参数进行比较和套用。

4.2.3 创建新的标注样式

在【标注样式管理器】窗口中,单击【新建(N)】按钮,弹出【创建新标注样式】窗口,如图 4-3 所示。

在【创建新标注样式】窗口中,可在【新样式名】文本框中输入新标注样式名称,还可以在

【基础样式】下拉列表中选择基础样式(新样式以该样式为基础创建)。在【用于】下拉列表中,可选择应用的对象范围。单击【继续】按钮,出现【新建标注样式】窗口,如图 4-4 所示。

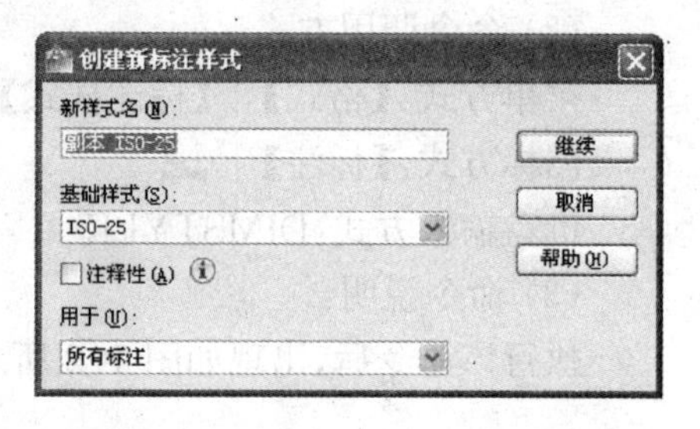

图 4-3 “创建新标注样式”窗口

在【新建标注样式】窗口中,可进行以下内容的设置。

1)“直线”设置

在【新建标注样式】窗口中,单击【线】项,打开该选项卡,根据需要,可在该选项卡中对尺寸线、尺寸界线进行设置。

(1)“尺寸线”设置:在如图 4-4 所示的尺寸线编辑区中,可进行有关尺寸线的颜色、线宽、可见性和尺寸线间隔等的设置。

① 颜色:该列表框用于显示和确定尺寸线的颜色。为了便于图层控制,一般将颜色设为“随块”。

② 线型:该下拉列表框用于显示和确定尺寸线的线型。一般将线型设为“随块”。

③ 线宽:该列表框用于显示和确定尺寸线的线宽。一般将线宽也设为“随块”。

④ 超出标记:指定当箭头使用倾斜、建筑标记、积分和无标记时尺寸线超过尺寸界线的距离。

⑤ 基线间距:用于控制基线标注时尺寸线之间的间隔,如图 4-5(a)所示。

⑥ 隐藏:用于控制尺寸线及端部箭头是否隐藏。两个复选框分别控制尺寸线 1 及尺寸线 2,如图 4-5(b)、(c)、(d)所示。

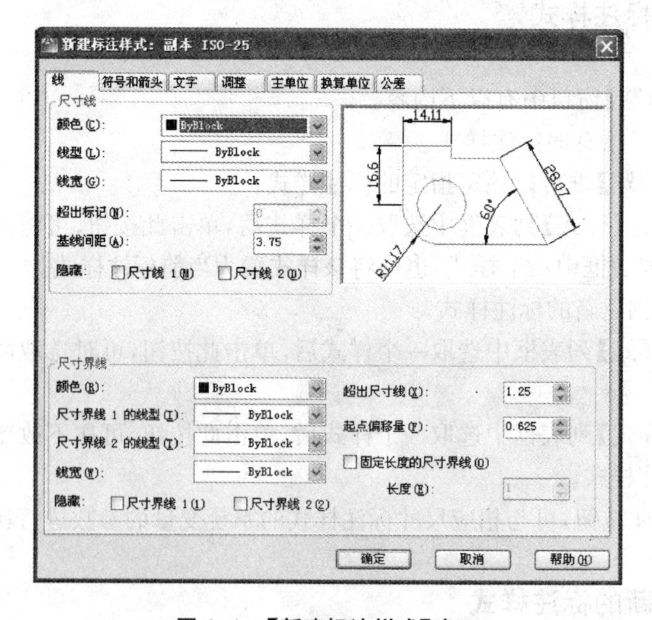

图 4-4 【新建标注样式】窗口

(2)【尺寸界线】设置:在如图 4-4 所示的尺寸界线编辑区中,可进行有关尺寸界线的颜色、线宽、超出尺寸线、起点偏移量和隐藏的设置。

① 颜色、线型和线宽:分别控制尺寸界线的颜色、线型和线宽。为了便于图层控制,一般将它们设为随块。

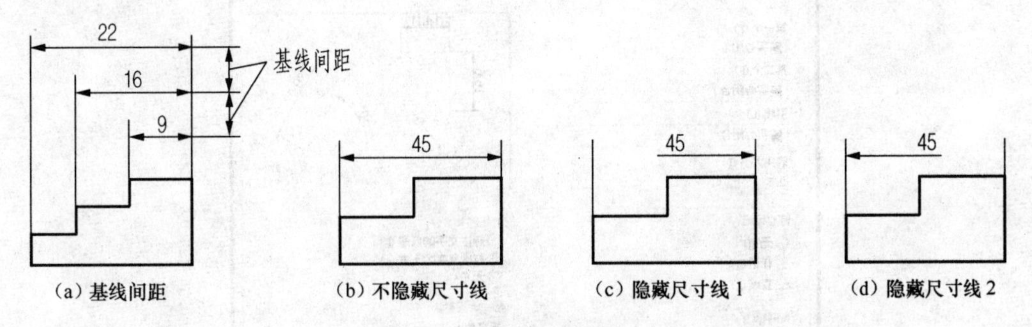

图 4-5 尺寸线控制

② 超出尺寸线:用于确定尺寸界线超出尺寸线的长度,如图 4-6(a)所示。

③ 起点偏移量:用于确定尺寸界线的实际起始点和指定起始点之间的偏移量,如图 4-6(a)所示。

④ 固定长度的尺寸界线:选择"固定长度的尺寸界线"复选框后,可在"长度"文本框中设置尺寸界线的总长度,起始于尺寸线,直到标注原点。

⑤ 隐藏:用于控制尺寸界线是否隐藏,如图 4-6(b)、(c)、(d)所示。

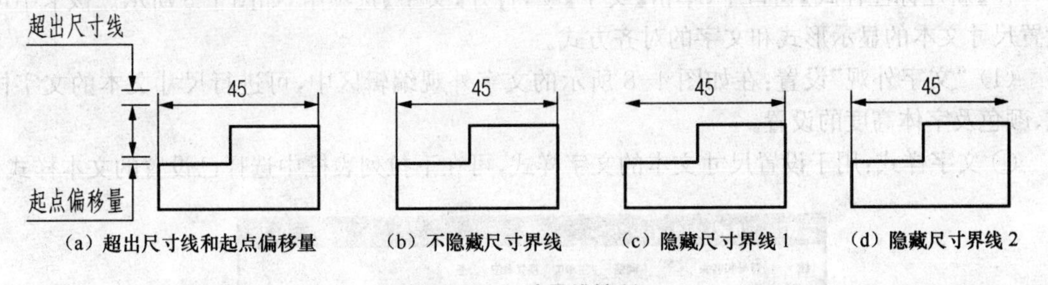

图 4-6 尺寸界线控制

2)"符号与箭头"设置

在如图 4-7 所示的符号与箭头编辑区中,可进行有关箭头等的形状和大小设置。

(1)"箭头"设置

①"第一个"和"第二个":用于确定第一个和第二个尺寸箭头的样式,一般为实心闭合样式,这两个箭头可以设置成不同样式。

② 引线:用于选择引线的箭头样式。

③ 箭头大小:用于确定尺寸箭头的大小。

(2)"圆心标记"设置:用于设置圆心标记的样式和大小。

(3)"折断标注"设置:控制折断标注的间距宽度,"折断大小"用于折断标注的间距大小。

(4)"弧长符号"设置:控制弧长标注中圆弧符号的显示。

(5)"半径折弯标注"设置:控制折弯(Z 字形)半径标注的显示。

(6)"线性折弯标注"设置:控制线性标注折弯的显示。

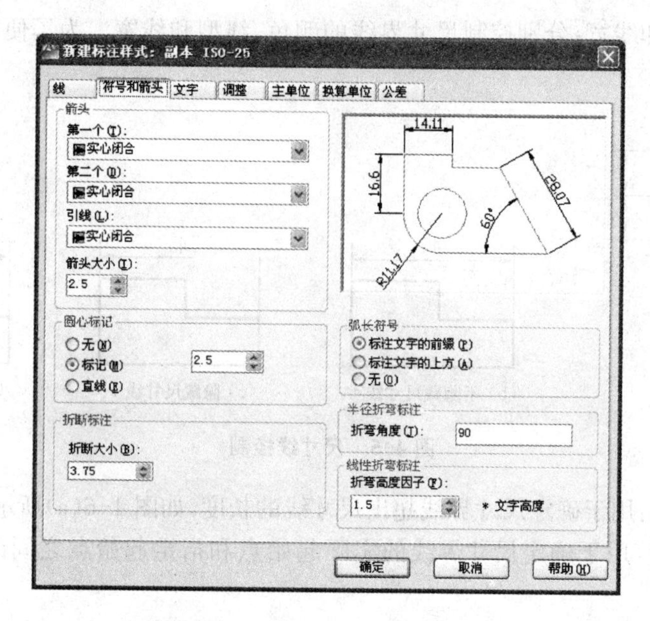

图 4-7 “符号与箭头”选项卡

3）“文字”设置

在【新建标注样式】窗口中，单击【文字】项，打开【文字】选项卡，如图 4-8 所示。该卡中可设置尺寸文本的显示形式和文字的对齐方式。

(1)“文字外观”设置：在如图 4-8 所示的文字外观编辑区中，可进行尺寸文本的文字样式、颜色及字体高度的设置。

① 文字样式：用于设置尺寸文本的文字样式，可在下拉列表框中选择已设置的文本样式。

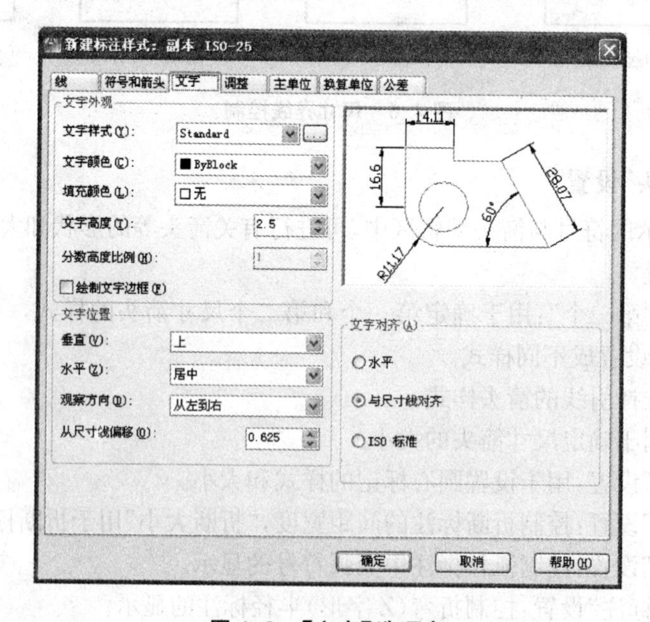

图 4-8 【文字】选项卡

② 文字颜色：用于设置尺寸文本的颜色。

③ 填充颜色：设置标注中尺寸文本的背景颜色。

④ 文字高度：用于设置尺寸文本的字高。

⑤ 分数高度比例"：设置相对于尺寸文本的分数部分的字高比例。

⑥ "绘制文字边框"复选框：选择此复选框按钮，将在尺寸文本周围绘制一个边框。

(2)"文字位置"设置：在如图 4-8 所示的文字位置编辑区中，可进行尺寸文本排列位置的设置，用于控制文字的垂直、水平及距尺寸线的距离。

① 垂直：控制尺寸文本在垂直方向的位置。在其下拉列表中列出了几个选项，其中"置中"是将尺寸文本置于尺寸线中间，"上方"是将尺寸文本置于尺寸线的上方，如图 4-9 所示。

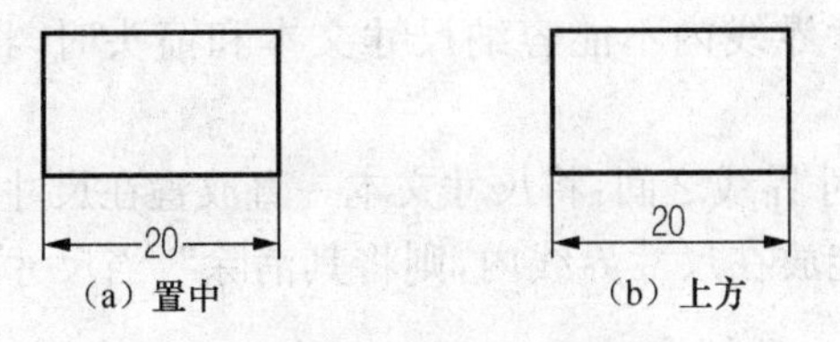

（a）置中　　（b）上方

图 4-9　文字垂直位置设置

② 水平：控制尺寸文本在水平方向的位置。在其下拉列表中列出了几个选项，其中"置中"是将尺寸文本置于尺寸线中间，"第一条尺寸界线"和"第二条尺寸界线"分别是将尺寸文本置于靠近第一条尺寸界线和第二条尺寸界线的位置，如图 4-10 所示。

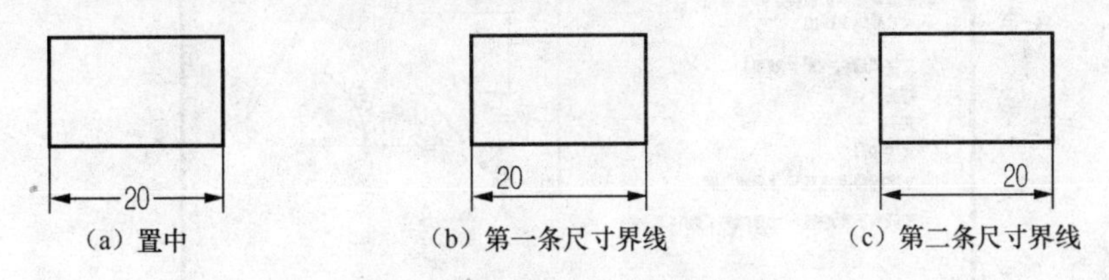

（a）置中　　（b）第一条尺寸界线　　（c）第二条尺寸界线

图 4-10　文字水平位置设置

(3)"文字对齐"设置：在如图 4-8 所示的文字对齐编辑区中，可进行尺寸文本放置方向的设置。

① 水平：用于使尺寸文本水平放置。

② 与尺寸线对齐：用于使尺寸文本沿尺寸线方向放置。

③ ISO 标准：用于使尺寸文本按 ISO 标准放置。

各对齐方式如图 4-11 所示。

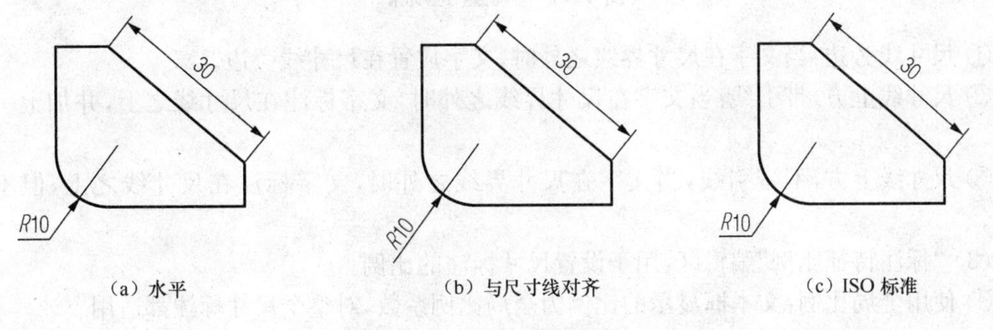

（a）水平　　（b）与尺寸线对齐　　（c）ISO 标准

图 4-11　文字对齐设置

4）“调整”设置

在【新建标注样式】窗口中，单击【调整】项，打开【调整】选项卡，如图 4-12 所示。在该选项卡中，可设置尺寸文本、尺寸箭头、指引线和尺寸线的相对排列位置。

（1）“调整选项”编辑区：定义当尺寸界线距离较近，不能容纳尺寸文本和箭头时，尺寸文本和箭头的布置方式。

① 文字或箭头(最佳效果)：当尺寸界线内不能容纳尺寸文本和箭头时，尽量将其中一个放在尺寸界线内。

② 箭头：优先考虑将箭头从尺寸界线内移出。

③ 文字：优先考虑将尺寸文本从尺寸界线内移出。

④ 文字和箭头：当尺寸界线内不能容纳尺寸文本和箭头时，将二者都放置在尺寸界线之外。

⑤ 文字始终保持在尺寸界线之间：将尺寸文本一直放置在尺寸界线之内。

⑥ 复选框“若箭头不能放在尺寸界线内，则将其消除”：当尺寸界线内不能容纳尺寸文本和箭头时，不绘制箭头。

（2）“文字位置”编辑区：设置当文字在尺寸界线之外时的位置。

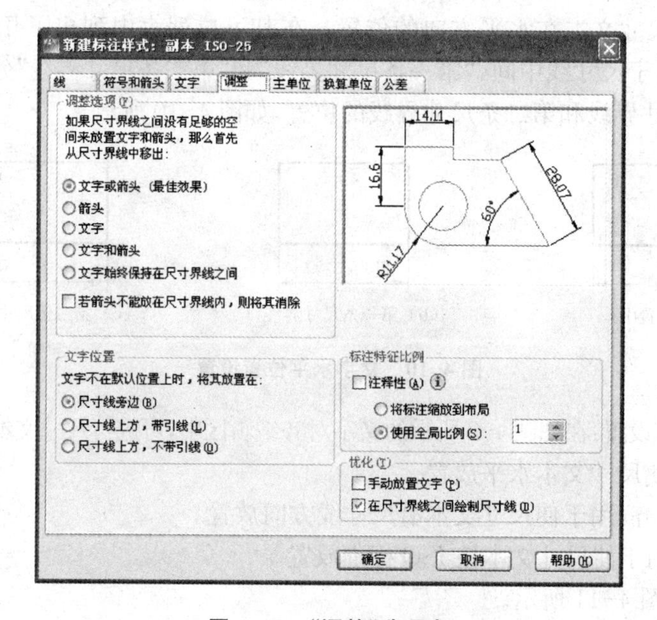

图 4-12 “调整”选项卡

① 尺寸线旁边：当文字在尺寸界线之外时，文字放置在尺寸线旁边。

② 尺寸线上方，带引线：当文字在尺寸界线之外时，文字标注在尺寸线之上，并加上一条引线。

③ 尺寸线上方，不带引线：当文字在尺寸界线之外时，文字标注在尺寸线之上，但不加引线。

（3）“标注特征比例”编辑区：用于设置尺寸标注的比例。

① 使用全局比例：文本框显示的比例为全局比例系数，对整个尺寸标注都适用。

② 将标注缩放到布局：文本框中显示的比例系数为当前模型空间和图纸空间的比例。

(4)“优化”编辑区。

① 手动放置文字:选中该选项,在标注时,手工确定尺寸文本的放置位置。

② 在尺寸界线之间绘制尺寸线:选中该选项,则始终保持在尺寸界线之间绘制尺寸线。

5)“主单位”设置

在【新建标注样式】窗口中,单击【主单位】项,打开【主单位】选项卡,如图 4-13 所示。在该选项卡中,可设置基本标注单位格式、精度以及标注文本的前缀或后缀等。

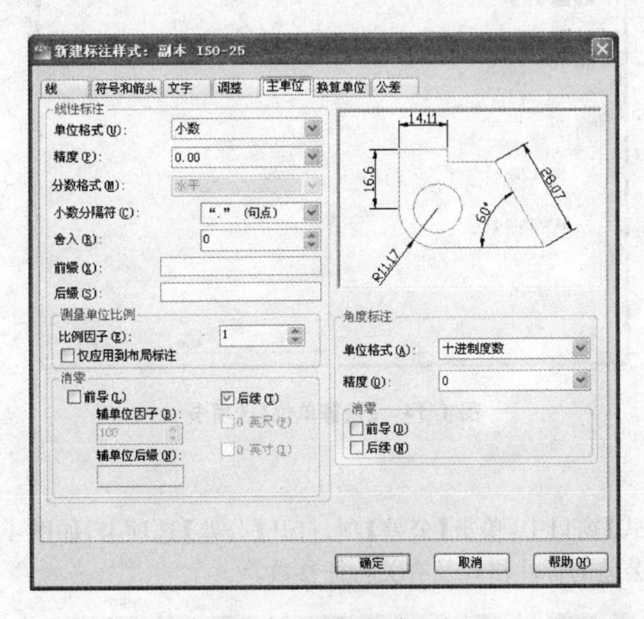

图 4-13 【主单位】选项卡

(1)“线性标注”设置。

① 单位格式:设置尺寸单位的格式。可在其下拉列表中选择科学单位、小数单位、工程单位、建筑单位、分数单位和 Windows 桌面中的某一种格式。

② 精度:设置尺寸单位的精度。根据需要,可在其下拉列表中选择合适的精度等级。

③ 分数格式:设置分数格式。

④ 小数分隔符:有逗点、句点、空格三种形式供选择。

⑤ 舍入:设置舍入精度。

⑥ 前缀:设置主单位前缀。

⑦ 后缀:设置主单位后缀。

⑧ 测量比例因子:设置尺寸测量的比例因子。

⑨ 消零:选中“前导”可消除尺寸文本前无效的“0”,选中“后续”可消除尺寸文本后无效的“0”。

(2) 角度标注设置:设置方法与线性标注类似。

6)“换算单位”设置

在【新建标注样式】窗口中,单击【换算单位】项,打开【换算单位】选项卡,如图 4-14 所示。在该选项卡中,可设置替代测量单位的格式和精度以及前缀或后缀。默认时,尺寸标注不显示替代单位标注，该选项卡无效，呈灰色显示，只有选中【显示换算单位】复选框才有效。

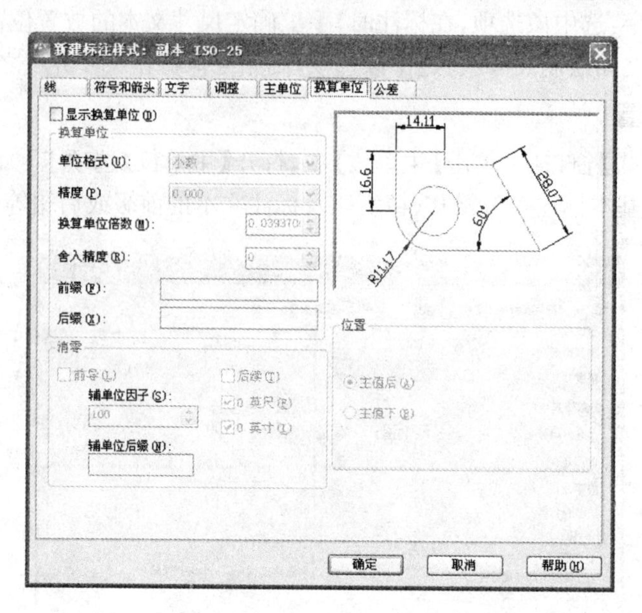

图 4-14 【换算单位】选项卡

7）“公差”设置

在【新建标注样式】窗口中，单击【公差】项，打开【公差】选项卡，如图 4-15 所示。在该选项卡中，可设置尺寸公差的标注格式及有关特征参数。

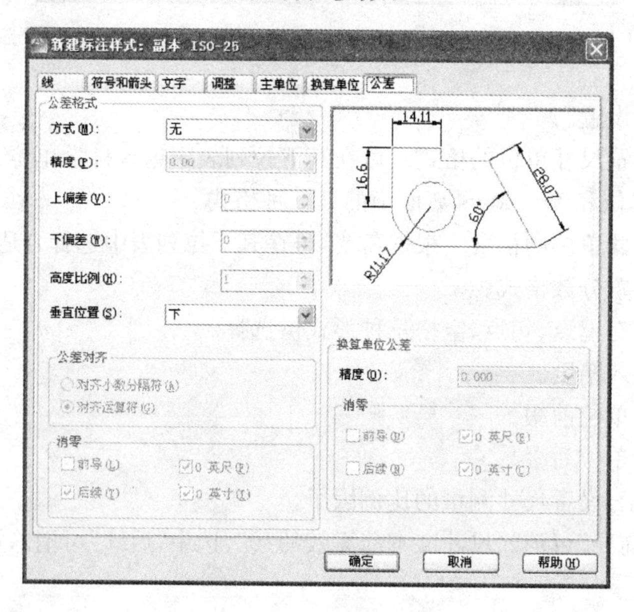

图 4-15 【公差】选项卡

(1) “公差格式”设置。

① 方式：用于设置公差文本的标注方式。在其下拉列表中有五个选项可供选择，即无、对称、极限偏差、极限尺寸、基本尺寸，它们的形式如图 4-16 所示。

② 精度:用于设置尺寸标注公差的精度,即有效位的设置。

③ 上偏差:用于设置上偏差值。输入偏差数值后,系统自动在偏差值前加“+”号。如需修改,可在输入偏差值时,在前面添加“-”号。若想使上偏差为-0.005,可输入上偏差值-0.005。

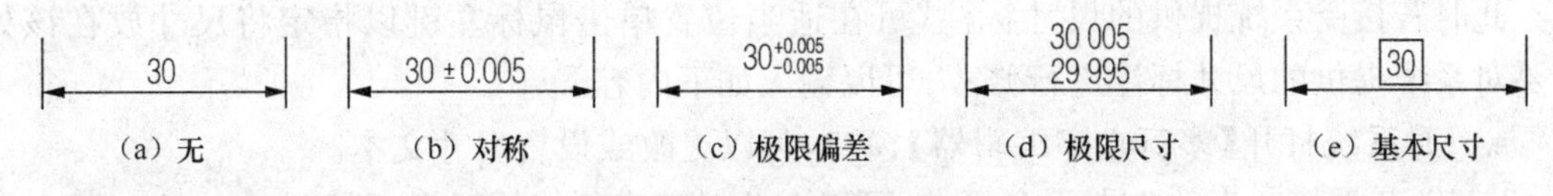

图 4-16 公差标注方式

④ 下偏差:用于设置下偏差值。输入偏差数值后,系统自动在偏差值前加“-”号。如需修改,可在输入偏差值时,在前面添加“-”号。若想使下偏差为+0.005,可输入下偏差值-0.005。

⑤ 高度比例:用于设置公差文字的高度。一般在“对称”方式时设置为1,在“极限偏差”方式时设置为0.7。

⑥ 垂直位置:用于设置公差文字和基本尺寸文字的对正方式。

⑦ 消零:用于设置标注文字是否显示无效的数字0。

(2)“换算单位公差”设置:用于进行换算公差单位的精度和消零设置。

4.3 尺寸标注的方法

AutoCAD 2013 将尺寸标注分为长度尺寸标注、直径(半径)尺寸标注、角度尺寸标注、坐标尺寸标注、引线标注等,下面分别对它们进行介绍。

4.3.1 长度尺寸标注

长度尺寸标注又分为线性标注、对齐标注、基线标注、连续标注等。

1) 线性标注

(1) 命令功能:用于标注水平尺寸、垂直尺寸和旋转尺寸。

(2) 命令调用方式:

菜单方式:【标注】|【线性】

图标方式:【标注】| ⊢⊣

键盘输入方式:DIMLINEAR

(3) 命令说明:

执行该命令后,命令行出现如下提示。

指定第一条尺寸界限原点或[选择对象]:

此时有两种选择如下。

① 指定第一条尺寸界线原点

指定了第一点后，系统接着提示如下。

指定第二条尺寸界线原点：(指定第二点)

指定尺寸线位置或

[多行文字(M)/文字(T)/角度(A)/水平(H)/垂直(V)/旋转(R)]：

此时若接受系统提供的尺寸标注，可在适当位置单击鼠标左键以指定将尺寸放在该处。若要对系统提供的尺寸标注进行修改，可以输入如下内容。

a. M：系统打开【多行文字编辑器】窗口，可以更改或设置尺寸文本。

b. T：若系统产生的文本不合要求，可以在此对其进行修改。提示如下。

输入标注文字〈当前值〉：(输入修改值，若回车则接受默认值)

c. A：设置尺寸文本的倾斜角。提示如下。

指定标注文字角度：(输入尺寸文本旋转角度)

d. H：进行水平标注。提示如下。

指定尺寸线位置或[多行文字(M)/文字(T)/角度(A)]：

这几个可选项含义与上面相同。

e. V：进行垂直标注。

f. R：指定尺寸线旋转的角度。提示如下。

指定尺寸线的角度〈当前值〉：(输入尺寸线的旋转角度)

② 直接回车

若选择直接回车，则系统接着提示如下。

选择标注对象：

要求用户选择一个标注对象，当选择了对象后，系统自动生成该对象的尺寸标注，并提示如下。

指定尺寸线位置或

[多行文字(M)/文字(T)/角度(A)/水平(H)/垂直(V)/旋转(R)]：

各选项含义与上面相同。

(4) 标注示例：

【例 4-1】 标注如图 4-16(a)所示尺寸。

命令：DIMLINEAR

指定第一条尺寸界限原点或[选择对象]：(选 P_1点)

指定第二条尺寸界线原点：(选 P_2点)

指定尺寸线位置或

[多行文字(M)/文字(T)/角度(A)/水平(H)/垂直(V)/旋转(R)]：(在 P_3点附近用鼠标左键单击)

此时在 P_3点附近标注出图示尺寸，其中尺寸文本是系统提供的，未对其进行修改。

【例 4-2】 标注如图 4-17(b)所示尺寸。

命令：DIMLINEAR

指定第一条尺寸界限原点或[选择对象]：(选 P_1点)

指定第二条尺寸界线原点：(选 P_2点)

指定尺寸线位置或

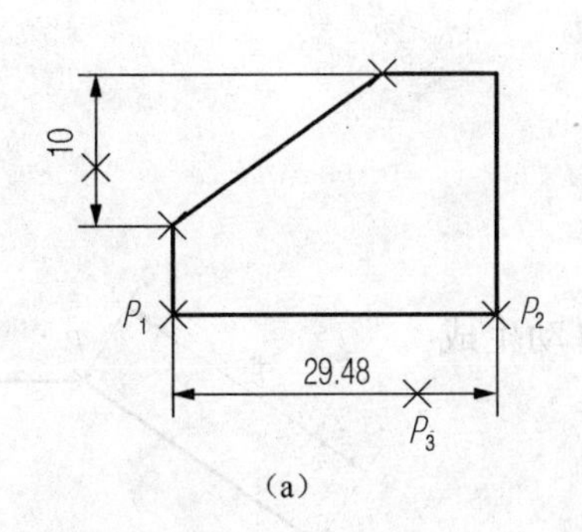

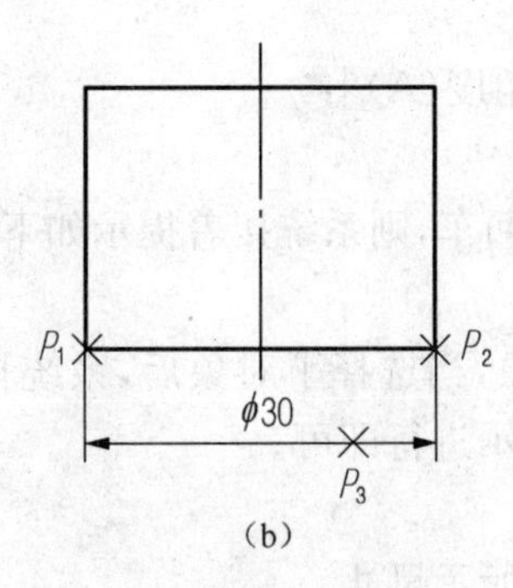

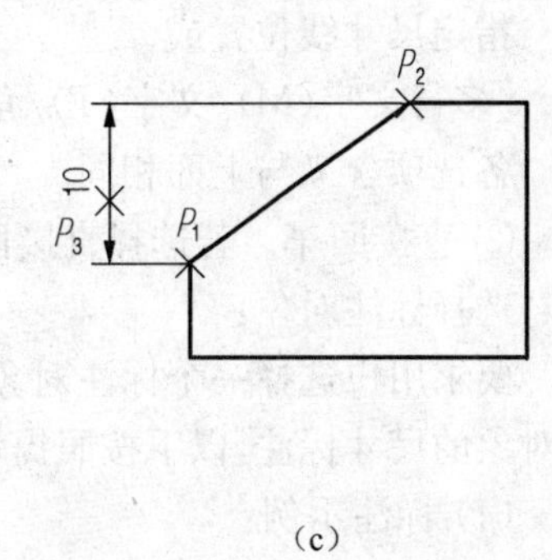

图 4-17　线性标注示例

[多行文字(M)/文字(T)/角度(A)/水平(H)/垂直(V)/旋转(R)]:T↙

输入标注文字〈29.48〉:%%c30↙

指定尺寸线位置或

[多行文字(M)/文字(T)/角度(A)/水平(H)/垂直(V)/旋转(R)]:(在 P_3 点附近用鼠标左键单击)

结果如图所示。

【例 4-3】 标注如图 4-17(c)所示尺寸。

命令:DIMLINEAR

指定第一条尺寸界限原点或[选择对象]:(选 P_1 点)

指定第二条尺寸界线原点:(选 P_2 点)

指定尺寸线位置或

[多行文字(M)/文字(T)/角度(A)/水平(H)/垂直(V)/旋转(R)]:V↙

指定尺寸线位置或[多行文字(M)/文字(T)/角度(A)]:T↙

输入标注文字〈9.68〉:10↙

指定尺寸线位置或[多行文字(M)/文字(T)/角度(A)]:(在 P_3 点附近用鼠标左键单击)

结果如图 4-17(c)所示。

2）对齐标注

(1) 命令功能:用来标注斜面或斜线的尺寸。

(2) 命令调用方式:

菜单方式:【标注】|【对齐】

图标方式:【标注】|

键盘输入方式:DIMALIGNED

(3) 命令说明:

执行该命令后,命令行出现如下提示。

指定第一条尺寸界线原点或[选择对象]:

此时也有两种选择。

① 指定第一点,接着提示如下。

指定第二条尺寸界线原点:(选第二点)

指定尺寸线位置或

[多行文字(M)/文字(T)/角度(A)]:

各选项含义与上面相同。

② 直接回车。若选择直接回车,则系统接着提示如下。

选择标注对象:

要求用户选择一个标注对象,当选择了对象后,系统自动生成该对象的尺寸标注,以下按照提示进行即可。

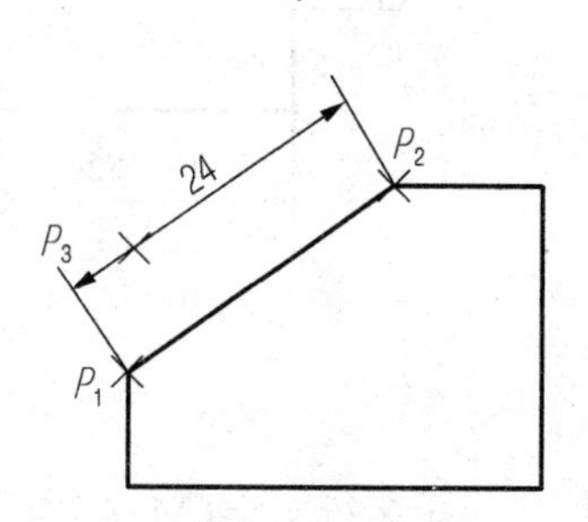

图 4-18　对齐标注示例

(4) 标注示例:

【例 4-4】 标注如图 4-18 所示尺寸。

命令:DIMALIGNED

指定第一条尺寸界线原点或[选择对象]:(选 P_1点)

指定第二条尺寸界线原点:(选 P_2点)

指定尺寸线位置或

[多行文字(M)/文字(T)/角度(A)]:T↙

输入标注文字〈23.4〉:24↙

指定尺寸线位置或

[多行文字(M)/文字(T)/角度(A)]:(在 P_3点附近单击鼠标左键)

结果如图 4-18 所示。

3) 基线标注

(1) 命令功能:用来标注自同一基准处测量的多个尺寸。但在创建基线标注之前,必须已创建了线性、对齐或角度标注。

(2) 命令调用方式:

菜单方式:【标注】|【基线】

图标方式:【标注】|

键盘输入方式:DIMBASELINE

(3) 命令说明:

执行该命令后,移动鼠标可以看到,系统自动以上次尺寸标注的第一条尺寸界线作为基准生成了基线标注的第一条尺寸线,同时命令行出现如下提示。

指定第二条尺寸界线原点或[放弃(U)/选择(S)]〈选择〉:

此时有三种选择如下。

① 指定第二条尺寸界线原点:因为基线标注的第一条尺寸线已经自动生成,选择第二点后即可生成一个尺寸,并且系统接着提示如下。

指定第二条尺寸界线原点或[放弃(U)/选择(S)]〈选择〉:

可继续选择第三点、第四点不断生成基线标注。

② 输入 U 并回车:放弃上一次选择的尺寸界线原点。

③ 输入 S 并回车:选择一个已经存在的尺寸标注,并且以该尺寸靠近选择点的那一条尺寸界线作为基准来生成基线标注,以下操作和上面相同。

(4) 标注示例:

【例 4-5】 如图 4-19(a)所示,其中尺寸 15 已标出,现要求标注尺寸 30、45(假定尺寸 15 是图形中绘制的最后一个尺寸,并且其右侧的尺寸界线是第一条尺寸界线)。

命令:DIMBASELINE

移动鼠标光标可以看到,系统自动以尺寸 15 的第一条尺寸界线作为基准生成了基线标注的第一条尺寸线,同时命令行出现如下提示。

指定第二条尺寸界线原点或[放弃(U)/选择(S)]〈选择〉:(选 P_2点,生成尺寸 30)

指定第二条尺寸界线原点或[放弃(U)/选择(S)]〈选择〉:(选 P_3点,生成尺寸 45)

点鼠标右键,在快捷菜单中选择“确认”或按“Esc”键结束命令,结果如图 4-19(a)所示。

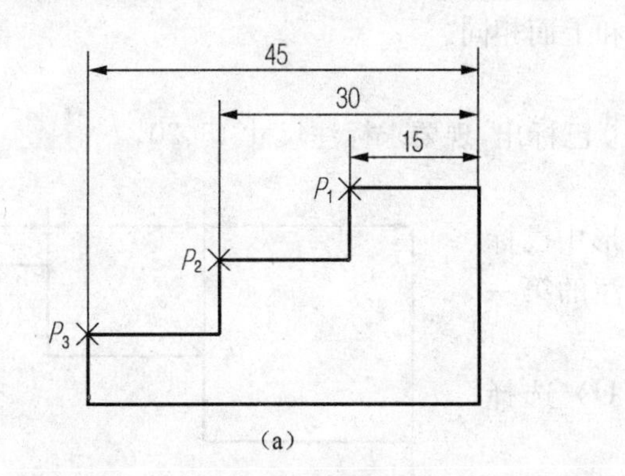

(a)

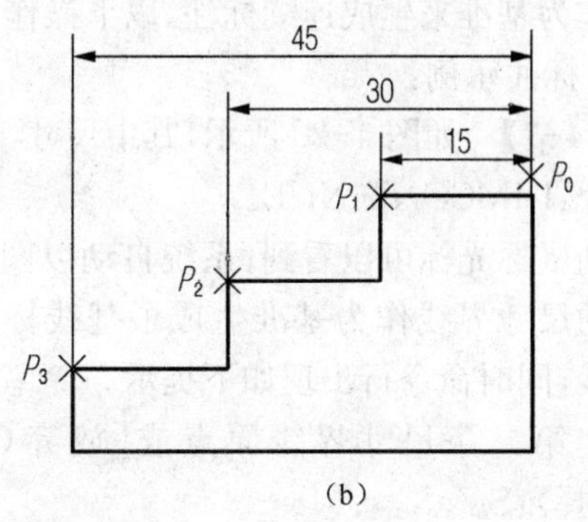

(b)

图 4-19 基线标注示例

【例 4-6】 如图 4-19(b)所示,其中尺寸 15 已标出,现要求标注尺寸 30、45(假定尺寸 15 不是图形中绘制的最后一个尺寸)。

命令:DIMBASELINE

移动鼠标光标可以看到,系统自动以图形中某尺寸的第一条尺寸界线作为基准生成了基线标注的第一条尺寸线,同时命令行出现如下提示。

指定第二条尺寸界线原点或[放弃(U)/选择(S)]〈选择〉:S↙

选择基准标注:(选择尺寸 15 右侧的尺寸界线或尺寸线上靠右的某点,此时移动鼠标光标可以看到,系统自动以尺寸 15 的第一条尺寸界线作为基准生成了基线标注的第一条尺寸线)

指定第二条尺寸界线原点或[放弃(U)/选择(S)]〈选择〉:(选 P_2点,生成尺寸 30)

指定第二条尺寸界线原点或[放弃(U)/选择(S)]〈选择〉:(选 P_3点,生成尺寸 45)

点鼠标右键,在快捷菜单中选择【确认】或按【Esc】键结束命令,结果如图 4-19(b)所示。

4) 连续标注

(1) 命令功能:用来标注图中出现在同一直线上的若干尺寸。

(2) 命令调用方式:

菜单方式:【标注】|【连续】

图标方式:【标注】| ⊢⊢⊣

键盘输入方式:DIMCONTINUE

(3) 命令说明:

执行该命令后,移动鼠标光标可以看到,系统自动以上次尺寸标注的第二条尺寸界线作为基准生成了连续标注的第一条尺寸线，同时命令行出现如下提示。

指定第二条尺寸界线原点或[放弃(U)/选择(S)]〈选择〉：

此时有三种选择如下。

① 指定第二条尺寸界线原点：因为基线标注的第一条尺寸线已经自动生成，选择第二点后即可生成一个尺寸，并且系统接着提示如下。

指定第二条尺寸界线原点或[放弃(U)/选择(S)]〈选择〉：

可继续选择第三点、第四点不断生成连续标注。

② 输入 U 并回车：放弃上一次选择的尺寸界线原点。

③ 输入 S 并回车：选择一个已经存在的尺寸标注，并且以该尺寸靠近选择点的那一条尺寸界线作为基准来生成连续标注，以下操作和上面相同。

(4) 标注示例：

【例 4-7】 如图 4-20 所示，其中尺寸 10 已标出，现要求标注尺寸 15、20。

命令：DIMCONTINUE

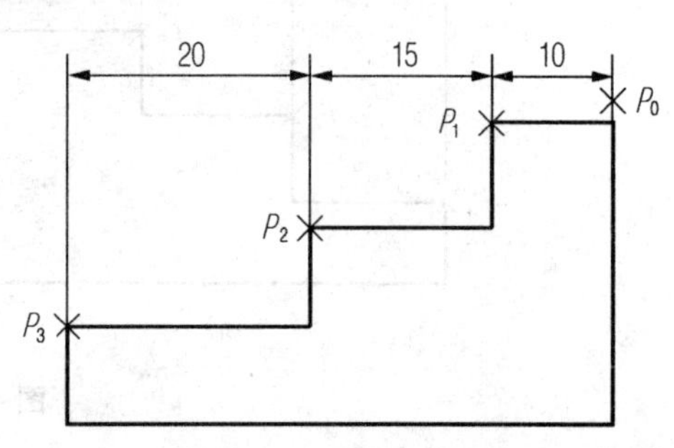

图 4-20 连续标注示例

移动鼠标光标可以看到，系统自动以图形中已标注尺寸的尺寸界线作为基准生成了基线标注的第一条尺寸线，同时命令行出现如下提示。

指定第二条尺寸界线原点或[放弃(U)/选择(S)]〈选择〉：S↙

选择基准标注：(选择尺寸 10 左侧的尺寸界线或尺寸线上靠左的某点，此时移动鼠标光标可以看到，系统自动以尺寸 10 的左侧尺寸界线作为基准生成了连续标注的第一条尺寸线)

指定第二条尺寸界线原点或[放弃(U)/选择(S)]〈选择〉：(选 P_2点，生成尺寸 15)

指定第二条尺寸界线原点或[放弃(U)/选择(S)]〈选择〉：(选 P_3点，生成尺寸 20)

点鼠标右键，在快捷菜单中选“确认”或按“Esc”键结束命令，结果如图 4-20 所示。

4.3.2 直径(半径)尺寸标注

1) 直径尺寸标注

(1) 命令功能：用来标注圆或圆弧的直径尺寸。标注时，系统自动在尺寸数字前加“φ”。

(2) 命令调用方式：

菜单方式：【标注】|【直径】

图标方式：【标注】| ⃠

键盘输入方式：DIMDIAMETER

(3) 命令说明：

执行该命令后，系统提示如下。

选择圆弧或圆：(选取标注对象)

指定尺寸线位置或[多行文字(M)/文字(T)/角度(A)]：

这几个选项含义与前面几种标注方法相同。

(4) 标注示例：

【例 4-8】　标注如图 4-21 所示圆的直径尺寸。

命令:DIMDIAMETER↙

选择圆弧或圆:(选取圆)

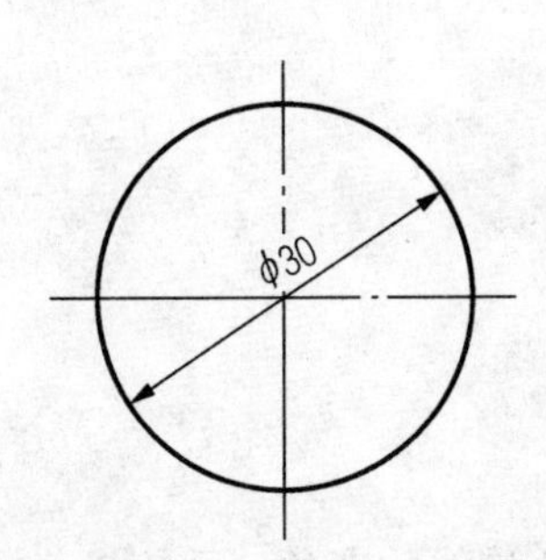

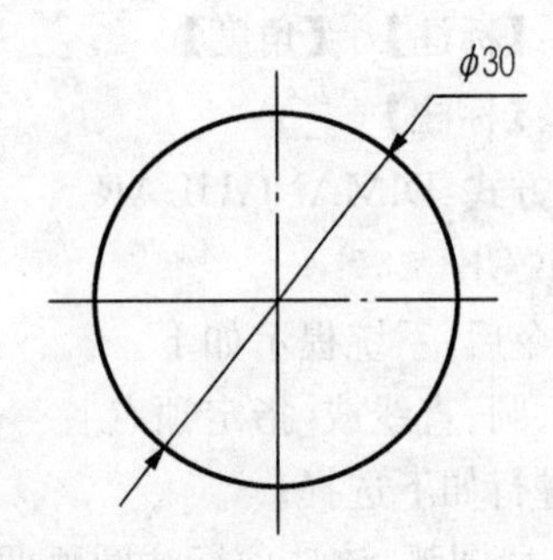

图 4-21　直径标注示例

指定尺寸线位置或

[多行文字(M)/文字(T)/角度(A)]:(在合适位置选取一点放置尺寸)

图 4-21 所示为两种不同标注样式设置下圆的直径标注效果。

2）半径尺寸标注

(1) 命令功能:用来标注圆或圆弧的半径尺寸。系统自动在尺寸数字前加"R"。

(2) 命令调用方式：

菜单方式:【标注】|【半径】

图标方式:【标注】| ⊙

键盘输入方式:DIMRADIUS

(3) 命令说明：

半径尺寸标注与直径标注基本相同,这里不再详细介绍。图 4-22 所示为半径标注示例。

图 4-22　半径尺寸标注

3）圆心标记

(1) 命令功能:用来标注圆或圆弧的中心点,也可利用其来绘制圆的中心线。

(2) 命令调用方式：

菜单方式:【标注】|【圆心标记】

图标方式:【标注】| ⊕

键盘输入方式:DIMCENTER

(3) 命令说明：

执行该命令后,系统提示如下。

选择圆弧或圆:(选取标注对象)

选取对象后,系统给其添加圆心标记并结束命令。圆心标记的大小可通过系统变量 DIMCEN 来设置。

4.3.3 角度尺寸标注

(1) 命令功能:用来标注角度尺寸。在角度标注中,也允许采用基线标注和连续标注。

(2) 命令调用方式:

菜单方式:【标注】|【角度】

图标方式:【标注】| △

键盘输入方式:DIMANGULAR

(3) 命令说明:

执行该命令后,系统提示如下。

选择圆弧、圆、直线或[指定顶点]:

此时,可进行如下选择。

① 选取一段圆弧:该选项标注圆弧两个端点与圆心连线的夹角。系统接着提示如下。

指定标注弧线位置或[多行文字(M)/文字(T)/角度(A)/象限点(Q)]:

此时,可选取一点以指定位置标注出圆弧的角度,若要对此尺寸标注进行修改,可选择其余可选项。其余可选项的含义与前面相同,这里不再介绍。

② 选取一个圆:以选择的点作为第一尺寸界线原点,该圆的圆心作为角的顶点,系统接着提示如下。

指定角的第二个端点:(要求指定第二尺寸界线原点)

指定标注弧线位置或[多行文字(M)/文字(T)/角度(A)/象限点(Q)]:(指定标注位置或进行修改)

③ 选取一条直线:以该直线作为角度的第一尺寸界线。系统接着提示如下。

选择第二条直线:(要求选取第二条直线,作为角度的第二尺寸界线)

指定标注弧线位置或[多行文字(M)/文字(T)/角度(A)/象限点(Q)]:(指定标注位置或进行修改)

④ 直接回车:可直接指定角的顶点和两个端点来标注角度。系统接着提示如下。

指定角的顶点:(选取一点作为角的顶点)

指定角的第一个端点:(选取一点作为角的第一个端点)

指定角的第二个端点:(选取一点作为角的第二个端点)

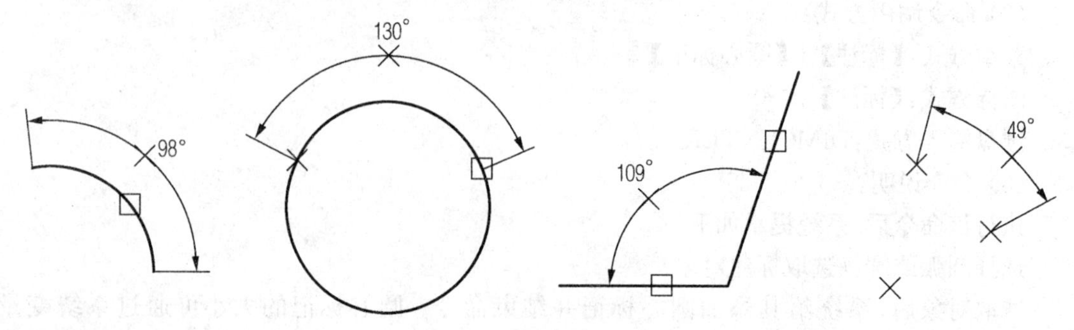

图 4-23 角度尺寸标注

指定标注弧线位置或[多行文字(M)/文字(T)/角度(A)/象限点(Q)]:(指定标注位置或进行修改)

(4) 角度标注示例:

图 4-23 所示为上面四种情况的角度标注。

4.3.4 坐标尺寸标注

(1) 命令功能:标注某点的 X 坐标或 Y 坐标。

(2) 命令调用方式:

菜单方式:【标注】|【坐标】

图标方式:【标注】|

键盘输入方式:DIMORDINATE

(3) 命令说明:

执行该命令后,系统提示如下。

指定点坐标:(选取所需点)

指定引线端点或[X 基准(X)/Y 基准(Y)/多行文字(M)/文字(T)/角度(A)]:

有以下几种选择。

① 指定引线端点:选取指引线的端点。系统自动将选取的标注点与指引线端点之间坐标差标注在指引线终点处。

② 输入 X 并回车:该选项明确指定标注 X 坐标。系统接着提示如下。

指定引线端点或[X 基准(X)/Y 基准(Y)/多行文字(M)/文字(T)/角度(A)]:(选取指引线的终点,标注坐标)

③ 输入 Y 并回车:该选项明确指定标注 Y 坐标。系统接着提示如下。

指定引线端点或[X 基准(X)/Y 基准(Y)/多行文字(M)/文字(T)/角度(A)]:(选取指引线的终点,标注坐标)

4.3.5 引线标注

(1) 命令功能:用来进行引出标注。

(2) 命令调用方式:

菜单方式:【标注】|【引线】

键盘输入方式:QLEADER

(3) 命令说明:

执行该命令后,系统提示如下。

指定第一个引线点或[设置(S)]〈设置〉:

① 若直接回车,则弹出如图 4-24 所示的引线设置窗口。在该窗口中,可对注释类型、引线和箭头样式及文字附着方式等进行设置。

② 指定一点,开始引线标注。以下的命令行提示根据引线设置的不同而有所区别,可按照提示逐步操作。

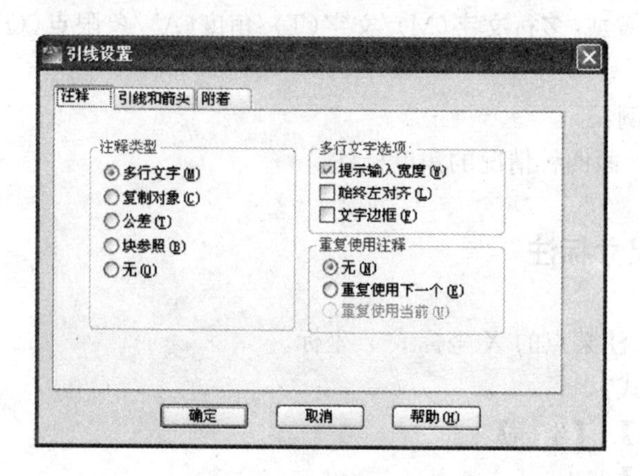

图 4-24 "引线设置"窗口

(4) 标注示例:

【例 4-9】 标注如图 4-25 所示的引线标注。

命令:QLEADER

指定第一个引线点或[设置(S)]〈设置〉:↙(进入"设置")

在【引线设置】窗口进行如下设置。

① 在注释选项卡中的【注释类型】框中选【多行文字】,【重复使用注释】框中选【无】。

② 在【引线和箭头】选项卡中的【引线】框中选【直线】,【箭头】框中选【实心闭合】。

③ 在【附着】选项卡中选中【最后一行加下划线】复选框。

设置完成后点【确定】。系统接着提示如下。

指定第一个引线点或[设置(S)]〈设置〉:(选 P_1 点)

指定下一点:(选 P_2 点)

指定下一点:↙

指定文字宽度〈0〉:↙(回车表示宽度不受限制)

输入注释文字的第一行〈多行文字(M)〉:引线标注↙

输入注释文字的下一行:↙

命令结束,结果如图 4-25 所示。

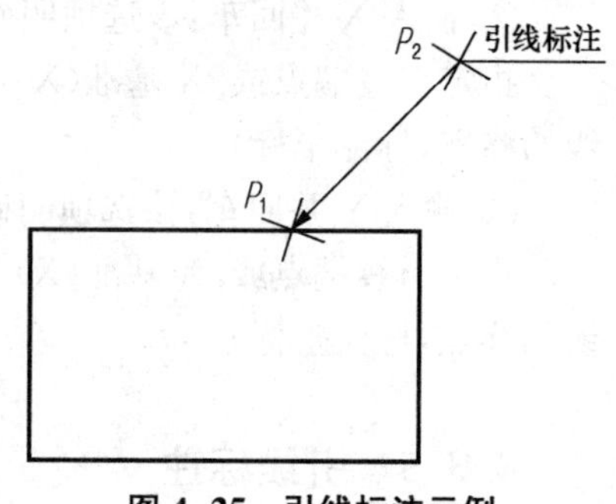

图 4-25 引线标注示例

4.3.6 快速尺寸标注

(1) 命令功能:可快速创建一系列标注。对于创建系列基线或连续标注,或者为一系列圆或圆弧创建标注时,此命令特别有用。

(2) 命令调用方式:

菜单方式:【标注】|【快速标注】

图标方式:【标注】|

键盘输入方式:QDIM

(3) 命令说明:

执行该命令后,系统提示如下。

选择要标注的几何图形:(选择标注对象)

指定尺寸线位置或

[连续(C)/并列(S)/基线(B)/坐标(O)/半径(R)/直径(D)/基准点(P)/编辑(E)]

〈连续〉:

各选项功能如下。

① 连续:创建一系列连续标注尺寸。

② 并列:创建一系列交错尺寸。

③ 基线:创建一系列基线标注尺寸。

④ 坐标:创建一系列坐标标注尺寸。

⑤ 半径:创建一系列半径标注尺寸。

⑥ 直径:创建一系列直径标注尺寸。

⑦ 基准点:为基线和坐标标注设置新的基准点。

⑧ 编辑:编辑一系列标注尺寸。

4.4 尺寸标注编辑

4.4.1 尺寸的关联性

AutoCAD 一般将尺寸线、尺寸界线、尺寸文本、箭头作为一个完整的图块进行存储,并且此时若对标注对象进行拉伸、缩放等操作,尺寸标注将会自动进行相应调整,这种尺寸标注称为关联性尺寸标注。AutoCAD 用系统变量 DIMASSOC 来控制尺寸标注的关联性,根据其值的不同,分为三种类型。

1) 关联标注

当与其关联的几何对象被修改时,可自动调整其位置、方向和测量值。DIMASSOC 系统变量值为 2。

2) 无关联标注

在其测量的几何对象被修改时,不发生改变。标注变量 DIMASSOC 值为 1。

3) 分解的标注

包含单个对象而不是单个标注对象的集合,DIMASSOC 系统变量值为 0。

使用"分解"命令可以将关联标注和无关联标注变为分解的标注。

关联标注和无关联标注的尺寸是其尺寸线、尺寸界线、尺寸文本、箭头作为一个整体存在。而分解的标注是其尺寸的各个组成部分互相独立。利用对象的关联性,可以很方便地对尺寸标注进行修改。

4.4.2 用 DIMEDIT 命令编辑尺寸标注

(1) 命令功能:对已有尺寸的尺寸文本及尺寸界线进行编辑。

(2) 命令调用方式:

图标方式:【标注】|

键盘输入方式:DIMEDIT

(3) 命令说明:

执行该命令后,系统提示如下。

输入标注编辑类型[默认(H)/新建(N)/旋转(R)/倾斜(O)]〈默认〉:

各选项含义如下。

① 默认:选中的标注文字移回到由标注样式指定的默认位置和旋转角。

② 新建:使用【多行文字编辑器】修改标注文字。AutoCAD 在【多行文字编辑器】中用尖括号"〈〉"表示默认测量值。要给默认的测量值添加前缀或后缀,请在尖括号前后输入前缀或后缀。要编辑或替换默认测量值需删除尖括号,输入新的标注文字然后选择【确定】。

③ 旋转:旋转标注文字。系统会提示输入旋转角度。

④ 倾斜:调整线性标注尺寸界线的倾斜角度。

根据需要进行设置,然后选择要修改的尺寸,命令结束后,被选中的尺寸即按照设置被修改。在选择对象时,可一次选取多个对象。

(4) 示例:

【例 4-10】 将如图 4-26(a)所示的几个尺寸修改为如图 4-26(b)所示形式。

命令:DIMEDIT↙

输入标注编辑类型[默认(H)/新建(N)/旋转(R)/倾斜(O)]〈默认〉:N↙

在弹出的【多行文字编辑器】中的尖括号前输入"%%c",然后单击【确定】。

选择对象:(依次选择三个尺寸)

选择对象:↙(命令结束)

结果如图 4-26 所示。

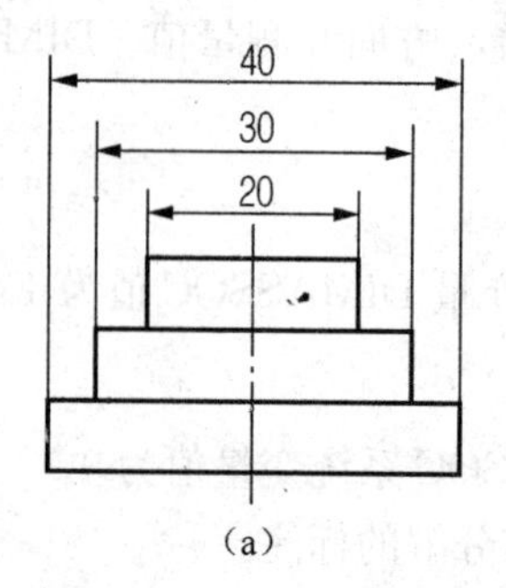

(a)

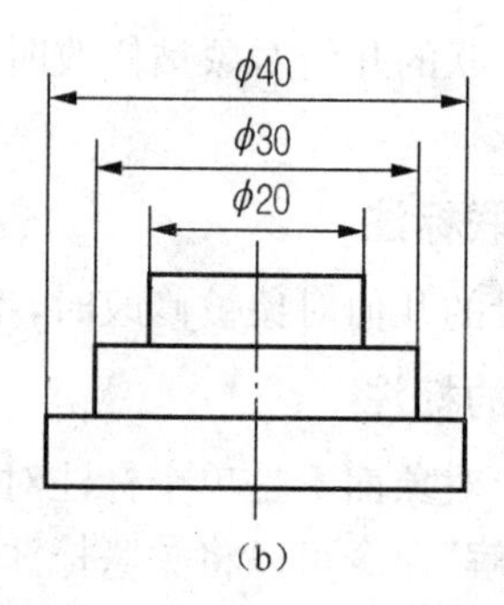

(b)

图 4-26 用 DIMEDIT 命令编辑尺寸

4.4.3 用 DDEDIT 命令编辑尺寸标注

(1) 命令功能:修改已有尺寸标注的尺寸文本。

(2) 命令调用方式:

菜单方式:【修改】|【对象】|【文字】|【编辑】

图标方式:【文字】|

键盘输入方式:DDEDIT

(3) 命令说明:

执行该命令后,系统提示如下。

选择注释对象或[放弃(U)]:(选择要修改的对象,弹出【多行文字编辑器】窗口,在该窗口中,对文本进行修改后按【确认】)

选择注释对象或[放弃(U)]:(可接着选择下一个要修改的对象,或按回车结束命令)

4.4.4 用 DIMTEDIT 命令编辑尺寸标注

(1) 命令功能:修改已有尺寸标注文本的位置和方向。

(2) 命令调用方式:

图标方式:【标注】|

键盘输入方式:DIMTEDIT

(3) 命令说明:

执行该命令后,系统提示如下。

选择标注:(选择要修改的对象)

指定标注文字的新位置或[左(L)/右(R)/中心(C)/默认(H)/角度(A)]:

各选项含义如下。

① 指定标注文字的新位置:将选取的文字拖动到一个新位置。

② 左:将选取的长度型、半径型和直径型标注文字放在尺寸线的左边。

③ 右:将选取的长度型、半径型和直径型标注文字放在尺寸线的右边。

④ 中心:将选取的标注文字居中放置。

⑤ 默认:将选取的标注文字移回到默认位置。

⑥ 角度:指定标注文字的角度。

4.4.5 用 PROPERTIES(对象特性)命令编辑尺寸标注

(1) 命令功能:可对标注样式、尺寸线、尺寸界线、尺寸文本、公差等进行编辑。

(2) 命令调用方式:

菜单方式:【修改】|【对象特性】

图标方式:【标准】|

键盘输入方式:PROPERTIES

(3) 命令说明:

选择一个尺寸标注,从该窗口中可以修改该尺寸标注的各个属性。

① 基本:可修改对象的颜色、图层、线型等基本信息。

② 其他:可修改对象的标注样式。

③ 还有“直线和箭头”“文字”“调整”“主单位”“换算单位”“公差”等,这些内容在创建标注样式时已一一介绍,这里不再重复。

(4) 示例:

【例 4-11】 标注如图 4-27(b)所示的尺寸公差。

在第二节中,我们介绍过如何在尺寸标注样式中设置尺寸公差。但若在某一标注样式中设置了尺寸公差,则在此标注样式下标注的尺寸都带有同一个尺寸公差,若在一幅图中需标注多个不同的公差就很不方便。这时有一个常用的方法,就是利用“特性”窗口修改尺寸的属性来标注不同的公差。

① 首先标出如图 4-27(a)所示的尺寸。

② 采用上述任一方法打开【特性】窗口。

③ 单击刚才标出的尺寸,【特性】窗口显示出关于该尺寸的特性。

④ 在【特性】窗口中点击【主单位】,然后在【标注前缀】项输入“%%c”,给尺寸文本 26 添加上前缀“φ”。

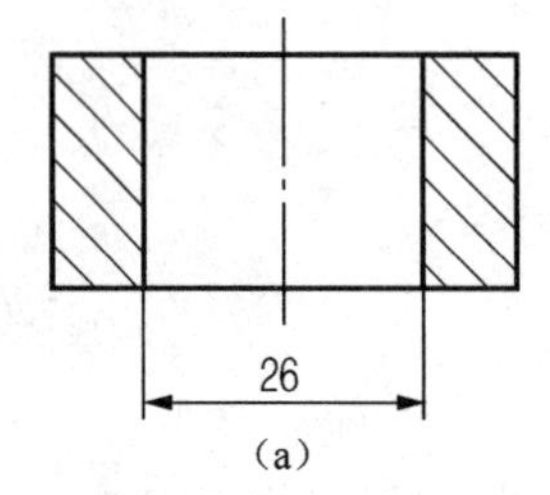

(a)

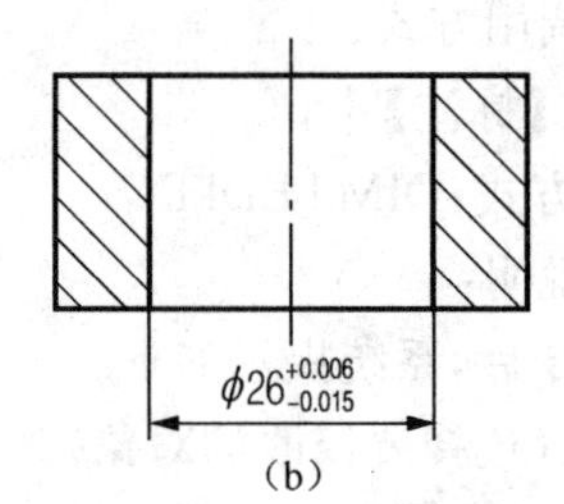

(b)

图 4-27 标注尺寸公差

⑤ 然后点击【公差】,在【显示公差】项中选择【极限偏差】,在【公差精度】中选择“0.000”,在【公差下偏差】中输入“0.015”,在【公差上偏差】中输入“0.006”,然后回车,就得到如图 4-27(b)所示的尺寸公差。

4.5 标注形位公差

形位公差包括形状公差和位置公差,AutoCAD 提供了两种形位公差的标注方法,分别是不带指引线的形位公差标注和带指引线的形位公差标注。

4.5.1 不带指引线的形位公差标注

(1) 命令功能:标注不带指引线的形位公差。

(2) 命令调用方式:

菜单方式:【标注】|【公差】

图标方式:【标注】| ⊕.1

键盘输入方式:TOLERANCE

(3) 命令说明:

执行命令后,出现"形位公差"窗口,如图 4-28 所示。该窗口中有以下一些内容。

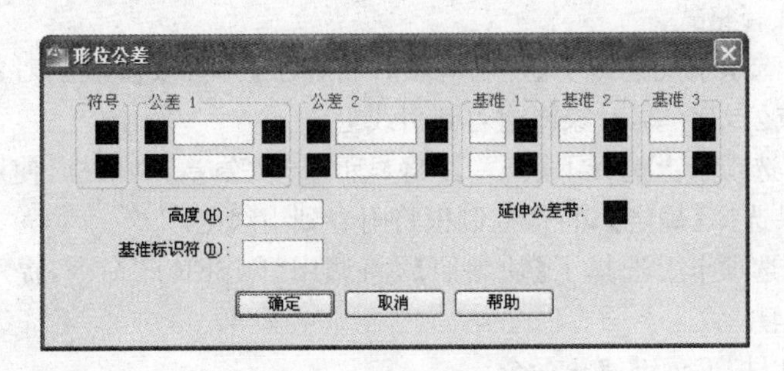

图 4-28 "形位公差"窗口

① "符号"框:单击"符号"方框,会弹出"符号"窗口,如图 4-29 所示。"符号"窗口列出了形位公差符号,需要哪个符号用鼠标左键单击即可,系统自动将该符号添加到"形位公差"窗口的"符号"框内。

② "公差 1"和"公差 2"框:在它们的文本框内可填写公差值,若需要在公差值前后添加符号,可单击文本框前后的方框。

③ "基准 1""基准 2""基准 3"框:分别填写相应的基准部位符号。

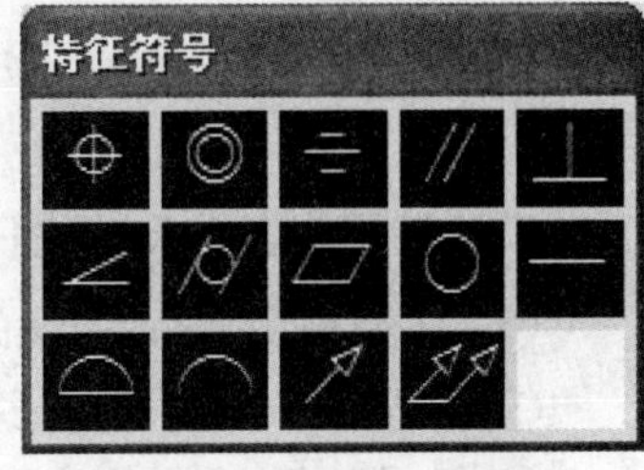

图 4-29 "符号"窗口

各参数和符号设置好后,点【确认】,系统会提示如下。

输入公差位置:(点取放置位置后命令结束)

4.5.2 带指引线的形位公差标注

(1) 命令功能:标注带指引线的形位公差。

(2) 命令调用方式:

菜单方式:【标注】|【引线】

键盘输入方式:QLEADER

(3) 命令说明:

执行命令后,命令行提示如下。

"指定第一个引线点或[设置(S)]〈设置〉:"指定第一个引线点。要设置引线格式,可以输入选项 S 并回车,将弹出"引线设置"对话框,按"确定"按钮应用设置或按"取消"按钮放弃所做的修改并返回到命令提示行。

命令提示"指定下一点:"。根据用户设置的引线点的数目,将连续提示用户指定一系列点,任意时刻输入回车键将中断连续取点过程并进入下一命令提示行。

命令提示"指定文字宽度〈0〉:"。要仅用这一选项可以在"引线设置"对话框中选择"注释"

选项卡，取消“提示输入宽度”多行文字选项。

命令提示“输入注释文字的第一行〈多行文字(M)〉:”。输入该行文字，按 Enter 键，并根据需要输入新的文字行，也可以直接按 Enter 键或输入关键字 M，启用多行文字编辑器编辑多行文字。

完成 QLEADER 命令后，文字注释将成为多行文字对象。

要在“QLEADER”命令中创建其他类型的注释对象，可以在【引线设置】对话框中的【注释】选项卡中指定注释格式。

如果在【注释】选项卡上选择了【复制对象】，将显示【选择要复制的对象:】的提示。选择文字对象、块参照或公差对象，对象将附着到引线上。

如果在【注释】选项卡上选择了【公差】，将显示“形位公差”对话框，使用此对话框创建公差特征控制框，如果选择【确定】，特征控制框将附着到引线上。

如果在【注释】选项卡上选择了【块参照】，将调用“INSERT”命令，提示用户创建块参照对象并附着到引线上。

任意时刻都可以按 Esc 键终止命令。

4.5.3 【引线设置】对话框

【引线设置】对话框可以用来设置引线注释类型、指定多行文字选项，并指明是否需要重复使用注释。

1) 【注释】选项卡(如图 4-30 所示)

(1) 注释类型:设置引线的注释类型。选择的类型将改变 QLEADER 引线的注释提示。

① 多行文字:提示创建多行文字注释。

② 复制对象:提示用户复制多行文字、单行文字、公差或块参照对象，并将副本连接到引线末端。副本与引线是相关联的，这就意味着如果复制的对象移动，引线末端也将随之移动。勾线的显示取决于被复制的对象。

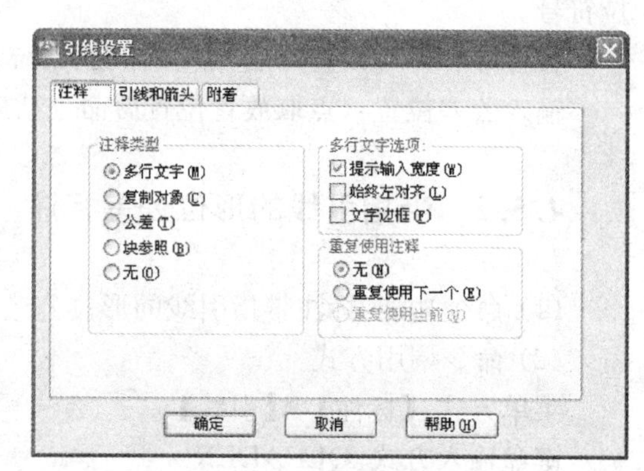

图 4-30 【注释】选项卡

③ 公差:显示【公差】对话框，用于创建将要附着到引线上的特征控制框。

④ 块参照:提示插入一个块参照。块参照将插入到自引线末端的某一偏移位置处，并与该引线相关联，这就意味着如果块移动，引线末端也将随之移动。带块参照的引线始终不会显示勾线。

⑤ 无:创建无注释的引线。

(2) 多行文字选项:设置多行文字选项。只有选定了多行文字注释类型时，该选项才可用。

① 提示输入宽度:提示指定多行文字注释的宽度。

② 始终左对齐:无论引线位置在何处,多行文字注释始终左对齐。

③ 文字边框:在多行文字注释周围放置边框。

(3) 重复使用注释:设置重新使用引线注释的选项。

① 无:不重复使用引线注释。

② 重复使用下一个:重复使用为后续引线创建的下一个注释。

③ 重复使用当前:重复使用当前注释。选择"重复使用下一个"之后,重复使用注释时将自动选择此选项。

2)【引线和箭头】选项卡(如图 4-31 所示)

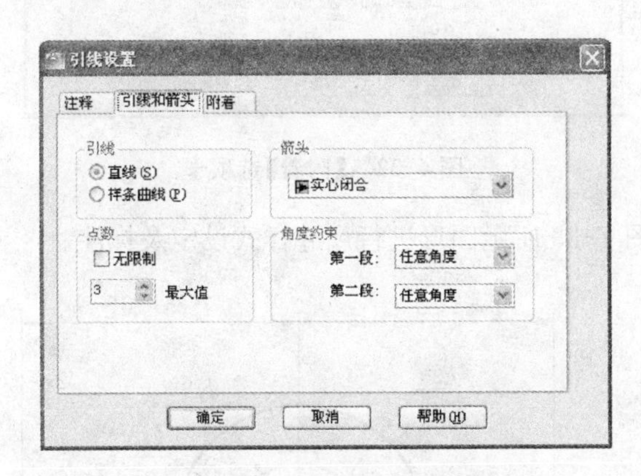

图 4-31　【引线和箭头】选项卡

(1) 引线:设置引线格式。

① 直线:在指定点之间创建直线段。

② 样条曲线:用指定的引线点作为控制点创建样条曲线对象。

(2) 点数:设置引线的点数,提示输入引线注释之前,QLEADER 命令将提示指定这些点。例如,如果设置点数为 3,指定两个引线点之后,QLEADER 命令将自动提示指定注释。注意:此数目在设定时要比创建的引线段数目大 1。

(3) 箭头:定义引线箭头。箭头还可用于尺寸线(DIMSTYLE 命令)。如果选择"用户箭头",将显示图形中的块列表。

(4) 角度约束:设置第一条与第二条引线的角度约束。

第一段:设置第一段引线的角度。

第二段:设置第二段引线的角度。

3)【附着】选项卡(如图 4-32 所示)

设置引线和多行文字注释的附着位置。只有在【注释】选项卡上选定"多行文字"时,此选项卡才可用。

第一行顶部:将引线附着到多行文字的第一行顶部。

第一行中间:将引线附着到多行文字的第一行中间。

多行文字中间:将引线附着到多行文字的中间。

最后一行中间:将引线附着到多行文字的最后一行中间。

最后一行底部:将引线附着到多行文字的最后一行底部。

最后一行加下划线：给多行文字的最后一行加下划线。

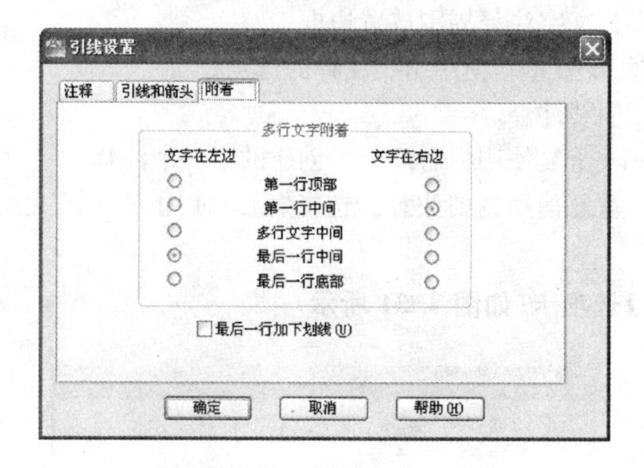

图 4-32 【附着】选项卡

【例 4-12】 将如图 4-33 所示图形进行尺寸样式设定及标注。

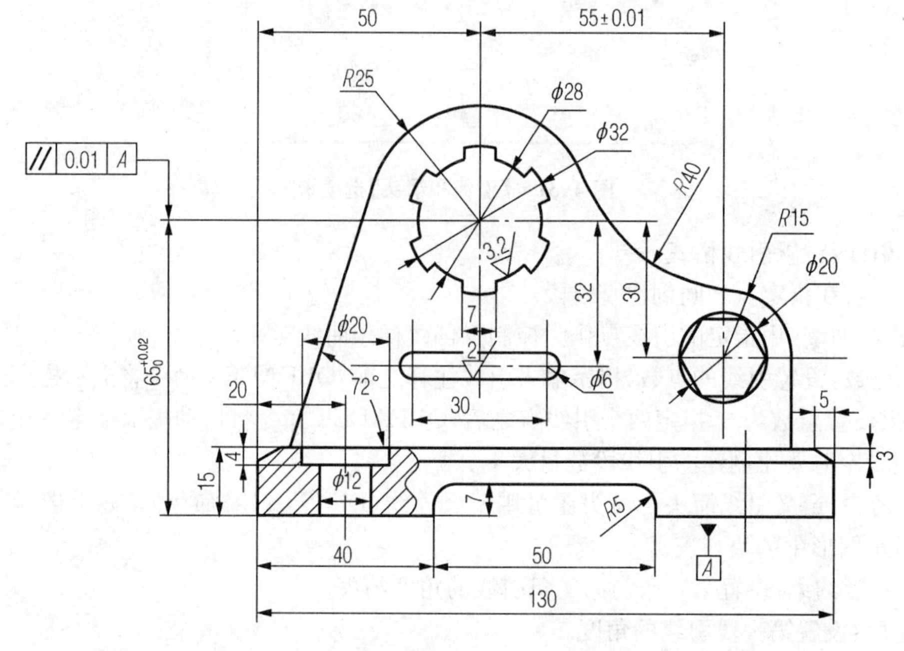

图 4-33

操作步骤如下。

1）打开文件、设置图层、设置对象捕捉模式

设置对象捕捉模式为端点模式，建立尺寸标注专用层，并将当前层设置为尺寸标注层。

2）尺寸样式设定

选择下拉菜单【格式】|【标注样式】，弹出【标注样式管理器】对话框，选择【修改】按钮，按照如图 4-34～图 4-37 所示，并设置新的标注样式如图 4-38～图 4-43 所示。

(1) 设置国标基础样式

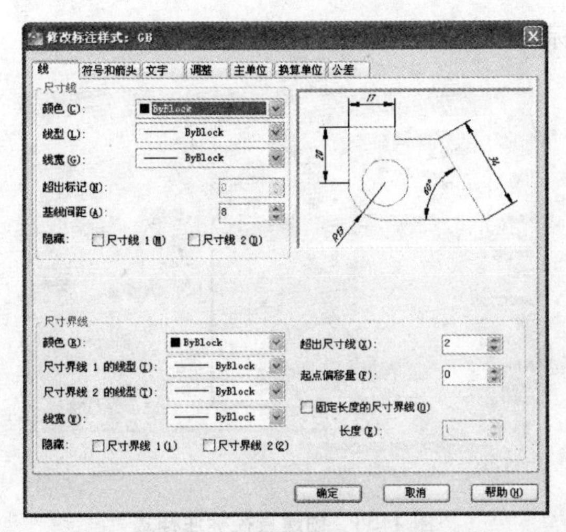

图 4-34　创建线性标注样式

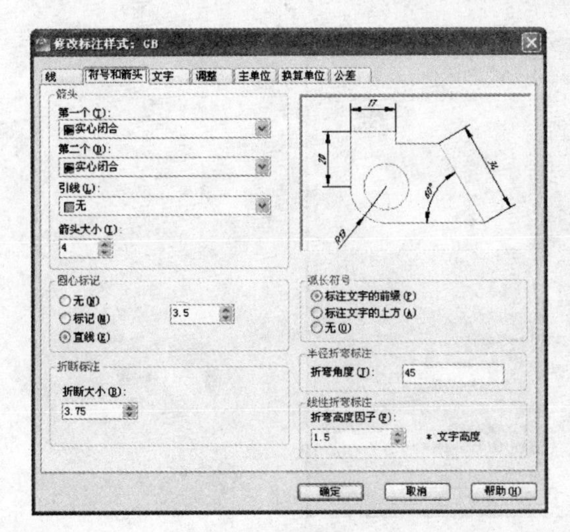

图 4-35　符号和箭头

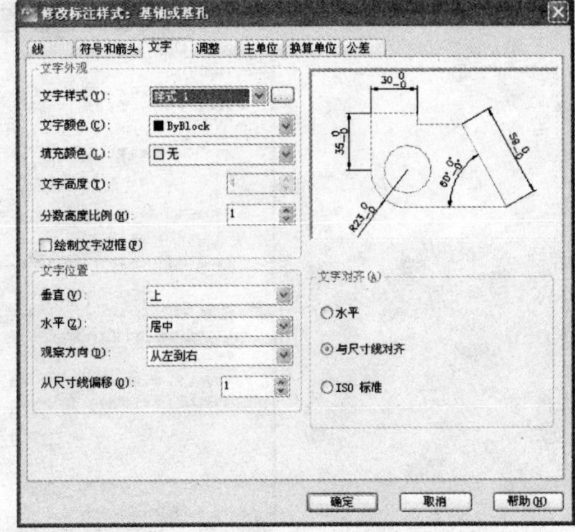

图 4-36　文字

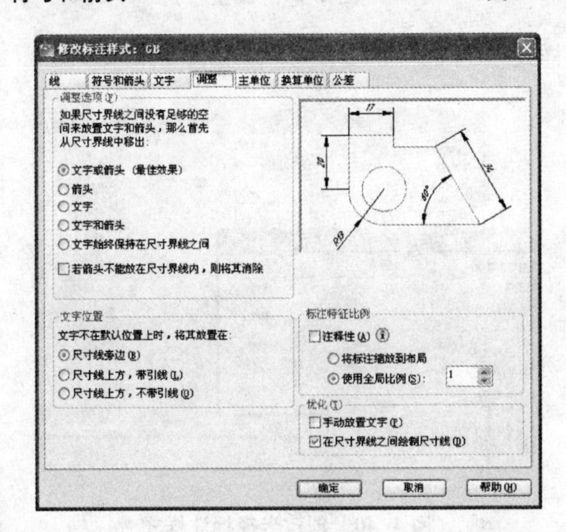

图 4-37　调整

（2）设置直径标注样式

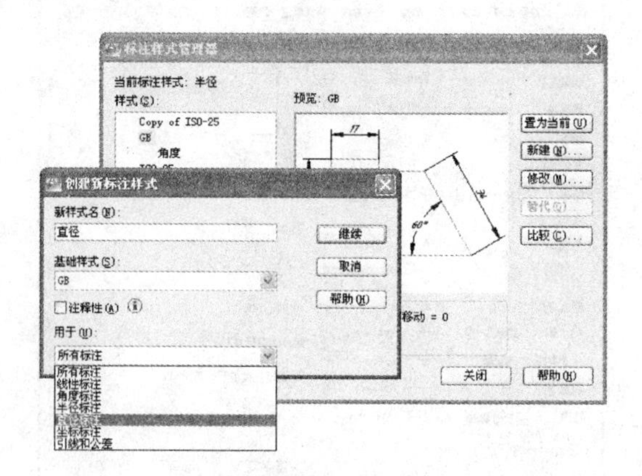

图 4-38　创建直径标注样式

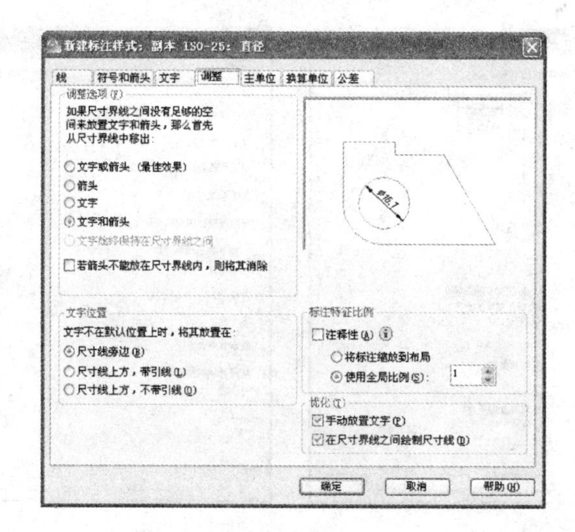

图 4-39　调整

（3）设置半径标注样式

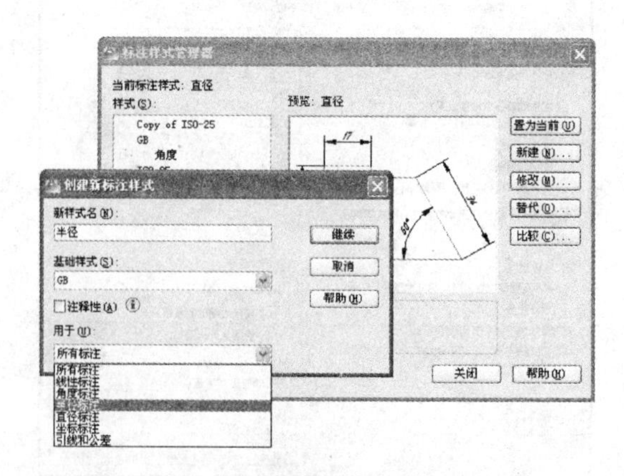

图 4-40　创建半径标注样式

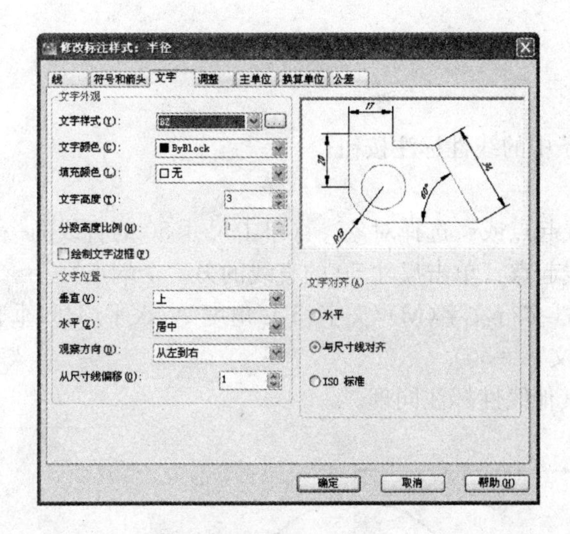

图 4-41　文字

(4) 设置角度标注样式

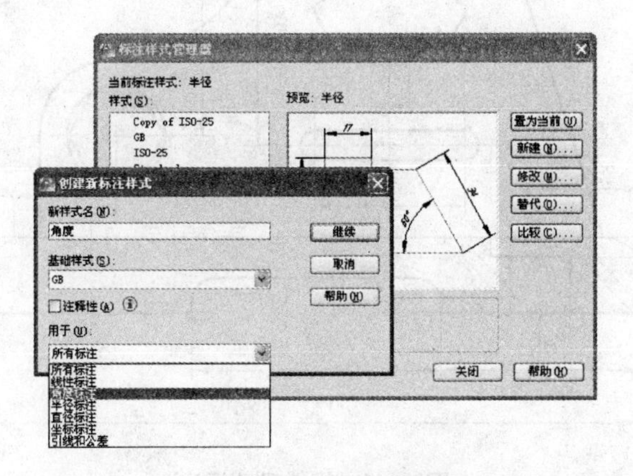

图 4-42　创建角度标注样式

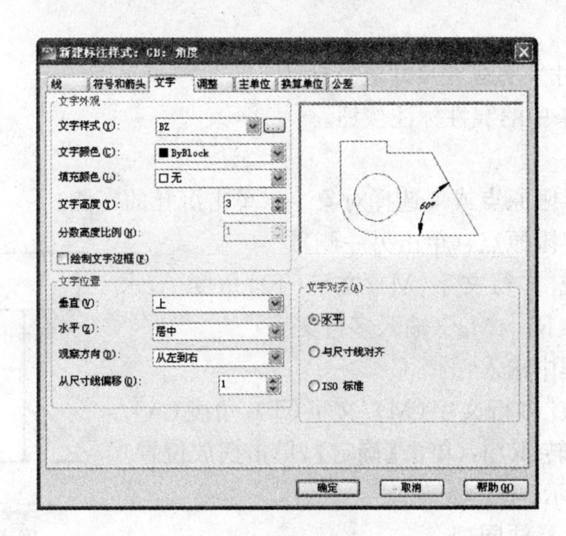

图 4-43　文字

3）尺寸标注

(1) 线性尺寸标注

单击【标注】工具条中的线性标注按钮。

命令：_dimlinear

指定第一条尺寸线起点或<选择对象>：(单击尺寸 50 的直线的一个端点)

指定第二条尺寸线起点：(单击尺寸 50 的直线的另一个端点)

指定尺寸线位置或[多行文字(M)/文字(T)/角度 A/水平(H)/垂直(V)/旋转(R)]：(单击尺寸摆放位置，标注文字=50)

如图 4-44 所示，其他线性标注同理。

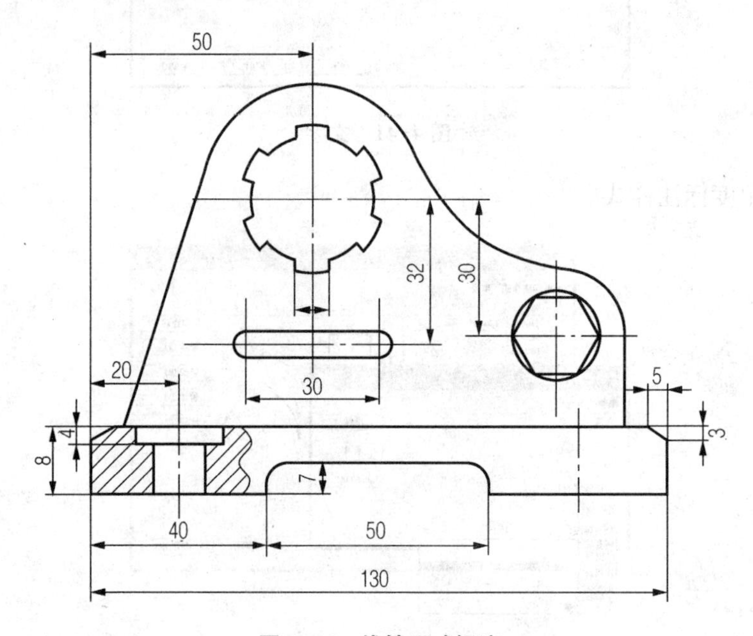

图 4-44　线性尺寸标注

(2) 标注直径尺寸

① 沉孔的直径尺寸采用线性尺寸进行标注

单击【标注】工具条中的线性标注按钮。

命令：_dimlinear

指定第一条尺寸界限原点或<选择对象>：(单击沉孔的一侧)

指定第二条尺寸界限原点：(单击另一侧)

指定尺寸线位置或[多行文字(M)/文字(T)/角度 A/水平(H)/垂直(V)/旋转(R)]：M↙(输入多行文字)

在编辑文字对话框中输入：%%C<>

指定尺寸线位置或[多行文字(M)/文字(T)/角度(A)/水平(H)/垂直(V)/旋转(R)]：(单击【确定】，单击摆放位置)

结果如图 4-45 所示。

其他线性直径尺寸标注同理。

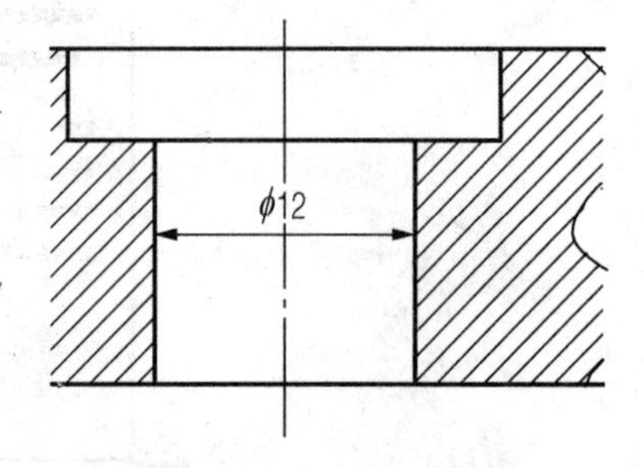

图 4-45　非圆直径标注

② 花键孔的直径标注

单击【标注】工具条中【直径标注】按钮。

命令：_dimdiameter

选择圆弧或圆：(单击直径 28 的圆)

标注文字＝28

指定尺寸线位置或[多行文字(M)/文字(T)/角度 A/旋转]：(单击尺寸摆放位置)

结果如图 4-46 所示。

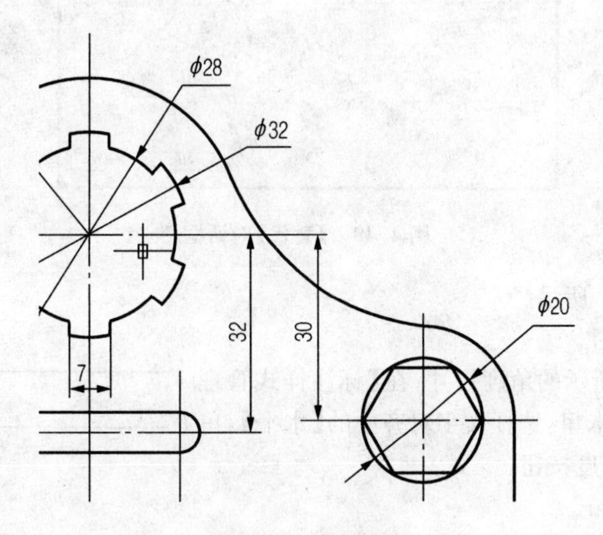

图 4-46　直径标注

(3) 半径尺寸标注

单击【标注】工具条中的半径按钮。

命令：_dimradius

选择圆或圆弧：(单击半径 25 的圆，标注文字＝25)

指定尺寸线位置或[多行文字(M)/文字(T)/角度(A)]：(单击摆放位置)。如图 4-47 所示。

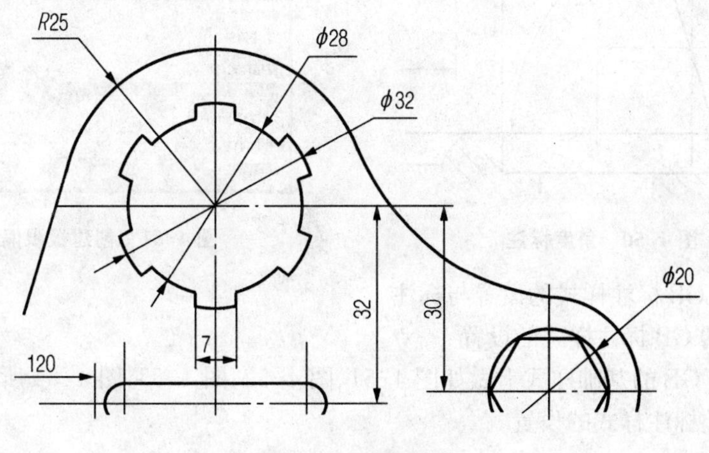

图 4-47　半径标注

注意：标注半径 5 的倒圆角时，要在【标注样式管理器】中选择【替代】，然后在【文字】选项卡中的【文字对齐】一栏选择【与尺寸线对齐】，如图 4-48 所示。

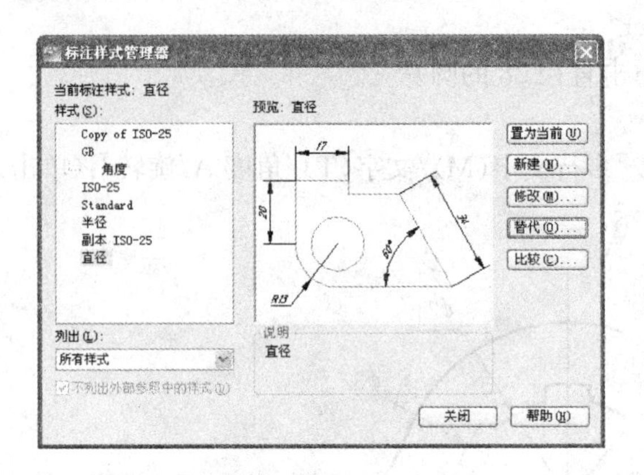

图 4-48 【替代】对话框

标注后如图 4-49 所示。

(4) 角度尺寸标注

标注如图 4-49 所示的角度尺寸，在【标注样式管理器】中的【文字】选项卡里，选择文字对齐中的【水平】，单击【标注】工具条中角度按钮。

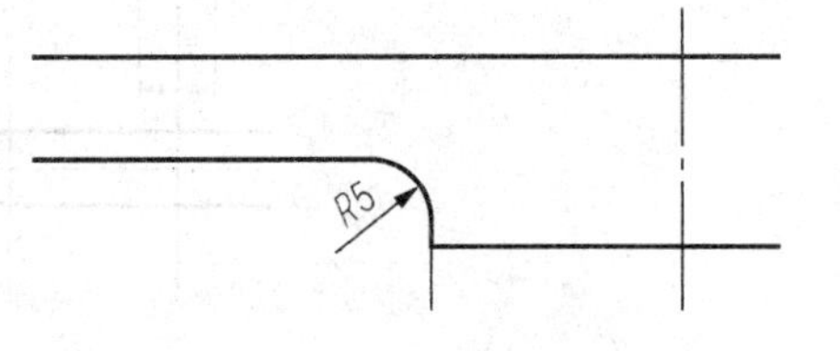

图 4-49 圆角标注

命令：_dimangular

选择圆弧、圆、直线或〈指定顶点〉：(选择水平线)

选择第二条直线：(选择另一条边)

指定标注弧线位置或[多行文字(M)/文字(T)/角度 A]：

(单击摆放位置，标注文字＝72°)，如图 4-50 所示。

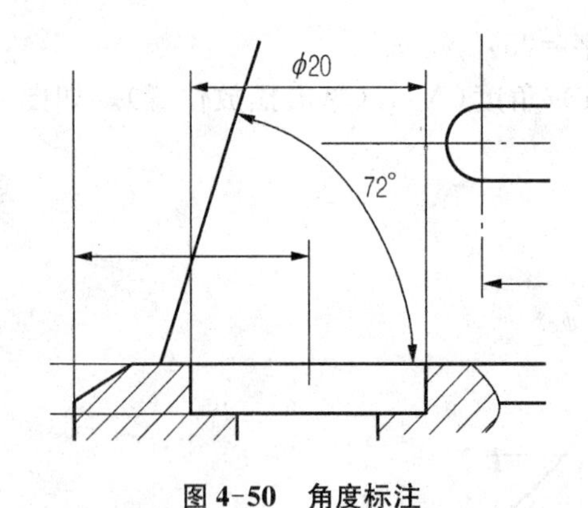

图 4-50 角度标注

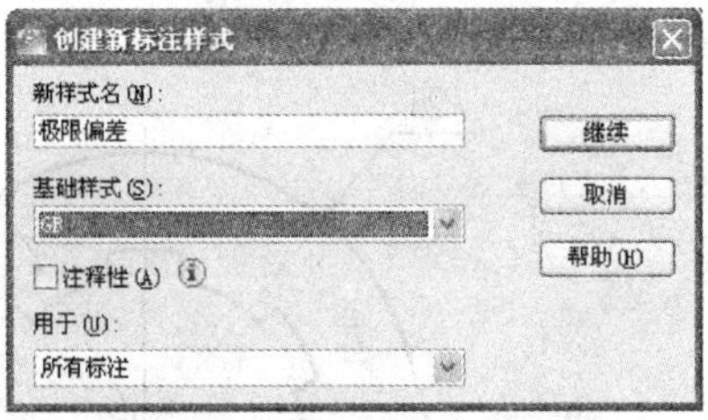

图 4-51 创建极限偏差

(5) 带公差 GB 标注样式的设置与标注

① 带公差的 GB 标注样式的设置

在之前设置 GB 的基础样式上做如图 4-51、图 4-52、图 4-53、图 4-54 所示的设置。

a. 极限偏差标注样式的设置

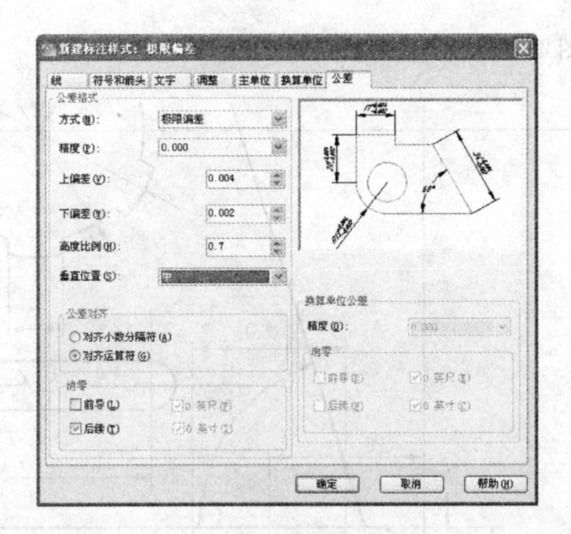

图 4-52　极限偏差标注样式

b. 对称偏差标注样式的设置

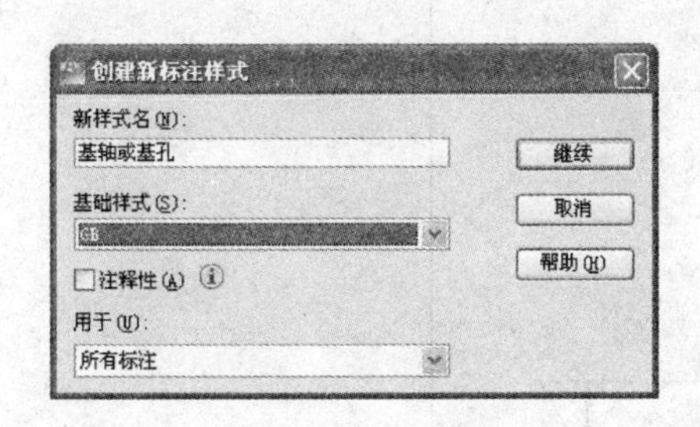

图 4-53　对称偏差标注样式

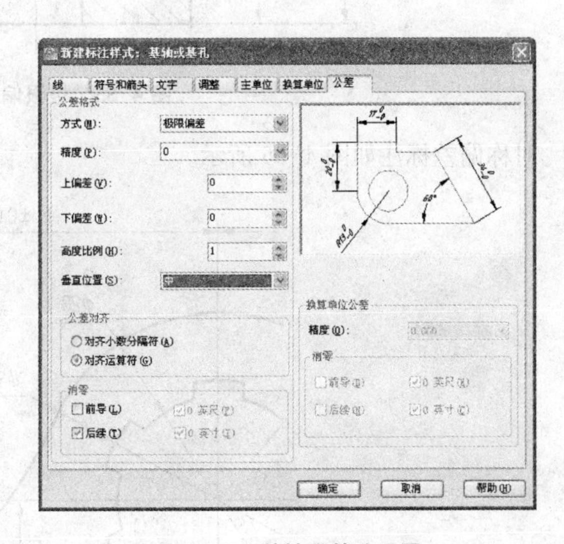

图 4-54　基轴或基孔设置

② 设置尺寸的上、下偏差

a. 尺寸的上偏差

命令行：DIMTP

输入 DIMTP 的新值〈0.0000〉：(输入上偏差数值)【回车】

注意：AutoCAD 默认上偏差为正。若要标注的上偏差为负值，则在输入数值时，在数值前加负号。

b. 尺寸的下偏差

命令：DIMTM

输入 DIMTM 的新值〈0.0000〉：(输入下偏差数值)【回车】

注意：AutoCAD 默认下偏差为负。若要标注的下偏差为正值，则在输入数值时，在数值前加负号。

极限偏差标注如图 4-55 所示。

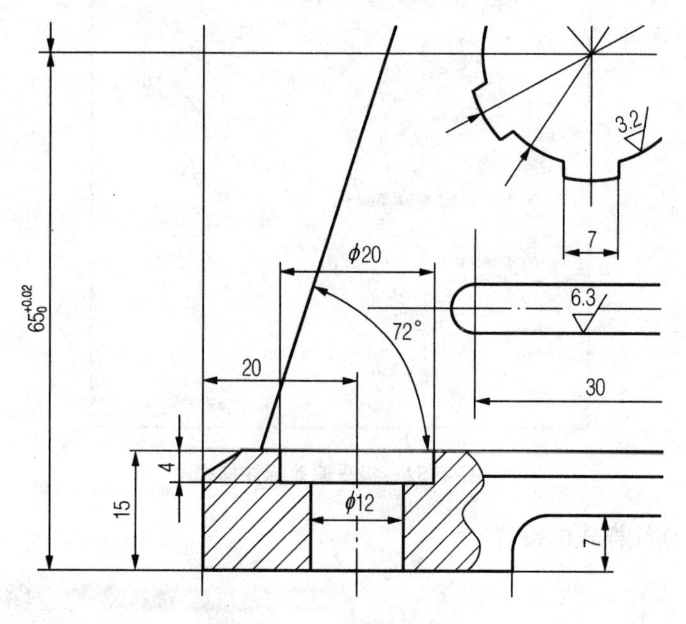

图 4-55 极限偏差标注

对称偏差标注如图 4-56 所示。

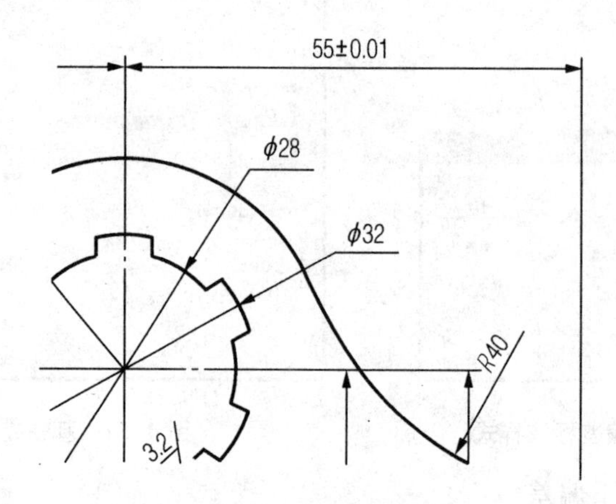

图 4-56 对称偏差标注

4）形位公差的标注

下拉菜单:【标注】|【引线】

命令:_qleader

指定第一个引线点或[设置(S)]〈设置〉:S↙

指定第一个引线点或[设置(S)]〈设置〉:(单击引线标注的第一点)

指定下一点:〈正交开〉(单击第二点)

指定下一点:(单击第 3 点)

在命令提示行中选择:S↙

在弹出的对话框中选择【公差】,如图 4-57 所示。

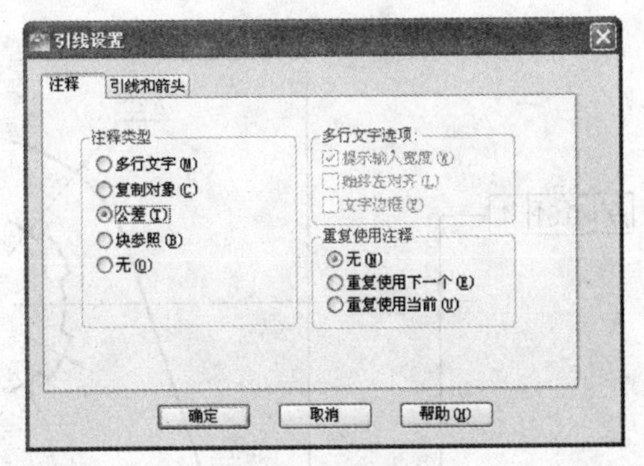

图 4-57　引线设置

在指定位置标注引线,在弹出【公差】的对话框中按如图 4-58 所示进行设置。

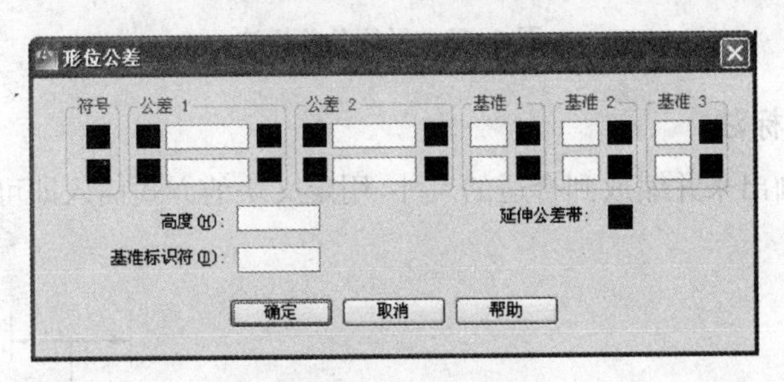

图 4-58　形位公差

单击符号栏出现如图 4-59 所示图框。
选择平行度符号,并输入公差 0.01,如图 4-60 所示。

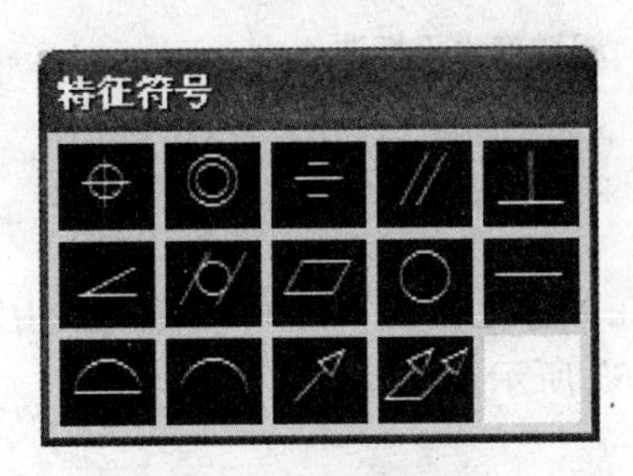

图 4-59　特征符号

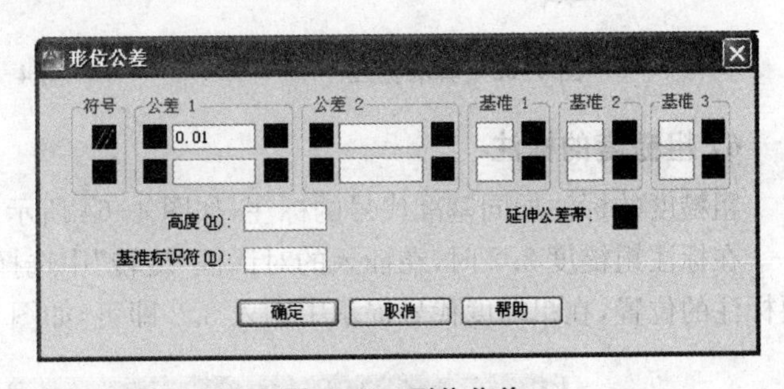

图 4-60　形位公差

在基准中输入 A,如图 4-61 所示。

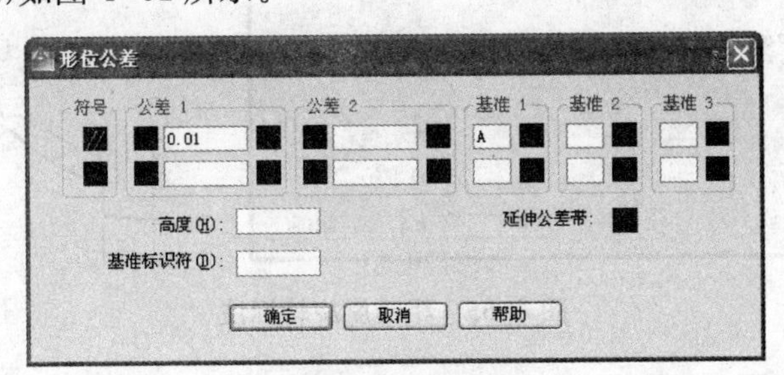

图 4-61　形位公差

标注后如图 4-62 所示。

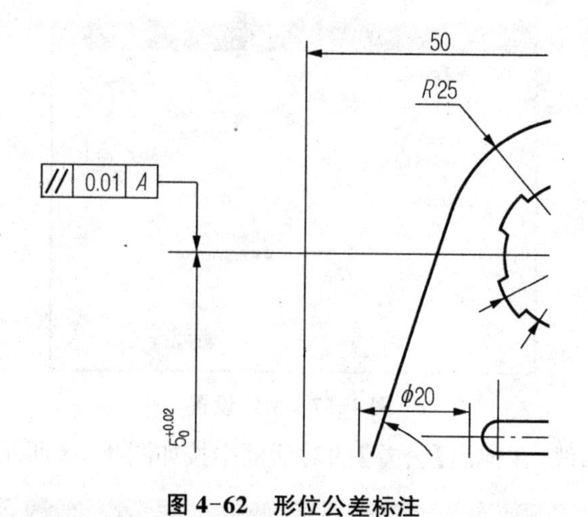

图 4-62　形位公差标注

5）基准代号的标注

先把基准符号画出来并缩放到合适的尺寸，用定义块的方式插入即可（第 7 章讲解），如图 4-63 所示。

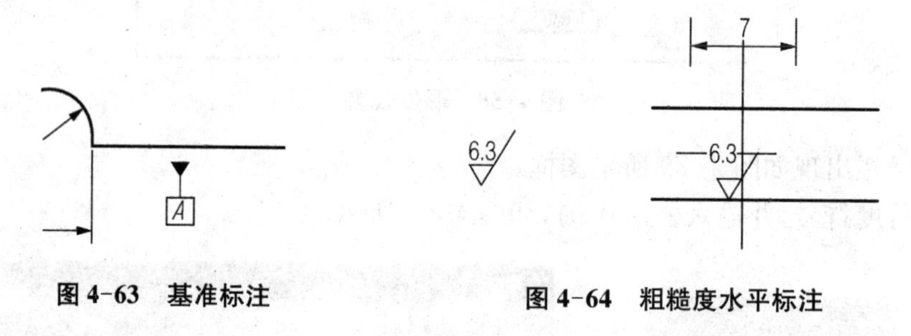

图 4-63　基准标注　　　　图 4-64　粗糙度水平标注

6）粗糙度的标注

粗糙度的标注如同基准代号的标注，如图 4-64 所示。

在标注粗糙度 3.2 时，在插入的对话框“旋转”中选择“在屏幕上指定”，然后在屏幕上指定要标注的位置，在粗糙度代号提示中输入 3.2 即可，如图 4-65 所示。

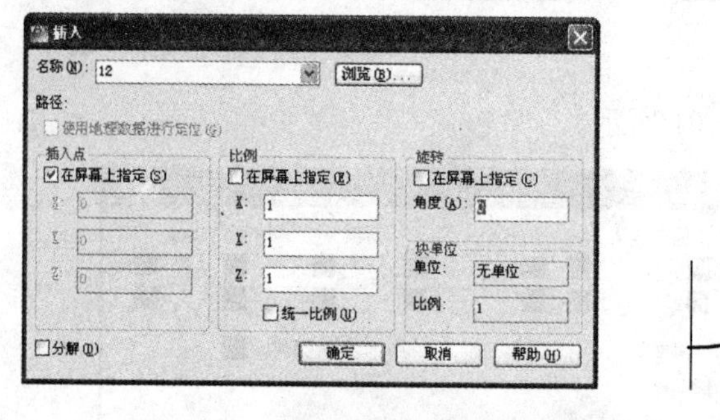

图 4-65　粗糙度旋转标注

最后全部完成，如图 4-33 所示。

4.6　上机实践:尺寸标注与编辑

1）实践目的

(1) 掌握尺寸样式设置方法。

(2) 掌握各种尺寸标注方法。

(3) 利用图形尺寸标注命令标注二维平面图形。

2）实践内容

【实践 4-1】　选择已经存在的尺寸标注对象,使用夹点编辑改变其中的尺寸标注,定义点位置,观察尺寸标注文字会有什么变化。

【实践 4-2】　新建一图形文件,打开【标注样式管理器】,进行下列标注样式设置。

(1) 新建一个样式名为"样式 1"的尺寸标注样式。

(2) 将"样式 1"中的【线】选项卡中的【起点偏移量】设为 0。

(3) 将【文字】选项卡中的【文字对齐】项设为"ISO 标准"。

(4) 将【主单位】选项卡中的【精度】项设为"0";将【小数分隔符】项设为"'.'(句点)"。

(5) 将"样式 1"置为当前。

然后画出如图 4-66 所示的图形并标注尺寸。

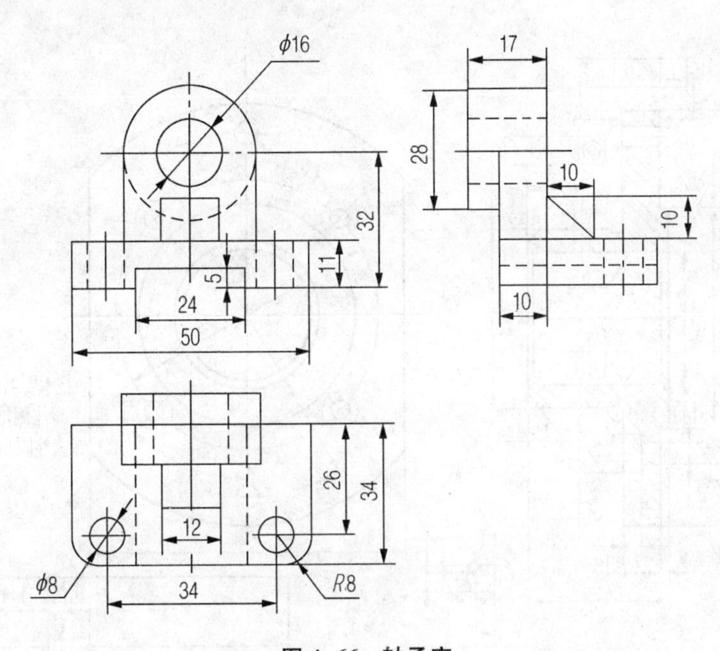

图 4-66　轴承座

【实践 4-3】　抄画如图 4-67、图 4-68 所示零件图,并标注尺寸和公差。

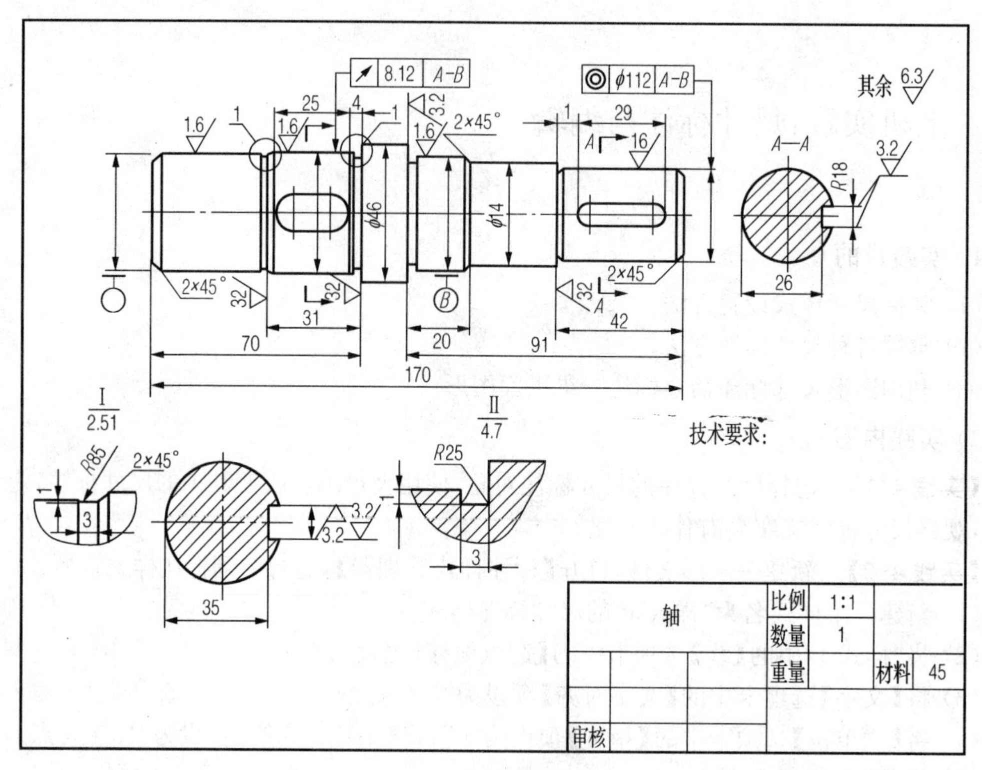

图 4-67　轴零件图

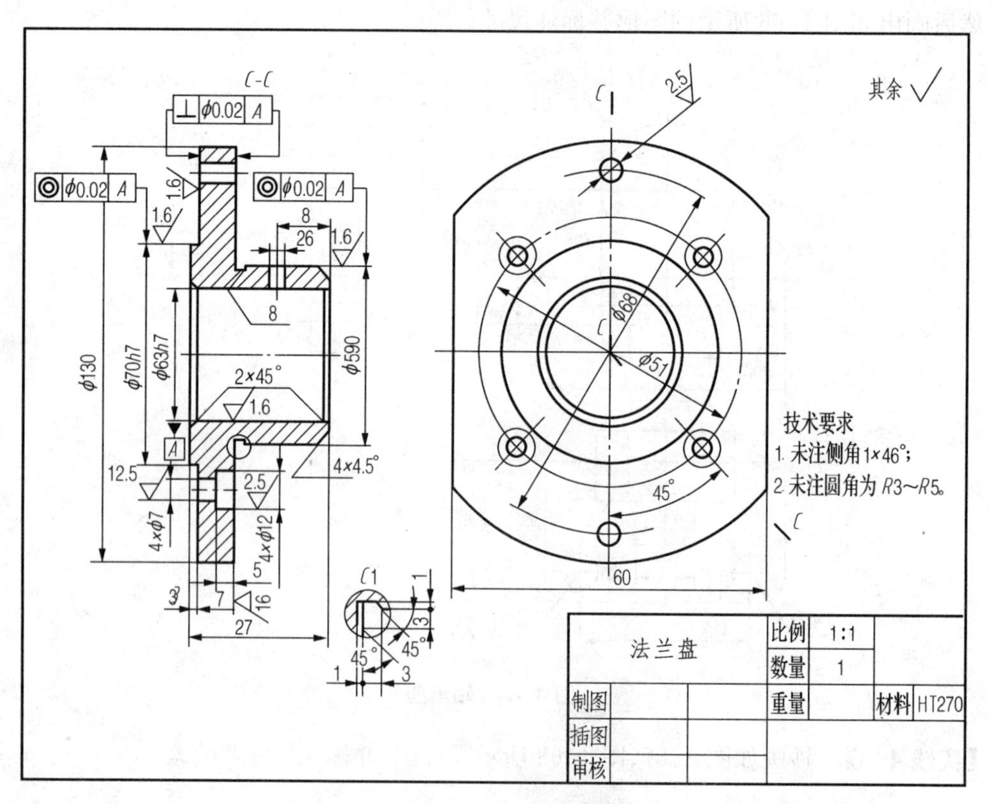

图 4-68　法兰盘零件图

【实践 4-4】 对如图 4-69(a)所示图形进行标注,结果如图 4-69(b)所示。

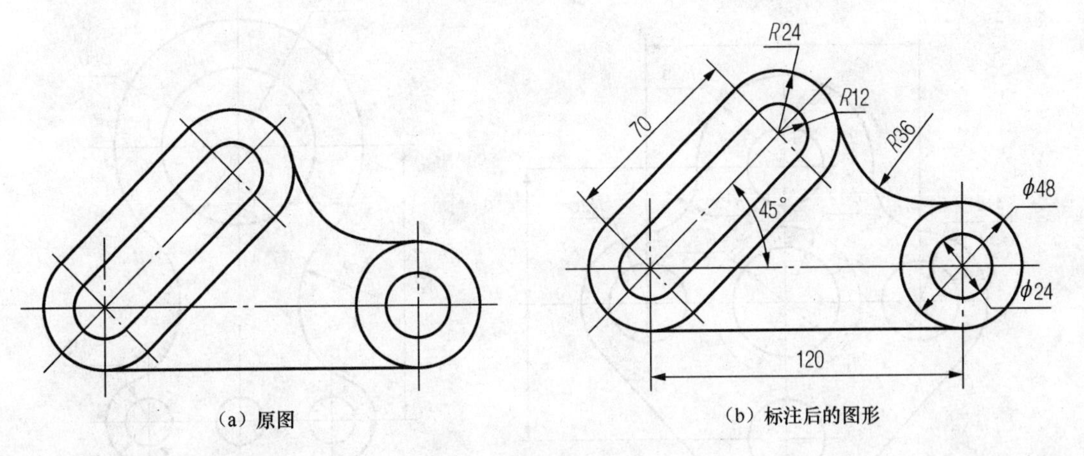

(a) 原图　　(b) 标注后的图形

图 4-69

操作步骤提示如下。

标注尺寸前注意:设置或建立尺寸文本的文字样式;设置或调整好尺寸标注样式;设置对象捕捉功能。标注时要用到线性尺寸标注、对齐标注、角度标注、半径标注、直径标注。

【实践 4-5】 对如图 4-70 所示图形进行尺寸标注。

操作步骤提示如下。

标注尺寸前注意:设置或建立尺寸文本的文字样式;设置或调整好尺寸标注样式;设置对象捕捉功能。标注时要用到线性尺寸标注、连续标注、半径标注、直径标注。

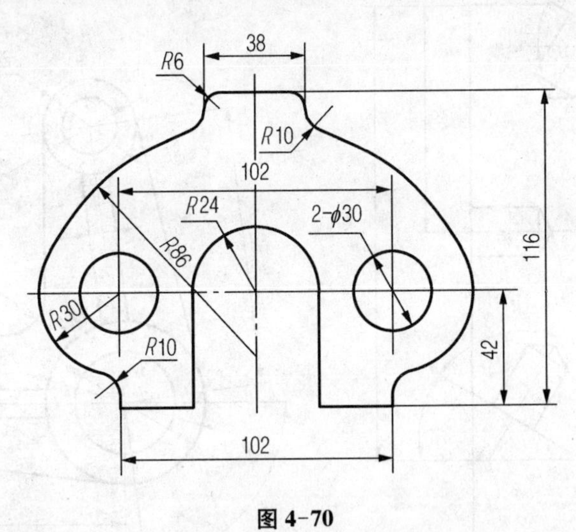

图 4-70

【实践 4-6】 绘制如图 4-71 所示的平面图形,并标注尺寸。

操作步骤提示如下。

绘制图形之前,要创建图层和设置线型,绘图要用到 line(直线)、circle(圆)等绘制命令以及 offset(偏移)、trim(修剪)、break(打断)、fillet(圆角)等图形编辑命令。

标注时要用到线性尺寸标注、基线标注、半径标注、直径标注。

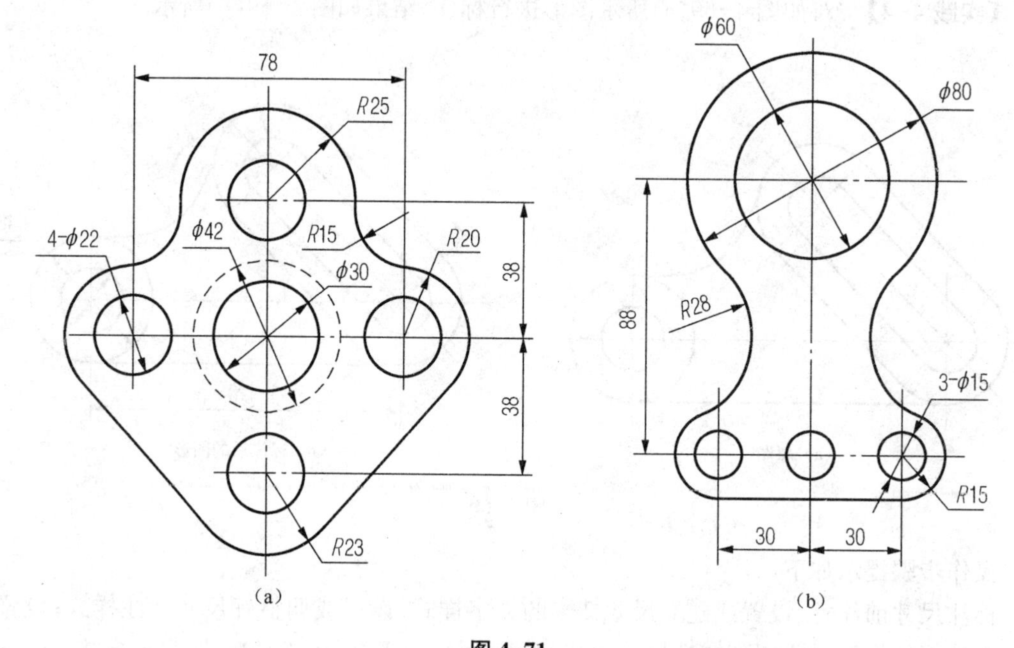

(a)　　　　(b)

图 4-71

【实践 4-7】 绘制如图 4-72(a)、(b)所示的平面图形,并标注尺寸。

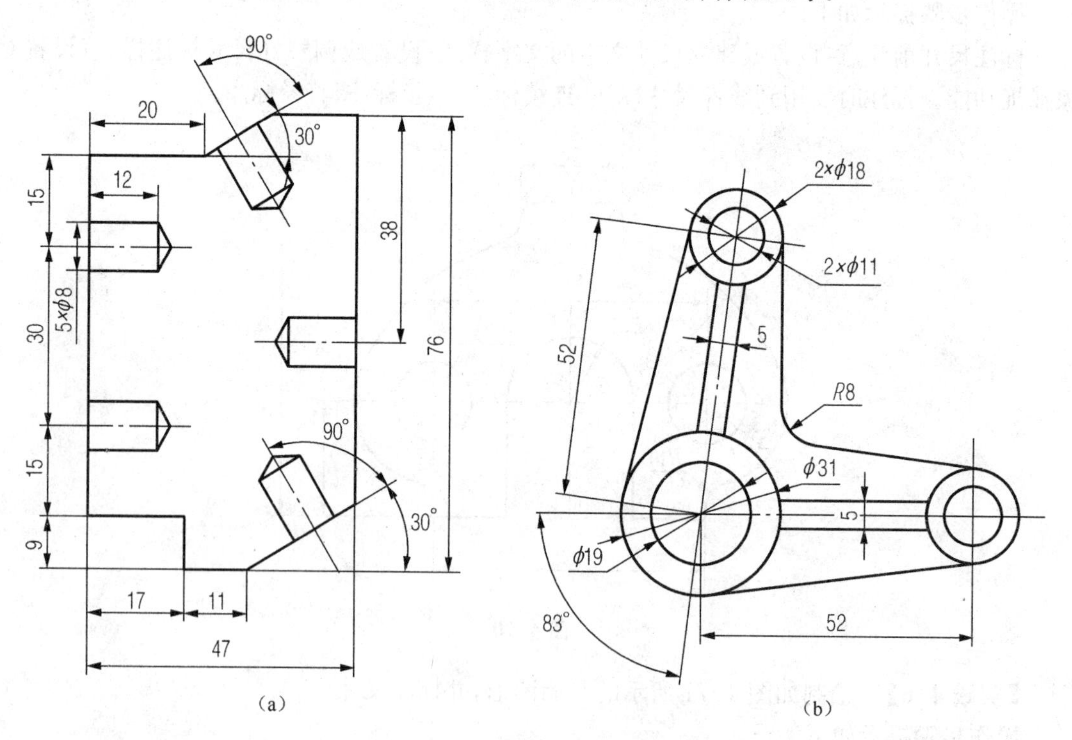

(a)　　　　(b)

图 4-72

5 平面图实践

工程图样都是由平面图形所构成的,因而绘制工程图必须了解平面图形的作图方法,以便熟练地进行绘图。本章是在前面所学知识的基础上综合运用所学的知识,通过几个有代表性的例子,进一步巩固和加强常用的绘图命令与修改命令的使用,熟练掌握绘制平面图形的一般步骤和方法,并从中掌握一定的绘图操作技巧,尽快熟练地绘制各种图形。在介绍绘制平面图形前,先介绍如何创建样板图,在绘制图形时,一般应先调用样板图,以提高绘图效率。

本章学习目标

- 掌握如何建立和调用模板;
- 巩固和加强常用的绘图命令与修改命令的使用;
- 掌握绘制平面图形的一般步骤和方法。

5.1 建立、调用绘图模板

用 AutoCAD 2013 绘制图形时,每次都要设置作图环境,包括确定图幅,绘制边框、标题栏,确定绘图单位和作图精度,设置文字样式、尺寸样式,建立必要的图层,设置运行中的目标捕捉方式等,有许多项目我们以前都使用了默认设置。这些设置有的固定不变,有的要在一定范围内变化。为了避免每一次绘图都进行重复设置,AutoCAD 2013 提供了一个一劳永逸的方法——建立样板图。

AutoCAD 的样板图是一种图形文件,是作图的起点,其作用是用户可以将一些相对不变、可以多次使用的属性对象设置好后存为磁盘文件,以后可以调用此文件,在此基础上绘制其他图样。本章以建立一个“A3”幅面的样板图为例,介绍有关内容。AutoCAD 2013 在其 Template 文件夹中提供了许多样板图文件,但由于该软件是美国 Autodesk 公司开发的,其中的样板图没有一个能够完全符合我们国家标准的要求,因而用户应当学会自己建立样板图。

1) 建立绘图模板

(1) 设置绘图单位

在下拉菜单栏中,单击【格式】|【单位】命令,或在命令行中输入“UNITS”命令,此时工作界面中会弹出如图 5-1 所示的【图形单位】对话框,用以设置单位格式及精度。在“长度”区域中,单击【精度】下三角按钮,出现下拉列表选项,在出现的精度选项中选择“0”。其他的项目

就用默认值，不做修改。最后单击【确定】按钮，完成对图形单位的设置。

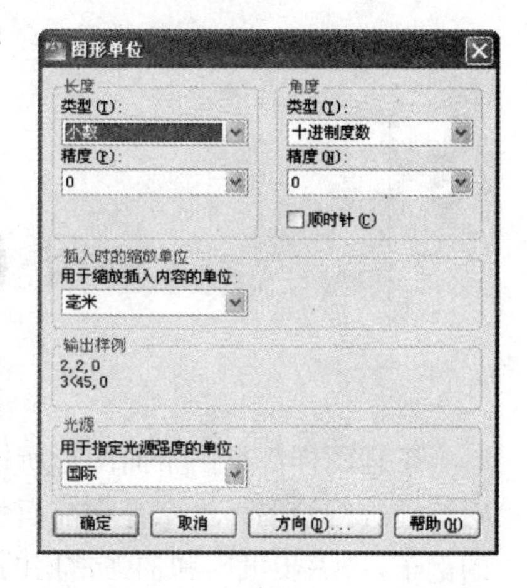

图 5-1 【图形单位】对话框

(2) 设置绘图范围

国家机械制图标准图纸中，图纸的幅面尺寸有 A0、A1、A2、A3、A4 等，这里采用最常用的 A3 图纸。在以后章节的图形绘制中，都将调用标准的 A3 或者 A4 样板图来进行图纸绘制。

在命令行输入 LIMITS 命令，或单击下拉菜单中的【格式】|【图形界限】命令，即可对图形界限进行设置，此时命令框会出现如下所示命令。

命令：LIMITS↙

重新设置模型空间界限：

指定左下角点或[开(ON)/关(OFF)]〈0,0〉：↙

指定右上角点〈420,297〉：↙

命令：↙

LIMITS

重新设置模型空间界限：

指定左下角点或[开(ON)/关(OFF)]〈0,0〉：ON↙

此时完成了绘图范围的设置，并使所设置的绘图范围有效，用户将只能在所设定的范围内绘制图形。

(3) 设置样板图的图层

在用 AutoCAD 绘图时，一般应先建立一系列的图层，用以将尺寸标注、轮廓线、虚线、中心线等区别开来，从而使得绘图更加有条理，提高绘图效率。在每个图层中均有不同的线型、线宽和颜色等设置，用以在绘图界面对不同的特性进行区分。一般图层的设置如表 5-1 所示。

表 5-1 图层设置

图层名称	颜色	线型	线宽
粗实线	白色	Continuous	b
细直线	蓝色	Continuous	$b/2$
剖面线	绿色	Continuous	$b/2$
尺寸线	青色	Continuous	$b/2$
虚线	红色	Dashed	$b/2$
中心线	红色	Center	$b/2$
文字标注	品红	Continuous	$b/2$

调用【图层特性管理器】命令，依次新建上表列的图层，具体的设置方法在上一章已经详细介绍，这里不再赘述。

(4) 设置文字样式

国家制图标准对不同图纸上的文字样式有不同的要求。对 A3、A4 的图纸一般采用

3.5 或4 号长仿宋体，在 AutoCAD 中，中文一般采用符合国家标准的字体“gbcbig. shx”，当夹有英文的时候，还提供了符合制图标准的“gbenor. shx”及“gbeitc. shx”，其中前一种为正体，后一种为斜体。

下面将对文字样式的设置进行详细介绍，具体步骤如下。

① 单击【格式】|【文字样式】命令，弹出【文字样式】对话框，如图 5-2 所示。

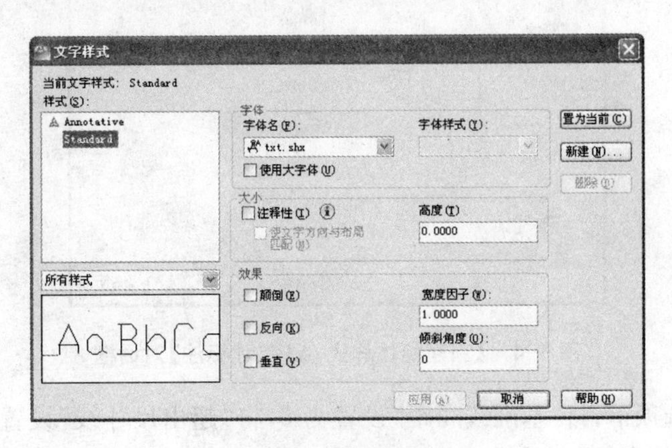

图 5-2 【文字样式】对话框

② 单击【新建】按钮，弹出【新建文字样式】对话框，输入“A3 样式”后单击【确定】按钮。

③ 在“字体”选项组的“字体名”下拉列表中选择“gbeitc. shx”，选择使用大字体复选框，大字体样式为“gbcbig. shx”。在“高度”文本框中输入 4，其他选项接受系统默认值。设置情况如图 5-3 所示，单击【应用】按钮即可完成文字样式的设置。

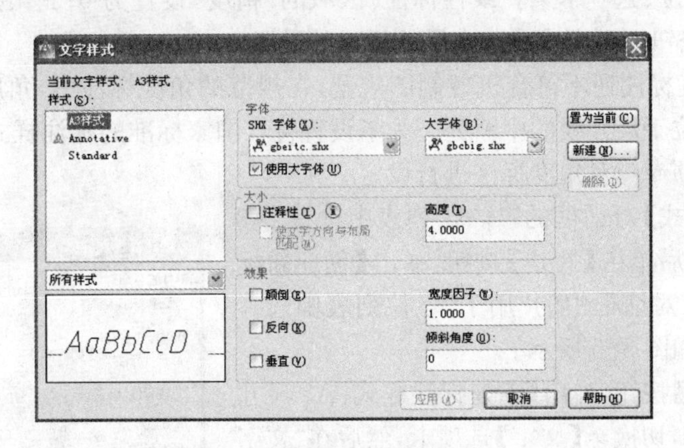

图 5-3 A3 图纸文字样式设置

(5) 设置尺寸标注样式

绘制完一张图之后，需要对图进行尺寸标注，让所标注的箭头、文字与尺寸线的间距恰当，还需要遵循一定的规范。在进行尺寸标注前，将上节中设置的文字样式设为当前层。

下面将尺寸标注样式的设置进行详细介绍，具体步骤如下。

① 单击【格式】|【标注样式】命令，弹出【标注样式管理器】对话框。

② 单击【新建】按钮，弹出【创建新标注样式】对话框，输入样式名为“A3 尺寸标注”。

③ 单击【继续】按钮，弹出【新建标注样式：A3 尺寸标注】对话框，如图 5-4 所示。

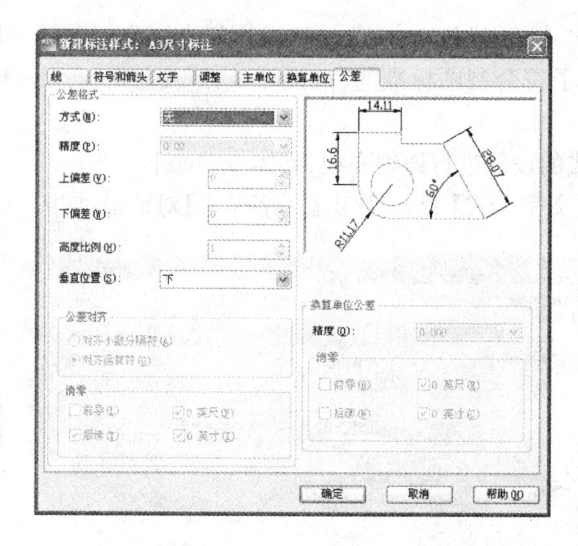

图 5-4 【新建标注样式:A3 尺寸标注】对话框

④ 单击【线】选项卡,将“基准线间距”设置为 6,将“超出尺寸线”设置为 2,将“起点偏移量”设置为 0,其余选项接受系统默认值。

⑤ 单击【符号和箭头】选项卡,将“箭头大小”设置为 3.5,将“圆心标记”区域中的“标记”设置为 3.5,选中“弧长符号”区域中的“无”单选按钮,其余选项保持系统默认值。

⑥ 单击【文字】选项卡,将“文字样式”设置为“A3 样式”,将“从尺寸线偏移”设置为0.625,其余选项保持系统默认值。

⑦ 单击【主单位】选项卡,将“线性标注”区域的“精度”设置为 0;其余选项保持系统默认值。单击【确认】按钮即可完成对基本尺寸样式的设置。

⑧ 此时的角度标注还不符合机械制图规范,在规范的角度标注中,角度的数值一般为水平方向,而且数字位于尺寸线的中断处。为了设置符合国家标准的标注样式,在对 A3 尺寸样式设定完后,还必须专门对角度标注进行设定。

⑨ 在【文字样式】对话框的“样式”列表中选择“A3 尺寸标注”选项,然后单击【新建】按钮,弹出【创建新标注样式】对话框,在对话框中的“用于”下拉列表中选择“角度标注”选项,如图 5-5 所示。

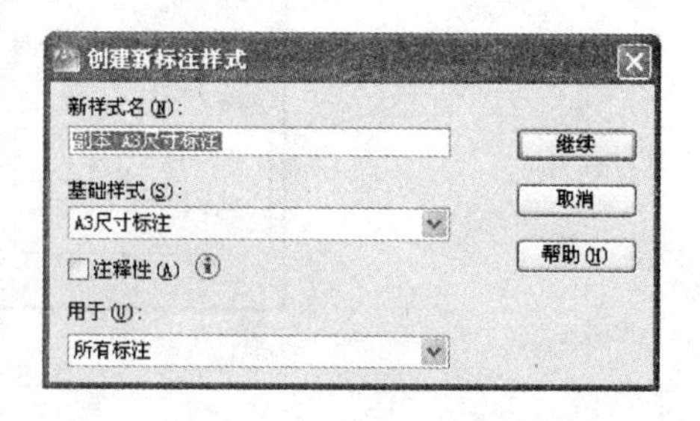

图 5-5 【创建新标注样式】对话框

⑩ 单击【继续】按钮,弹出【新建标注样式:A3 尺寸标注:角度】对话框,切换至【文字】选项卡,然后在“文字对齐”区域中选中“水平”单选按钮,其余选项保持系统默认值,如图 5-6 所示,单击【确定】按钮,完成对角度标注样式的设定。

(6) 设置引线标注的样式

在对工程图样进行标注的时候,有时需要对一些比较小的部位进行标注,为标注方便,一般采用引线,具体的设置步骤如下。

① 单击【格式】|【多重引线样式】命令,弹出【多重引线样式管理器】对话框,然后单击【新建】按钮,弹出【创建新多重引线样式】对话框,如图 5-7 所示,在该对话框的“新样式名”中输

入“引线 1”。

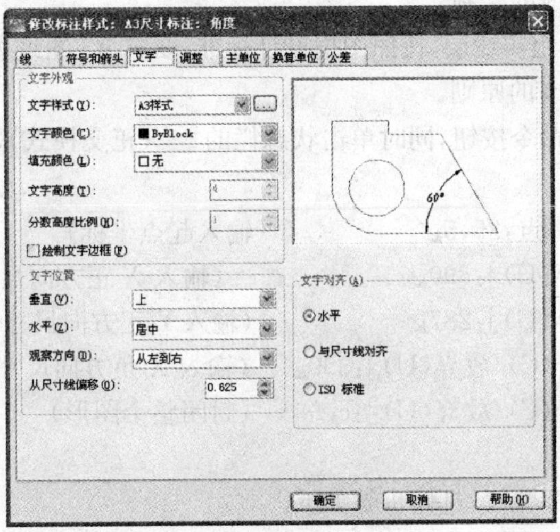

图 5-6 角度标注样式的设置

② 单击【继续】按钮，弹出【修改多重引线样式:引线 1】对话框。在【引线格式】选项卡中，将箭头的大小设置为 3.5。然后切换到【内容】选项卡，将“文字样式”设定为“A3 样式”，其余保持不变，如图 5-8 所示。单击【确定】按钮，完成对引线的设定。

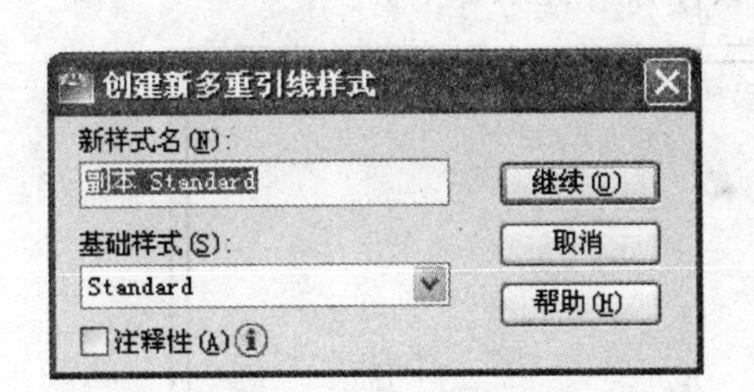

图 5-7 【创建新多重引线样式】对话框

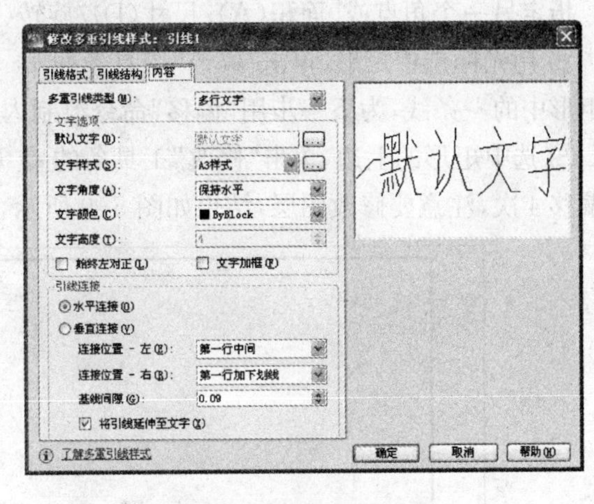

图 5-8 引线设置对话框

(7) 绘制图框

这里介绍如何绘制 A3 图纸的图框，图框由图框边界线以及图框线组成。一般先画边界线再画图框线，具体步骤如下。

① 单击“图层”面板中的下拉列表，选择“细实线”图层，作为绘制边界的图层。

② 单击 (矩形)命令按钮。

此时命令框会出现如下所示命令。

命令：_rectang

指定第一个角点或[倒角(C)/标高(E)/圆角(F)/厚度(T)/宽度(W)]:0,0↙

指定另一个角点或[面积(A)/尺寸(D)/旋转(R)]:@420,297↙

此时即完成了边界线的绘制。

③ 将图层样式设为粗实线层，按照图框设计标准，要求 A3 图纸边界线与图框线的边距满足 a 为 25 mm、c 为 5 mm 的原则。

④ 单击 (直线)命令按钮，同时单击状态栏的 (正交模式)，按照下列命令行输入即可完成图框线的绘制。

命令:_line 指定第一点:25,5↙ (输入起点坐标)

指定下一点或[放弃(U)]:390↙ (输入 X 正方向尺寸值)

指定下一点或[放弃(U)]:287↙ (输入 Y 正方向尺寸值)

指定下一点或[闭合(C)/放弃(U)]:390↙ (输入 X 负方向尺寸值)

指定下一点或[闭合(C)/放弃(U)]:c↙ (封闭整个图形)

(8) 绘制标题栏

这里介绍如何绘制标题栏，具体步骤如下。

① 单击 (矩形)命令按钮，配合"对象捕捉"功能捕捉到图框线的右下角点并单击，接着输入下一点的坐标即可完成标题栏外框线的绘制，具体命令提示如下。

命令:_rectang

指定第一个角点或[倒角(C)/标高(E)/圆角(F)/厚度(T)/宽度(W)]:(捕捉到图框线的右下角点并单击)

指定另一个角点或[面积(A)/尺寸(D)/旋转(R)]:@－140,35↙

② 用光标选中矩形，单击"修改"工具条的 (分解)命令按钮，这样做的目的是能单独选中矩形中的一条线，为下一步用"偏移"命令绘制内框线做准备。

③ 选中矩形的上边，单击"修改"工具条的 (偏移)命令按钮，输入偏移量为 7，依次向下侧偏移 4 次，注意要修改图层，结果如图 5-9 所示，具体命令提示如下。

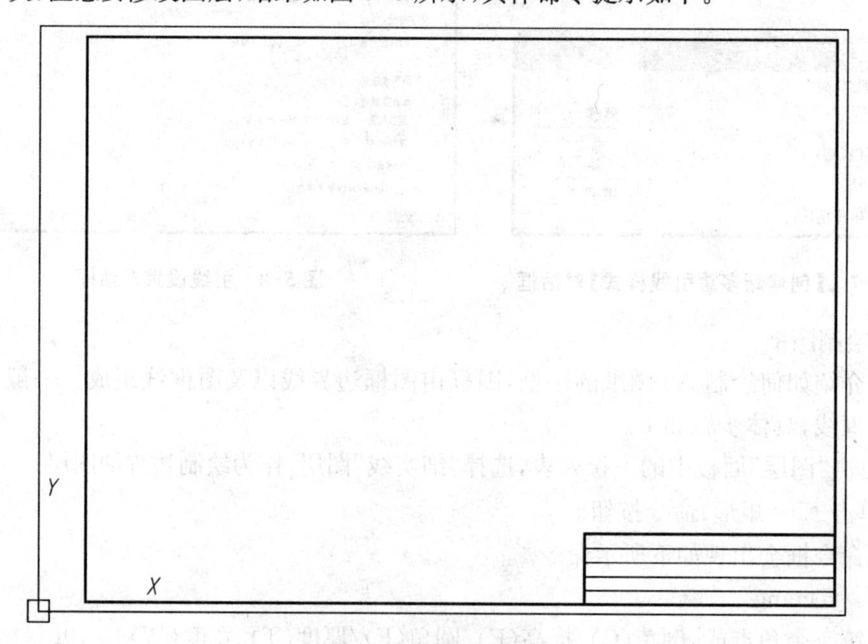

图 5-9 绘制标题栏

命令：_offset

当前设置：删除源＝否，图层＝源，OFFSETGAPTYPE＝0

指定偏移距离或[通过(T)/删除(E)/图层(L)]〈通过〉：7↙

指定要偏移的那一侧上的点，或[退出(E)/多个(M)/放弃(U)]〈退出〉：(把光标放到所选线的下方并单击)

选择要偏移的对象，或[退出(E)/放弃(U)]〈退出〉：(选中第一步偏移的那条线)

指定要偏移的那一侧上的点，或[退出(E)/多个(M)/放弃(U)]〈退出〉：(把光标放到所选线的下方并单击)

选择要偏移的对象，或[退出(E)/放弃(U)]〈退出〉：(选中上一步偏移的那条线)

指定要偏移的那一侧上的点，或[退出(E)/多个(M)/放弃(U)]〈退出〉：(把光标放到所选线的下方并单击)

选择要偏移的对象，或[退出(E)/放弃(U)]〈退出〉：(选中上一步偏移的那条线)

指定要偏移的那一侧上的点，或[退出(E)/多个(M)/放弃(U)]〈退出〉：(把光标放到所选线的下方并单击)

选择要偏移的对象，或[退出(E)/放弃(U)]〈退出〉：↙(结束偏移)

④ 接着用"偏移"的方法绘制图框其他线，并填写上一些固定的文字。最后绘制的标题栏如图 5-10 所示。

<table>
<tr><td colspan="3" rowspan="2">零件名</td><td>比例</td><td>件数</td><td>材料</td><td>图号</td></tr>
<tr><td></td><td></td><td colspan="2"></td></tr>
<tr><td>制图</td><td></td><td></td><td colspan="4" rowspan="3">单位</td></tr>
<tr><td>审核</td><td></td><td></td></tr>
<tr><td>校对</td><td></td><td></td></tr>
</table>

图 5-10　标题栏

(9) 保存

按上章节中设置完 A3 样板图后，单击【文件】|【另存为】命令，此时会弹出【图形另存为】对话框，在"文件类型"区域选择"AutoCAD 图形(＊ dwt)"，文件名为"A3 样板图"。

2) 调用绘图模板

在利用 AutoCAD 绘制工程图样时，一般会先调用自己设置的样板图，单击【文件】|【新建】，此时会弹出【创建新图形】对话框，单击"使用样板"图标，在样板列表中，选择"A3 样板图"，如图 5-11 所示。

图 5-11　【创建新图形】对话框

5.2 绘制平面图形

绘制平面图时，首先应该对图形进行线段分析和尺寸分析，根据定形尺寸和定位尺寸，判断出已知线段、中间线段和连接线段，按照先绘制已知线段、再中间线段、后连接线段的绘图顺序完成图形。本节将通过几个例子来介绍平面图形的绘制方法和一般技巧。

【例 5-1】 绘制如图 5-12 所示的吊钩视图。

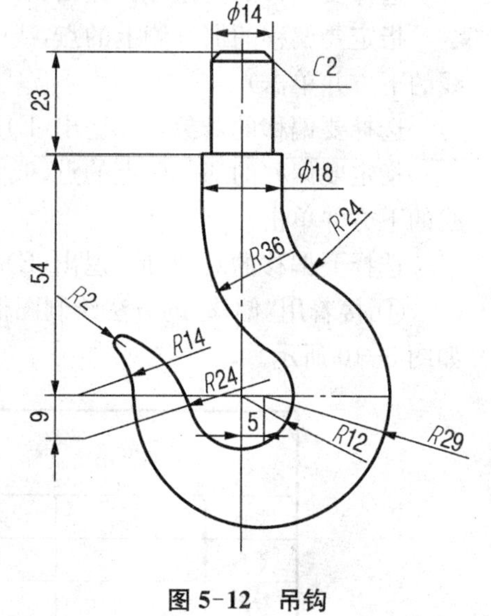

图 5-12 吊钩

【图形分析】

要绘制该图形，应首先分析线段类型。已知线段是钩柄部分的直线和钩子弯曲中心部分的 ϕ24、*R*29 的圆弧；中间线段是钩子尖部分的 *R*24、*R*14 的圆弧；连接线段是钩尖部分圆弧 *R*2、钩柄部分过渡圆弧 *R*24、*R*36。

【操作步骤】

(1) 启动 AutoCAD 2013，调用上节设置好的“A3 样板图”。

(2) 绘制中心线。

① 将“中心线”层设置为当前层。

② 绘制垂直中心线 *AB* 和水平中心线 *CD*。调用“直线”命令，在屏幕适当位置单击，确定 *A*，绘制出垂直中心线 *AB*。

③ 在合适的位置绘制出直线 *CD*，如图 5-13 所示。

(3) 绘制吊钩柄部直线。

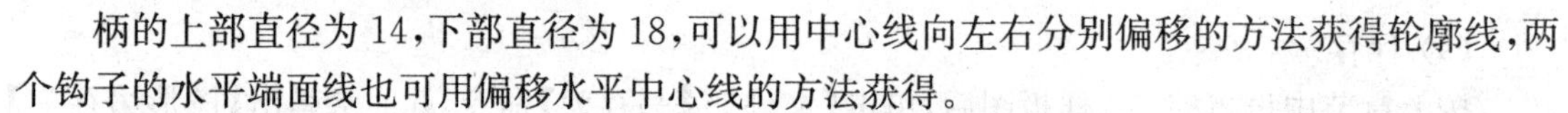

柄的上部直径为 14，下部直径为 18，可以用中心线向左右分别偏移的方法获得轮廓线，两个钩子的水平端面线也可用偏移水平中心线的方法获得。

① 在修改工具栏中，单击【偏移】按钮，将直线 *AB* 分别向左右偏移 7 个单位和 9 个单位，获得直线 *JK*、*MN* 及 *QR*、*OP*；将 *CD* 向上偏移 54 个单位获得直线 *EF*，再将 *EF* 向上偏移 23 个单位，获得直线 *GH*。

② 选择刚刚偏移所得到的直线 *JK*、*MN*、*QR*、*OP*、*EF*、*GH*，然后打开“图层”工具栏中图层下拉列表，选择“粗实线”层，结果如图 5-14 所示。

(4) 修剪图线至正确长短。

① 在“修改”工具栏中单击“倒角”命令按钮，设置当前倒角距离 1 和 2 的值均为 2 个单位，将直线 *GH* 与 *JK*、*MN* 倒 45°角，再设置当前倒角距离 1 和 2 的值均为 0，将直线 *EF* 与 *QR*、*OP* 倒直角，完成的图形如图 5-15 所示。

② 在“修改”工具栏中单击“修剪”命令按钮，以 *EF* 为修剪边界，修剪掉 *JK* 和 *MN* 直线的下部分。

③ 调整线段的长短。在“修改”工具栏中单击“打断”命令按钮，将 *QR*、*OP* 直线下部剪掉，也可以用夹点编辑方法调整线段的长短，完成的图形如图 5-16 所示。

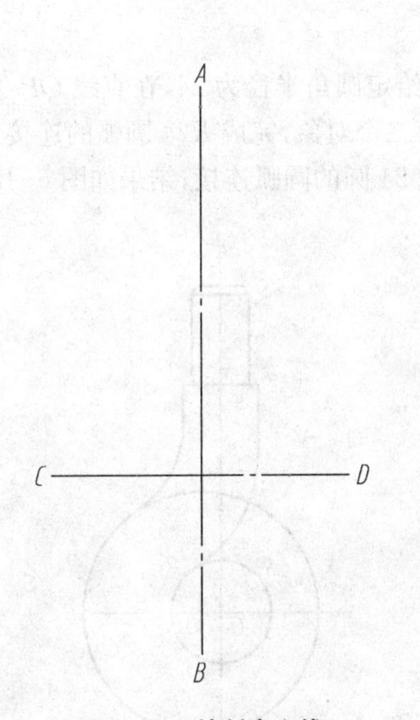

图 5-13 绘制中心线

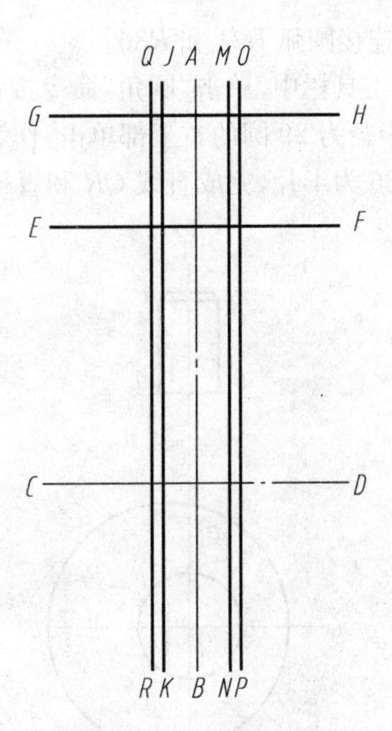

图 5-14 绘制吊钩柄部

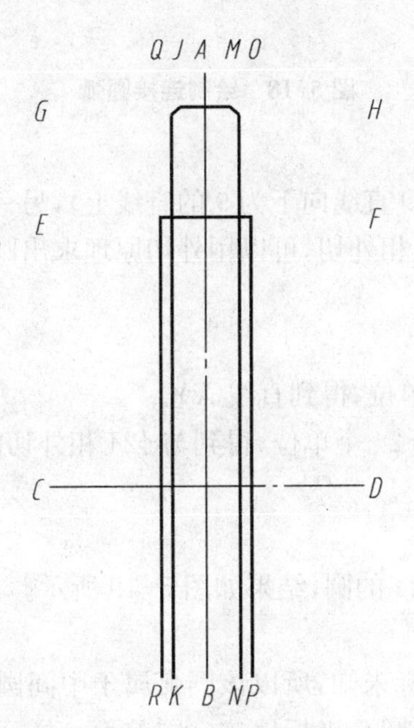

图 5-15 倒角修剪

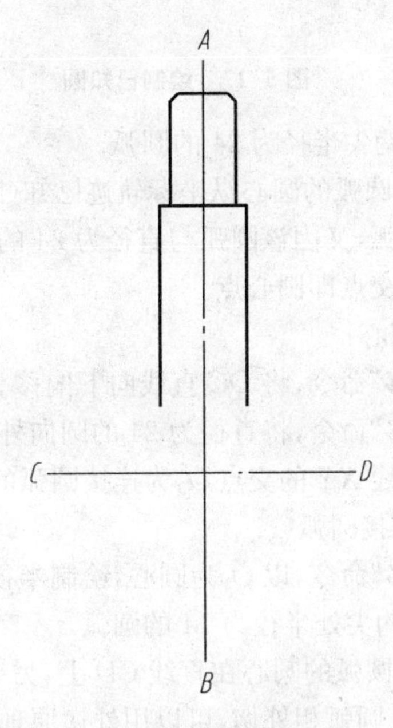

图 5-16 修剪、打断

(5) 绘制已知线段。

① 将“粗实线”层作为当前层，调用“直线”命令按钮，启用对象捕捉功能，绘制 ST。

② 调用“圆”命令，以直线 AB、CD 的交点 O_1 为圆心，绘制直径为 ϕ24 的圆。

③ 确定半径为 29 的圆的圆心。调用“偏移”命令，将直线 AB 向右偏移 5 个单位，再将偏移后的直线调整到合适的长短，使该直线与直线 CD 的交点为 O_2。

④ 调用“圆”命令，以交点 O_2 为圆心，绘制半径为 29 的圆，完成的图形如图 5-17 所示。

(6) 绘制连接圆弧 *R*24 和 *R*36。

在"修改"工具栏中，单击"圆角"命令按钮，给定圆角半径为 24，在直线 *OP* 上单击作为第一个对象，在半径为 29 圆的右上部单击，作为第二个对象，完成 *R*24 圆弧的连接。

同理，以 36 为半径，完成直线 *QR* 和直径为 24 圆的圆弧连接，结果如图 5-18 所示。

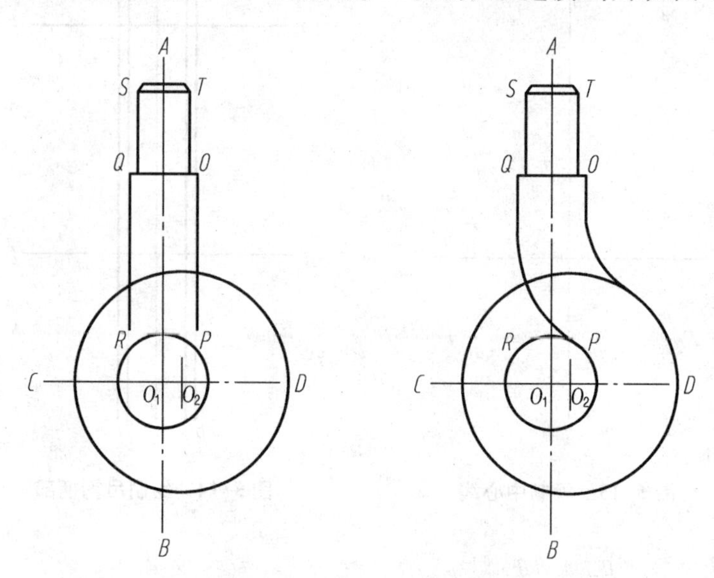

图 5-17　绘制已知圆　　　　**图 5-18　绘制连接圆弧**

(7) 绘制钩尖半径为 24 的圆弧。

因为 *R*24 圆弧的圆心纵坐标轨迹已知(距 *CD* 直线向下为 9 的直线上)，另一坐标未知，所以属于中间圆弧，又因该圆弧与直径为 24 的圆弧相外切，可以用外切原理求出圆心坐标轨迹，两圆心轨迹的交点即圆心点。

① 确定圆心

调用"偏移"命令，将 *DC* 直线向下偏移 9 个单位，得到直线 *XY*。

再用"偏移"命令，将直径为 24 的圆向外偏移 24 个单位，得到与 ϕ24 相外切的圆的圆心轨迹。该圆与直线 *XY* 的交点 O_3 为连接圆弧的圆心。

② 绘制连接圆弧

调用"偏移"命令，以 O_3 为圆心，绘制半径为 24 的圆，结果如图 5-19 所示。

(8) 绘制钩尖处半径为 14 的圆弧。

因为 *R*14 圆弧的圆心在直线 *CD* 上，另一坐标未知，所以该圆弧属于中间圆弧，又因该圆弧与半径为 29 圆弧相外切，可以用外切原理求出圆心坐标轨迹。同前面一样，两圆心轨迹的交点即圆心点。

① 调用"偏移"命令，将半径为 29 的圆向外偏移 14 个单位，得到与 *R*29 相外切的圆的圆心轨迹，该圆与直线 *CD* 的交点 O_4 为连接圆弧的圆心。

② 调用"圆"命令，以 O_4 为圆心，绘制半径为 14 的圆，结果如图 5-20 所示。

(9) 绘制钩尖处半径为 2 的圆弧。

*R*2 圆弧与 *R*14 圆弧相外切，同时又与 *R*24 的圆弧相内切，因此可以用"圆角"命令绘制。

调用"圆角"命令，给出圆角半径为 2，在半径为 14 圆的右偏上位置单击，作为第一个圆角对象;在半径为 24 圆的右偏上位置单击,作为第二个圆角对象,结果如图 5-21 所示。

(10) 编辑修剪图形。

① 删除两个辅助圆。

② 修剪各圆和圆弧成合适的长短。

③ 用夹点编辑或打断的方法调整中心线的长度,完成的图形如图 5-22 所示。

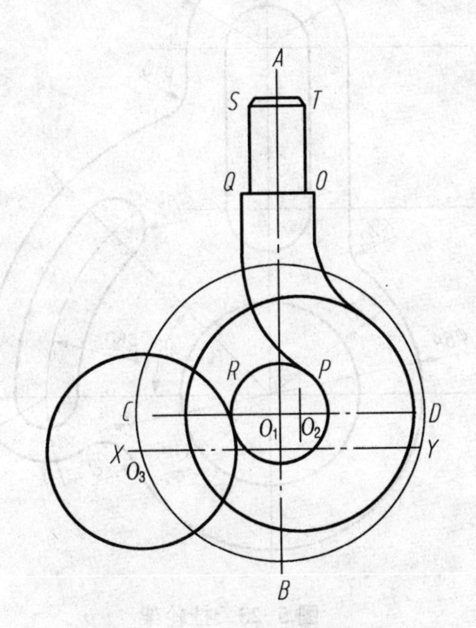

图 5-19 绘制连接圆弧 *R*24

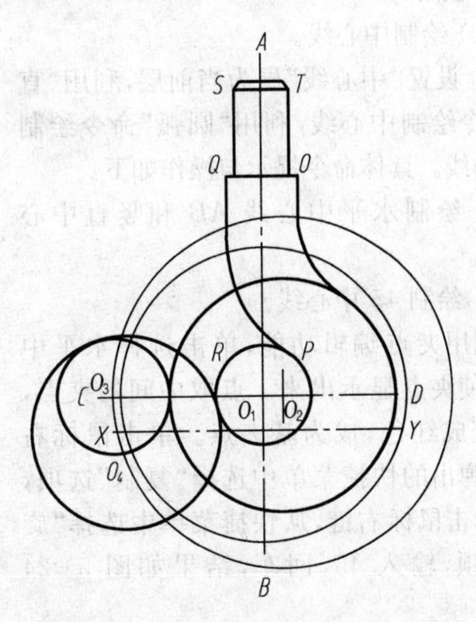

图 5-20 绘制连接圆弧 *R*14

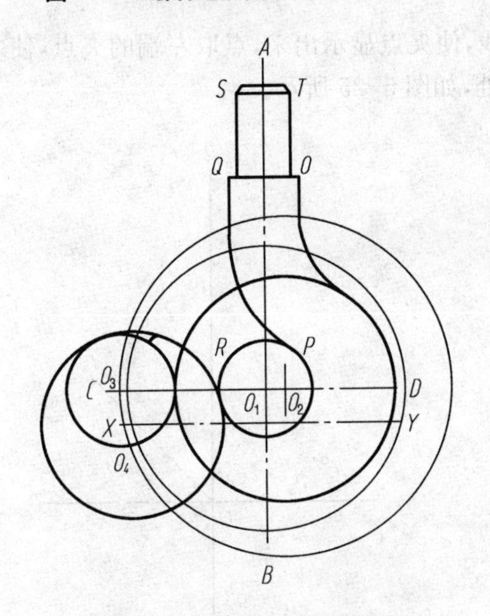

图 5-21 绘制 *R*2 连接圆弧

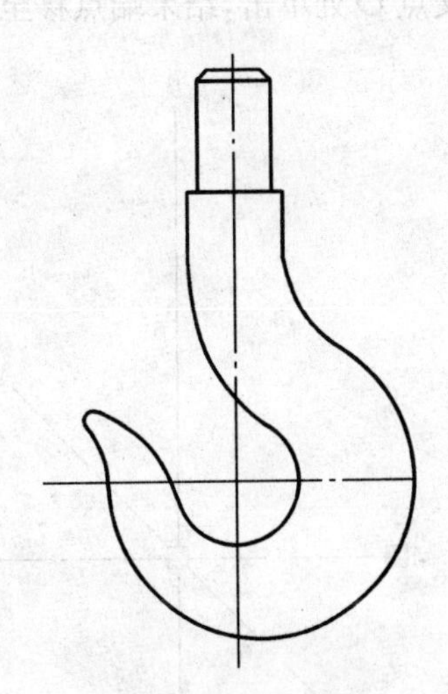

图 5-22 完成图形

(11) 图形保存。

单击“保存”选项或输入“Ctrl”+“S”命令,选择适当位置,如“E:\平面图形”,文件名称“吊钩”。

【例 5-2】 绘制如图 5-23 所示的挂轮架视图。

【操作步骤】

(1) 启动 AutoCAD，调用上节设置的“A3 样板图”。

(2) 绘制中心线。

① 设置“中心线”层为当前层，利用“直线”命令绘制中心线，利用“圆弧”命令绘制伞面筋线。具体命令提示与操作如下。

a. 绘制水平中心线 *AB* 和竖直中心线 *CD*。

b. 绘制 45°中心线。

利用夹点编辑功能，单击选择水平中心线，使夹点显示出来。点取中间的夹点，使之变成红色，成为基夹点。单击鼠标右键，在弹出的快捷菜单中选择“复制”选项，再次单击鼠标右键，从快捷菜单中选择“旋转”选项，输入 45，回车，结果如图 5-24 所示。

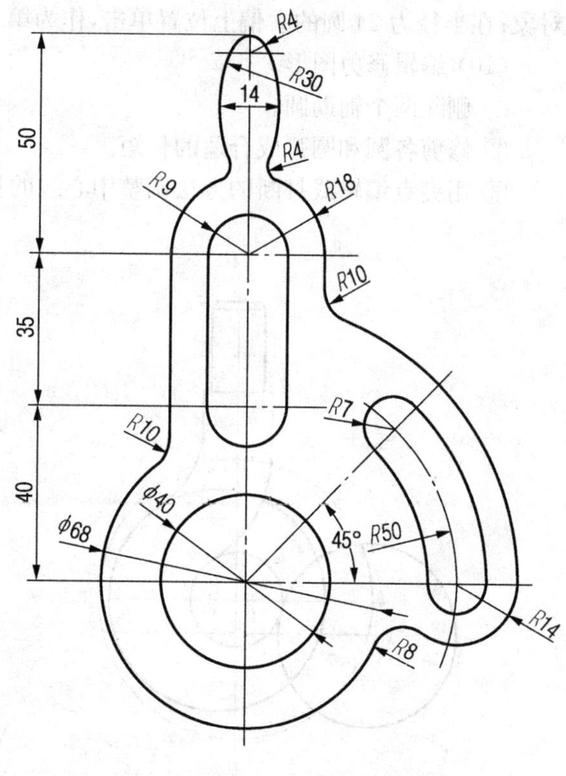

图 5-23　挂轮架

c. 修改 45°中心线。

利用夹点编辑功能，单击选择 45°中心线，使夹点显示出来，点取左端的夹点，使之成为基夹点，到交点 *O* 处单击，结果端点移至交点处，如图 5-25 所示。

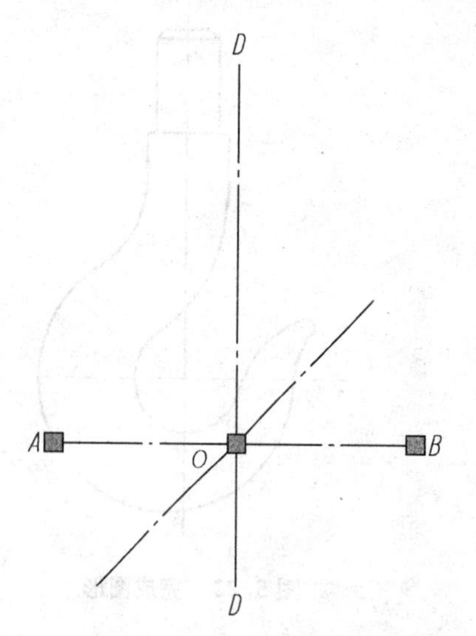

图 5-24　绘制 45°中心线

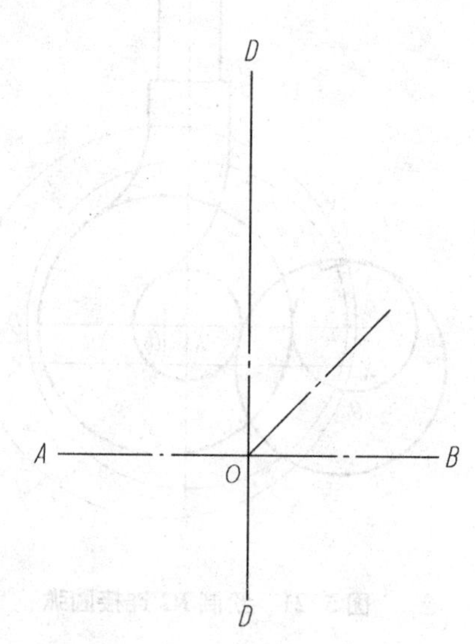

图 5-25　修改 45°中心线

d. 利用“偏移”命令绘制其他水平中心线，命令行提示与操作如下。

命令：OFFSET

指定偏移距离或[通过(T)/删除(E)/图层(L)]〈通过〉:40↙

选择要偏移的对象,或[退出(E)/放弃(U)]〈退出〉:(选择水平中心线 *AB*)

指定要偏移的那一侧上的点,或[退出(E)/多个(M)/放弃(U)]〈退出〉:(光标在中心线 *AB* 上侧单击鼠标左键)

选择要偏移的对象,或[退出(E)/放弃(U)]〈退出〉:↙

用同样的方法绘制另外三条水平中心线 *GH*、*KL*、*MN*。

e. 绘制 R50 圆弧中心线,命令行提示与操作如下。

命令:CIRCLE

指定圆的圆心或[三点(3P)/两点(2P)/切点、切点、半径(T)]:(捕捉 *O* 点并单击)

指定圆的半径或[直径(D)]:50↙

f. “打断”中心线圆。

命令:_break

选择对象:(在适当位置选择对象,因为选择点即为默认的第一点)

指定第二个打断点或[第一点(F)]:(选择对象适当位置点)

结果如图 5-26 所示。

(3) 绘制挂轮架的下方两圆。

设置“粗实线”层为当前层,利用“圆”命令,按命令行提示以交点 *O* 为圆心,绘制直径为 40 和 68 的圆,结果如图 5-27 所示。

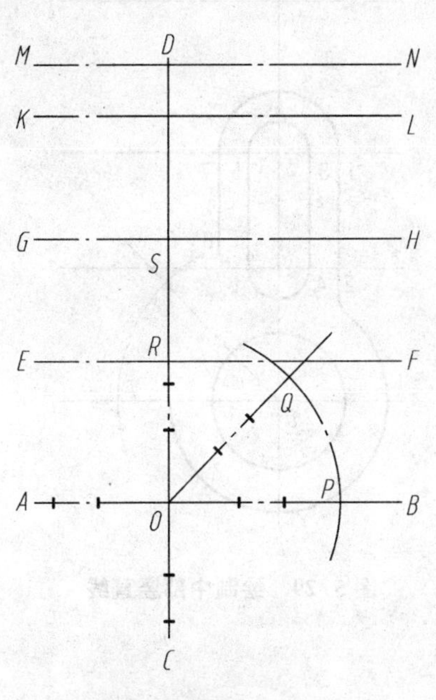

图 5-26 绘制中心线

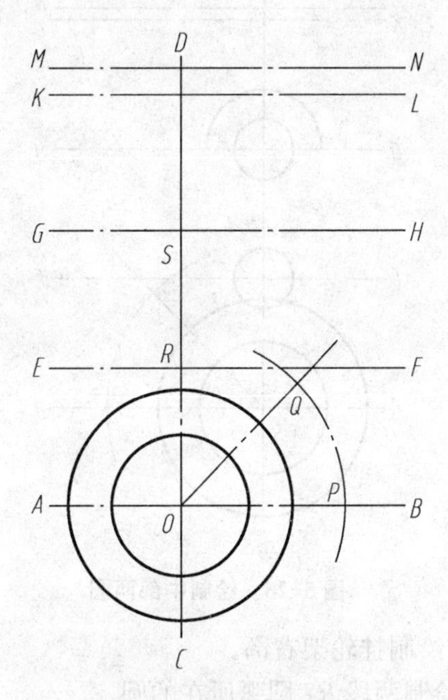

图 5-27 绘制下方两圆

(4) 绘制挂轮架的中间部分。

① 利用“圆”命令,按命令行提示分别以交点 *R*、*S* 为圆心,绘制两个 *R*9 的圆。

② 利用“圆弧”命令,按命令行提示以交点 *S* 为圆心,绘制 *R*18 的圆弧。

结果如图 5-28 所示。

③ 绘制中部竖直线

a. 绘制直线 12。具体命令提示和操作如下。

命令:LINE

指定第一点:

(指定 $R18$ 圆弧的左象限点 1)

指定下一点或[放弃(U)]:(将光标下移指定一适当点 2)

指定下一点或[放弃(U)]:↙

b. 用同样的方法绘制另外三条直线。

④ 绘制左部 $R10$ 的圆角,具体命令提示和操作如下。

命令:FILLET

当前设置:模式=修剪,半径=0.0000

选择第一个对象或[放弃(U)/多段线(P)/半径(R)/修剪(T)/多个(M)]:R↙

指定圆角半径〈0.0000〉:10↙

选择第一个对象或[放弃(U)/多段线(P)/半径(R)/修剪(T)/多个(M)]:(选择直线 12)

选择第二个对象,或按住 Shift 键选择对象以应用角点或[半径(R)]:(选择 $R34$ 圆弧)

⑤ 利用"修剪"命令把多余的图形修剪掉,结果如图 5-29 所示。

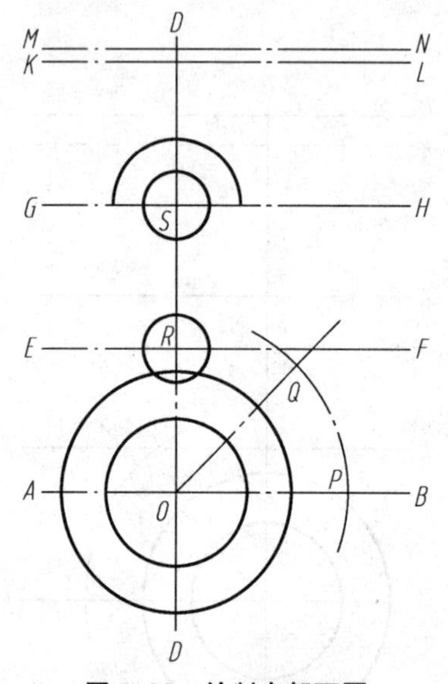

图 5-28 绘制中部两圆

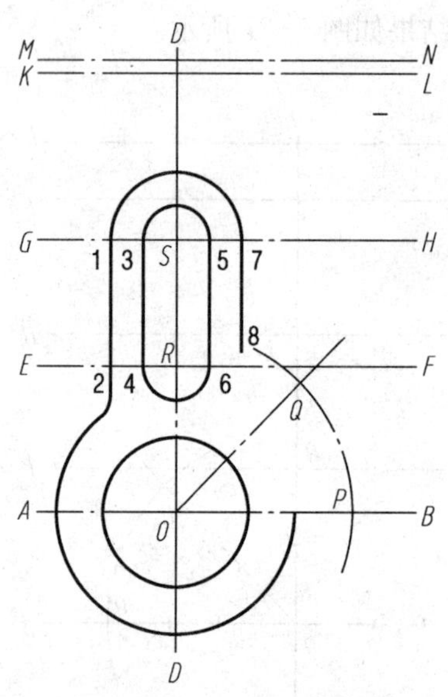

图 5-29 绘制中部竖直线

(5) 绘制挂轮架右部。

① 绘制两段 $R7$ 圆弧所在的圆。

单击"圆"命令按钮,利用捕捉功能捕捉到 Q 点作为圆心,给定半径为 7,即可完成圆 Q 的绘制。以同样的方法绘制圆 P。

② 绘制切圆弧 $R14$。

单击【绘图】|【圆弧】|【圆心、起点、角度】,按命令行提示以交点 P 为圆心,绘制 $R14$ 圆弧。

③ 如图 5-30 所示，绘制切圆弧 12、圆弧 34 和圆弧 56。

单击【绘图】|【圆弧】|【圆心、起点、端点】，按命令行提示以交点 O 圆心，绘制 12 圆弧，具体命令提示与操作如下。

命令：_arc

指定圆弧的起点或[圆心(C)]：_c 指定圆弧的圆心：　　(捕捉到 O 点并单击)

指定圆弧的起点：(捕捉到 1 点并单击)

指定圆弧的端点或[角度(A)/弦长(L)]：　　(捕捉到 2 点并单击)

用同样的方法绘制切圆弧 34 和圆弧 56，结果如图 5-31 所示。

④ 利用"修剪"命令，按照命令行提示修剪两个半径为 7 的圆。

⑤ 利用"圆角"命令，以圆弧 56 和右边竖直线为对象绘制上部 $R10$ 圆角；再次利用"圆角"命令，以下部 $R14$ 圆与 $R34$ 圆弧为对象绘制下部 $R8$ 圆角。

⑥ 利用"修剪"命令，按照命令行提示修剪右下方 $R14$ 的圆，结果如图 5-31 所示。

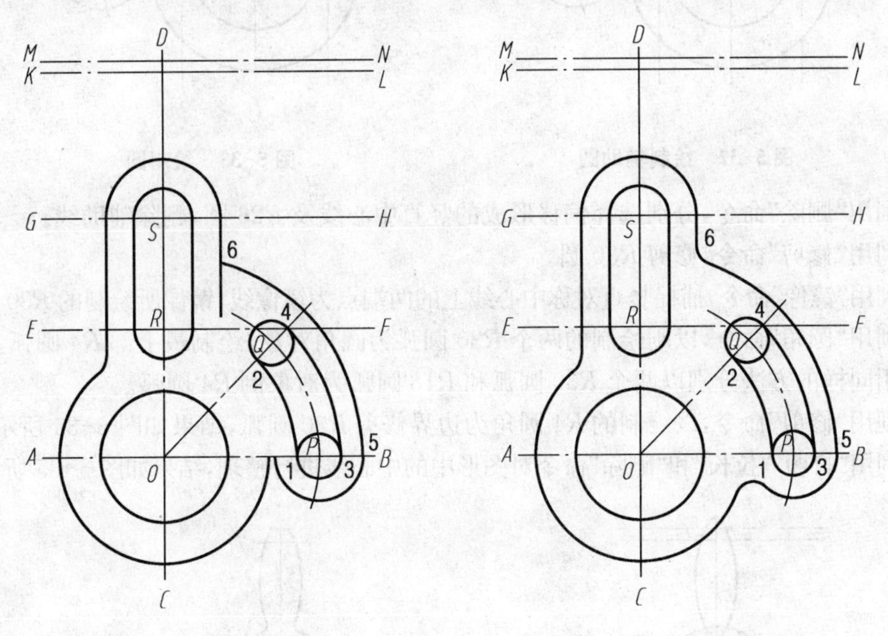

图 5-30　绘制圆、圆弧　　　　图 5-31　修剪、圆角图形

(6) 绘制挂轮架上部。

① 利用"偏移"命令，以 23 为距离向左右两侧偏移竖直对称中心线。

② 利用"圆"命令，捕捉上边第二条水平中心线与竖直中心线的交点，以该点为圆心，绘制 $R26$ 辅助圆，结果如图 5-32 所示。

③ 利用"圆"命令，捕捉 $R26$ 圆与偏移的竖直中心线的交点，以该点为圆心，绘制 $R30$ 圆，结果如图 5-33 所示。

提示：之所以偏移距离为 23，是因为半径为 30 的圆弧的圆心在中心线左右各"30－14/2"处的平行线上。而绘制辅助圆的目的是找到 $R30$ 圆弧的具体圆心位置点，因为 $R30$ 圆弧与 $R4$ 圆弧内切，根据相切的几何关系，$R30$ 圆弧的圆心应在以"30－4"为半径的圆上，该辅助圆与上面偏移复制平行线的交点即 $R30$ 圆弧的圆心。

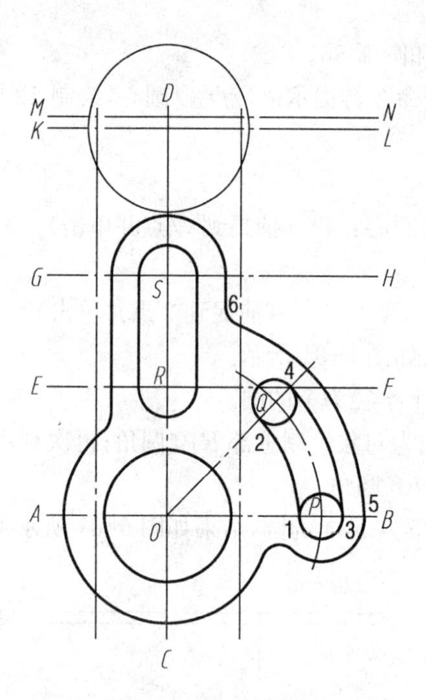

图 5-32　绘制辅助圆

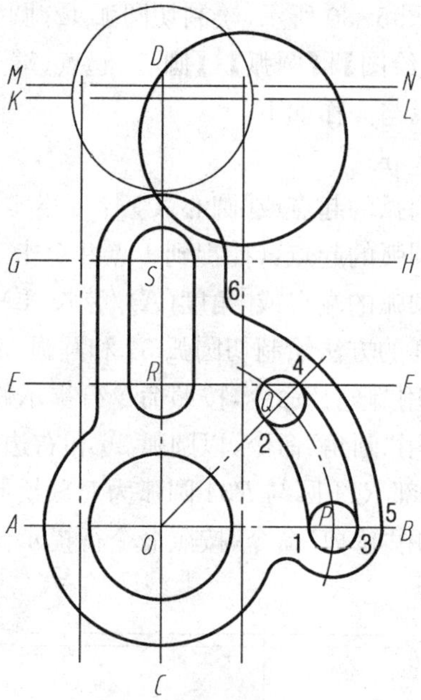

图 5-33　绘制圆

④ 利用“删除”命令，分别选择偏移形成的竖直中心线及 $R26$ 圆，删除辅助线。

⑤ 利用“修剪”命令，修剪 $R30$ 圆。

⑥ 利用“镜像”命令，捕捉竖直对称中心线上的两端点为镜像线，镜像所绘制的 $R30$ 圆弧。

⑦ 利用“圆角”命令，以刚绘制的两个 $R30$ 圆弧为圆角对象，绘制最上部 $R4$ 圆弧。

⑧ 用同样的方法分别以两个 $R30$ 圆弧和 $R18$ 圆弧为对象倒 $R4$ 圆弧。

⑨ 利用“修剪”命令，以绘制的 $R4$ 圆角为边界修剪 $R30$ 圆弧，结果如图 5-34 所示。

⑩ 利用“打断”“拉长”和“删除”命令对图形中的中心线进行整理，结果如图 5-35 所示。

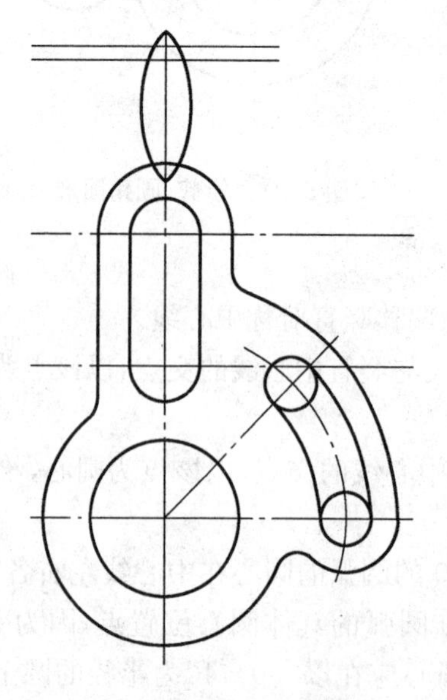

图 5-34　镜像 **R30** 圆

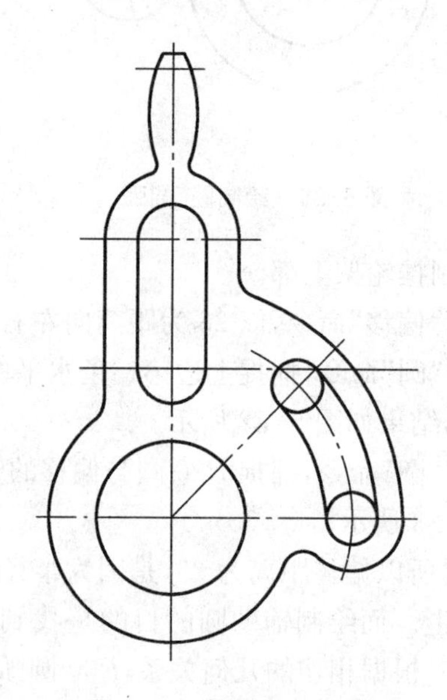

图 5-35　挂轮架的上部

(7) 图形保存。

单击“保存”选项或输入“Ctrl”+“S”命令，选择适当位置，如“E:\平面图形”，文件名称“挂轮架”。

5.3 上机实践:绘制平面图

1) 实践目的

熟练掌握二维平面图形编辑命令的使用。其中包括图形对象的选择方法、删除与恢复、复制、镜像、偏移、阵列、移动、旋转、比例缩放、拉伸、拉长、分解、修剪、延伸、截断、倒直角、倒圆角等，能够综合利用图形编辑命令和绘制命令绘制二维平面图形。

2) 实践内容

【实践 5-1】 创建工程制图 A4 样板图。

具体操作步骤如下。

(1) 以 ACADISO.DWT 为样板，新建一个图形文件。

(2) 设图幅大小。

命令:LIMITS

重新设置模型空间界限:

指定左下角点或[开(ON)/关(OFF)]〈0.0000,0.0000〉:0,0

指定右上角点〈420.0000,297.0000〉:210,297

完成以上设置后，屏幕上显示的并不是全部的绘图区，要显示全部绘图区，则需进行以下操作。

(3) 显示全部绘图区。

命令:ZOOM

指定窗口角点，输入比例因子(nX 或 nXP)，或

[全部(A)/中心点(C)/动态(D)/范围(E)/上一个(P)/比例(S)/窗口(W)]〈实时〉:A

(4) 进行单位设置。

命令:UNITS

在弹出的【图形单位】对话框中设置如下。

长度:小数制，精度为小数点后 3 位。

角度:十进制度，精度为小数点后 2 位，0 度角方向为东方，逆时针测量为正。

(5) 进行草图设置。

点取下拉菜单【工具】|【草图设置】，在弹出的【草图设置】对话框中选【捕捉与栅格】选项卡，设置如下。

启用捕捉，X 和 Y 方向的间距为 1。

启用栅格，X 和 Y 方向的间距为 10。

(6) 按如表 5-2 所示的要求创建图层。

(7) 将图层“外图框”设为当前层。

在该层上用画矩形命令绘制外图框线，操作如下。

命令：RECTANG

指定第一个角点或[倒角(C)/标高(E)/圆角(F)/厚度(T)/宽度(W)]：0，0

指定另一个角点：210，297

表 5-2 创建图层

图层(图层表示号)	颜色	线型	线宽	用 途
粗实线(01)	绿色(3 号)	CONTINUOUS	0.7	绘制粗实线
细实线(02)	白色(7 号)	CONTINUOUS	默认	绘制剖面线等图中的细实线
中心线(05)	红色(1 号)	ACAD_ISO04W100	默认	绘制中心线
虚线(04)	黄色(2 号)	ACAD_ISO02W100	默认	绘制虚线
块等	青色(4 号)	CONTINUOUS	默认	用于块、属性等
尺寸标注(08)	青色(4 号)	CONTINUOUS	默认	用于尺寸标注
文字(11)	青色(4 号)	CONTINUOUS	默认	用于技术要求、标题栏填写的文字等
外图框	灰色(8 号)	CONTINUOUS	默认	绘制图纸外框
内图框	绿色(3 号)	CONTINUOUS	1	绘制图纸内框

(8) 将图层“内图框”设为当前层。

在该层上用画矩形命令绘制内图框线，操作如下。

命令：RECTANG

指定第一个角点或[倒角(C)/标高(E)/圆角(F)/厚度(T)/宽度(W)]：10，10

指定另一个角点：200，287

(9) 设置图形中的文字样式。

点取下拉菜单【格式】|【文字样式】，弹出【文字样式】对话框，对照如图 5-36 所示的设置进行字体样式的设置。

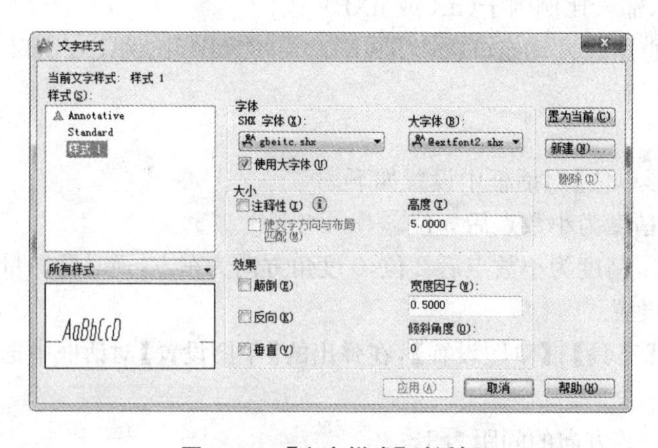

图 5-36 【文字样式】对话框

(10) 插入标题栏。

用鼠标点取下拉菜单【插入】|【块】，弹出【插入】对话框(见图 5-37)，点取【浏览…】按钮，

弹出【选择图形文件】对话框，在 ACADLX 文件夹下选择 BTL. DWG 文件后点取打开，回到【插入】对话框，在其中进行插入点等的设置后单击【确定】。

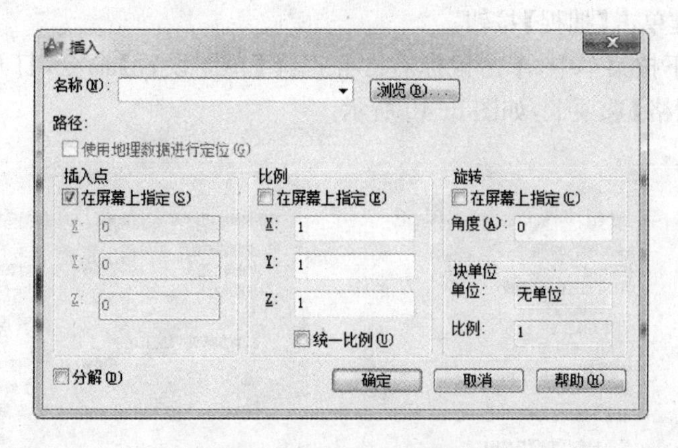

图 5-37 【插入】对话框

(11) 保存为 A4. DWT 样板图。

点取下拉菜单【文件】|【保存】，弹出【图形另存为】对话框，选择自己的文件夹(如图 5-38 所示为 user1)，在【保存类型】下拉列表中，选择【AutoCAD 图形样板】文件，在文件名后的编辑框中输入名称【A4】后，单击【保存】(见图 5-38)，系统会弹出【样板说明】对话框，如图 5-39 所示，在其中对该样板图加以说明，单击【确定】即可。

图 5-38 【图形另存为】对话框

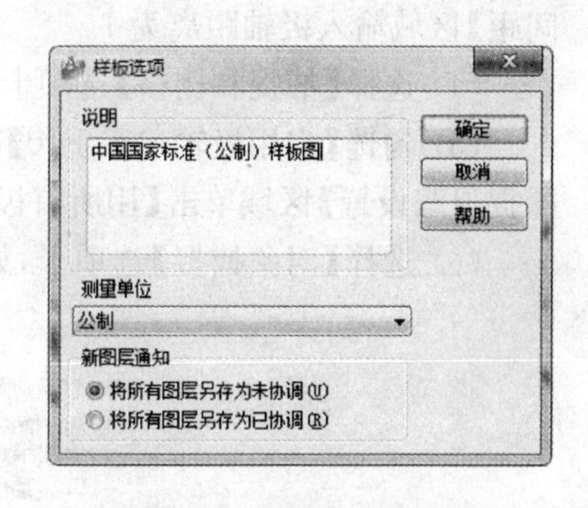

图 5-39 【样板说明】对话框

经过以上操作，我们就创建了一个较为完整的 A4 样板图，在今后的绘图过程中，可以以该图为样板创建新图，省去每次建新图时初始环境设置的麻烦。

【实践 5-2】 精确绘图。

在图纸的绘制过程中，完全靠人眼的观察是远远达不到精度要求的，我们必须借助于光标和对象捕捉功能(十字光标被强制性地精确定位在实体的特定或指定位置上)来精确地确定坐标位置。

操作步骤如下。

(1) 打开【草图设置】进行捕捉的各种设置，其打开方式有以下三种。

① 确保【捕捉】按钮显示在状态栏中，否则在状态栏中单击鼠标右键，并选择快捷菜单中的【捕捉】命令。

② 用鼠标右键单击【捕捉】按钮。

③ 在【工具】下拉菜单中，单击鼠标右键并选择【草图设置】命令，打开【草图设置】对话框，选择【捕捉和栅格】选项卡，如图 5-40 所示。

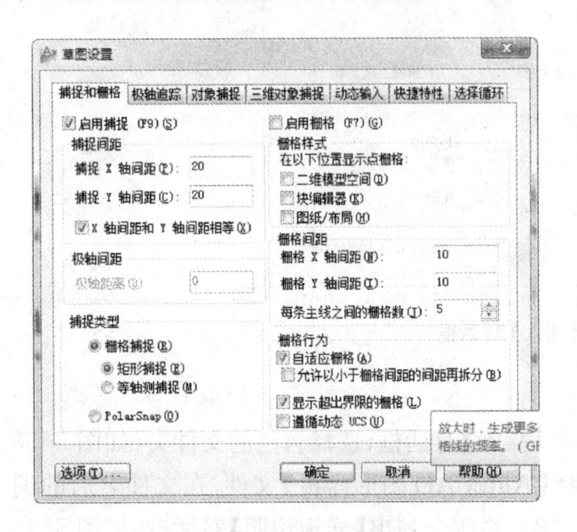

图 5-40 【草图设置】对话框

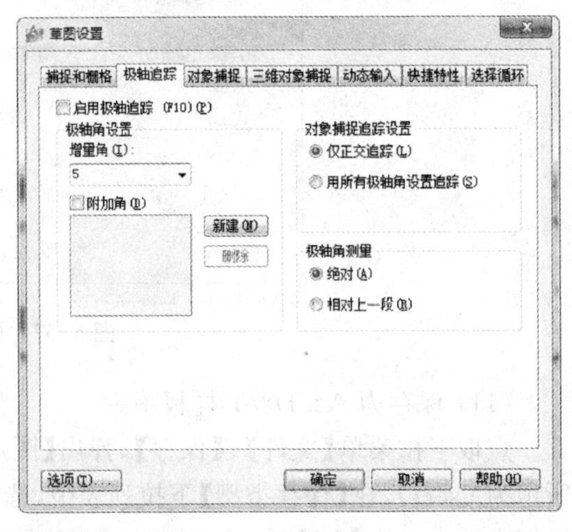

图 5-41 【极轴追踪】选项卡

(2) 勾选【启用捕捉 F9】复选框和【启用栅格 F7】复选框。

(3) 在【栅格】区域内，分别输入 X 轴间距和 Y 轴间距为 20，单击【极轴追踪】，并在【极轴间距】区域输入极轴距离为 1。

(4) 选择【捕捉和栅格】选项卡，如图 5-41 所示。

(5) 勾选【启用极轴追踪 F10】复选框，在【极轴角设置】区域内设置增量角为 5，在【对象捕捉追踪设置】区域单击【用所有极轴角设置追踪】单选按钮。

(6) 选择【对象捕捉】选项卡，如图 5-42 所示。

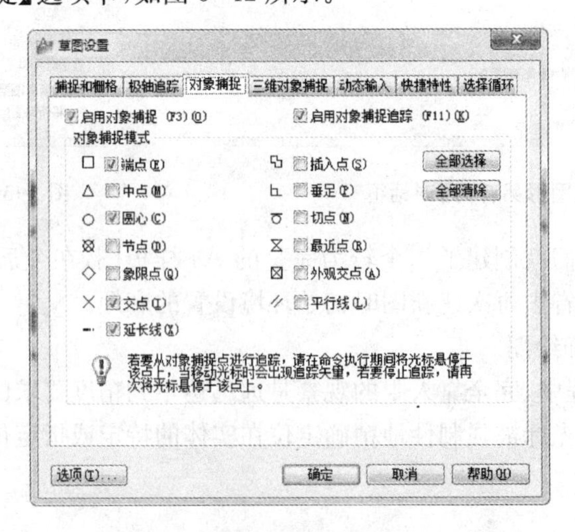

图 5-42 【对象捕捉】选项卡

(7) 单击【全部选择】按钮，确保所有的捕捉模式被选中，然后再清除掉【最近点】和【外观交点】复选框。

(8) 单击【选项】按钮，打开【选项】对话框并自动选择【草图】选项卡。

(9) 在【对齐点获取】区域单击【自动】按钮。

(10) 选择【显示】选项卡，将十字光标的十字大小设置为最大。

(11) 单击【确定】按钮，返回【草图设置】对话框，然后单击【确定】按钮退出，此时绘图区域和光标已有了很大的变化。

【实践 5-3】 绘制二维平面图。

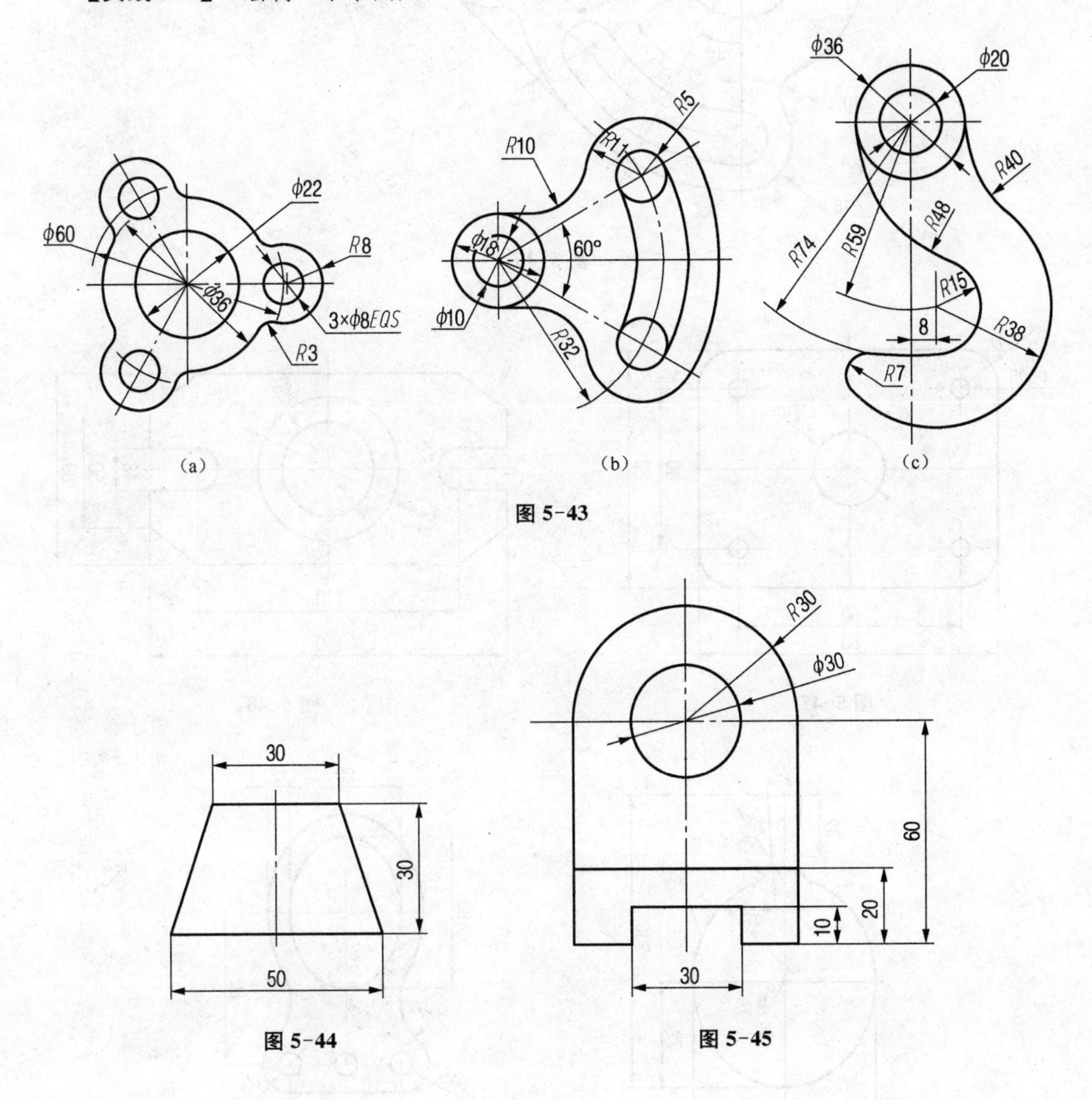

图 5-43

图 5-44

图 5-45

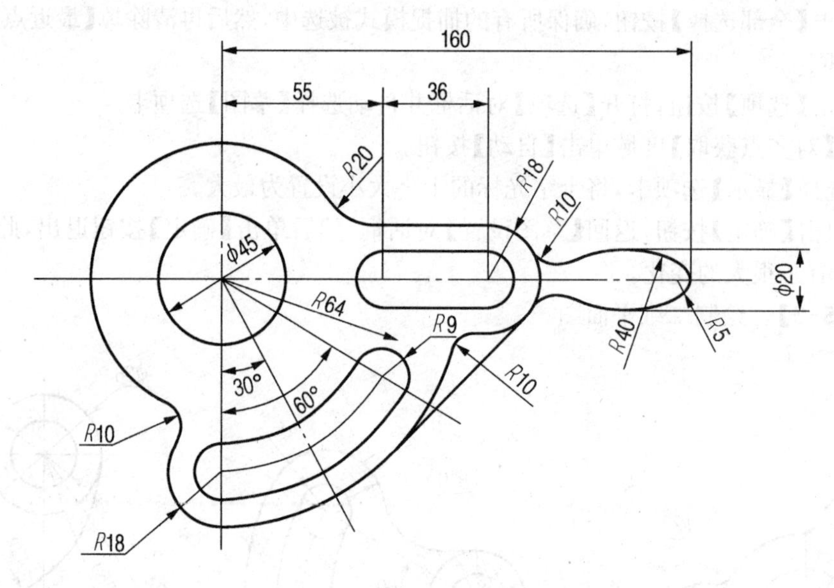

图 5-46

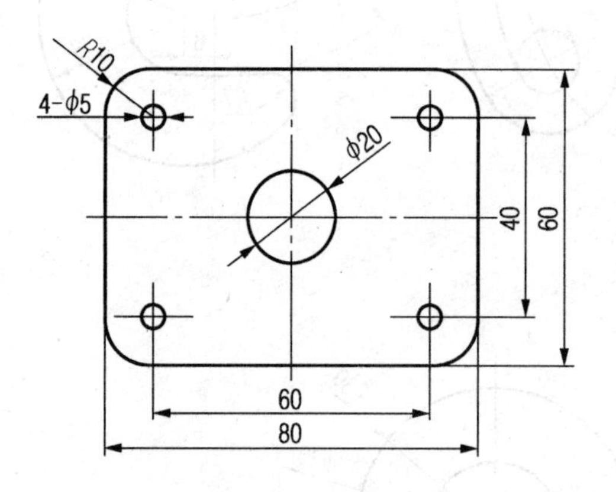

图 5-47

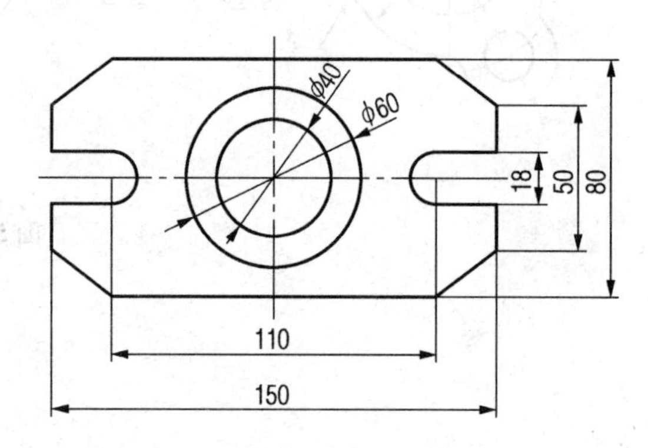

图 5-48

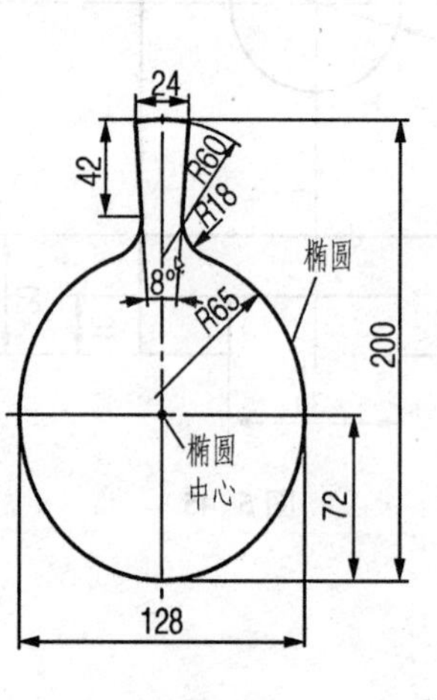

图 5-49

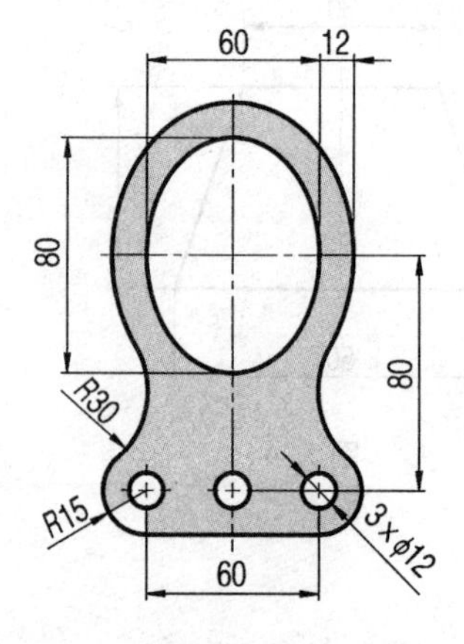

图 5-50

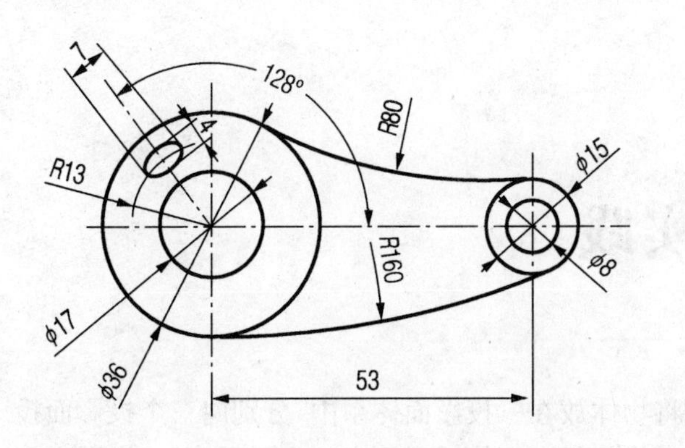

图 5-51

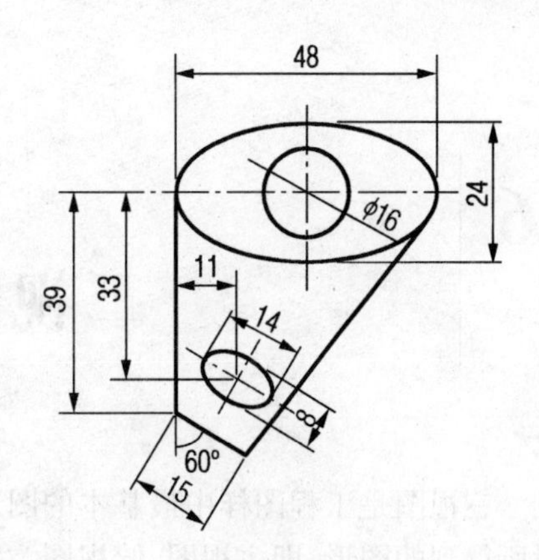

图 5-52

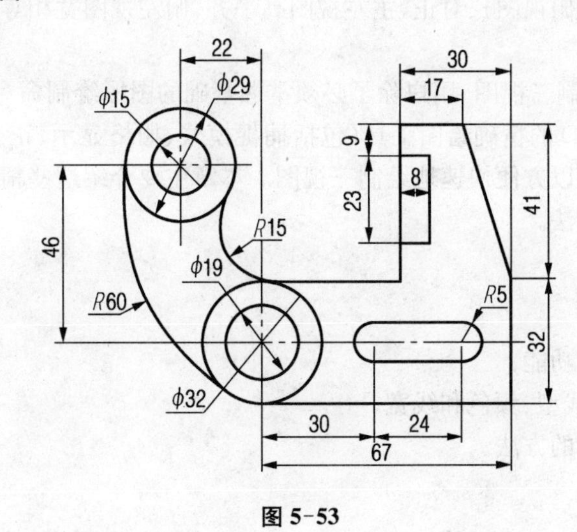

图 5-53

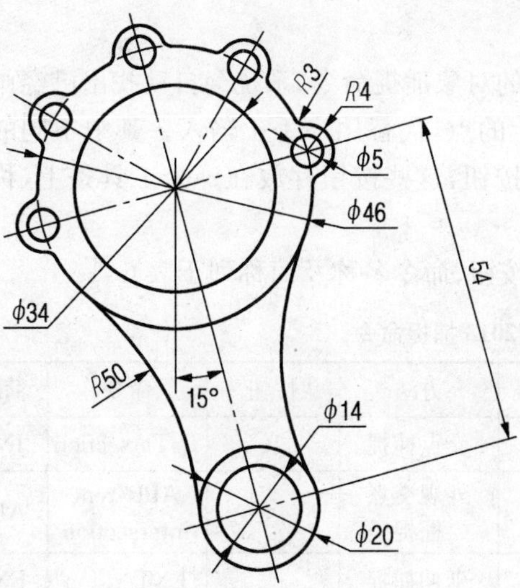

R3
R4
ϕ5
ϕ46
54
ϕ34
R50
15°
ϕ14
ϕ20

图 5-54

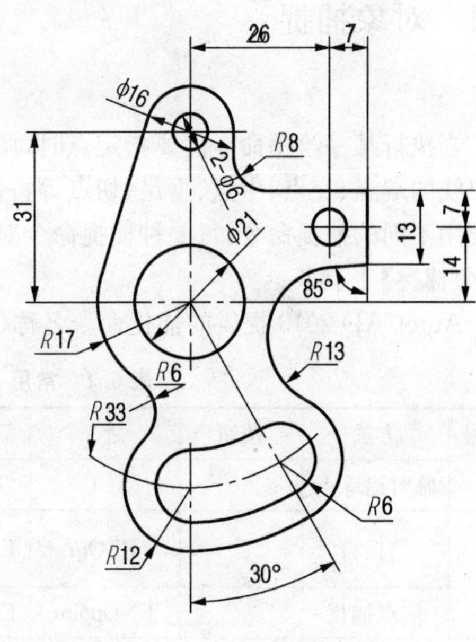

图 5-55

6 三视图实践

三视图是工程图样中最基本的图形，是将物体放在三投影面体系中，分别向三个投影面投射所得到的图形，即主视图、俯视图、左视图。将三投影面体系展开在一个平面内，三视图之间应满足三等关系，即“主俯视图长对正，主左视图高平齐，俯左视图宽相等”，这个重要特性是绘图和读图的依据。

利用 AutoCAD 绘制三视图，用户除了必须掌握基础的图形绘制命令外，主要是要保证三等关系。利用 AutoCAD 的精确绘图工具(包括捕捉模式、栅格显示、正交模式、对象捕捉、对象追踪、极轴追踪等)可以方便快速地绘制三视图。本章主要介绍这些精确绘图工具以及用这些工具绘制三视图的方法。

本章学习目标

- 掌握对象捕捉的功能；
- 学会设置图层、线型、颜色和线宽；
- 掌握绘制三视图的方法。

6.1 对象捕捉

当执行某一绘图命令需要指定点时，调用相应的对象捕捉命令，系统会自动找出已经画出的图线的端点、交点、中点、垂足、切点等特殊位置上的点，代替用户手工输入。其中不同的点需要用不同的捕捉命令，每一种捕捉命令对应一个按钮，这些按钮存放在一个工具条上，称为【对象捕捉】工具条。

AutoCAD 2013 提供的捕捉命令名称、工具栏按钮、命令名称及简称列于表 6-1。

表 6-1 常用 AutoCAD 2013 捕捉命令

序号	方法	按钮	命令	简称	序号	方法	按钮	命令	简称
1	临时追踪点		TT	TT	5	交点捕捉		INTersection	INT
2	捕捉自		FROm	FRO	6	外观交点捕捉		APParent intersection	APP
3	端点捕捉		ENDpoint	END	7	延伸捕捉		EXTension	EXT
4	中点捕捉		MIDpoint	MID	8	圆心捕捉		CENter	CEN

续表 6-1

序号	方法	按钮	命令	简称	序号	方法	按钮	命令	简称
9	象限点捕捉		QUAdrant	QUA	13	插入点捕捉		INSert	INS
10	切点捕捉		TANgent	TAN	14	节点捕捉		NODe	NOD
11	垂足捕捉		PERpendicular	PER	15	最近点捕捉		NEAr	NEA
12	平行捕捉		PARallel	PAR					

6.1.1 调出工具条

以下是调出【对象捕捉】工具条的方法，也是调出其他工具条的方法。

(1) 在任意命令按钮上单击鼠标右键，将弹出一个快捷菜单。

(2) 单击【对象捕捉】选项，使前面出现"√"，调出的【对象捕捉】工具条如图 6-1 所示。

图 6-1 【对象捕捉】工具条

6.1.2 捕捉方式

1) 端点捕捉

当执行某一绘图命令需要指定点时，用端点捕捉命令，可以捕捉到已经画出的直线、圆弧、椭圆弧的一个端点。

【例 6-1】 用端点捕捉将如图 6-2(a)所示图形，画为如图 6-2(b)所示。

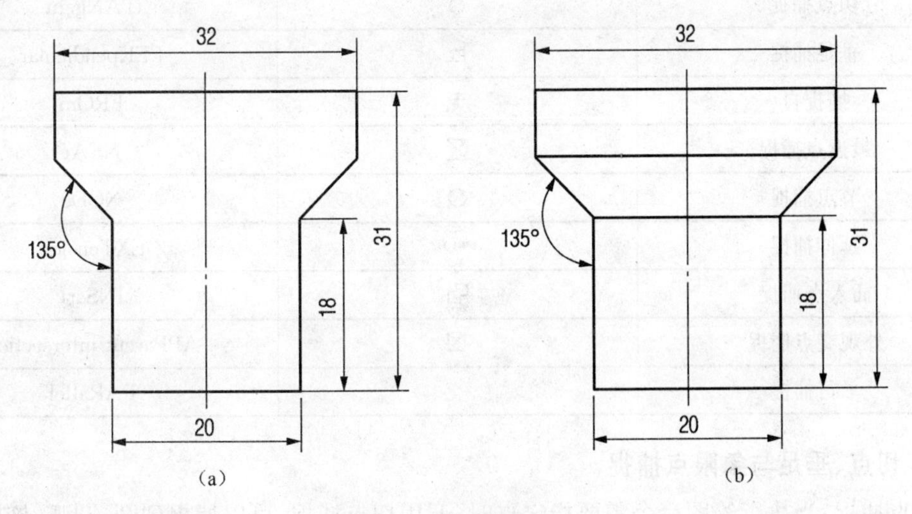

图 6-2 端点捕捉例图

(1) 单击直线命令按钮 。

(2) 单击端点捕捉命令按钮 。

移动十字光标到要捕捉点的附近，当显示一个包围此点的绿色小方框时，表明系统已经捕捉到此点，单击即可选中此点，如图 6-3 所示。

(3) 单击端点捕捉命令按钮 ，捕捉到另一点。

(4) 同样画其他直线。

捕捉到每一种对象点后，都显示相应的标记符号，并且略等片刻还会显示捕捉到的点的名称，只要显示出标记符号就表示已经成功捕捉，单击即输入该点。用户应当熟记常用对象的标记符号。各种对象点的标记符号见表 6-2 所示。AutoCAD 2013 默认的标记符号的颜色是红色。

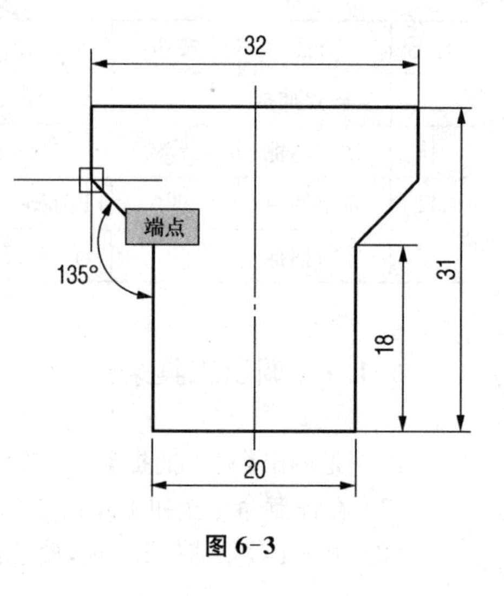

图 6-3

上例用单击按钮调用端点捕捉，也可以键入 end，按空格键或回车键调用端点捕捉。其他捕捉命令的键入形式如表 6-1 所示，键入时，只要输入前面的三个字母(不分大小写)。

表 6-2　对象点的标记符号与捕捉命令的键盘输入形式

中文名称	对象点的标记符号	命令行输入形式
端点捕捉	□	ENDpoint
中点捕捉	△	MIDpoint
交点捕捉	╳	INTersection
圆心捕捉	○	CENter
象限点捕捉	◇	QUAdrant
切点捕捉	ō	TANgent
垂足捕捉	⊾	PERpendicular
捕捉自	无	FROm
最近点捕捉	⧗	NEAr
节点捕捉	⊗	NODe
延伸捕捉	━ ··	EXTension
插入点捕捉	⧉	INSert
外观交点捕捉	⊠	APParent intersection
平行捕捉	//	PARallel

2) 切点、垂足与象限点捕捉

切点捕捉：当执行绘图命令需要指定点时，调用切点捕捉，可以捕捉到圆、圆弧、椭圆、椭圆弧等曲线上的一个切点作为输入点。切点可以是第一个输入点，也可以是第二个输入点。

象限点捕捉：当执行绘图命令需要指定点时，调用象限点捕捉，可以捕捉到离靶心最近的一个象限点。象限点是指圆、圆弧、椭圆弧上的0°、90°、180°、270°圆弧的分界点。

垂足捕捉：当画垂线时，调用垂足捕捉，可以捕捉到直线、圆、圆弧、椭圆、椭圆弧等图元上的垂足。

【例 6-2】 用切点、垂足、象限点捕捉将如图 6-4(a)所示图形，画为如图 6-4(b)所示。

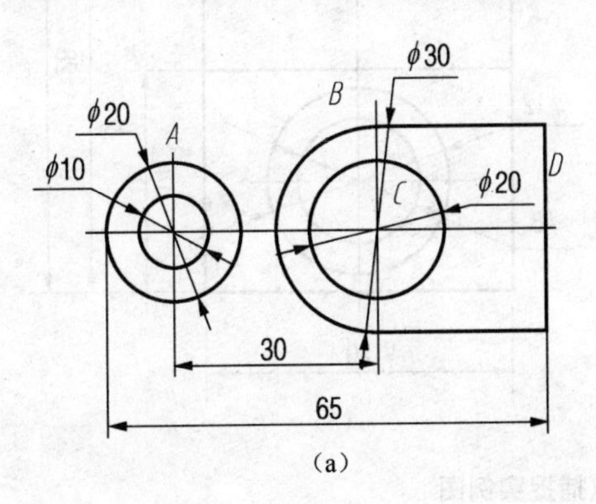

(a)

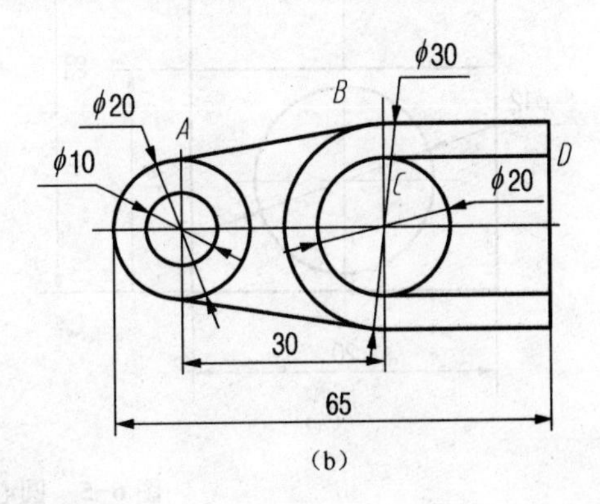

(b)

图 6-4 画切线实例图

(1) 画直线 *AB*。单击直线按钮 。

命令：_line 指定第一点：_tan 到　　(单击切点捕捉按钮 ，移动光标靠近 *A* 点使圆落入靶区，显示切点标记符号后单击即可)

指定下一点或[放弃(U)]：_tan 到(同样捕捉到切点 *B*)

(2) 画直线 *CD*。

命令：(重复执行刚执行完的命令)

LINE 指定第一点：_qua 于(单击象限点捕捉按钮 ，移动光标到 *C* 点附近使圆落入靶区，显示象限点捕捉符号后单击即可)

指定下一点或[放弃(U)]：_per 到(单击垂足捕捉按钮 ，移动光标靠近铅垂线 *D*，显示垂足捕捉符号后单击即可)

指定下一点或[放弃(U)]：↙(结束命令)

(3) 同样画其他直线。

3）中点、交点与圆心捕捉

中点捕捉：当执行绘图命令需要指定点时，调用中点捕捉命令，可以捕捉到穿过靶区的直线或圆弧等图线的中点。

交点捕捉：当执行绘图命令需要指定点时，调用交点捕捉命令，可以捕捉到穿过靶区的两条或多条直线、圆、圆弧、椭圆、椭圆弧等图线的交点。

圆心捕捉：当执行绘图命令需要指定点时，调用圆心捕捉命令，可以捕捉到穿过靶区的圆、圆弧、椭圆、椭圆弧的圆心。移动光标到圆心附近，也可以捕捉到圆心。

【例 6-3】 用圆心捕捉、中点捕捉将如图 6-5(a)所示图形画为如图 6-5(b)所示。

(1) 单击画圆命令按钮 。

命令：circle 指定圆的圆心或[三点(3P)/两点(2P)/相切、相切、半径(T)]：_cen 于(单击圆心捕捉按钮 ，移动光标到圆中心位置附近，显示圆心标记后单击)

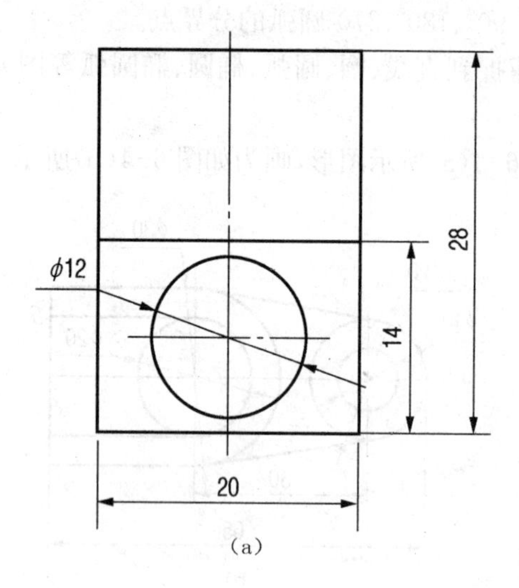

(a)

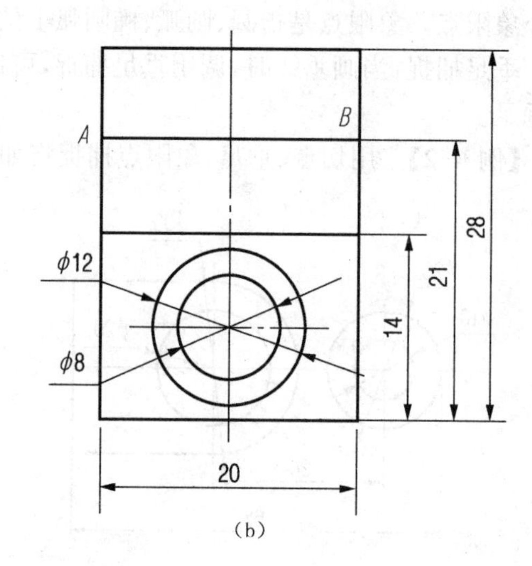

(b)

图 6-5　圆心、中点捕捉实例图

指定圆的半径或[直径(D)]〈19.000〉:4(输入圆的半径)

(2) 画直线 *AB*。单击画直线命令按钮 。

命令:_line 指定第一点:_mid 于(单击中点捕捉按钮 ,移动光标靠近中点 *A*,显示中点标记符号后单击)

指定下一点或[放弃(U)]:_mid 于(同样捕捉中点 *B*)

指定下一点或[放弃(U)]:↙(结束命令)

6.1.3　运行中的对象捕捉

对象捕捉可以代替手工输入点,但每次捕捉都要单击一次相应的捕捉按钮,这必然会影响作图效率。运行中的对象捕捉允许用户事先选择多种捕捉方式,打开后自动运行,直到下一个命令不让其运行为止,因而称其为"运行中的"对象捕捉。启动了"运行中的"对象捕捉以后,当执行绘图命令需要指定点时,AutoCAD 会自动捕捉离靶心最近的一个对象点,并显示相应的标记符号。如果此点是用户需要的点,单击即确定了该点;如果此点不是用户所需要的点,移动光标,AutoCAD 会自动捕捉在"运行中的"对象捕捉中设置的其他对象点。

1) 设置运行中的对象捕捉方式

可以用下述方法设置运行中的对象捕捉方式。

单击菜单【工具】|【绘图设置】,显示【草图设置】对话框。单击【对象捕捉】选项卡,如图 6-6 所示。

从如图 6-6 所示中可以看出,运行中的对象捕捉有 13 种方式,各种方式的功能和捕捉到对象时的标记符号与上节讲的"对象捕捉"完全相同。从中选择多少种捕捉方式由用户根据作图需要而定,可以全选,也可以只选择最近作图可能用到的几种。

2) 启动运行中的对象捕捉

方法一:单击屏幕下方状态栏上的 (对象捕捉)按钮,使其凹下。

方法二：按【F5】键在启动/关闭之间切换。

3）绘制三视图基本方法

（1）先画中心线定位。

（2）有圆或圆弧的地方要先画，将来借助圆来画线比较方便。

（3）尺寸较多的视图要先画。

（4）充分利用三视图投影原理。

（5）辅助线有时用构造线。

4）应用实例

做下面的例题前，先按上述方法设置好运行中的对象捕捉，包括【端点】、【中点】、【圆心】、【象限点】、【垂足】、【切点】，再单击屏幕下方状态栏上的【对象捕捉】按钮使其凹下，启动运行中的对象捕捉。

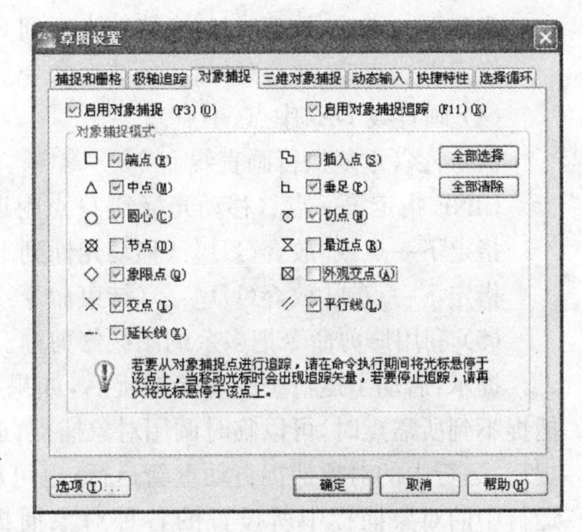

图 6-6 【草图设置】对话框

【例 6-4】 用运行中的对象捕捉将如图 6-7(a)所示图形画为如图 6-7(b)所示。

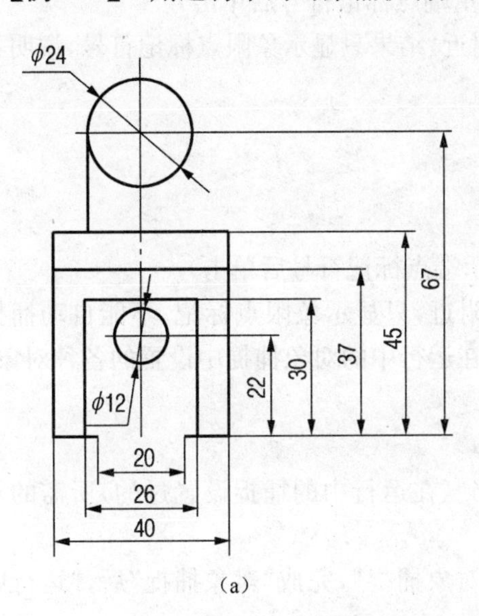

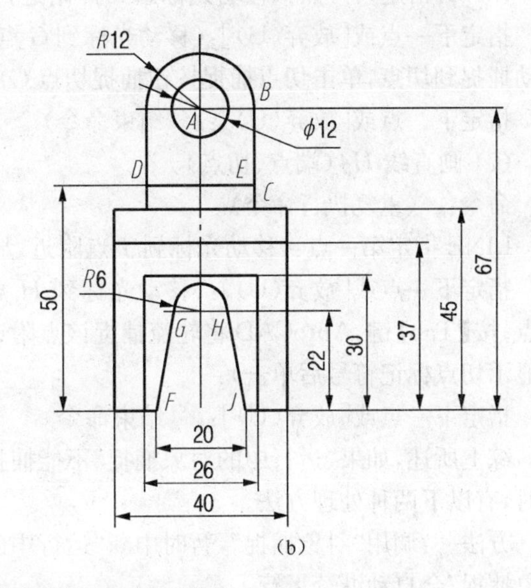

图 6-7 运行中的对象捕捉应用实例图

（1）设置并打开运行中的对象捕捉。

（2）画圆 *A*。单击画圆按钮。

命令：_circle

指定圆的圆心或[三点(3P)/两点(2P)/相切、相切、半径(T)]：

（移动光标到 *A* 点附近，显示圆心标记符号后单击）

指定圆的半径或[直径(D)]：6（输入圆的半径）

（3）画直线 *BC*（象限点、垂足）。单击画直线按钮。

命令：_line 指定第一点：（移动光标到 *B* 点附近，显示象限点标记符号后单击）

指定下一点或[放弃(U)]:(移动光标到 *C* 点附近,显示垂足标记符号后单击)
指定下一点或[放弃(U)]:↙(结束命令)
(4) 画直线 *DE*(中点、中点)。
命令:↙(重复执行画直线命令)
LINE 指定第一点:(移动光标到 *D* 点附近,显示中点标记符号后单击)
指定下一点或[放弃(U)]:(移动光标到 *E* 点附近,显示中点标记符号后单击)
指定下一点或[放弃(U)]:↙(结束命令)
(5) 利用修剪命令把多余的图线修剪掉。

提示:启动了运行中的对象捕捉后,如果在某一对象点附近有多个对象点,当 AutoCAD 捕捉不到所需点时,可以临时调用对象捕捉,运行中的对象捕捉会自动中断,当执行完对象捕捉后,运行中的对象捕捉自动重新运行;也可以按【Tab】键,让 AutoCAD 轮流捕捉靶区内在运行中的对象捕捉中所设置的各种对象捕捉。下面画直线 *FG*、*HJ* 时用这两种方法捕捉切点。

(6) 画直线 *FG*(端点、切点)。
命令:↙(重复执行命令)
LINE:指定第一点:(移动光标到 *F* 点附近,显示端点标记符号后单击)
指定下一点或[放弃(U)]:(移动光标到 *G* 点附近,结果只显示象限点标记符号,说明不能自动捕捉到切点,单击切点捕捉按钮捕捉切点 *G*)
指定下一点或[放弃(U)]:↙(结束命令)
(7) 画直线 *HJ*(端点、切点)。
命令:↙(重复执行命令)
LINE 指定第一点:(移动光标到 *J* 点附近,显示端点标记符号后单击)
指定下一点或[放弃(U)]:(移动光标到 *H* 点附近,只显示象限点标记,不能自动捕捉到切点;按【Tab】键,AutoCAD 将轮流捕捉该点附近在运行中的对象捕捉中设置的各种对象点,当显示切点标记符号后单击)
指定下一点或[放弃(U)]:↙(结束命令)

综上所述,如果“运行中的对象捕捉”不能捕捉到(在运行中的捕捉设置过的)所需的对象点时,有以下两种处理方法。

方法一:调用“对象捕捉”,暂时中断“运行中的对象捕捉”,完成“对象捕捉”后,“运行中的对象捕捉”会自动继续运行。

方法二:按【Tab】键,让 AutoCAD 轮流捕捉靶区内的各种对象点。

6.2 “捕捉自”与“临时追踪点”

本节介绍用“捕捉自”与“临时追踪点”捕捉确定点的方法。

捕捉自:当执行绘图命令需要指定点时,调用“捕捉自”命令,由用户给定一点作为基准点,然后再输入“要指定点”与基准点之间的相对坐标,就确定了“要指定点”。

临时追踪点：当执行绘图命令需要指定点时，调用“临时追踪点”命令，由用户给定一个对象点作为临时追踪点，在水平或铅垂方向移动鼠标选择追踪方向，待系统显示一条过临时追踪点的追踪轨迹（水平或铅垂虚线）后，输入“要指定点”与临时追踪点之间的距离，就确定了“要指定点”。一般按如下原则使用这两种捕捉方式。

(1) 相对坐标都不为零时，用“捕捉自”。

(2) 相对坐标有一个为零时，用“临时追踪点”捕捉。

【例 6-5】 利用“捕捉自”与“临时追踪点”捕捉将如图 6-8(a)所示图形画为如图 6-8(b)所示。

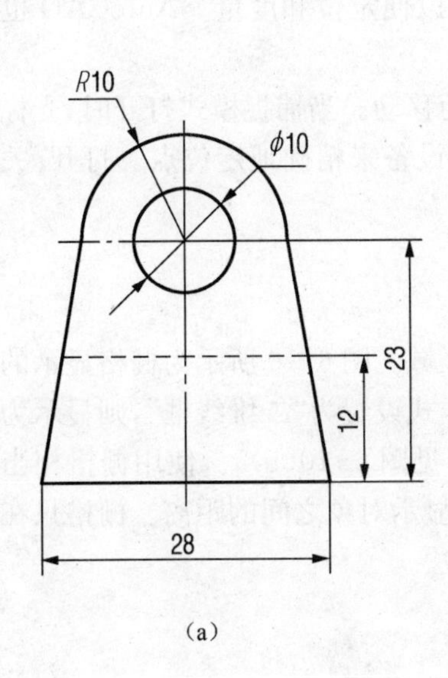

(a)

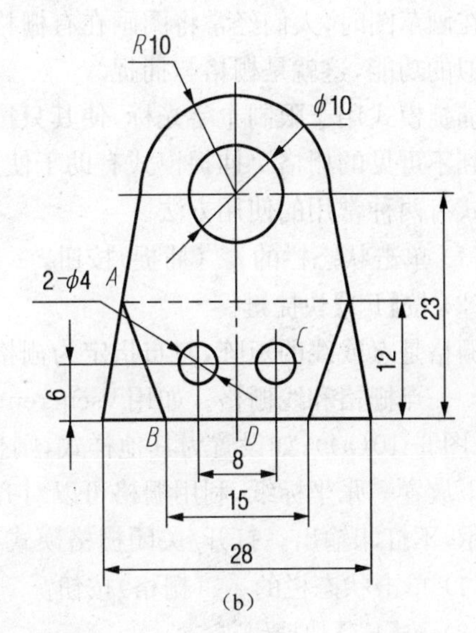

(b)

图 6-8　画直线和圆

(1) 按上述方法设置并打开运行中的对象捕捉，包括【交点】等捕捉方式。

(2) 画圆 C。单击画圆命令按钮。

命令：_circle 指定圆的圆心或[三点(3P)/两点(2P)/相切、相切、半径(T)]：

(3) 确定圆心。单击捕捉自按钮。

命令：_circle 指定圆的圆心或[三点(3P)/两点(2P)/相切、相切、半径(T)]：_from

基点：〈偏移〉：@4,6(移动光标到 D 点附近，显示交点标记后单击(捕捉交点 D 作为基准点，输入 C 点与 D 点的相对坐标)

指定圆的半径或[直径(D)]：2(输入圆的半径 2)

(4) 画直线 AB。单击直线命令按钮。

命令：_line 指定第一点：

(5) 单击临时追踪点按钮。

指定下一点或[放弃(U)]：_tt

指定临时追踪点：(捕捉 D 点为临时追踪点)

指定下一点或[放弃(U)]：7.5(向左移动光标，显示如图 6-9 所示的追踪标记后，输入 BD 间的距离)

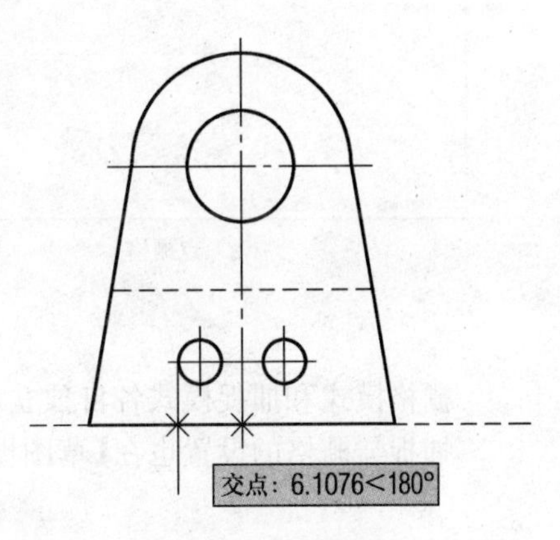

图 6-9　追踪标记

指定下一点或[放弃(U)]:(捕捉 A 点,显示交点标记后单击)
指定下一点或[放弃(U)]:↙(结束命令)
(6) 同样的方法画其他直线和圆,也可以用镜像命令镜像生成。

6.3 捕捉与栅格

在画草图时,人们经常将图画在有栅格的坐标纸上,以便定位和度量。AutoCAD 也提供了类似的功能,这就是栅格与捕捉。

捕捉模式用于限制十字光标,使其只按照定义的间距移动。当捕捉模式打开时,光标附着捕捉到不可见的栅格。捕捉模式有助于使用箭头或定点设备来精确地定位点。打开/关闭捕捉模式有两种常用的使用方法。

(1) 单击状态栏的 (捕捉)按钮。

(2) 按【F9】快捷键。

栅格是点或线的矩阵,遍布指定为栅格界限的整个区域。图 6-10 所示为栅格显示的两种类型——点栅格和线栅格。如用 vscurrent 命令将视觉样式设置为“二维线框”,则显示为点栅格(见图 6-10(a));如设置为其他样式,则显示为线栅格(见图 6-10(b))。使用栅格相当于在图形下放置一张坐标纸,利用栅格可以对齐对象,并直观显示对象之间的距离。栅格只在屏幕上显示,不打印输出。打开/关闭栅格模式有两种常用方法。

(1) 单击状态栏的 (栅格)按钮。

(2) 按【F7】快捷键。

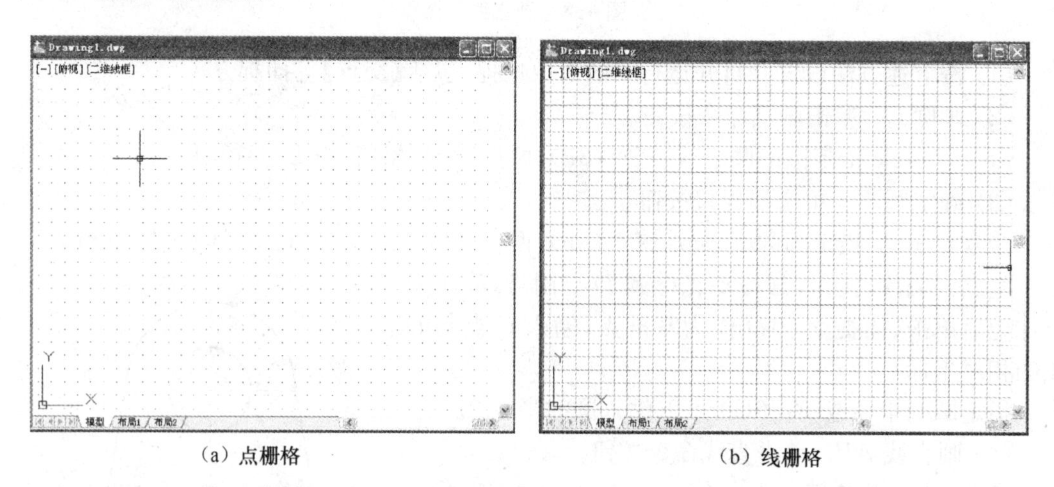

(a) 点栅格　　(b) 线栅格

图 6-10　栅格模式

栅格模式和捕捉模式各自独立,但经常把两者同时打开,配合使用。

捕捉与栅格的设置也在【草图设置】选项卡中,在第 1 章已经介绍,这里不再叙述。

6.4 图层的管理与使用

图层在 AutoCAD 中是一个很重要的概念,图层类似于透明的纸张,将具有相同属性的对象绘制在同一张透明纸上,然后将所有的图层进行叠加,就形成了最后的图纸。应用图层方便管理图纸,能更快、更准确地对图形的属性进行修改。

1) 建立新图层

建立新图层通常有两种方法。

(1) 在命令行中输入 LAYER 或 LA。

(2) 单击【常用】选项卡"图层"面板中的 (图层特性管理器)按钮。

执行上述操作后,弹出如图 6-11 所示的【图层特性管理器】对话框。在【图层特性管理器】对话框中默认的是 0 图层,该图层的颜色为白色,线型为 Continuous(连续线)。单击 (新建图层)按钮可以创建新图层,单击相应的按钮可以修改图层的线型、颜色、线宽等。

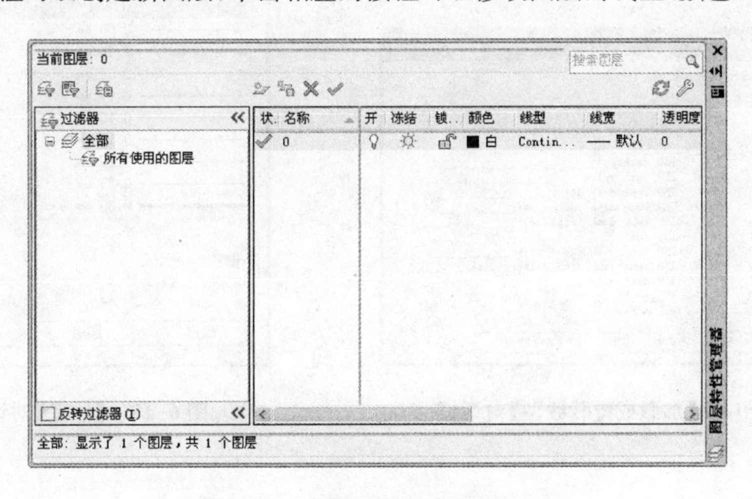

图 6-11 【图层特性管理器】对话框

2) 颜色的设置

单击【图层特性管理器】对话框中的颜色按钮,弹出如图 6-12 所示的【选择颜色】对话框,用户可以在其中设定图层的颜色。

3) 线型和线宽的设置

单击【图层特性管理器】对话框中的线型按钮,打开如图 6-13 所示的【选择线型】对话框,绘图过程中,可以根据具体情况选择需要的线型。如果对话框中没有所需要的线型,单击【加载】按钮,弹出如图 6-14 所示的【加载或重载线型】对话框,选择要加载的线型后单击【确定】按钮。

单击【图层特性管理器】对话框中的【线宽】按钮,弹出如图 6-15 所示的【线宽】对话框,在其中选择需要的线宽。

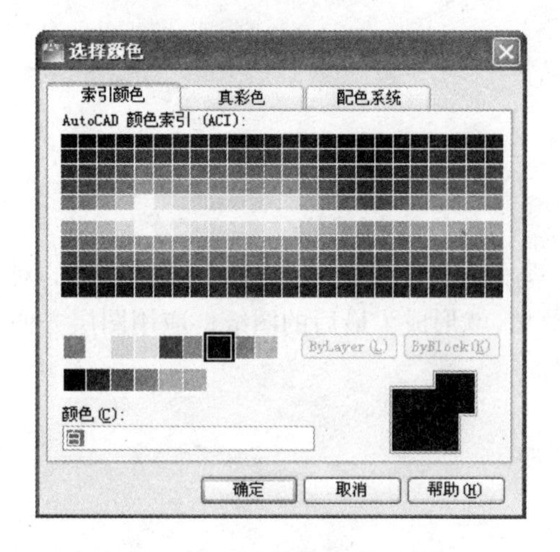

图 6-12 【选择颜色】对话框

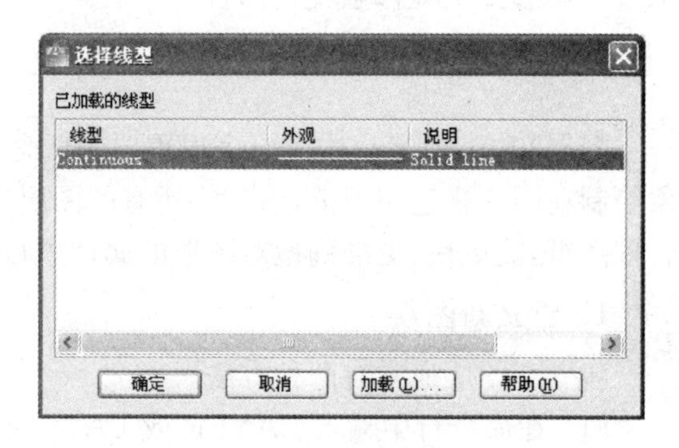

图 6-13 【选择线型】对话框

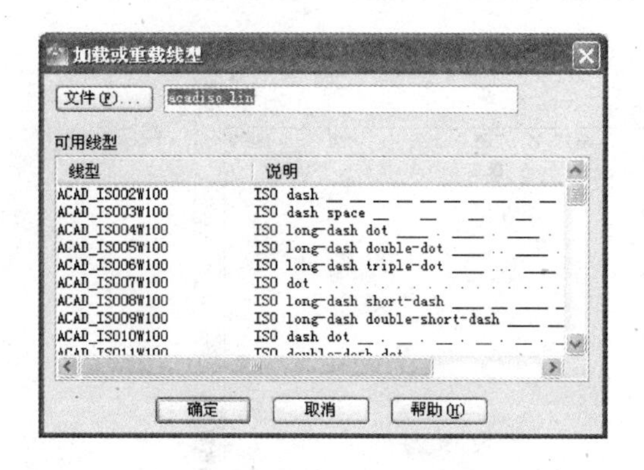

图 6-14 【加载或重载线型】对话框

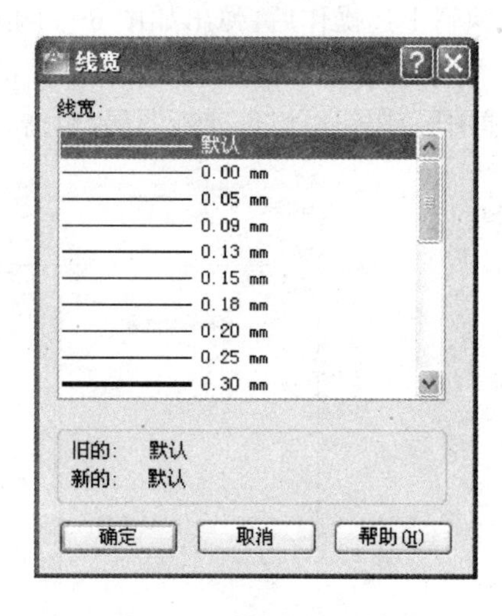

图 6-15 【线宽】对话框

6.5 正交模式与极轴追踪

正交模式和极轴追踪是两个相对的模式。正交模式将光标限制在水平和垂直方向上移动，而极轴追踪是光标按指定角度进行移动，如果配合使用极轴捕捉，光标将沿极轴角度按指定增量移动。

1）使用正交模式

使用正交模式可以将光标限制在水平或垂直方向上移动，以便于精确地创建和修改对象。打开正交模式后，移动光标时，水平轴或垂直轴哪个离光标最近，拖引线就将沿着该轴移动。这种绘图模式非常适用于绘制水平或垂直的构造线，以辅助绘图。如图 6-16 所示，在绘制直线时，如果不打开正交模式，可以通过指定 *A* 点和 *B* 点绘制一条如图 6-16(a)所示的直线。但是如果打开正交模式，再通过 A 点和 B 点绘制直线时，将绘制水平方向的直线，如图 6-16(b)所示。

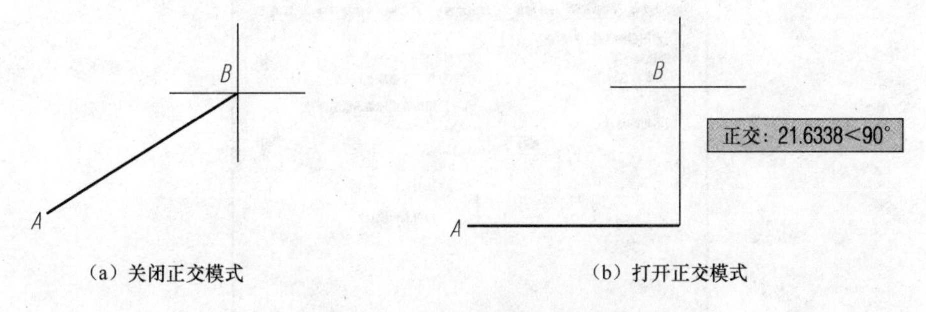

（a）关闭正交模式　　（b）打开正交模式

图 6-16　使用正交模式绘制直线

正交模式对光标的限制仅仅限于在命令的执行过程中，比如绘制直线时，在无命令的状态下，光标仍然可以在绘图区自由移动。

打开或关闭正交模式可以使用以下方法。

(1) 单击状态栏的 (正交)按钮。

(2) 运行命令【ORTHO】。

(3) 按【F8】快捷键。

提示：在命令执行过程中，可随时打开或关闭正交模式，输入坐标或使用对象捕捉时，将忽略正交模式。要打开或关闭正交模式可按住临时替代键【Shift】。正交模式和极轴不能同时打开，打开正交模式会关闭极轴追踪。

2）使用极轴追踪

在绘图过程中，使用 AutoCAD 2013 的极轴追踪功能可以显示由指定的极轴角度所定义的临时对齐路径，显示为一条虚线。

打开或关闭极轴追踪可使用以下方法。

(1) 单击状态栏的 (极轴追踪)按钮。

(2) 按【F10】快捷键。

提示：打开极轴追踪功能后，在绘制或编辑图形过程中，光标移动时，如果接近极轴角，将显示对齐路径和工具栏提示。

3）设置极轴追踪

极轴追踪也是在【草图设置】对话框中设置的，打开【草图设置】对话框，切换至【极轴追踪】选项卡，设置极轴追踪的选项，如图 6-17 所示。

(1) 在“极轴角设置”设置区域，可以设置极轴追踪的增量角与附加角。

①【增量角】下拉列表框：用来设置极轴追踪对齐路径的极轴角增量，可以输入任何角度，也可以从列表中选择 90°、45°、22.5°、18°、15°、10°和 5°这些常用角度。注意：这里设置的是增量角，即选择某一角度后，将在这一角度的整数倍数角度方向显示极轴追踪的对齐路径。如选择的是 10°，那么在 0°、10°、20°、50°等方向上便会显示对齐路径。

②【附加角】复选框：勾选该复选框后，可指定一些附加角。单击【新建】按钮增量角度，新建的附加角度将显示在左侧的列表框内，单击【删除】按钮将删除选定的角度。最多可以添加 10 个附加极轴追踪对齐角度。附加角设置的是绝对角度，即如果设置 25°，那么除了在增量

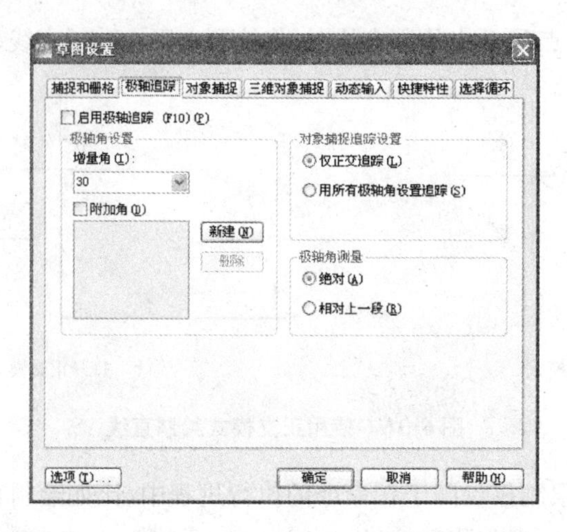

图 6-17 【草图设置】对话框的【极轴追踪】选项卡

角的整数倍数方向显示对齐路径外，还将在 25°方向显示。

（2）在“极轴角测量”设置区域，可以设置测量极轴追踪对齐角度的基准。

①【绝对】单选按钮：选中该按钮表示当前用户坐标系（UCS）确定极轴追踪角度。如图 6-18(a)所示，在绘制完一条与 UCS 的 0°方向成一定角度的直线后，极轴追踪的对齐角度仍然以 UCS 的 0°方向为 0°方向。

②【相对上一段】单选按钮：选中该按钮表示根据上一个绘制线段确定极轴追踪角度。如图 6-18(b)所示，在绘制完一条与 UCS 的 0°方向成一定角度的直线后，极轴追踪的对齐角度以绘制的直线的方向为 0°方向。

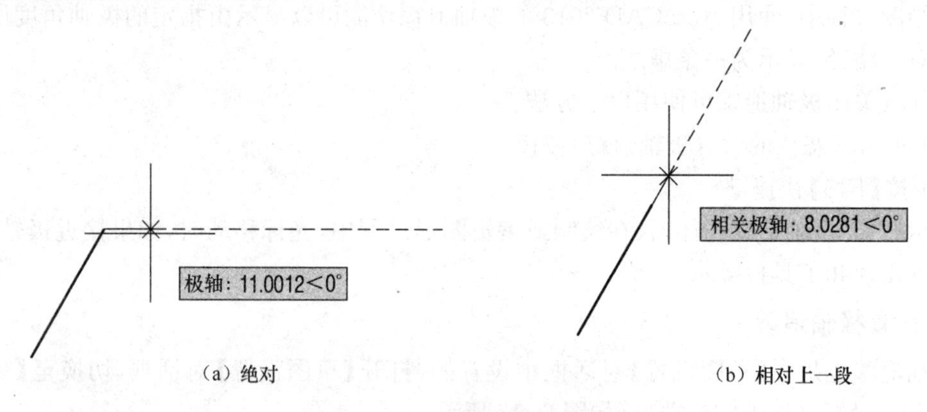

（a）绝对　　（b）相对上一段

图 6-18 设置极轴角的测量基准

6.6 对象追踪

AutoCAD 的对象追踪又称为自动追踪，也称为对象捕捉追踪，该功能可以帮助用户按照指定的角度或按照与其他对象的特定关系绘制对象。当打开自动追踪时，临时对齐路径可以根据精确的位置和角度创建对象。自动追踪一般与捕捉功能联合使用。

AutoCAD 2013 在默认环境下,“极轴追踪”功能是不打开的,即只追踪对象点在垂直和水平方向上的点。要打开该功能,可在【草图设置】对话框的【极轴追踪】选项卡中选中“用所有极轴角设置追踪”单选按钮。

打开或关闭对象追踪功能可以使用以下方法。

(1) 单击状态栏的 ∠ (对象捕捉追踪)按钮。

(2) 按【F11】快捷键。

启用对象捕捉追踪功能后,当绘图过程中命令行提示指定点时,可将光标移至对象的特征点上,但无需单击该点,而只需将光标在此点上停留几秒,使光标显示为特征点的对象捕捉标记符号,然后移动鼠标光标至其他位置。例如,在如图 6-19(a)所示中,原图为一个直径为 20 的圆,要在其圆心的 50°方向上绘制一个与其相切的圆,可按以下步骤绘制。

(1) 单击状态栏中的 (极轴追踪)按钮、□ (对象捕捉)按钮和 ∠ (对象捕捉追踪)按钮,并在【草图设置】对话框的【极轴追踪】选项卡中选中“用所有极轴角设置追踪”单选按钮。

(2) 单击画圆命令按钮。

命令:_circle 指定圆的圆心或[三点(3P)/两点(2P)/相切、相切、半径(T)]:

(将光标移至 A 点附近,捕捉到圆心;然后移动鼠标光标,捕捉到 50°极轴,输入 15 表示圆心到 A 点距离,按【Enter】键确定圆心)

命令:指定圆的半径或[直径(D)]:5(输入圆的半径,按【Enter】结束命令,结果如图 6-19(b)所示)

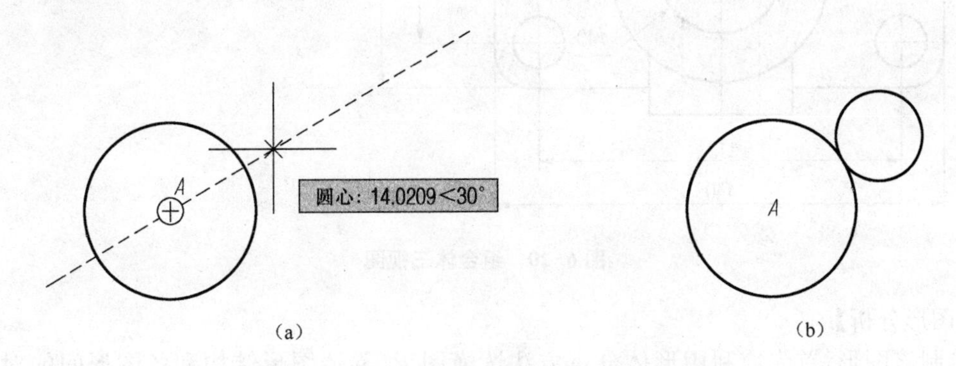

图 6-19 使用对象捕捉追踪在指定位置上绘制圆

提示:对象捕捉追踪功能只有在对象捕捉和对象捕捉追踪同时打开的情况下才可以使用,而且只能追踪对象捕捉类型设置的自动对象捕捉点。

6.7 三视图绘制方法

绘制组合体三视图前,首先应对组合体进行形体分析。分析组合体是由哪几部分组成的,每一部分的几何形状,各部分之间的相对位置关系,相邻两基本体的组合形式等。然后根据组合体的特征选择主视图,主视图的方向确定后,其他视图的方向就确定了。利用 AutoCAD

2013 绘制三视图，除了应用前述的绘图、编辑命令等绘制相应的图形外，还可以应用构造线、射线等命令绘制辅助线；也可以进行对象捕捉和极轴追踪。

【例 6-6】 绘制如图 6-20 所示的轴承座三视图。

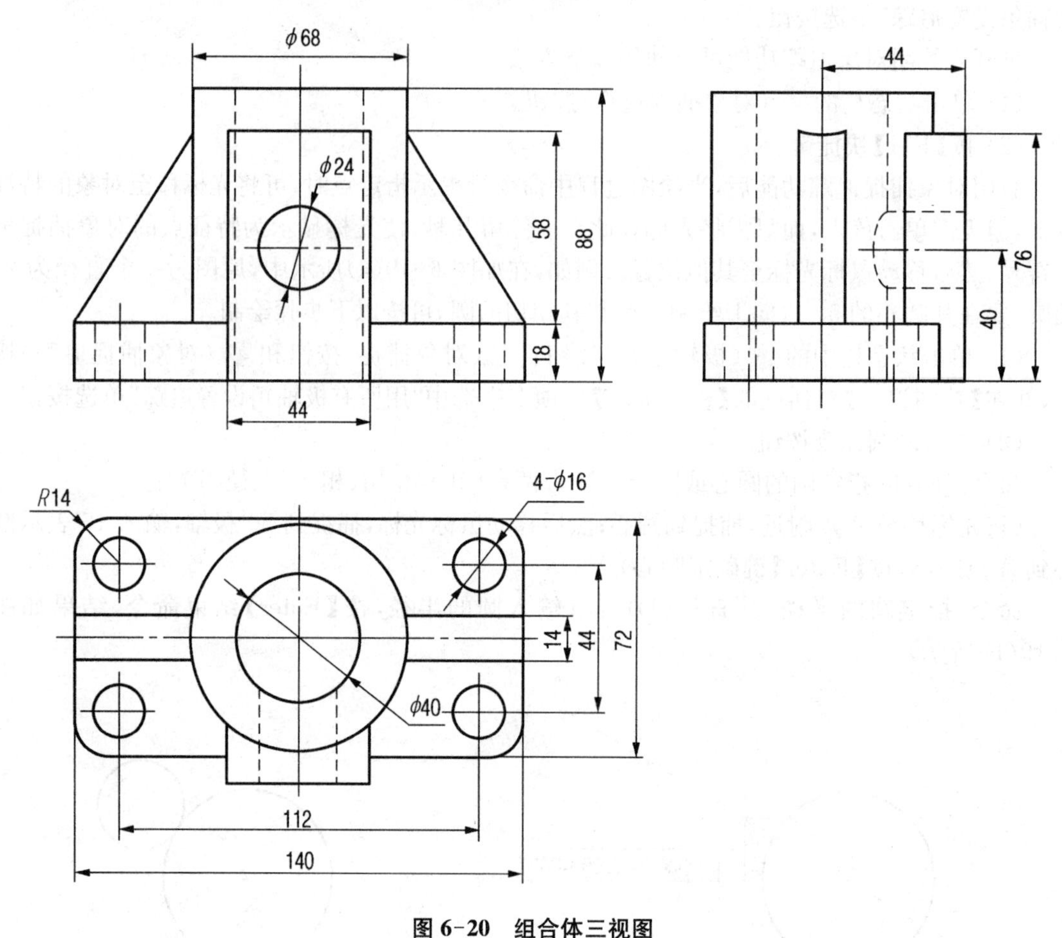

图 6-20 组合体三视图

【图形分析】

绘制该图形，首先应利用形体分析方法读懂图形，弄清图形结构和各图形间的对应关系。该轴承座三视图可以分为底座、圆柱筒、三角肋板和长方体立板四部分。根据“先定位后定形、先下后上、先外后内、先主后次、先粗后细”的原则，绘制该图时，首先绘制中心线，确定三视图的位置；然后绘制底板；绘制圆筒；绘制两侧肋板和前部立板；最后绘制各个细小结构。

(1) 启动 AutoCAD，调用第 5 章设置的“A3 样板图”

(2) 绘制中心线、基准线和辅助线

① 绘制中心线和基准线

选择中心线层，选用直线命令，绘制出三个视图的中心线 *AD*、*EF*、*GH*。选择轮廓线层，绘制主视图和左视图的基准线。

② 绘制辅助线

选用构造线命令，过 *EF* 和 *GH* 的交点画一条 135°的构造线，如图 6-21 所示。

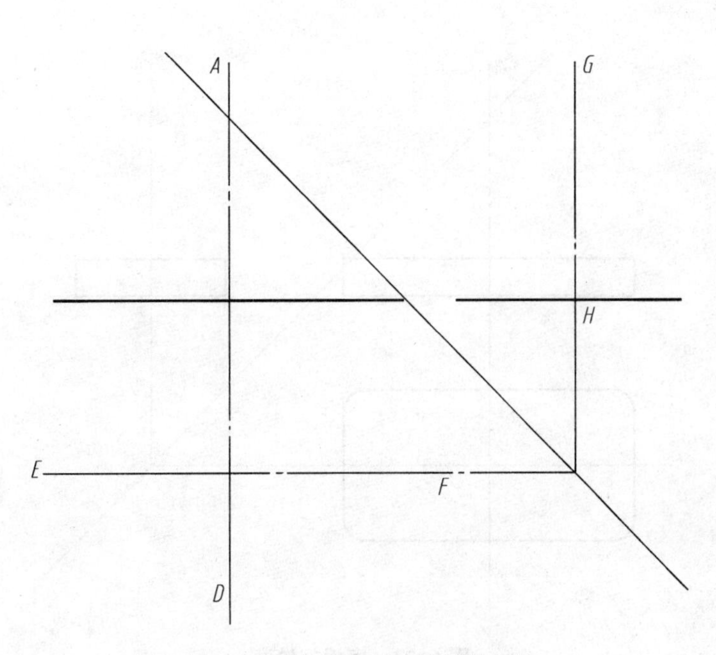

图 6-21　中心线、辅助线和基准线

(3) 绘制底板外形

绘制底板外形时，可以先绘制出底板的大致轮廓，再绘制其细小的结构。

① 将 AD 向左右分别偏移 70 个单位，将 EF 向上下分别偏移 36 个单位，将 GH 向左右分别偏移 36 个单位，将主视图和左视图的基准线向上偏移 18 个单位。把偏移得到的线选用轮廓线层，如图 6-22 所示。

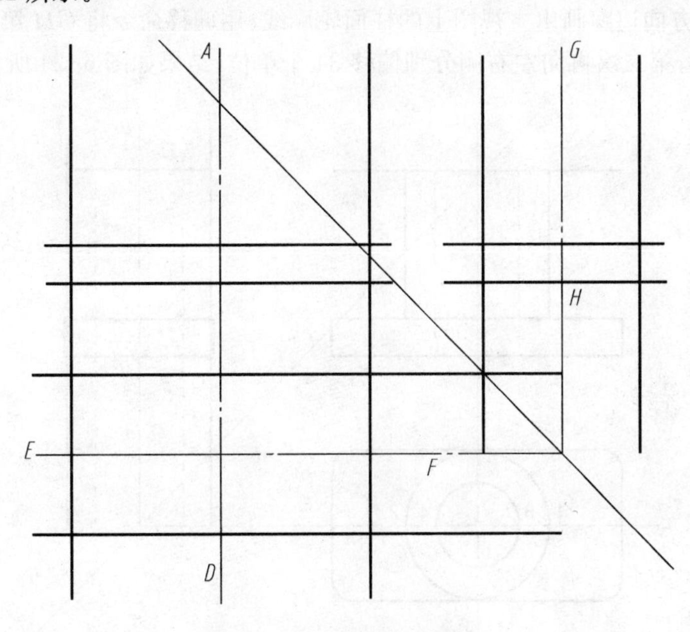

图 6-22　绘制底板轮廓线

② 用修剪、圆角命令完成底板外轮廓的绘制，结果如图 6-23 所示。

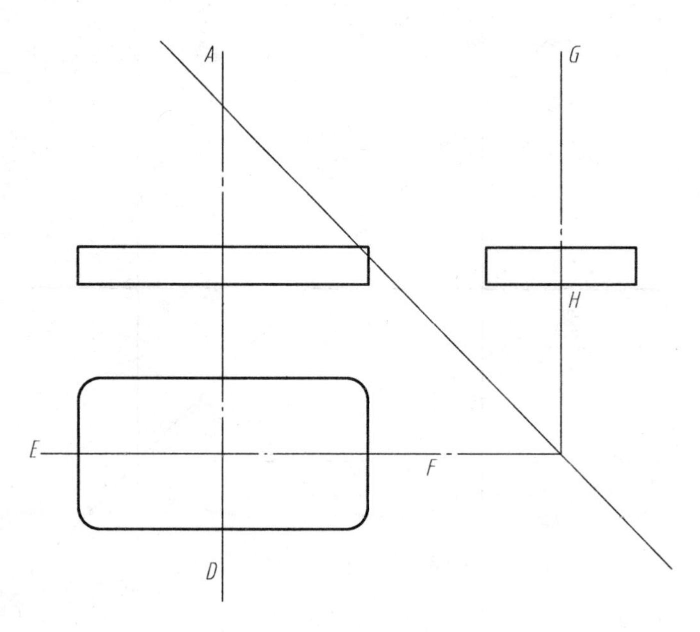

图 6-23　底板外轮廓

(4) 绘制上部圆筒

① 绘制俯视图的圆

调用圆命令,分别以 20 和 34 为半径绘制直径为 40 和 68 的圆。

② 绘制主、左视图轮廓线

用偏移命令将主、左视图的基准线分别向上偏移 88 个单位,用直线命令分别捕捉到 1、2、3、4 点,并沿铅垂方向追踪画出主视图上的柱面轮廓线;用偏移命令将 *GH* 第一次向左右侧分别偏移 20 个单位,第二次再向左右侧分别偏移 34 个单位,结果如图 6-24 所示。

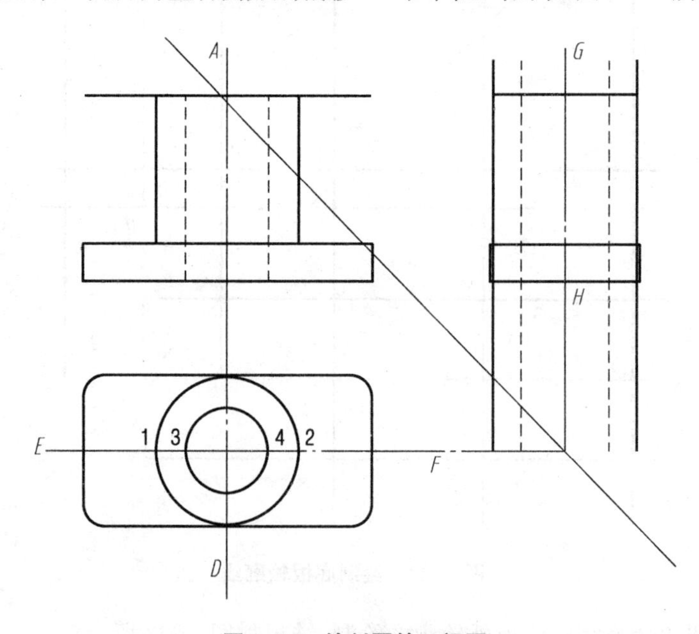

图 6-24　绘制圆筒三视图

③ 用修剪命令完成绘制,结果如图 6-25 所示。

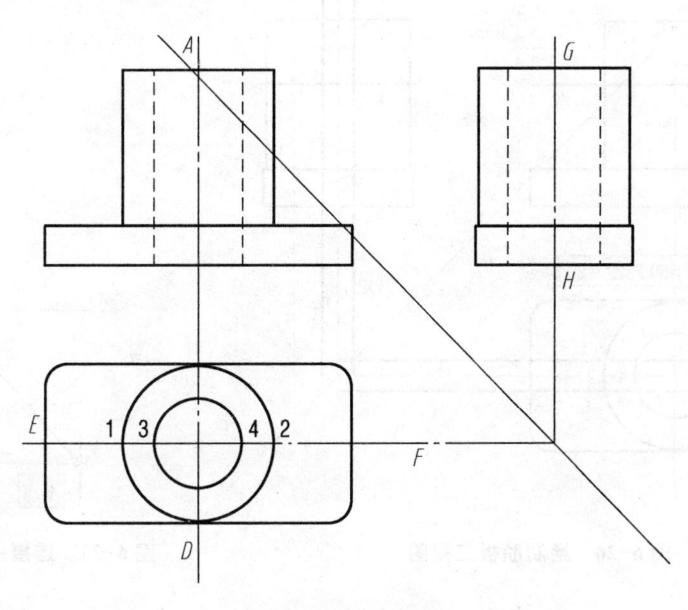

图 6-25　圆筒三视图

(5) 绘制左右肋板

肋板在俯视图上和左视图上的前后轮廓线投影可根据尺寸通过偏移对称中心线直接画出,而肋板斜面在主视图和左视图上的投影则要通过三视图的投影关系获得。

① 俯视图、左视图上偏移肋板前后面投影

调用偏移命令,将中心线 *EF* 向上下分别偏移 7 个单位,将中心线 *GH* 向左右侧分别偏移 7 个单位。

② 确定肋板在主视图、左视图上的最高位置的辅助线

调用偏移命令,将主、左视图基准线分别向上偏移 58 个单位,得到两条辅助直线。

③ 主视图中,确定肋板的内侧线位置

调用直线命令,捕捉交点 5 并沿铅垂线追踪,捕捉到与 *PQ* 的交点后单击,接着再捕捉到与底板交点单击,此直线即为肋板在主视图的内侧线,结果如图 6-26 所示。

④ 绘制主视图上肋板斜面投影

先把肋板顶尖部分放大,选用直线命令,捕捉到交点 6 单击,接着捕捉到端点单击,如图 6-27 所示。

⑤ 修剪三个视图中多余的线,并把主视图左边的肋板投影线沿中心线镜像到右边,结果如图 6-28 所示。

⑥ 绘制左视图中肋板与圆筒的相交弧线

选用三点圆弧命令,捕捉端点 7 单击;捕捉圆筒右侧转向轮廓线与右肋板交点 8,并沿水平方向追踪,捕捉到与中心线 *GH* 的交点单击,如图 6-29 所示;最后捕捉到端点 9 单击,即完成圆弧绘制。

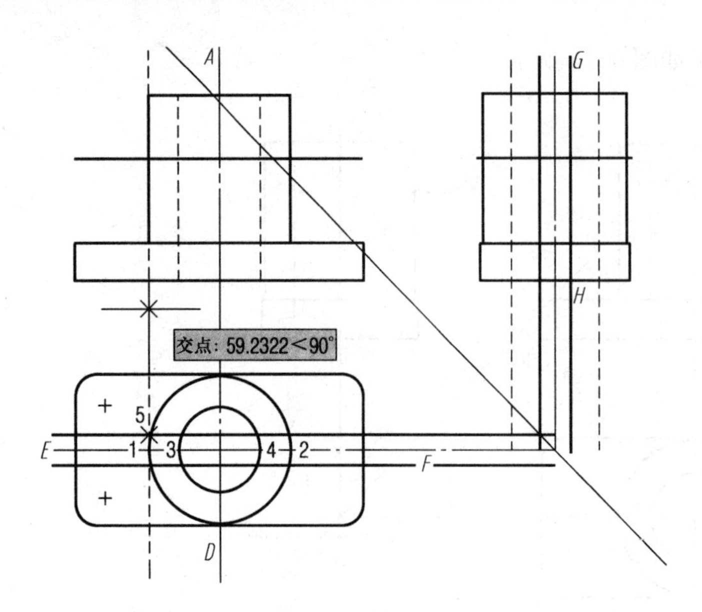

图 6-26　绘制肋板三视图

图 6-27　连接主视图中的斜线

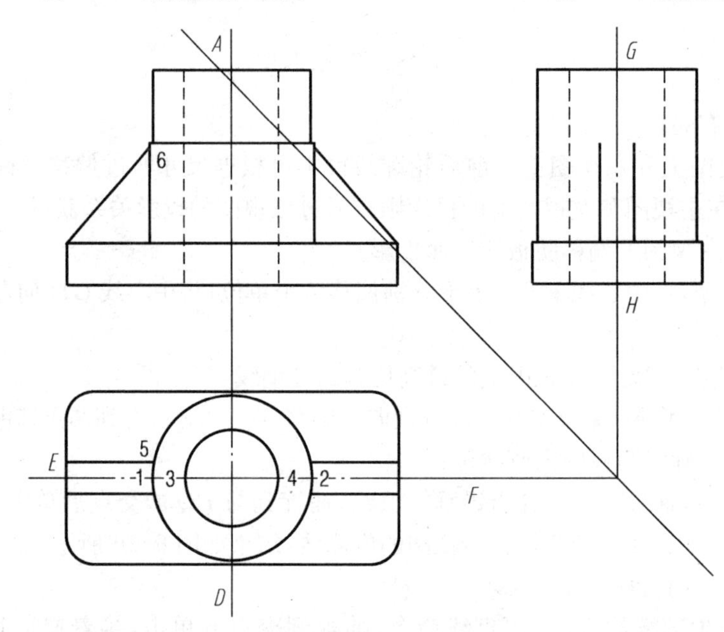

图 6-28　肋板部分视图

(6) 绘制前部立板

① 绘制前部立板外形的已知线

调用偏移命令，将中心线 *AD* 向左右侧分别偏移 22 个单位，将主、左视图的基准线向上分别偏移 76 个单位，将 *EF* 向下偏移 44 个单位，将 *GH* 向右侧偏移 44 个单位，最后调用修剪命令把多余的线去掉，结果如图 6-30 所示。

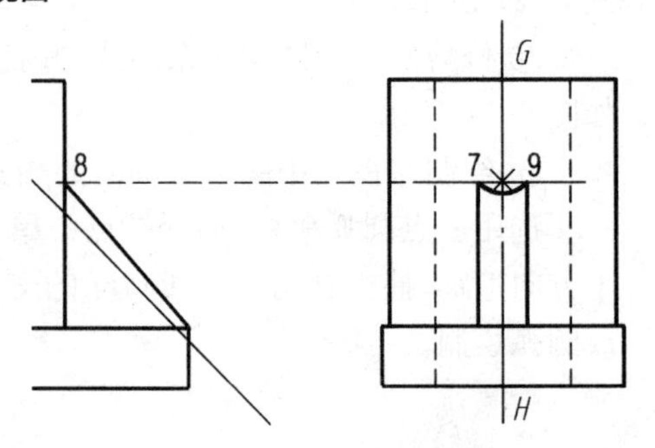

图 6-29　绘制肋板的弧线

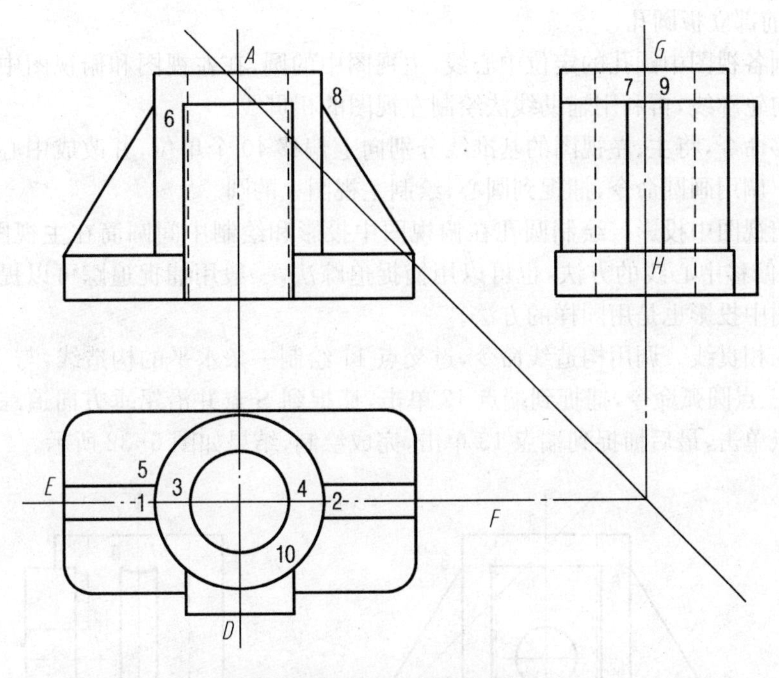

图 6-30 绘制立板三视图-1

② 绘制左视图前部立板与圆筒交线

调用构造线命令，捕捉到交点 10，绘制一条水平的构造线，与 135°的构造线交于点 R；调用直线命令，捕捉到 R 点并沿铅垂方向追踪，在左视图捕捉到两个交点，如图 6-31 所示，然后用修剪命令修剪多余的线。

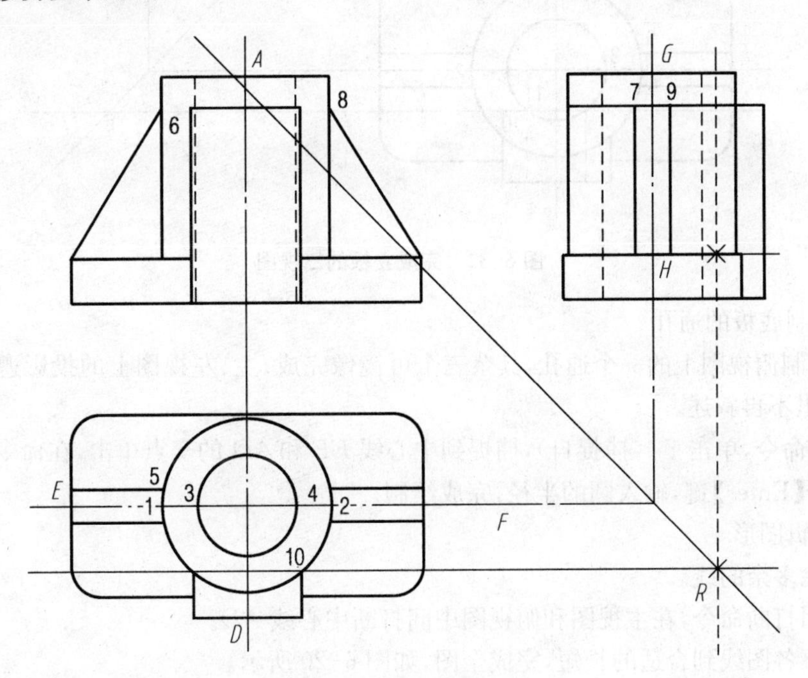

图 6-31 绘制立板三视图-2

③ 绘制前部立板圆孔

首先绘制各视图中圆孔的定位中心线，主视图中的圆，在左视图和俯视图中偏移中心线，获得孔的转向轮廓线，再利用辅助线法绘制左视图的相贯线。

调用偏移命令，将主、左视图的基准线分别向上偏移 40 个单位，并改成中心线层，调整到合适的长短。调用画圆命令，捕捉到圆心，绘制主视图上的圆。

圆孔在俯视图中投影。绘制圆孔在俯视图中投影和绘制中间圆筒在主视图上的投影一样，既可以用偏移中心线的方法，也可以用捕捉追踪法，一般用捕捉追踪可以提高绘图效率。圆孔在左视图中投影也是用同样的方法。

左视图的相贯线。调用构造线命令，过交点 11 绘制一条水平的构造线，与 135°构造线交于点 S；调用三点圆弧命令，捕捉到端点 12 单击，捕捉到 S 点并沿铅垂方向追踪，再捕捉到与中心线的交点单击，最后捕捉到端点 13 单击，完成绘制，结果如图 6-32 所示。

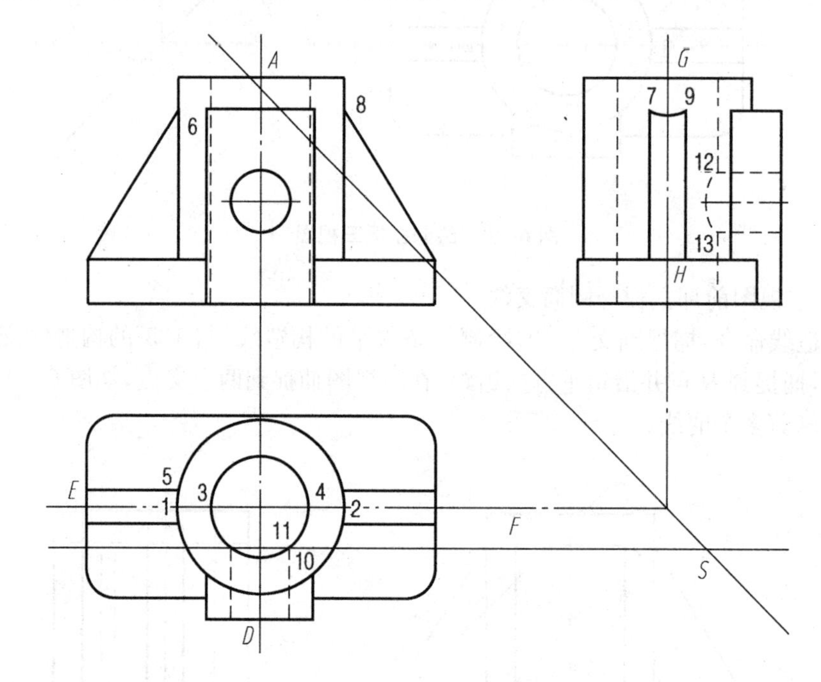

图 6-32　完成立板的三视图

(7) 绘制底板的通孔

首先绘制俯视图上的一个通孔，其余三个可镜像完成；主、左视图上的投影遵照中间圆筒的画法，这里不再叙述。

调用圆命令，单击 (捕捉自)，捕捉到中心线 EF 和 AD 的交点单击，在命令行输入坐标 @56，22，按【Enter】键，输入圆的半径，完成绘制。

(8) 编辑图形

① 删除多余的线。

② 调用打断命令，在主视图和俯视图中间打断中心线 AD。

③ 调整各图线到合适的长短，完成全图，如图 6-20 所示。

(9) 图形保存

单击"保存"选项或输入"Ctrl"+"S"命令，选择适当位置，如 E:\"三视图"，文件名称"轴承座"。

6.8 上机实践:绘制三视图

1) 实践目的

(1) 熟练掌握三视图绘图与编辑命令的使用。

(2) 掌握各种捕捉命令的使用方法。

(3) 能够综合利用图形编辑、绘制和捕捉命令绘制三视图。

2) 实践内容

【实践 6-1】 绘制下列三视图。

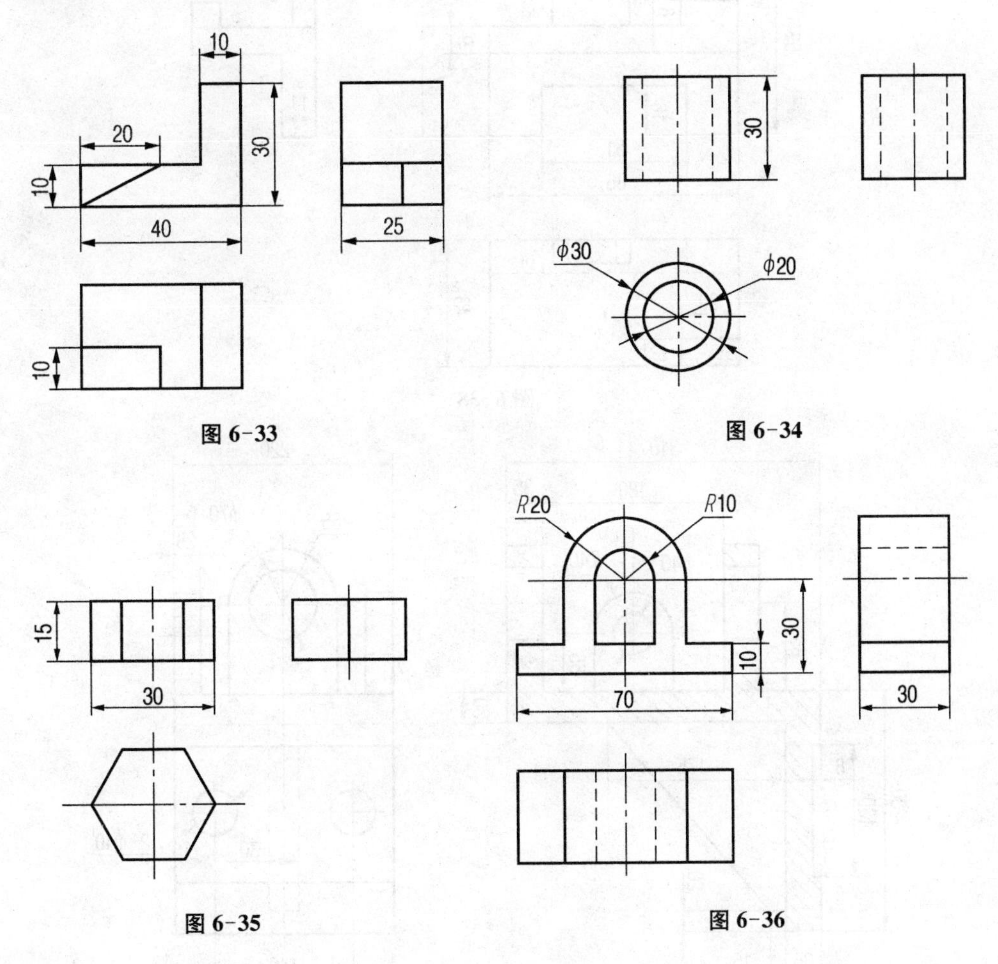

图 6-33

图 6-34

图 6-35

图 6-36

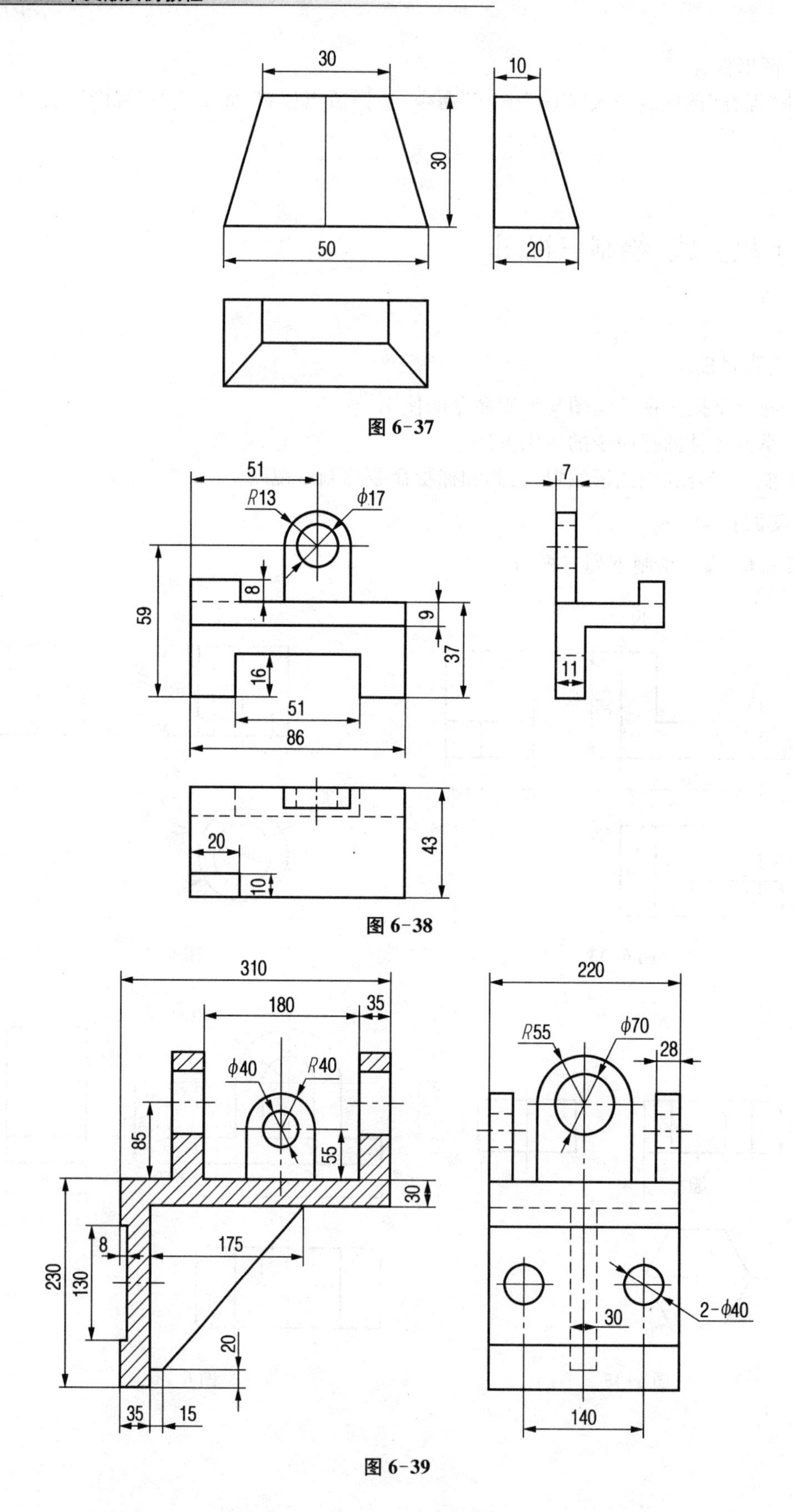

图 6-37

图 6-38

图 6-39

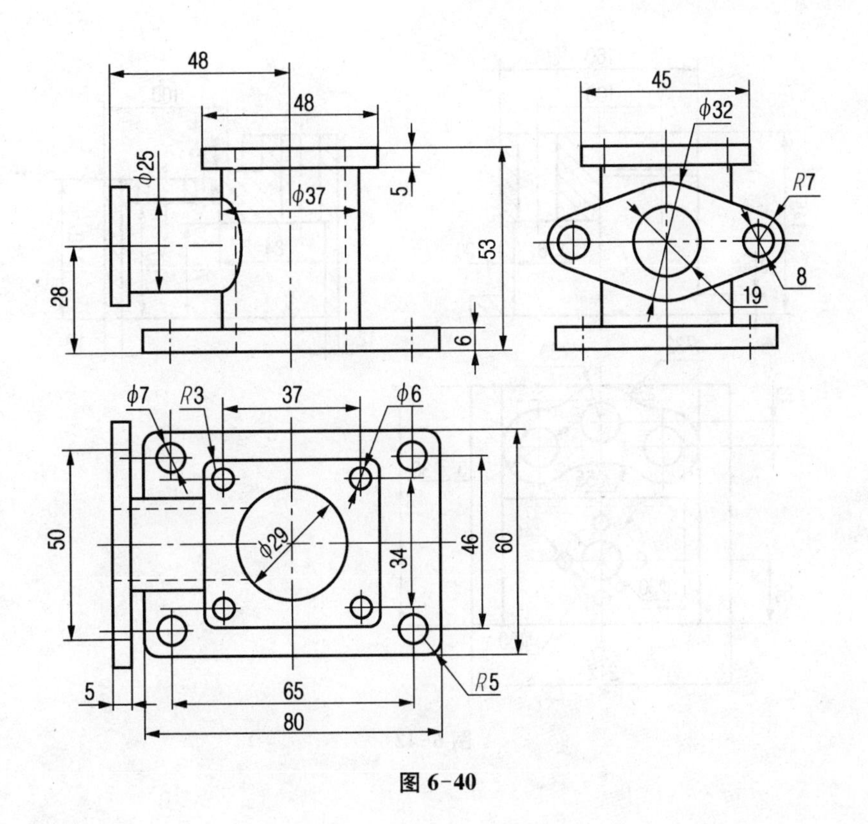
48
48
5
ϕ25
ϕ37
53
28
6
45
ϕ32
R7
8
19
ϕ7
R3
37
ϕ6
50
ϕ29
34
46
60
R5
5
65
80

图 6-40

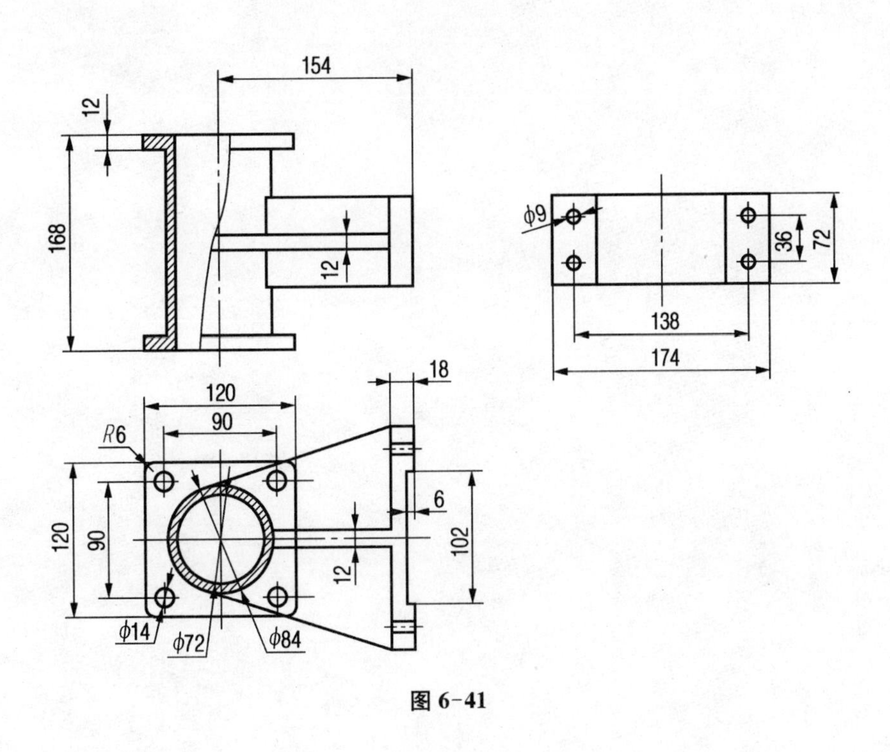
154
12
168
12
ϕ9
36
72
138
174
18
120
90
R6
120
90
6
102
12
ϕ14
ϕ72
ϕ84

图 6-41

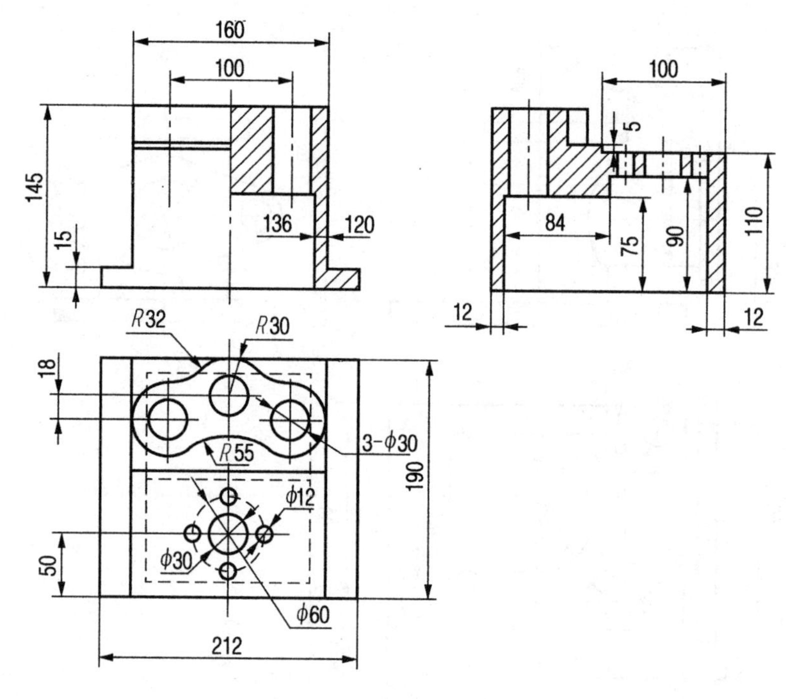
160
100
145
15
136
120
100
5
84
75
90
110
12
12
R32
R30
18
R55
3-ϕ30
190
ϕ12
50
ϕ30
ϕ60
212

图 6-42

7 零件图实践

工程图样是生产加工的重要依据，为了加深对其理解，进一步提高综合应用能力，高效绘制各种复杂工程图，在本章里，将通过实例，从绘图到标注，从剖面线的绘制到块的设置和调用，系统地介绍如何综合应用所学知识，绘制完全符合生产要求的各种工程图样。对每一类图形，先概括、归纳出一般的绘图方法，再给出典型绘制实例。通过分析、比较，尽快掌握真正有效的绘图方法。

在各种零件图中，轴套类零件图是最简单的一种，与其他零件图相比，有着鲜明的结构特点，有一定的作图规律可循。

本章学习目标

- 了解 AutoCAD 2013 零件图的基本画法；
- 学会剖面线以及图块的设置；
- 熟练掌握零件图的绘图技巧；
- 学会对零件图进行修改。

7.1 绘制零件图方法

7.1.1 绘制零件图基本知识

零件图是加工和检验零件的依据，一张完整的零件图要包括如下内容。

(1) 视图：表达零件的内外形状。

(2) 尺寸：正确、完整、清晰、合理地标注出制造、检验零件的全部尺寸。

(3) 技术要求：零件制造、检验、装配中应达到的各项要求，包括表面粗糙度、尺寸公差、形位公差、热处理、表面处理等要求。

(4) 标题栏：在其中填写零件名称、材料、数量、比例等内容。

用 AutoCAD 2013 绘制零件图与手工绘制零件图的大致过程相同。但为了充分利用 AutoCAD 提供的各种工具和命令，在具体的操作过程中，要根据 AutoCAD 的特点，增加一些用 AutoCAD 绘图特有的方法和步骤。用 AutoCAD 绘制零件图的要点和主要过程如下。

(1) 分析零件特点，确定表达方案。即确定表达零件形状的视图和剖视图。

(2) 调用样板图或设置作图环境。作图环境可包括建立样板图时介绍的全部内容。

(3) 对零件进行形体分析。根据零件的结构特点,将其分为几部分,确定各部分的作图顺序,确定每一部分主要采用什么方法将尺寸转换为命令参数、主要采用哪些命令绘图等。

(4) 绘制定位线。在 AutoCAD 中,主要用构造线命令或打开正交工具用直线命令画定位线。与手工画图不同,用 AutoCAD 画图总是采用 1∶1 的比例。

(5) 画各视图的主要轮廓线。与手工画图相同,要先画主要轮廓线,后画细节。这样才能做到思路清晰,图画整洁。画主要轮廓线要按基本体为单位绘制,切忌毫无顺序、看到哪条线就画哪条线、杂乱无章,这样既难以修剪,又不知图形画得是否正确。

(6) 画细节。细节包括凸台、小孔、圆角、倒角等。凸台、小孔主要用偏移和修剪命令绘制,圆角、倒角分别用圆角和倒角命令绘制,作图过程中注意使用这两个命令的修剪和延伸功能。

① 绘制波浪线、剖面线。绘制剖面线以前可以先关闭中心线层,以免中心线干扰选择填充边界。

② 标注尺寸,填写技术要求。如果在本步中未建立尺寸样式,要先按照前面介绍的方法建立可能用到的尺寸样式。标注尺寸时,要先关闭剖面线层,以免在标注尺寸时剖面线影响捕捉端点。一般用线性、对齐、半径、直径等标注命令的“多行文字(M)”或“文字(T)”选项标注尺寸公差,用快速引线命令标注形位公差。

③ 打开所有的图层,重新布置图形。

④ 标注技术要求,填写标题栏。

7.1.2 零件图绘制方法

轴、套类零件图的画法主要分为三大类。

用直线命令、正交工具、对象捕捉和对象追踪,见本章例 7-1,用这种方法需要根据图中标注的尺寸计算出轮廓线的长度,画出的图线不用修剪,图面整洁,画图简便。

用偏移、修剪命令,见本章例 7-5,用这种方法不用计算图线长度,图中标注的尺寸就是偏移距离,但画出的图线需要修剪。注意在画轴的主视图时,要画完一段再画另一段,以保证图面整洁,思路清晰,修剪图线时不用做过多的分析。

综合使用上述两种方法作图,各取所长,扬长避短。

7.2 图案填充

当需要用一个重复的团或颜色填充一个区域时,可以使用图案填充命令建立一个相关的填充对象,然后指定相应的区域进行填充。已填充的图案可以利用“HATCHEDIT”命令进行编辑。

【操作步骤】

(1) 命令行:BHATCH 或 HATCH(_HATCH)。

(2) 菜单:"绘图"→"图案填充"。

(3) 工具栏:"绘图"→ 。

执行上述命令后,系统打开如图 7-1 所示的【图案填充和渐变色】对话框(右边孤岛部分需要单击右下角的伸缩箭头才会打开),如果在命令提示下输入"_HATCH",将显示命令提示,可按提示在命令窗口进行操作。下面介绍【图案填充和渐变色】对话框各选项卡中各项的含义。

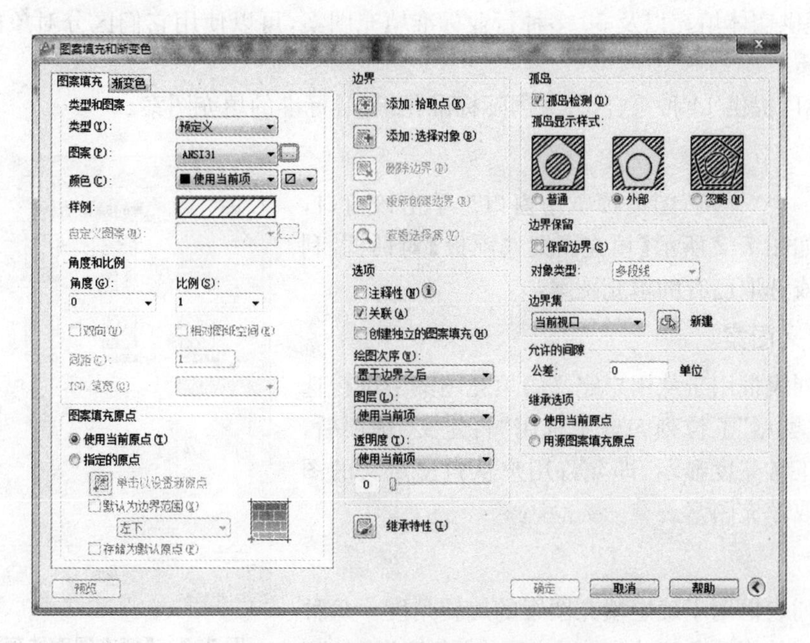

图 7-1 【图案填充和渐变色】对话框

7.2.1 "图案填充"选项卡

此选项卡中的各选项用来确定图案及其参数。打开此选项卡后,可以看到如图 7-1 左边所示的选项,下面介绍各选项卡的含义。

1) 类型

"类型"下拉列表框用于确定填充图案的类型。单击右侧的下拉三角按钮,弹出下拉列表,系统提供三种图案类型可供用户选择。

(1) 预定义:指图案已经在 acad. pat 文件中定义好。

(2) 用户定义:使用当前线型定义图案。

(3) 自定义:指定义在除 acad. pat 文本文件中的图案。设计填充图案定义要求具备一定的知识、经验和耐心。只有熟悉填充图案的用户才能自定义填充图案,因此建议新用户不要进行此类操作。

2) 图案

"图案"下拉列表框用于确定标准图案文件中的填充图案。在弹出的下拉列表中,用户可以从中选取填充图案。选取所需要的填充图案后,在"样例"框会显示出该图案。只有用户在

"类型"下拉列表框中选择了"预定义",此项才以正常亮度显示,即允许用户从"预定义"的图案文件中选取填充图案。

如果选择的图案类型是"预定义",单击"图案"下拉列表框右边的按钮,会弹出如图 7-2 所示的【填充图案选项板】对话框,该对话框中显示了"预定义"图案类型所具有的图案,用户可从中确定所需要的图案。

填充图案和绘制其他对象一样,图案所使用的颜色和线型是当前图层的颜色和线型。AutoCAD 提供实体填充以及 50 多种行业标准填充图案,可以使用它们区分对象的部件或表现对象的材质。

AutoCAD 提供 14 种符合 ISO(国际标准化组织)标准的填充图案。

3）样例

此框是一个"样例"图案预览小窗口。单击该窗口,同样会弹出如图 7-2 所示【填充图案选项板】对话框,利于迅速查看或选取已有的填充图案。

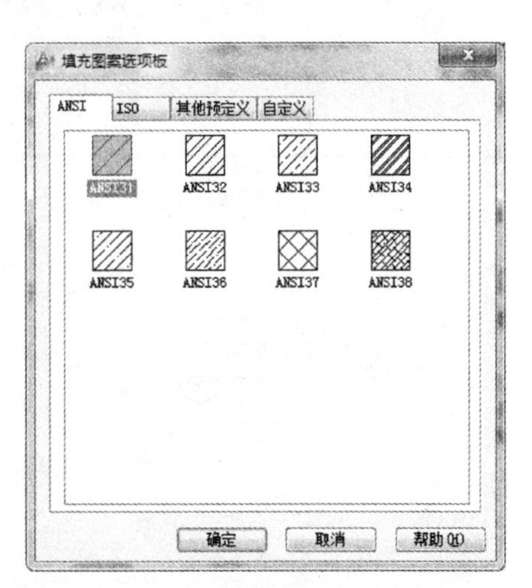

图 7-2 【填充图案选项板】对话框

4）自定义图案

此下拉列表框用于从用户定义的填充图案中进行选取。只有在"类型"下拉列表框中选用"自定义"选项后,该选项才以正常亮度显示,即允许用户从自己定义的图案文件中选取填充图案。

5）角度

此下拉列表框用于确定填充图案的旋转角度。每种图案在定义时的旋转角度为零,用户可在"角度"下拉列表框中输入所希望的旋转角度。

6）比例

此下拉列表框用于确定填充图案的比例值。每种图案在定义时的默认比例为 1,用户可根据需要放大或缩小,方法是在"比例"下拉列表框内输入相应的比例值。

7）双向

用于确定用户临时定义的填充线是一组平行线还是相互垂直的两组平行线。只有在"类型"下拉列表框中选用"用户定义"选项,该选项才可以使用。

8）相对图纸空间

确定是否用相对图纸空间来确定填充图案的比例值。选择该选项,可以按适合于版面布局的比例方便地显示填充图案。该选项仅仅适用于图形版面编排。

9）间距

即指定线之间的间距,在"间距"文本框内输入值即可。只有在"类型"下拉列表框中选用"用户定义"选项,该项才可以使用。

10）ISO 笔宽

此下拉列表框告诉用户根据所选择的笔宽确定与 ISO 有关的图案比例。只有选择了已定义的 ISO 填充图案后，才可确定它的内容。

11）图案填充原点

控制填充图案生成的真实位置。某些填充图案，例如砖块图案，需要与图案填充边界上的一点对齐。默认情况下，所有图案填充原点对应于当前的 UCS 原点。也可以选择“指定的原点”及下面一级的选项重新指定原点。

7.2.2 【渐变色】选项卡

渐变色是指从一种颜色到另一种颜色的平滑过渡。渐变色能产生光的效果，可以给图形添加视觉效果，单击【图案填充和渐变色】对话框中的【渐变色】选项卡，如图 7-3 所示，其中各选项含义如下。

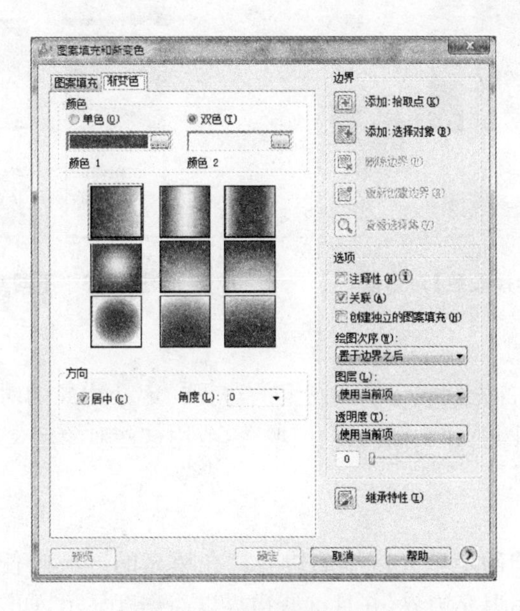

图 7-3 【渐变色】选项卡

1）颜色

（1）“单色”单选按钮

单色即指定使用从较深着色到较浅色调平滑过渡的单色填充。选择“单色”时，AutoCAD 显示带“浏览”按钮和“着色”“渐浅”滑动条的颜色样本。其下面的显示框显示了用户所选择的真彩色，单击右边的“浏览”按钮，系统打开【选择颜色】对话框，如图 7-4 所示。

（2）“双色”单选按钮

单击此单选按钮，系统指定在两种颜色之间平滑过渡的双色渐变填充。AutoCAD 分别为“颜色 1”和“颜色 2”显示带“浏览”按钮的颜色样本。填充颜色将从“颜色 1”渐变到“颜色 2”。“颜色 1”和“颜色 2”的选取与单色选取类似。

（3）“颜色样本”

在“颜色”选项组的下方有九种渐变样板，包括线形、球形和抛物线形等方式。

(4)“居中”复选框

指定对称的渐变配置。如果没有选定此选项，渐变填充将朝左上方变化，创建光源在对象左边的图案。

(5)“角度”下拉列表框

在该下拉列表框中选择角度，此角度为渐变色倾斜的角度。

不同角度的渐变色填充如图 7-5 所示。

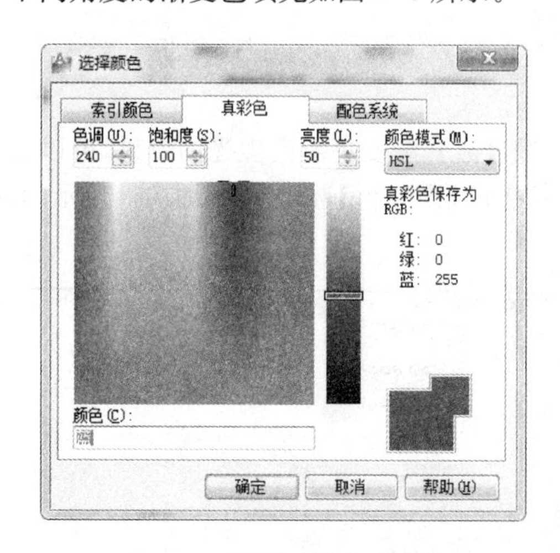

图 7-4 【选择颜色】对话框

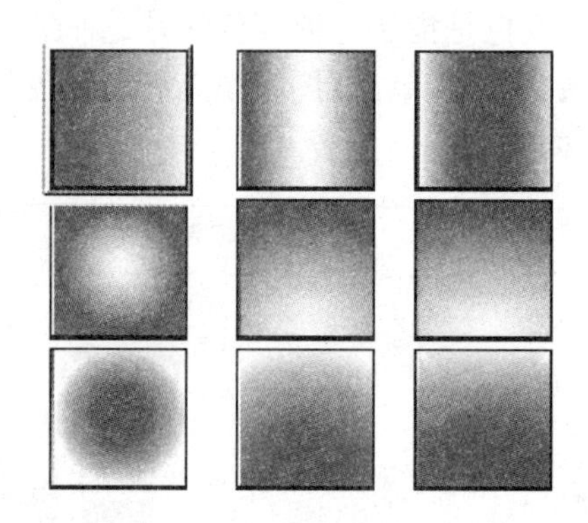

图 7-5 不同角度的渐变色填充

2) 边界

当进行图案填充时，首先要确定填充图案的边界。定义边界的对象可以是直线、射线、构造线、多段线、样条曲线、圆弧、圆、椭圆弧、面域等，或用这些对象定义的块，作为边界的对象在当前屏幕上必须全部可见。

(1) 添加:拾取点

以拾取点的形式自动确定填充区域的边界。在填充的区域内任意取一点，AutoCAD 会自动确定包围该点的封闭填充边界，并且这些边界以高亮度显示，如图 7-6 所示。

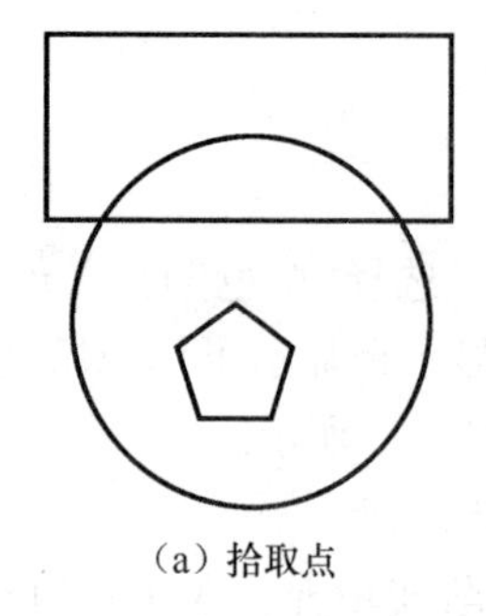

(a) 拾取点

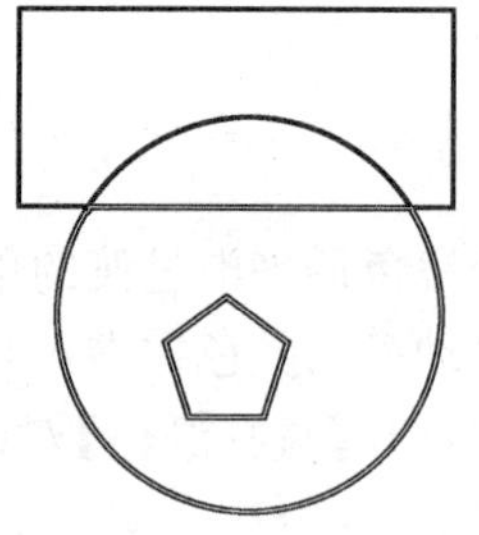

(b) 高亮度显示填充区域

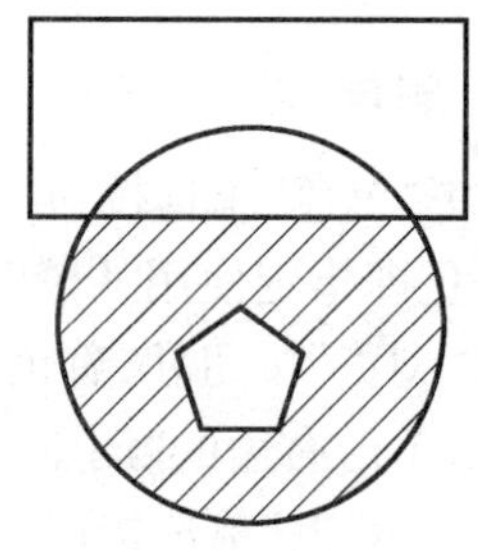

(c) 填充结果

图 7-6 拾取点确定边界

(2) 添加:选择对象

以选择对象的方式确定填充区域的边界。用户可以根据需要选取构成填充区域的边界对象，同样，被选择的边界也会以高亮度显示(见图 7-7)。但如果选取的边界对象有部分重叠或交叉，填充后将会出现有些填充区域混乱或图案超出边界的现象，因此，最好少用这种方式来选取边界。

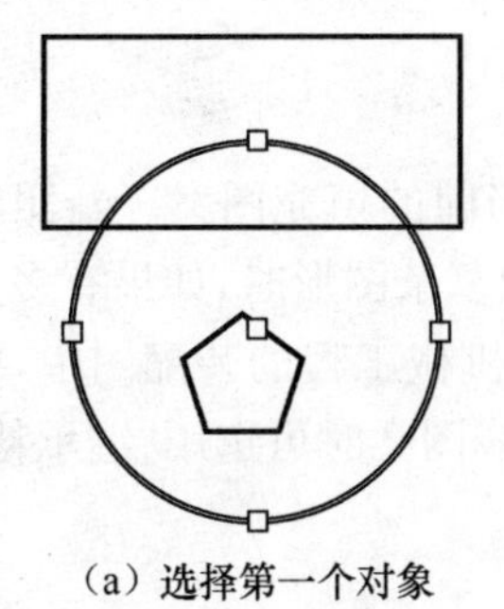

(a) 选择第一个对象

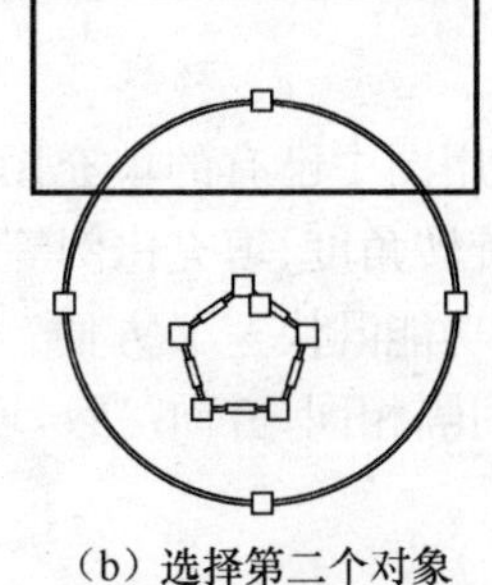

(b) 选择第二个对象

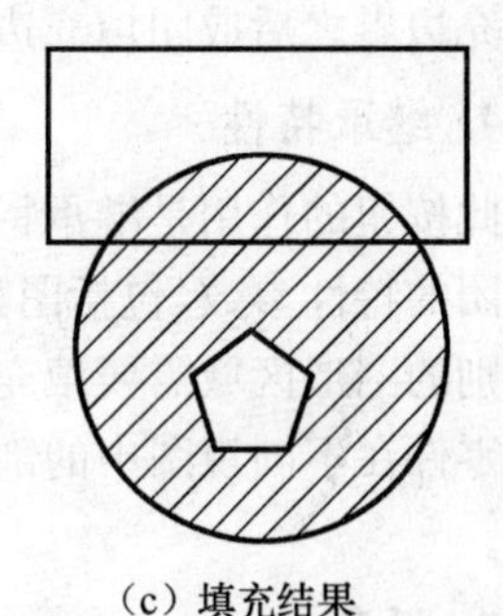

(c) 填充结果

图 7-7 选择对象确定边界

(3) 删除边界

从边界选定的图案填充或填充对象创建多段线或面域。

(4) 查看选择集

观看填充区域的边界。单击该按钮，AutoCAD 将临时切换到作图屏幕，将所选择的作为填充边界的对象以高亮度方式显示。只有通过"添加:拾取点"按钮或"添加:选择对象"按钮选取了填充边界，"查看选择集"按钮才可以使用，如果对定义的边界不满意可以重新定义。

3) 选项

(1) 关联

此复选按钮用于确定填充图案与边界的关系。若单击此复选按钮，则填充的图案与填充边界保持着关联关系，即团填充后，当对边界进行拉伸、移动等修改时，AutoCAD 会根据边界的新位置重新生成填充图案，如图 7-8 所示。

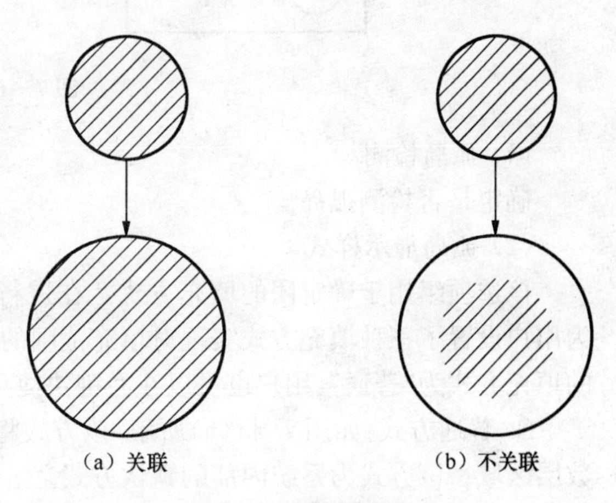

(a) 关联　　(b) 不关联

图 7-8 关联与不关联

(2) 创建独立的图案填充

当指定了几个独立的闭合边界时，控制创建的填充图案对象可以是不独立的，还可以是独立的，如图 7-9 所示。填充图案独立时，有利于对个体图形进行编辑。另外用"分解"命令还可以将填充图案炸开，使图案中的每条线或点成为一个独立实体，这些实体可以被单独编辑。

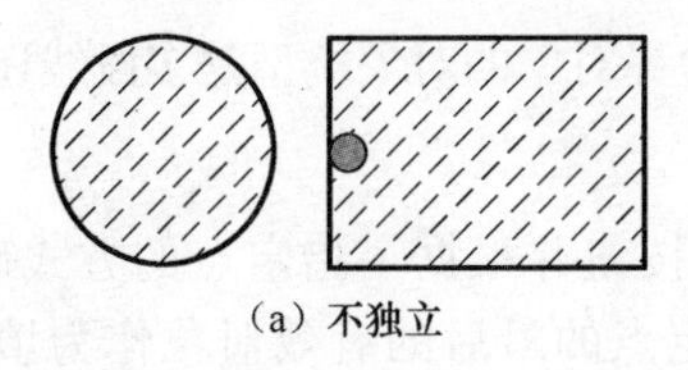

(a) 不独立

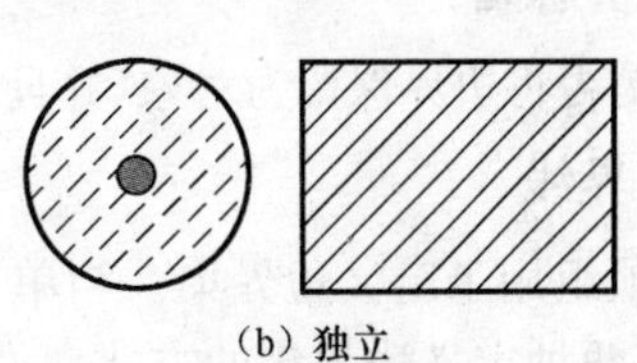

(b) 独立

图 7-9 不独立与独立的区别

（3）绘图次序

指定图案填充的绘图顺序。图案填充可以放在所有其他对象之后、所有其他对象之前、图案填充边界之后或团填充边界之前。

4）继承特性

此按钮的作用是继承特性，即选用图中已有的填充图案作为当前的填充图案。新团继承原来团的特性参数，包括图案名称、旋转角度、填充比例等。在绘制复杂图形时，如果有多个相同类别的图形区域需要填充，选用该功能既快速又方便。例如，在机械工程的装配图中，要求统一零件在不同视图中的剖面线要间隔相同，方向一致，填充剖面线图案时可选用“继承特性”功能。

5）孤岛

在进行图案填充时，我们把位于总填充区域的封闭区域称为孤岛，如图 7-10 所示。如果要对孤岛进行填充，则必须确切地点取这些孤岛。

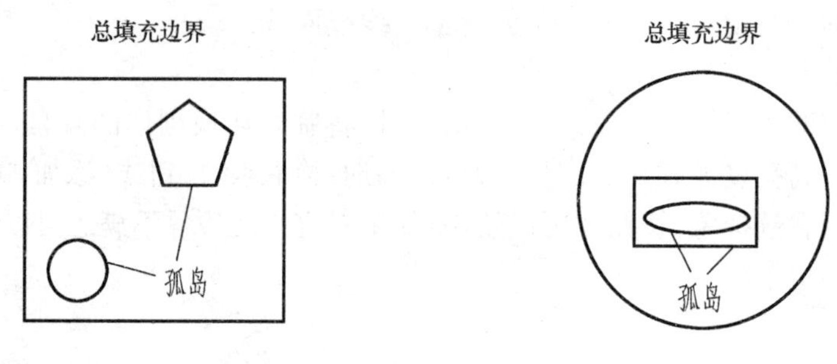

图 7-10　孤岛

（1）孤岛检测

确定是否检测孤岛。

（2）孤岛显示样式

该选项组用于确定团的填充方式。在进行图案填充时，需要控制填充的范围，AutoCAD 为用户设置了三种填充方式实现对填充范围的控制，用户可以从中选取所需的填充方式，默认的填充方式为“普通”，用户也可以在右键快捷菜单中选择填充方式。

① 普通方式：如图 7-11(a)所示，该方式将从最外层边界开始，交替填充第一、三、五等奇数层区域。该方式为系统内部的默认方式。

② 外部方式：如图 7-11(b)所示，将只填充最外层的区域。

③ 忽略方式：如图 7-11(c)所示，该方式忽略边界内的对象，所有内部结构都被剖面符号覆盖。

6）边界保留

指定是否将边界保留为对象，并且确定应用于这些边界对象的对象类型是多段线还是面域。

7）边界线

此选项组用于定义边界集。当单击“添加：拾取点”按钮并根据一指定点的方式确定填充区域时，有两种定义边界集的方式，一种是将包围所指定点的最后的有效对象作为填充边界，即“当前视口”选项，选定对象通过选项组中的“新建”按钮实现，按下该按钮后，AutoCAD 临时切换到作图屏幕，并提示用户选取作为构造边界集的对象，此时若选取“现有集合”选项，AutoCAD 会根据用户指定的边界集中的对象来构造一封闭边界。

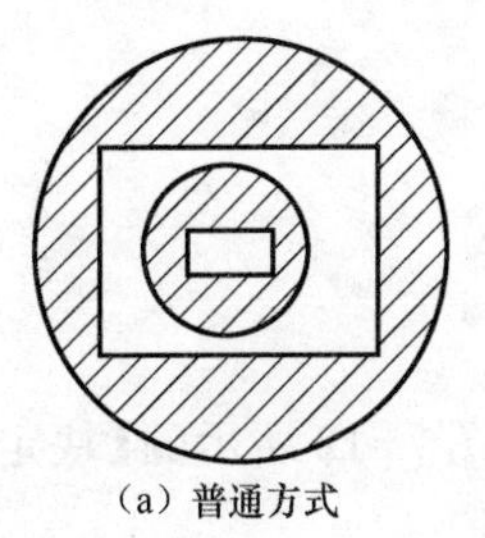
(a) 普通方式

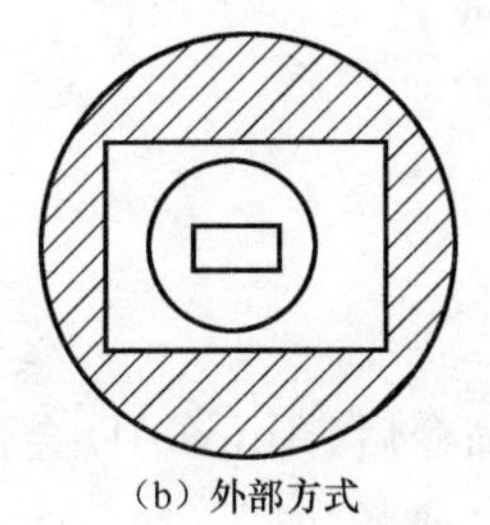
(b) 外部方式

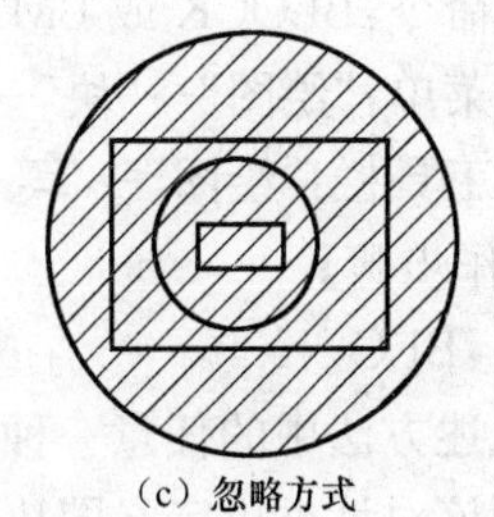
(c) 忽略方式

图 7-11　填充方式

8）允许的间隙

设置对象用作图案填充边界时，可以忽略的最大间隙默认值为 0，此值指定对象必须封闭而没有间隙。

9）继承选项

使用“继承特性”创建图案填充时，控制团填充原点的位置。

7.3　图块的创建

7.3.1　块的概念

保存图的一部分或全部以便在同一个图或其他图中使用，这个功能对用户来说是非常有用的。这些部分或全部的图形或符号(也称为块)可以按所需方向、比例因子放置(插入)在图中任意位置。块需命名(块名)，并用其名字参照(插入)。可像对单个对象一样对块使用 MOVE、ERASE 等命令。如果块的定义改变了，所有在图中对于块的参照都将更新，以体现块的变化。

块可用 BLOCK 命令建立，也可以用 WBLOCK 命令建立图形文件。两者之间有主要区别：一个是“写块(WBLOCK)”，可被插入到任何其他图形文件中；一个是“块(BLOCK)”，只能被插入到建立它的图形文件中。

AutoCAD 的另一个特征是除了将块作为一个符号插入外(这使得参照图形成为它所插入图形的组成部分)，还可以作为外部参照图形(Xref)。这意味着参照图形的内容并未加入当前图形文件中，尽管在屏幕上它们成为图形的一部分。

7.3.2　创建块

块是一个用名字标识的一组实体。这一组实体能放进一张图纸中，可以进行任意比例的转换、旋转并放置在图形中的任意地方。

启用“创建块”命令，可以使用下列几种方法。

(1) 命令：BLOCK 或 BMAKE 或 B。

(2) 菜单：“绘图”→“块”→“创建”。

(3) 工具栏：“绘图”→ 。

【操作步骤】

命令：BLOCK

用上述方法中的任意一种启动命令后，AutoCAD 会弹出如图 7-12 所示的【块定义】对话框。利用该对话框可定义图块并为之命名。

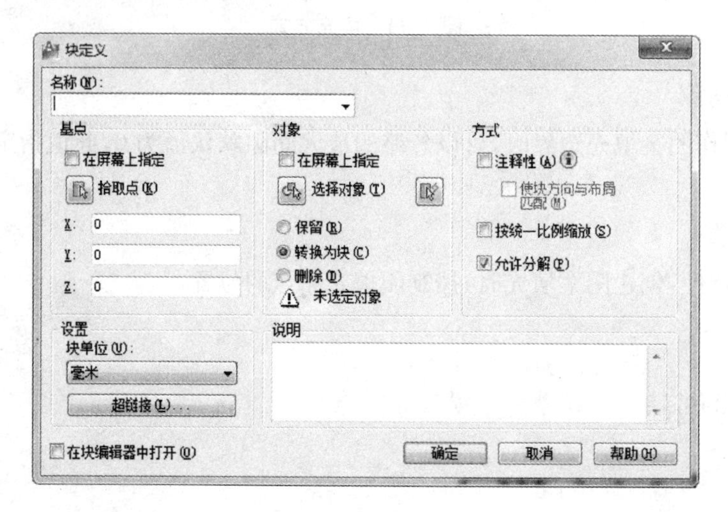

图 7-12 【块定义】对话框

【选项说明】

1) “名称”列表框

在此下拉列表框中输入新建图块名称，最多可使用 225 个字符。单击下拉箭头，打开列表框，该列表中显示了当前图形的所有图块。

2) “基点”选项组

确定图块的基点，默认值是(0,0,0)。也可以在下面的 X、Y、Z 文本框中输入块的基点坐标值。理论上，用户可以任意选取一点作为插入点，但实际操作中，建议用户选取实体的特征点作为插入点，如中心点、右下角。返回【块定义】对话框，把所拾取的点作为图块的基点。

3) “对象”选项组

该选项组用于选择制作图块的对象以及对象的相关属性。

单击“选择对象”按钮，AutoCAD 切换到绘图窗口，用户在绘图区选择构成图块的图形对象。在该设置区中有如下几个单选按钮，即保留、转换为块和删除，它们的含义如下。

(1) 保留：保留显示所选取的要定义块的实体图形。

(2) 转换为块：选取的实体转化为块。

(3) 删除：删除所选取的实体图形。

4）“设置”选项组

设置图块的单位是否同意比例缩放、是否允许分解等属性。单击“超链接”按钮，则将图块超链接到其他对象。

说明：详细描述。用户可以在说明下面的输入框中详细描述所定义图块的资料。

5）“在块编辑器中打开”复选框

选中该复选框，则将块设置为动态块。

7.3.3 用块创建文件

用 BLOCK 命令定义的块只能在同一张图形中使用，而不能插入到其他图中，但是有些图块在许多图中要经常用到，这时可以用 WBLOCK 命令把图块作为一个独立图形文件写入磁盘，用户需要时可以调用到别的图形中。创建块文件的方法如下。

命令行：WBLOCK 或 W

【操作步骤】

命令：WBLOCK

在命令行输入 WBLOCK 后回车，AutoCAD 打开【写块】对话框，如图 7-13 所示，利用此对话框可把图形对象保存为图形文件或把图块转换成图形文件。

【选项说明】

1）“源”选项组

确定要保存为图形文件的图块或图形对象。

（1）单击“块”单选按钮右侧的下三角按钮，在下拉列表框中选择一个图块，将其保存为图形文件。

（2）单击“整个图形”单选按钮，则把当前的整个图形保存为图形文件。

（3）单击“对象”单选按钮，则把不属于图块的图形对象保存为图形文件。对象的选取通过“对象”选项组来完成。

2）“目标”选项组

（1）文件名和路径：设置输出文件名和路径。

（2）插入单位：插入块的单位。

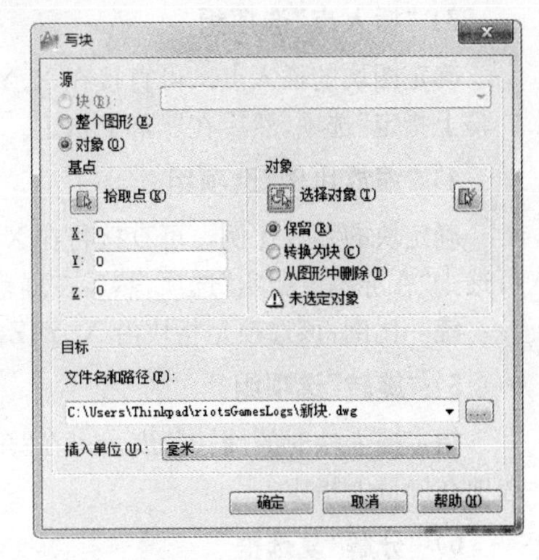

图 7-13 【写块】对话框

7.3.4 插入块

用户可以使用 INSERT 命令在当前图形或其他图形文件中插入块，无论块或所插入的图形多么复杂，AutoCAD 都将它们作为一个单独的对象，如果用户需要编辑其中的单个图形颜色，就必须分解图块或文件块。

在插入块时，需要确定以下几组特征参数，即要插入的块名、插入点的位置、插入的比例系数以及图块的旋转角度。

启动“插入”命令，可以使用下列几种方法。

(1) 命令行：INSERT。

(2) 菜单：“插入”→“块”。

(3) 工具栏：“绘图” →或“插入点”→ 。

【操作步骤】

命令：INSERT

执行上述命令后，AutoCAD 打开【插入】对话框，如图 7-14 所示，利用此对话框可以指定要插入的块及插入位置。

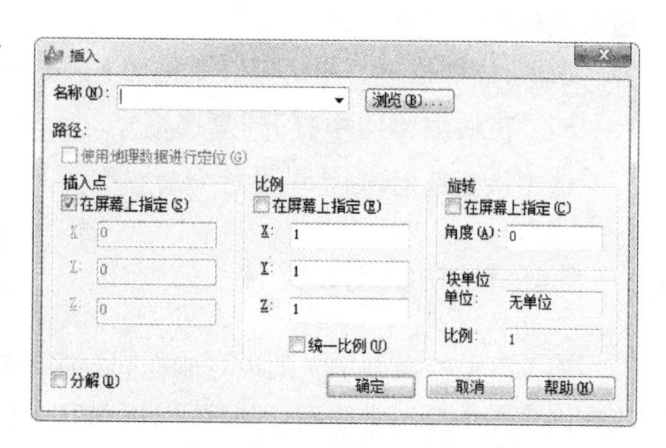

图 7-14 【插入】对话框

【选项说明】

1) “名称”列表框

该下拉列表中除了图样中的所有块，通过这个列表，用户还可选择要插入的块。如果要把图形文件插入当前图形中，就单击“浏览”按钮，然后选择要插入的文件。

2) “路径”文本行

显示块的保存路径。

3) “插入点”选项组

确定图块的插入点。可直接在 X、Y、Z 文本框中输入插入点的绝对坐标值，或是选中“在屏幕上指定”选项，然后在屏幕上指定。

4) “缩放比例”选项组

确定块的缩放比例。可直接将在 X、Y、Z 文本框中输入沿这三个方向的缩放比例因子，也可选中“在屏幕上指定”选项，然后在屏幕上指定。

统一比例：该选项是指块沿 X、Y、Z 方向缩放比例都相同。

5) “旋转”选项组

指定插入块时的旋转角度。可在“角度”框中直接输入角度值，或是通过“在屏幕上指定”选项在屏幕上指定。

6) “分解”复选框

若用户选择该选项，则 AutoCAD 在插入块的同时分解块对象。

7.4 画轴类零件图

轴类零件的主体是同轴回转体，带有键槽、轴肩、退刀槽、倒角、圆角等小结构，采用主视图、剖面图、局部放大视图表达形状。下面分别用上述方法画轴类零件图，用户可以分析、比较，根据零件的形状特点选择使用不同的绘图方法。

7.4.1 用正交工具画主视图

轴类零件的主体是对称图形。画图时先画出一半，镜像生成另一半。先画主要结构，再画倒角、圆角等细节。用正交工具画图要根据图中标注的尺寸，计算出线段长度。

【例 7-1】 用直线命令和正交工具画如图 7-15 所示的轴主视图。

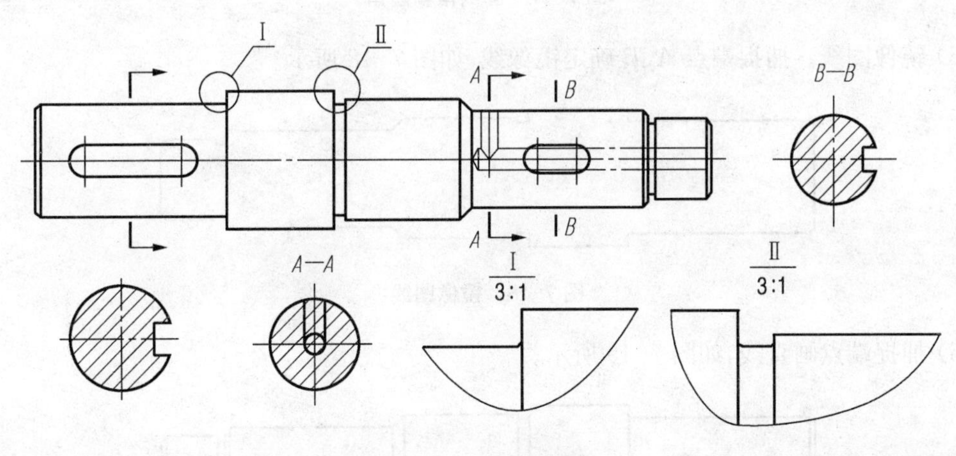

图 7-15 轴类零件图

作图要点如下。

调用样板图或设置作图环境。将图形界限设置为 200×150，打开正交工具，设置并打开运行中的对象捕捉，包括交点、最近点、垂足等捕捉方式。

说明：(1) 如果没有设置任何运行中的对象捕捉方式，单击状态行上的【对象捕捉】按钮，将显示【草图设置】对话框，让用户设置运行中的对象捕捉方式。

① 另一种设置方法是移动鼠标指针指向【对象捕捉】按钮，单击鼠标右键，显示一快捷菜单，单击其中的【设置】，显示【草图设置】对话框，本章例题用这种方法设置对象捕捉。

② 设置完图形界限，输入 Z，调用 Zoom 命令，输入 A，将图形界限放大至全屏。

(2) "粗实线"层设置为当前层。

(3) 打开正交工具画直线，如图 7-16 所示。

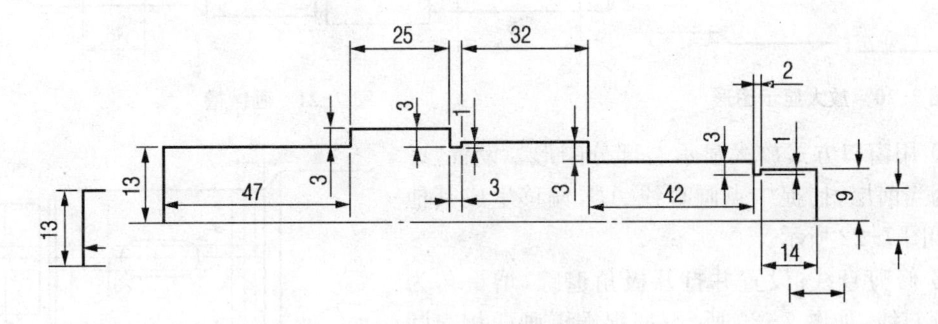

图 7-16 画直线

(4) 画倒角和圆角,如图 7-17 所示。

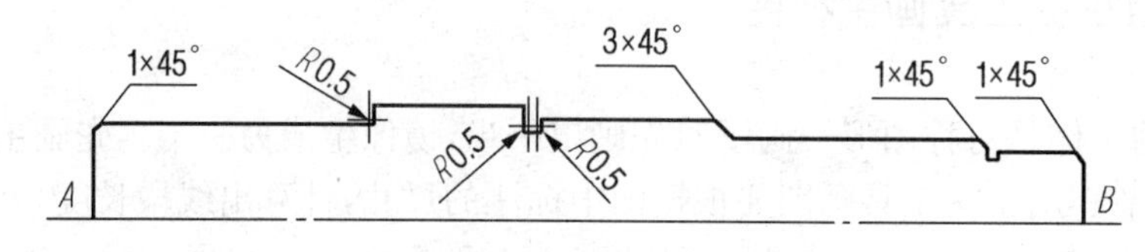

图 7-17 画倒角和圆角

(5) 镜像图线。捕捉端点 A、B 确定镜像线,如图 7-18 所示。

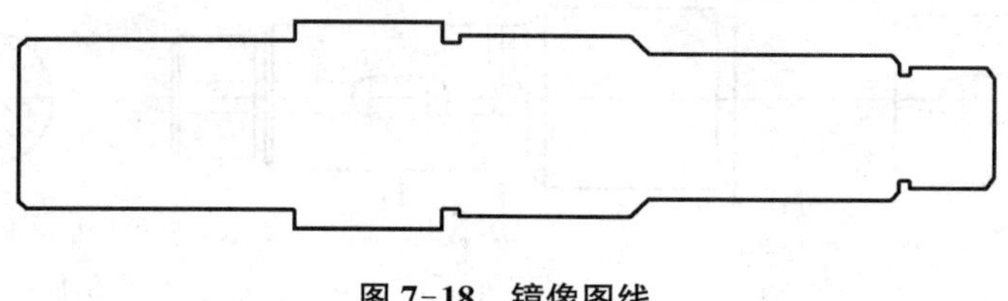

图 7-18 镜像图线

(6) 捕捉端点画直线,如图 7-19 所示。

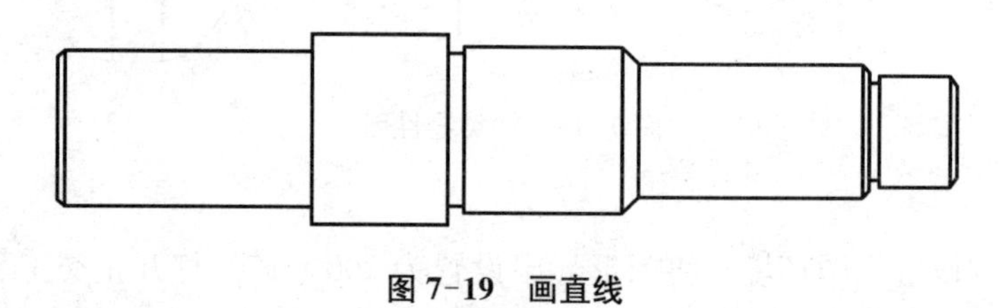

图 7-19 画直线

说明:为了便于画圆角处的直线,画线前,先用窗口方式放大显示图形,如图 7-20 所示。

(7) 在屏幕任意位置画圆角和半径分别为 3 和 4 的矩形;用移动命令移动矩形,要关闭正交工具,打开对象追踪,过中点追踪确定位移的第二点,将矩形移到图示位置,如图 7-21 所示。

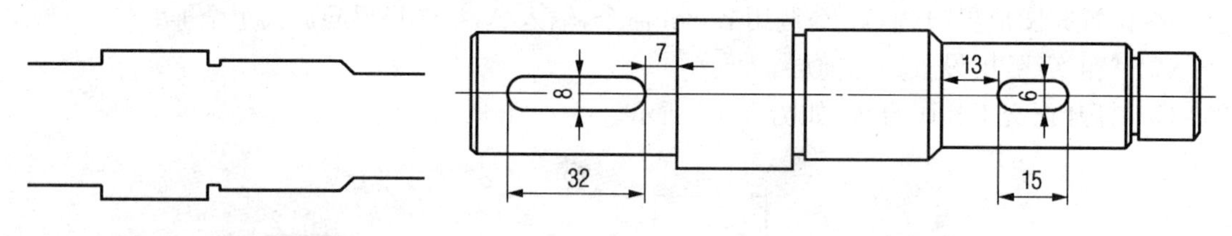

图 7-20 放大显示图形

图 7-21 画键槽

(8) 用窗口方式放大显示右部分图形。设置"虚线"层为当前层,捕捉中点画直线 AB,偏移生成其他直线,如图 7-22 所示。

(9) 修剪直线;设置并打开极角追踪,增量角为 30,画倾斜线,如图 7-23 所示;捕捉端点画两相交圆柱的相贯线(投影为直线)。

(10) 修剪直线(参见图 7-15),删除 AB,将 CD

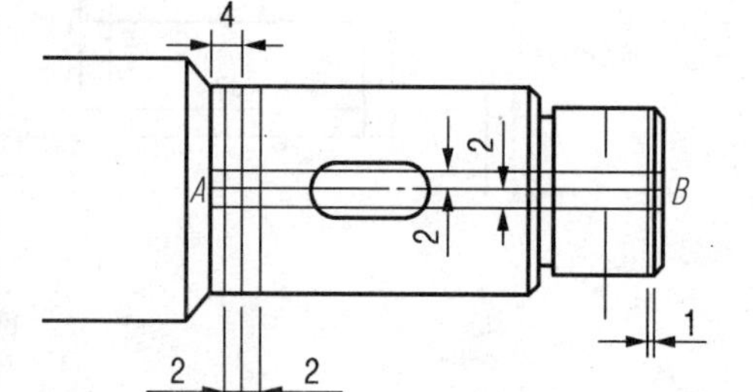

图 7-22 画直线

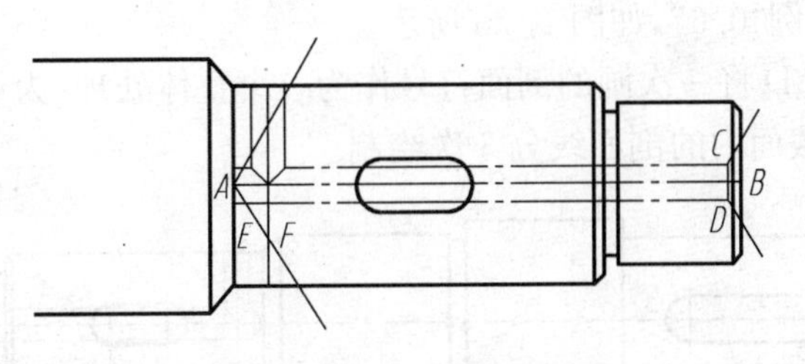

图 7-23 修剪直线，画倾斜线

改到“虚线”层，将铅垂线 F 改到“中心线”层（AB、CD、F 见图 7-24）。返回前一显示状态。

(11) 捕捉中点，端点画中心线 A、B、C、E、F，画铅垂线 G，如图 7-24 所示。

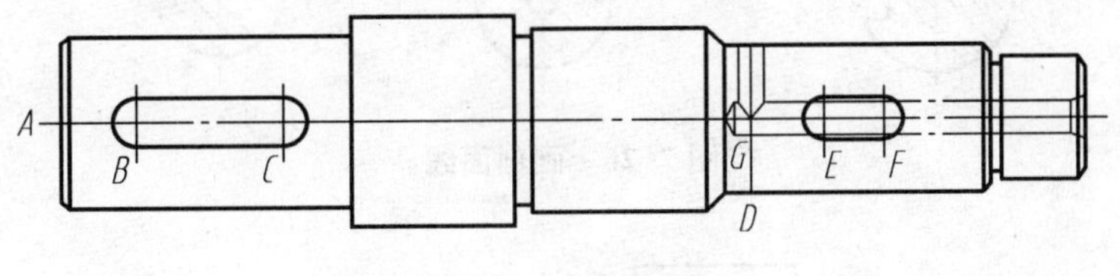

图 7-24 画中心线

提示：为了使中心线、虚线显示出相应的线型，输入 LTS，调用 Ltscale 命令，将线型比例设置为 0.4。

(12) 用拉长命令的“增量(DE)”选项，将中心线 A、B、C、D 的上端和 E、F 的两端各延长 2 mm，用打断命令调整中心线 D（见图 7-15）的长度，结果如图 7-25 所示。

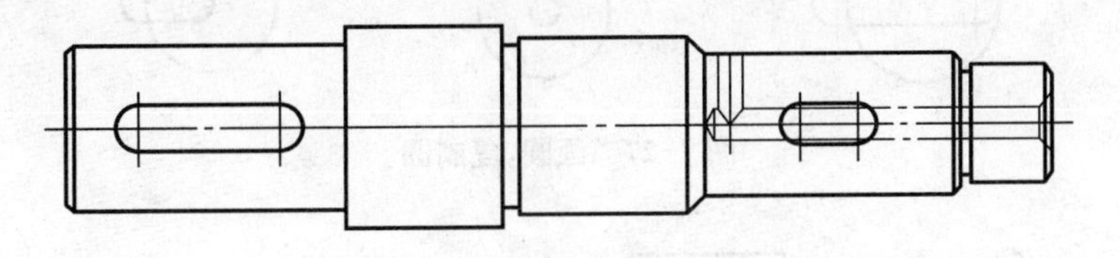
图 7-25 调整中心线长度

7.4.2 画剖面图

画出了主视图以后，画剖面图时，为了减少尺寸输入，可以先将剖面图画在主视图内，再复制圆和键槽，删除主视图内的圆，如图 7-27 所示。

【例 7-2】 接上例，画剖面图。

作图要点如下。

(1) 使“粗实线”层为当前层。

(2) 画圆 A、C，用最近点捕捉，捕捉中心线上的一点作为圆心，捕捉垂足确定半径；画圆 B、D，捕捉交点作圆心，捕捉垂足确定半径；复制这 4 个圆和相应的矩形键槽，如图 7-27 所示。复制圆 B、D 时，要局部放大显示图形。

(3) 删除圆 A、B、C、D；打开正交工具，捕捉象限点画直线，偏移直线，如图 7-28 所示。

(4) 修剪图线，使“剖面线”层为当前层，用图案填充命令画剖面线，填充图案符号

“ANSI31”,角度“0”,比例“0.6”,如图 7-26 所示。

提示:由于 AutoCAD 将一次画的剖面符号作为一个整体处理,为了以后能够分别调整它们的位置,最好将 3 个截面内的剖面线分 3 次绘制。

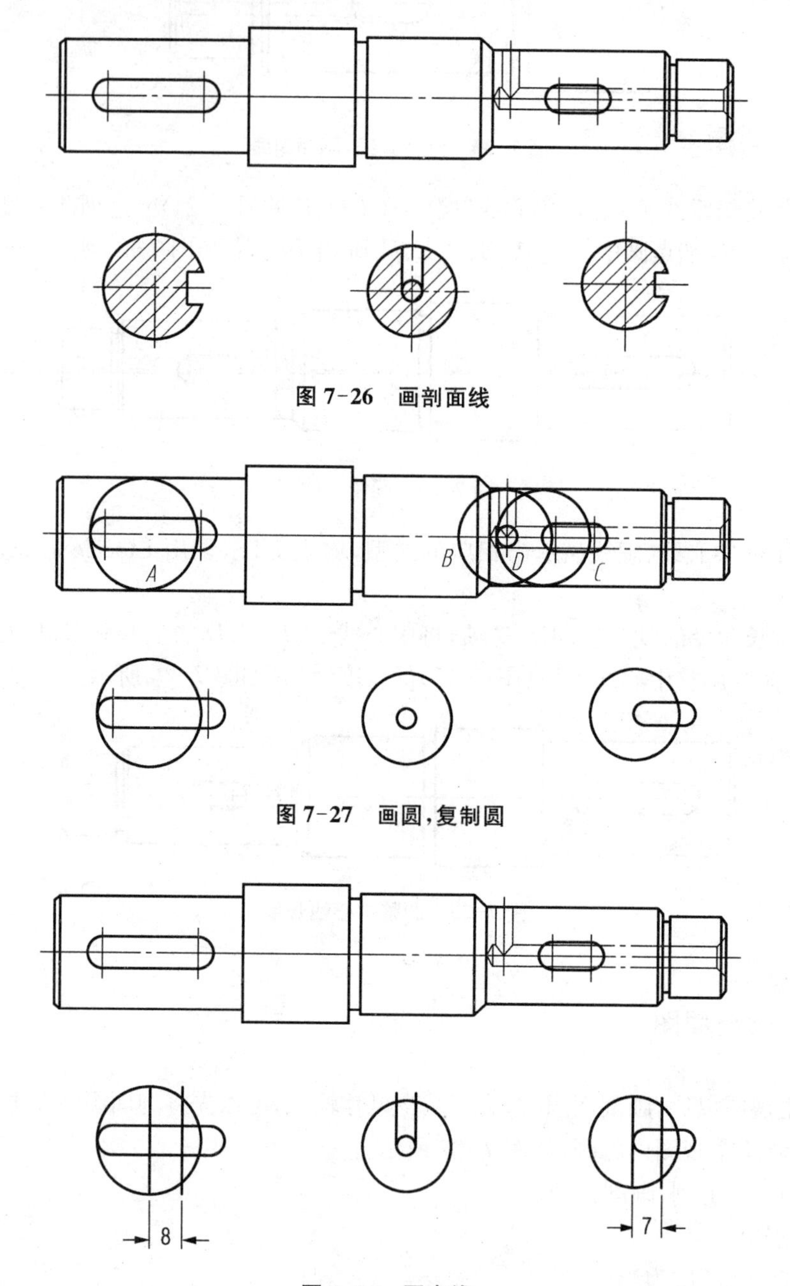

图 7-26　画剖面线

图 7-27　画圆,复制圆

图 7-28　画直线

本例第 2、3 次画剖面线的方法是:↙,指定点↙。

(5) 使“中心线”层为当前层,用圆心标记命令画中心线。

提示:用圆心标记命令画中心线之前,需要将当前尺寸样式的圆心标记的【类型】设置为“直线”,【大小】设置为“2”。

7.4.3　画局部放大图

画局部放大视图的主要方法是从主视图中复制出要放大的图线，再用缩放命令将其放大，用样条曲线命令画波浪线，修剪完成作图。

【例 7-3】 接上例，画局部放大视图如图 7-29 所示。

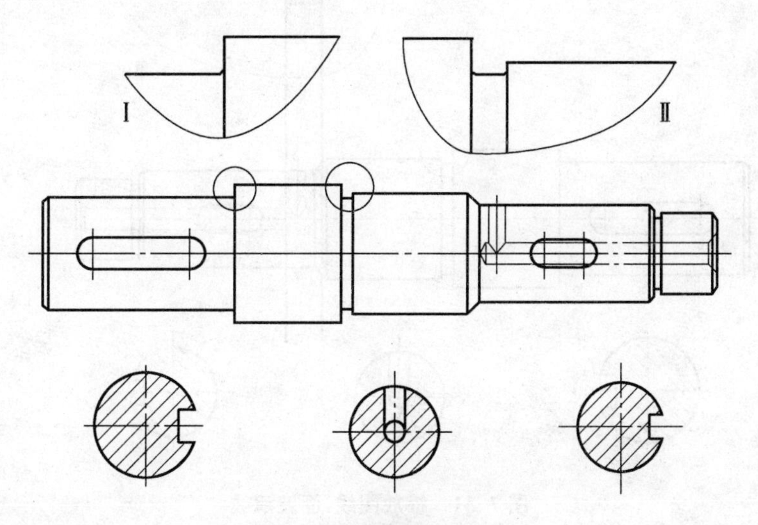

图 7-29　画局部放大视图

作图要点如下。

下面画局部放大视图Ⅱ(参见图 7-15)。

(1) 在局部放大部位画一适当大小的圆(只要能包围局部放大区域即可)，用交叉窗口方式选择对象，复制图线，如图 7-30 所示。

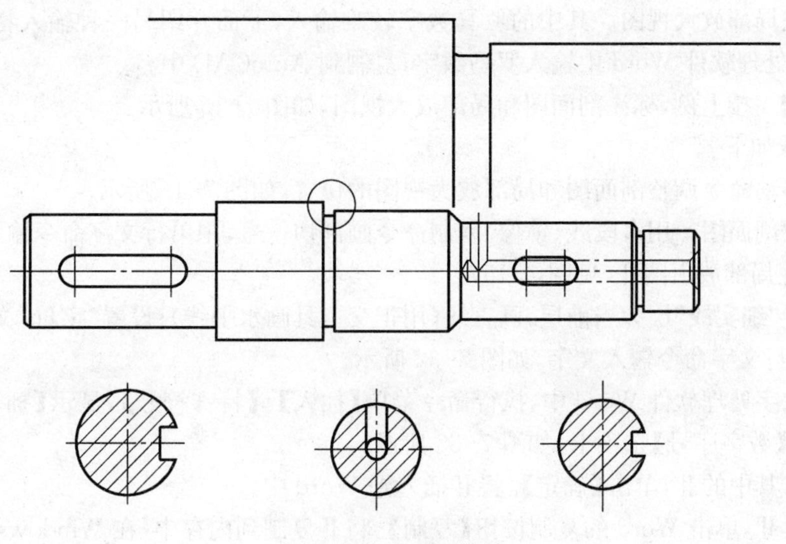

图 7-30　复制图线等

(2) 用缩放命令将复制出的图线放大 3 倍;设置"细实线"层为当前层,用样条曲线命令画波浪线,如图 7-31 所示。

(3) 修剪图线,完成局部放大视图Ⅱ。

(4) 同样画局部放大视图Ⅰ,如图 7-29 所示。

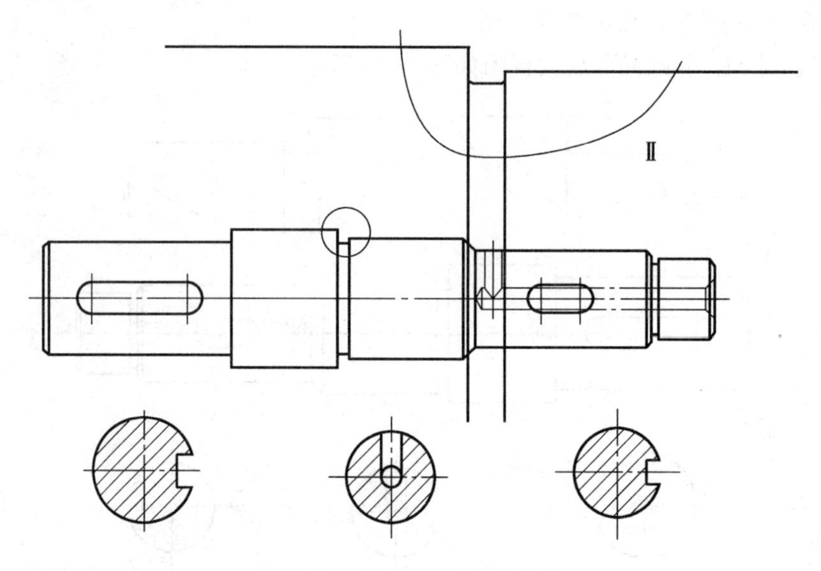

图 7-31　缩放图线,画波浪线

7.4.4　视图标注

轴类零件视图标注,包括如下两个方面。

(1) 标注剖面图。用多段线、镜像、复制命令画剖切符号,用单行文字命令输入文字。

(2) 标注局部放大视图。其中的罗马数字较难输入,下面介绍另一种输入特殊符号的方法,即在文字处理软件 Word 中输入罗马数字,复制到 AutoCAD 中。

【例 7-4】 接上例,标注剖面图和局部放大视图,如图 7-15 所示。

标注步骤如下。

(1) 用移动命令调整剖面图和局部放大视图的位置,如图 7-15 所示。

(2) 标注剖面图。用多段线、镜像、复制命令画剖切符号,用单行文字命令输入文字。

下面标注局部放大图Ⅱ(见图 7-15)。

(3) 设置"细实线"层为当前层,画直线(用正交工具画水平线);设置"字母"文字样式为当前样式,用单行文字命令输入文字,如图 7-32 所示。

(4) 在文字处理软件 Word 中,执行命令菜单【插入】|【特殊符号】,显示【插入特殊符号】对话框,单击【数字序号】选项卡,如图 7-33 所示。

(5) 单击其中的Ⅱ,单击【确定】,将Ⅱ插入到 Word 中。

(6) 拖黑Ⅱ,单击 Word 的复制按钮【复制】,将Ⅱ复制到内存中(在 Windows 中称为剪贴板)。

(7) 在 AutoCAD 中单击粘贴按钮【粘贴】,Ⅱ被复制到 AutoCAD 中,显示在窗口的左上

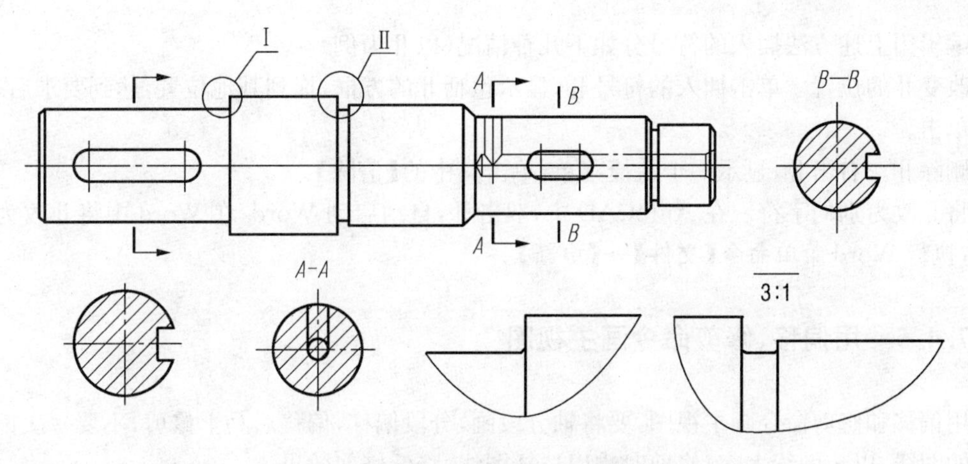

图 7-32　画直线，输入比例

插入特殊符号

标点符号 | 特殊符号 | 数学符号 | 单位符号 | 数字序号 | 拼音

i	ii	iii	iv	v	vi	vii	viii	ix	x	Ⅰ	Ⅱ
Ⅲ	Ⅳ	Ⅴ	Ⅵ	Ⅶ	Ⅷ	Ⅸ	Ⅹ	Ⅺ	Ⅻ	1.	2.
3.	4.	5.	6.	7.	8.	9.	10.	11.	12.	13.	14.
15.	16.	17.	18.	19.	20.	(1)	(2)	(3)	(4)	(5)	(6)
(7)	(8)	(9)	(10)	(11)	(12)	(13)	(14)	(15)	(16)	(17)	(18)
(19)	(20)	①	②	③	④	⑤	⑥	⑦	⑧	⑨	⑩
(一)	(二)	(三)	(四)	(五)	(六)	(七)	(八)	(九)	(十)		

确定
取消
显示符号栏(S)
重设符号栏(R)
Ⅰ

图 7-33　【数字序号】选项卡

角，同时显示【OLE 特征】对话框，如图 7-34 所示。

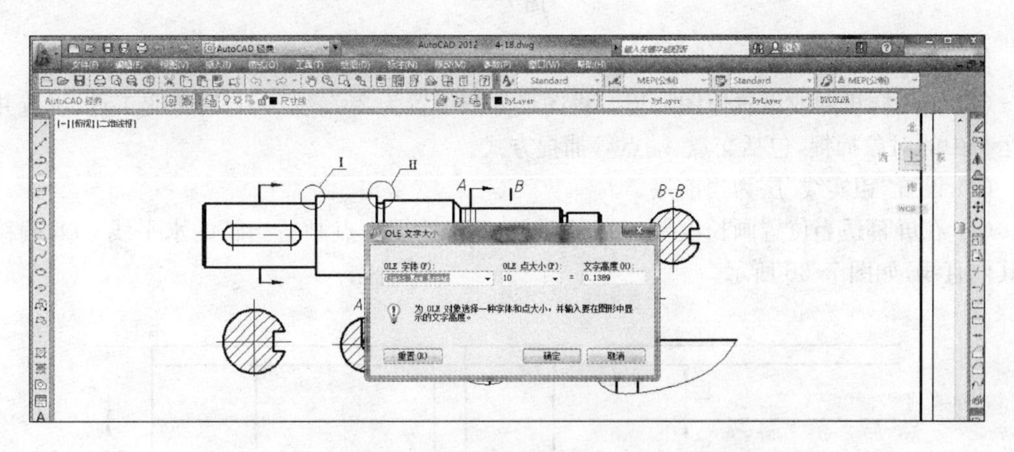

图 7-34　【OLE 特征】对话框

(8) 单击【确定】，关闭【OLE 特征】对话框，移动鼠标光标指向Ⅱ所在的方框，按下鼠标左键不放，将其拖到所要求的位置上。

(9) 单击从剪贴板粘贴按钮【粘贴】，插入另一个Ⅱ。

(10) 同样标注局部放大图Ⅰ。

编辑用上述方法插入的符号分如下几种情况(以Ⅱ为例)。

改变Ⅱ的位置。单击插入的符号Ⅱ,显示包括Ⅱ的方框,拖到其他位置,达到要求后,在方框外单击。

删除Ⅱ。右击Ⅱ,显示一个快捷菜单,单击其中的【清除】。

将Ⅱ改为别的字符。在 AutoCAD 中,双击Ⅱ,自动启动 Word,在 Word 中将Ⅱ改为别的字符,执行 Word 菜单命令【文件】→【更新】。

7.4.5 用偏移、修剪命令画主视图

用偏移和修剪命令画主视图,要将轴分段画,分段偏移,偏移后马上修剪,不要一次偏移出所有的图线,以免图线太多,修剪时难以选择图线,降低修剪效果。

【例 7-5】 用偏移和修剪命令,画如图 7-35 所示的轴。

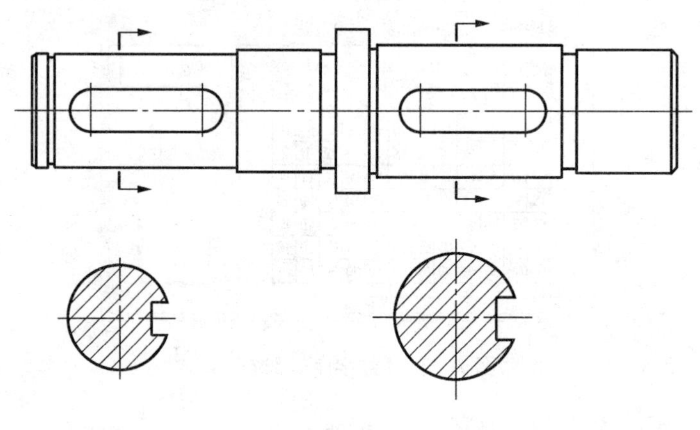

图 7-35

作图要点如下。

(1) 调用样板图或设置作图环境。将图形界限设置为 297×210,打开正交工具,设置并打开运行中的对象捕捉,包括交点、端点等捕捉方式。

(2) 设置“粗实线”层为当前层。

(3) 在屏幕适当位置画长度=40 的铅垂线 *AB*,捕捉中点画适当长的水平线 *CD*,偏移生成其他直线,如图 7-36 所示。

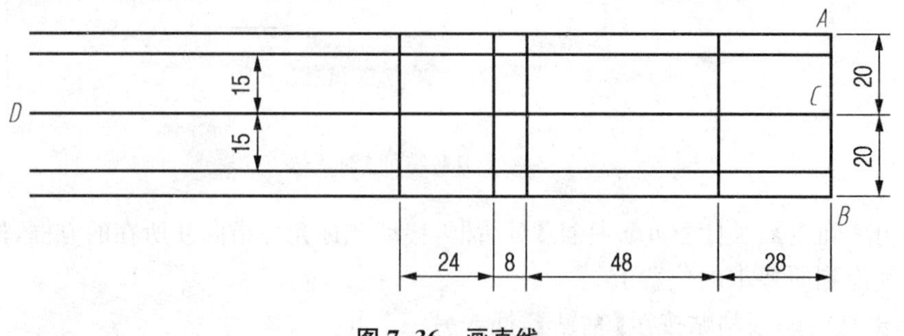

图 7-36 画直线

(4) 修剪直线，如图 7-37 所示。

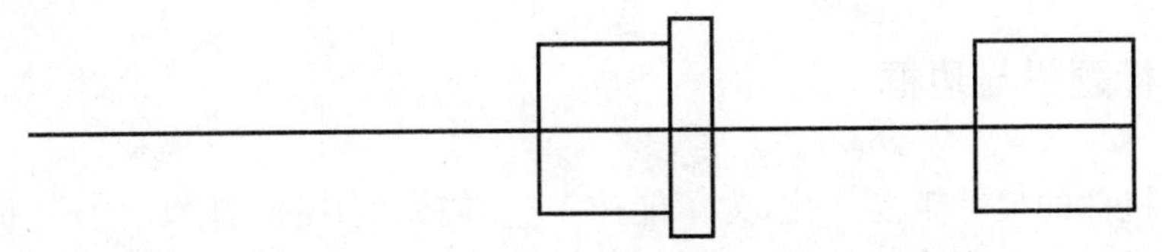

图 7-37　修剪直线

(5) 偏移直线，如图 7-38 所示。

说明：此例碰巧退刀槽的直径相等，否则要分别偏移。

(6) 画 45°的倒角，延伸、修剪直线，如图 7-39 所示。

(7) 将水平线 *CD*(见图 7-36)改到“中心线”层；用拉长命令的“动态(DY)”选项，调整中心线的长度；捕捉端点画倒角处的直线；偏移直线，如图 7-40 所示。

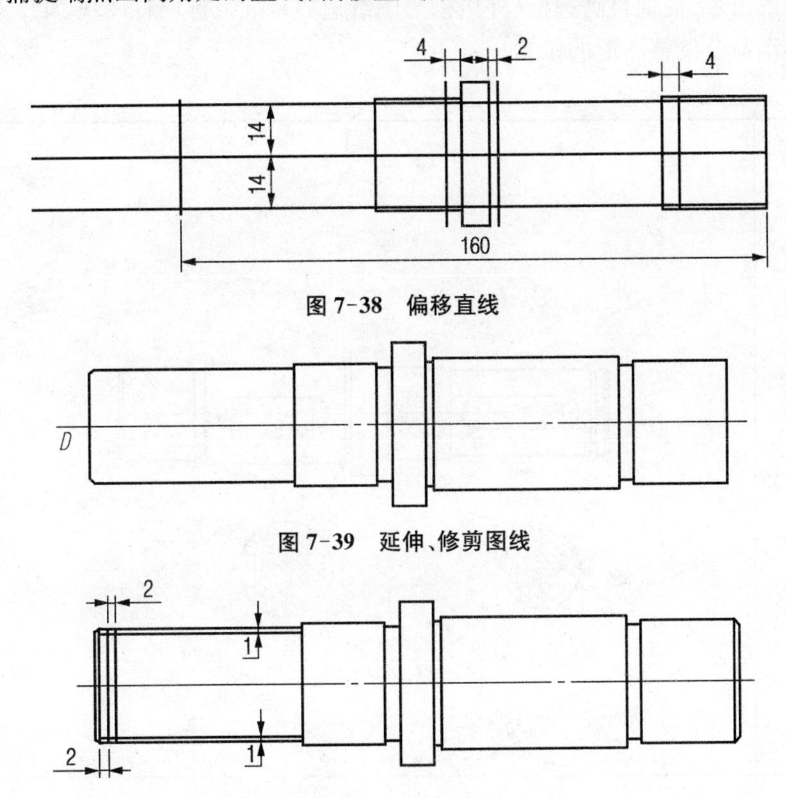

图 7-38　偏移直线

图 7-39　延伸、修剪图线

图 7-40　画直线

(8) 修剪直线，如图 7-41 所示。

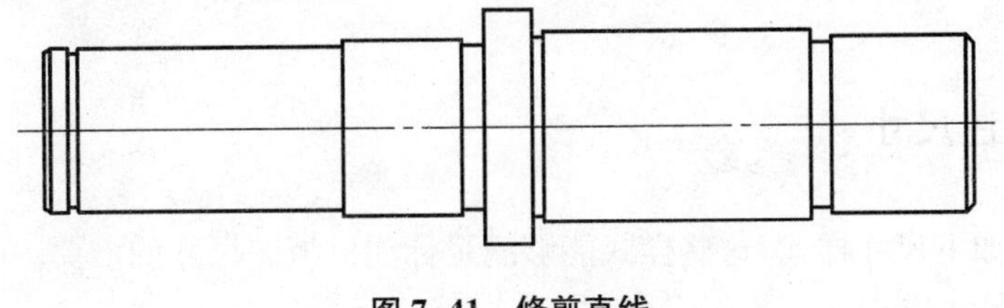

图 7-41　修剪直线

(9) 按上例相同的办法,画键槽,画剖面图,完成作图。

7.4.6 标题栏与边框

由于实际机件的尺寸千变万化,为了能按 1∶1 的比例作图,样板图中一般不包括边框。画完图以后,再根据打印比例确定边框的大小。例如,按 1∶10 的比例打印,边框尺寸放大 10 倍,用矩形命令画边框,用移动命令调整图形在边框内的位置。

样板图中要包括标题栏图块,插入比例是打印比例的倒数。

【例 7-6】 接例 7-5,插入标题栏、绘制边框,如图 7-42 所示。

作图要点如下。

(1) 打开上例图形(见图 7-35),图中有标题栏图块,名称为"标题栏"。

(2) 用矩形命令、捕捉自画边框(外边框为图纸边界),插入标题栏图块。

(3) 用移动命令调整图形的位置。

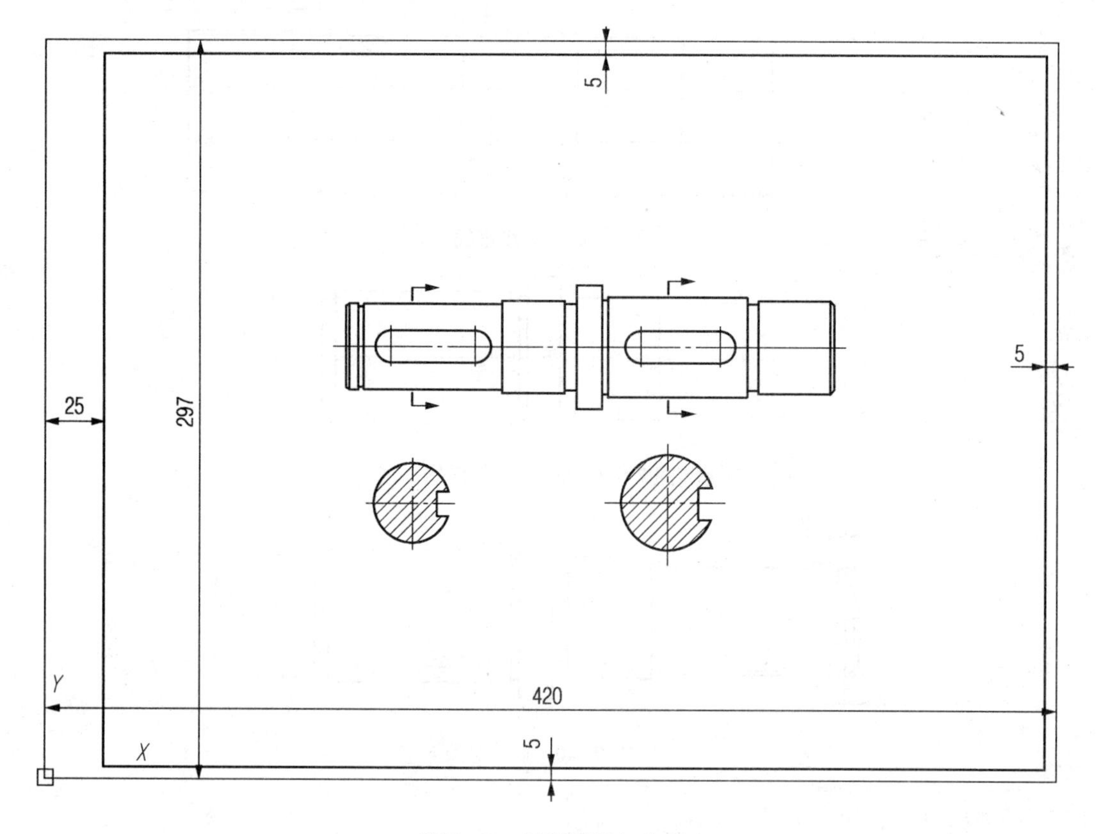

图 7-42 画标题栏与边框

7.4.7 标注尺寸

在文件中有如下尺寸样式,这些样式能够满足标注机械图尺寸的需要。

(1) 机械图尺寸样式。

(2) 只有一条尺寸界限的尺寸样式。

(3) 非圆视图上标注直径尺寸样式。

(4) 角度尺寸样式。

(5) 直径、半径尺寸样式。

(6) 公差-对称。

(7) 公差-不对称。

标注尺寸时,要根据尺寸形式选择相应的尺寸样式为当前样式。标注尺寸的基本要求是完整、清晰、正确、合理,要达到这些要求需要注意如下几点。

(1) 要使尺寸完整,需要对零件做形体分析,以基本体为单元进行标注,对每一基本体要同时分析,标注其 3 个方向的定位尺寸和定形尺寸,标注完一个基本体,再标注另一个基本体。

(2) 要使尺寸清晰,需要将柱体的端面尺寸集中标注在反映端面实形的视图上,尽量标注在视图的外面,标注时先标注小尺寸,再标注大尺寸,从里向外标注。标注完以后,用编辑标注文字命令调整尺寸数字、尺寸线的位置,用打断命令打断穿过尺寸数字的线段,见下面的例题。

(3) 要做到尺寸正确,需要注意检查尺寸、公差数字是否正确。AutoCAD 能够自动测量尺寸数字,这也是建议严格按尺寸画图的重要原因。按尺寸绘制的图形标注尺寸时不用手工输入尺寸数字。

(4) 要使尺寸合理,需要考虑设计、加工、检验的需要,主要体现在要选择合理的定位基准,圆要标注直径等。

【例 7-7】 接例 7-6,标注尺寸,如图 7-43 所示。

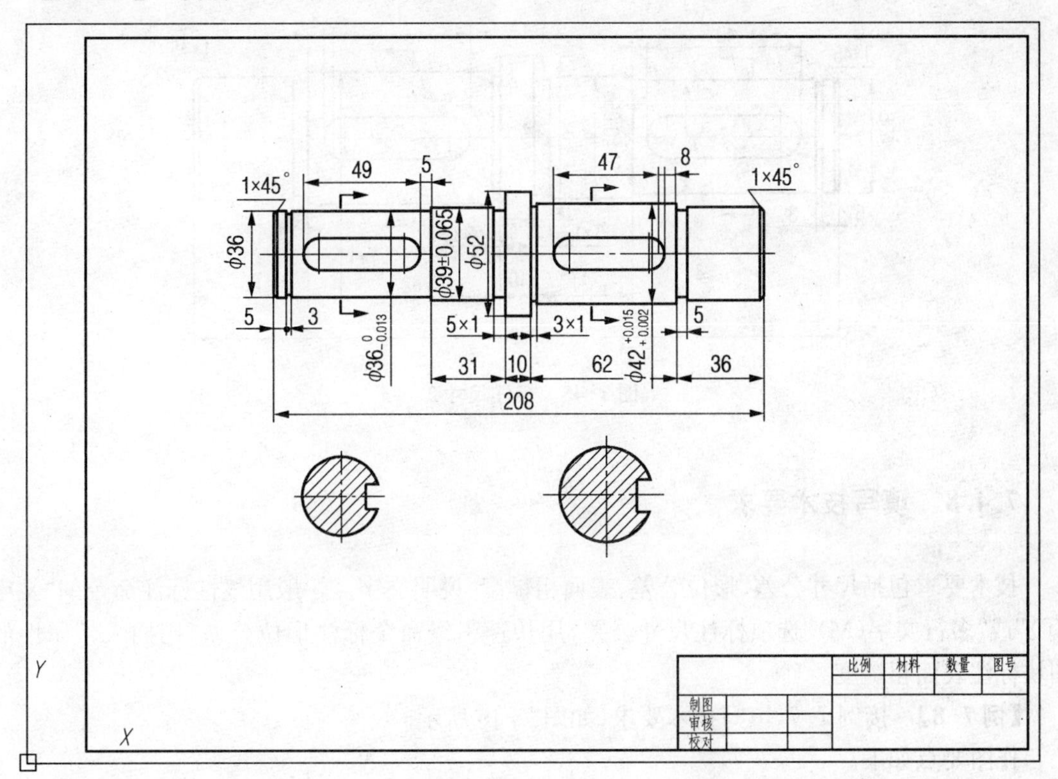

图 7-43 标注尺寸

标注要点如下。

(1) 设置"尺寸"层为当前层,使"工程图尺寸样式"为当前尺寸样式。

(2) 用线性标注命令标注 *AB* 线上的尺寸,调用"文字(*T*)"选项,输入 5×1,3×1,用线性标注命令标注 *D* 处的尺寸 36,用连续标注命令标注 *CD* 线上的其他尺寸,如图 7-44 所示。

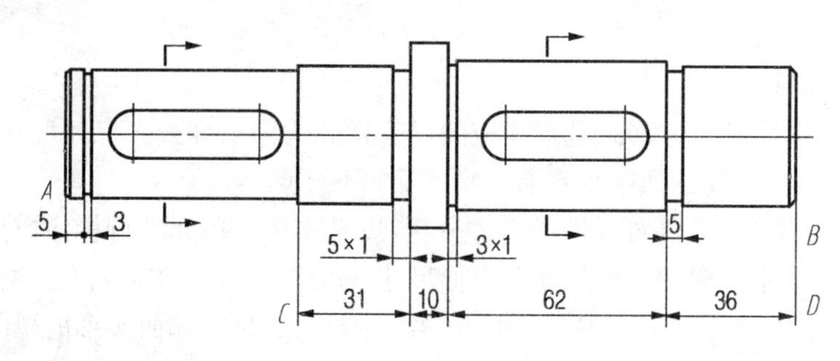

图 7-44　标注尺寸 1

(3) 用线性标注命令标注尺寸 *A*,用连续标注命令标注尺寸 *C*,同样标注尺寸 *B*、*D*;使"非圆视图上标注直径"为当前尺寸样式,用线性标注命令标注直径;设置引线样式,【箭头】为"无",角度约束【第一段】为 45°,【第一段】为 90°;用快速引线命令标注倒角尺寸。如图 7-45 所示。

(4) 用编辑标注文字命令调整尺寸 *C*、*D*,用打断命令打断穿过尺寸数字的中心线,完成尺寸标注。

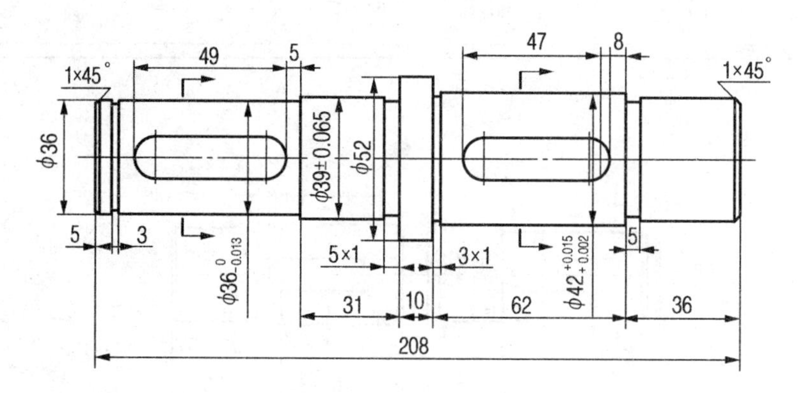

图 7-45　标注尺寸 2

7.4.8　填写技术要求

技术要求包括尺寸公差、形位公差、表面粗糙度、说明文字。一般用线性标注命令的"文字(T)"或"多行文字(M)"选项标注尺寸公差,用快速引线命令标注形位公差,用插入带属性的图块标注表面粗糙度。

【例 7-8】　接例 7-7,填写技术要求,如图 7-46 所示。

作图要点如下。

(1) 关闭"剖面线";用线性标注命令的"文字(T)"或"多行文字(M)"选项标注尺寸公差,

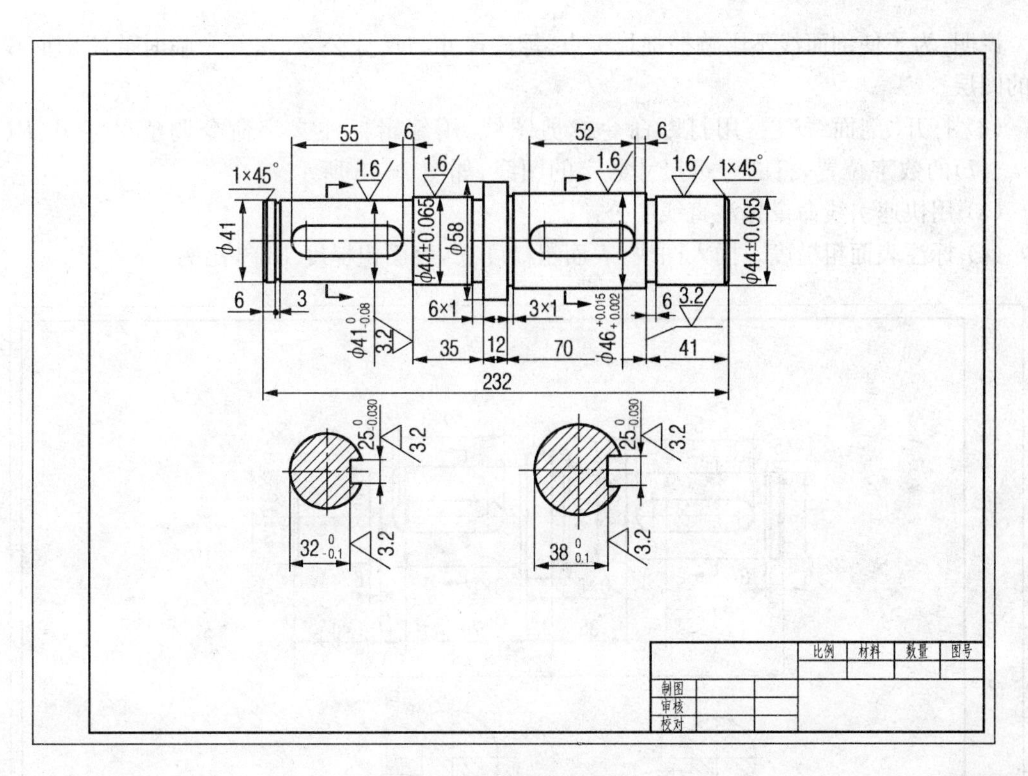

图 7-46　填写技术要求

如图 7-47 所示。

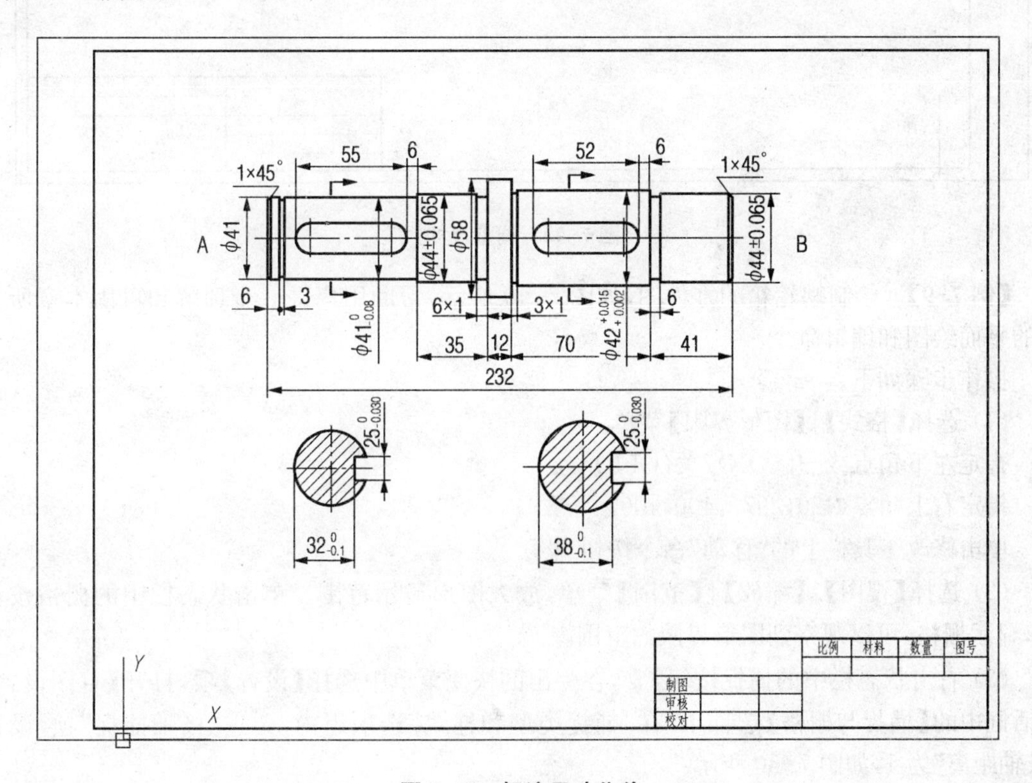

图 7-47　标注尺寸公差

说明:为了使剖面线不影响捕捉目标点,标注尺寸与尺寸公差时,经常临时关闭剖面线所在的图层。

(2) 打开“剖面线”层,用打断命令修剪图线,用编辑标注文字命令调整尺寸 A、B(见图 7-47)的数字位置,打断穿过尺寸数字的图线,如图 7-48 所示。

(3) 用快速引线命令标注直线度公差。

(4) 标注表面粗糙度。插入图块:表面粗糙度 0°,表面粗糙度 180°,比例=1。

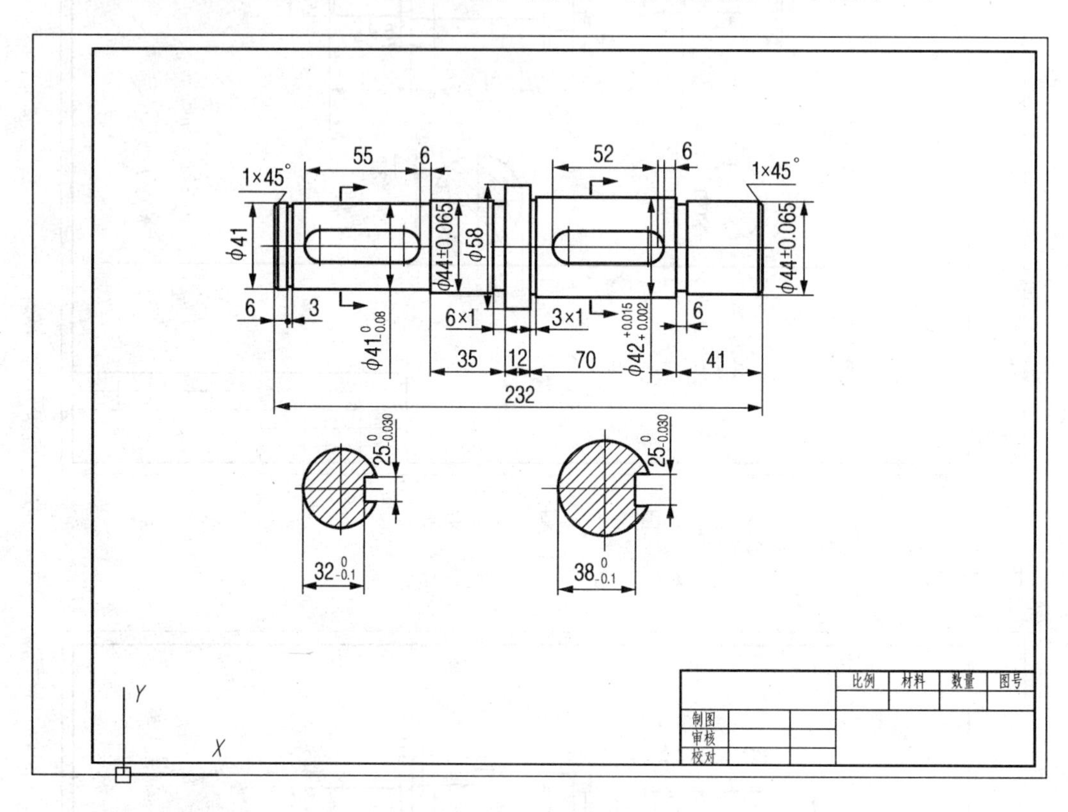

图 7-48 调整尺寸

【例 7-9】 绘制蜗轮箱的零件图,如图 7-49 所示,帮助用户进一步理解和巩固本章所介绍的平面绘图和编辑命令。

操作步骤如下。

(1) 选择【格式】|【图形界限】菜单。

指定左下角点或[开(ON)/关(OFF)]:↙

指定右上角点〈420,297〉:400,400↙

单击修改工具栏上的“移动”命令按钮 ✥ 。

(2) 选择【视图】|【缩放】|【范围】菜单,放大图形显示范围。单击状态栏中的栅格按钮 ▦,显示栅格,可以观察到图形界限的范围。

(3) 右击状态栏中的捕捉按钮 ▢ ,在弹出的快捷菜单中选择【设置】项,打开【草图设置】对话框中的【捕捉与栅格】选项卡,在“捕捉类型和样式”选项组内,勾选“极轴捕捉”项,设置“极轴距离”为 1,如图 7-50 所示。

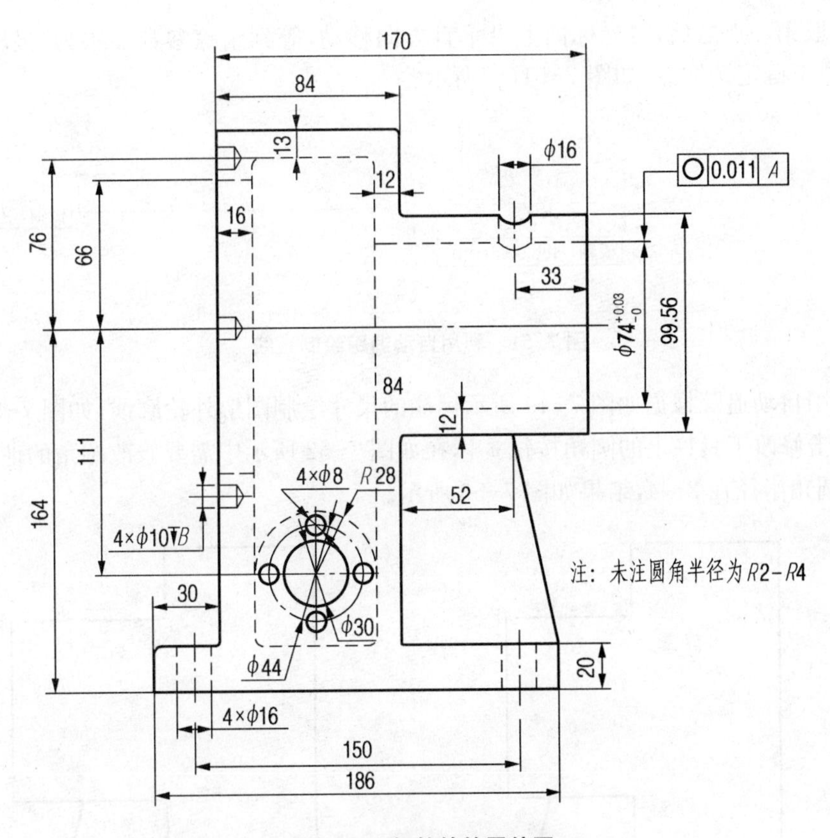

图 7-49　蜗轮箱的零件图

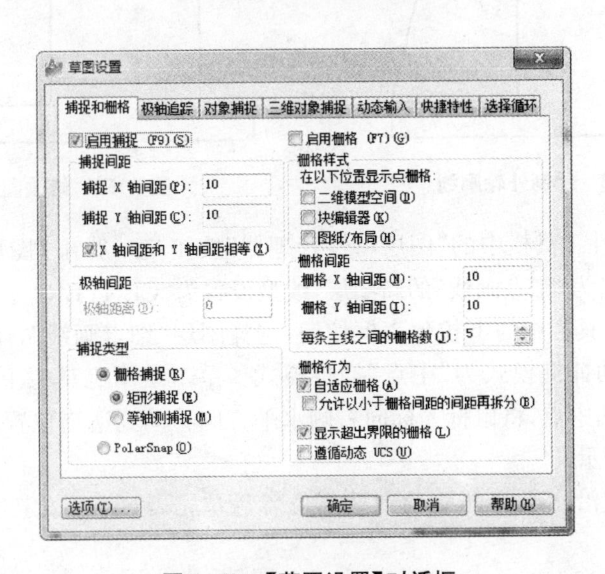

图 7-50　【草图设置】对话框

(4) 在状态栏中打开“捕捉”“对象捕捉”“对象追踪”“极轴”开关。

(5) 单击绘图工具栏上的“直线”命令按钮 ，在图形的左下方单击一点作为图形外轮廓线的起始点，将光标向右侧水平拖动，此时将显示跟踪线，并显示跟踪参数。等到跟踪参数显示为“极轴：186.0000＜0°”时，单击确定选取点，如图 7-51(a)所示。

(6) 选取第一点之后，将光标向上沿垂直方向移动，等到跟踪参数显示为“极轴:21.0000<90°”时，单击确定选取点，如图 7-51(b)所示。

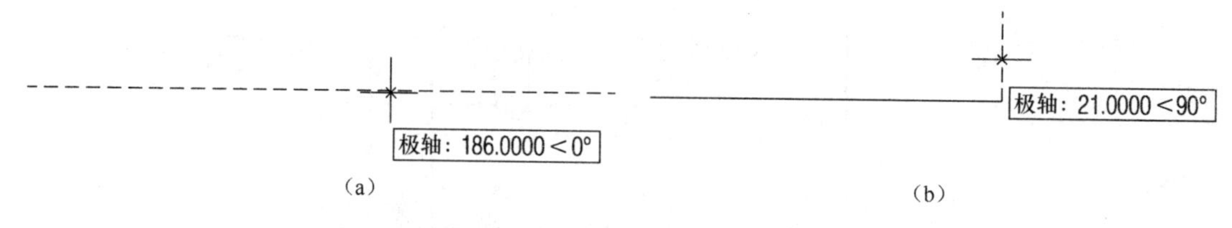

图 7-51　利用自动追踪绘制直线

(7) 利用自动追踪根据如图 7-49 所示标注的尺寸绘制图形外轮廓线，如图 7-52 所示。

(8) 单击修改工具栏上的圆角按钮 ，在如图 7-52 所示中需要修改圆角的地方，进行修圆角操作，圆角半径在 2～4，结果如图 7-53 所示。

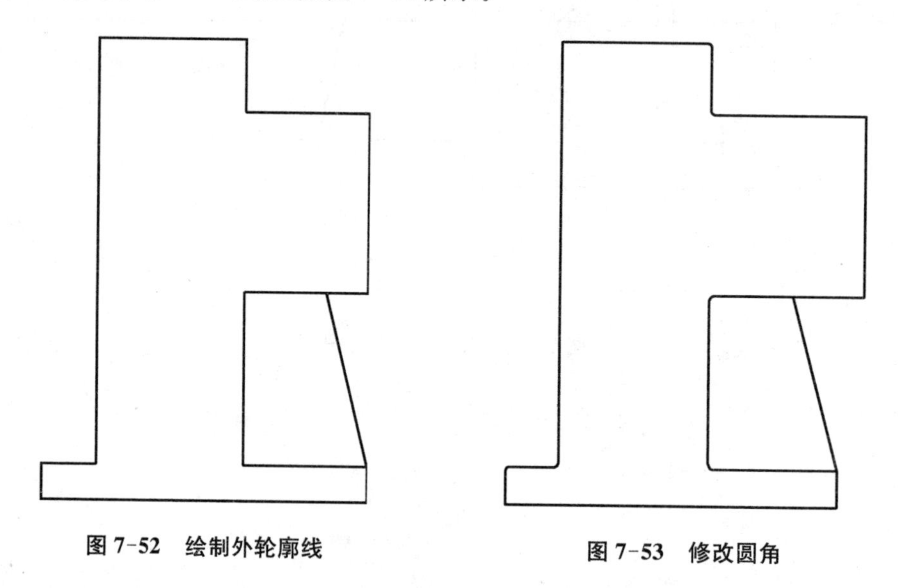

图 7-52　绘制外轮廓线　　　图 7-53　修改圆角

(9) 单击对象特性工具栏中的“图层特性管理器”按钮 ，弹出【图层特性管理器】对话框，在对话框中创建名为“细点画线”的新图层，线型设置为“CENTER2”。

(10) 单击图层工具栏中的下拉列表框按钮，选择图层“细点画线”，使其成为当前层。打开正交模式，设置自动捕捉模式为“中点”捕捉模式。单击绘图工具栏上的“直线”命令按钮 ，捕捉最右侧垂线的中点，将鼠标光标向右侧水平方向移动到适当位置后，单击确定直线的起点，如图 7-54(a)所示。

(11) 将光标向左沿水平方向移动到适当位置后单击，绘制一条定位线，如图 7-54(b)所示。

(12) 使用上面的方法绘制其他定位线，结果如图 7-55 所示。

(13) 单击对象特性工具栏中的“图层特性管理器”按钮 ，弹出【图层特性管理器】对话框，在对话框中创建名为“虚线”的新图层，线型设置为“DASHED2”。

(14) 单击图层工具栏中的下拉列表框按钮，选择图层“虚线”，使其成为当前层。打开正交模式，设置自动捕捉模式为“中点”捕捉模式。单击绘图工具栏上的“直线”命令按钮 ，将鼠标光标移动到交点 A 附近，并稍作停留以临时获取点，获取的点将显示一个小“+”号，此时不要单击，如图 7-56 所示。

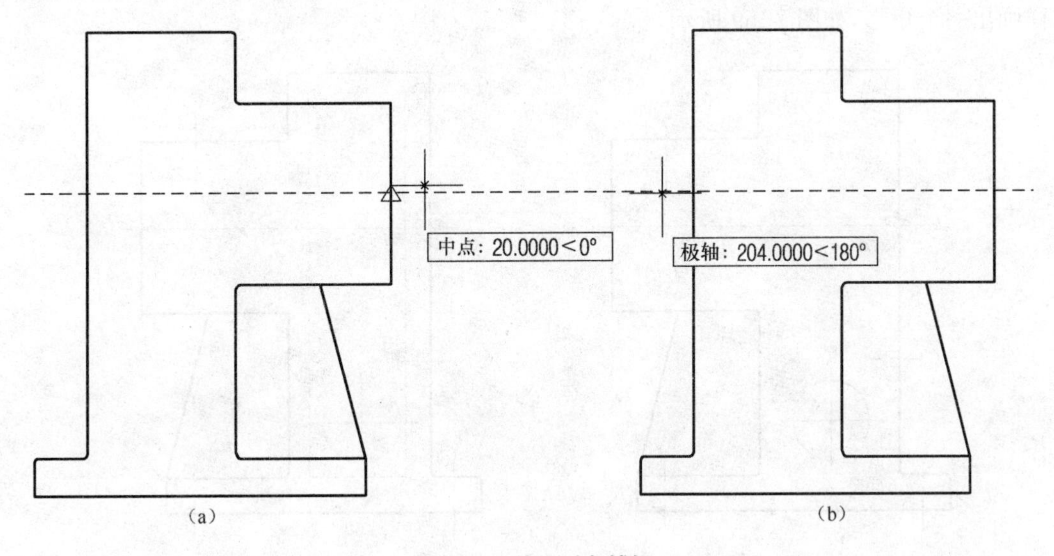

图 7-54　使用对象捕捉

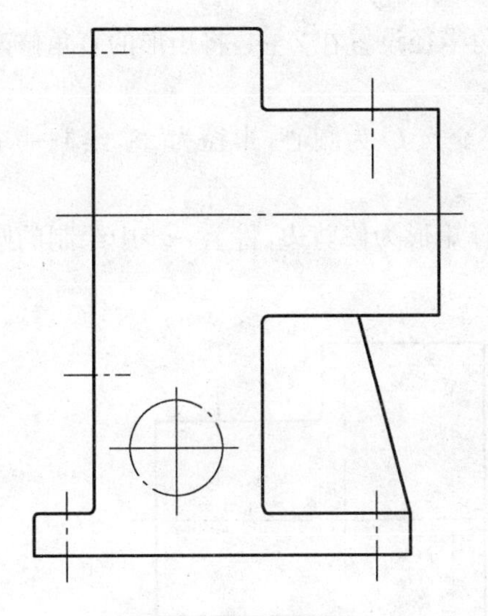

图 7-55　绘制其他定位线

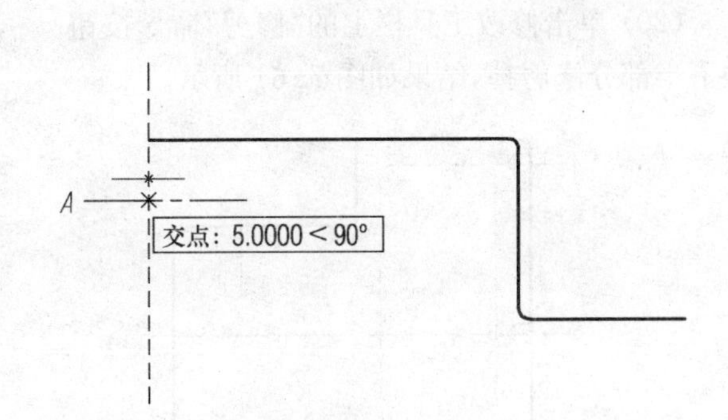

图 7-56　获取点

(15) 获取点后将光标向上沿垂直方向移动，等到跟踪参数显示为“交点:5<90°”时，单击选取该点为直线的起点，其余各点利用自动追踪来确定，结果如图 7-57 所示。

(16) 单击修改工具栏上的“复制”命令按钮 ，选择上一步中绘制的图形，选择“重复”，捕捉如图 7-58 所示的 A 点作为基点，然后捕捉交点 B 和 C 复制图形，结果如图 7-58 所示。

(17) 单击绘图工具栏上的“矩形”命令按钮 ，

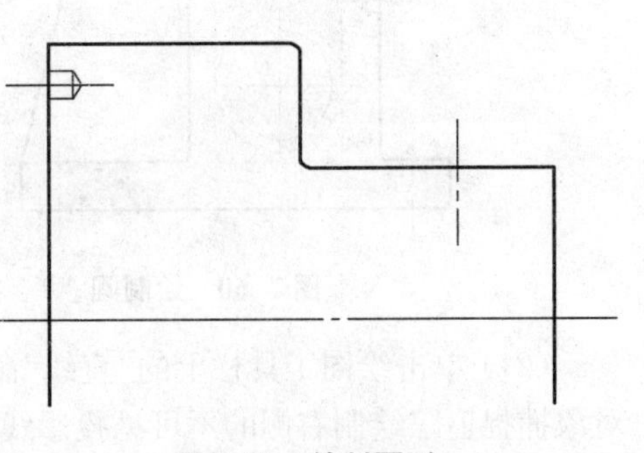

图 7-57　绘制图形

将光标放在点 A 上，将鼠标光标向右侧水平方向移动，等到跟踪参数显示为“交点：16<0°”时，单击选取该点为矩形的第一个角点，在命令行输入“@56，−220”作为矩形的另一个角点，这样画出一个矩形，如图 7-59 所示。

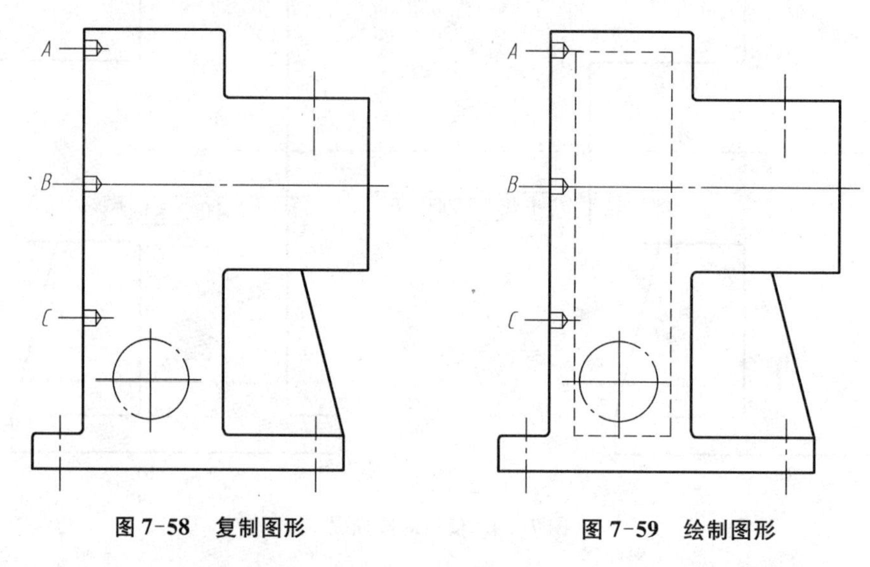

图 7-58　复制图形　　　图 7-59　绘制图形

(18) 单击修改工具栏上的“圆角”命令按钮，圆角半径设置在 2～4，将矩形的直角修改成圆角。

(19) 单击绘图工具栏上的“圆”命令按钮，捕捉交点 O 为圆心，半径为 28，绘制一个圆，如图 7-60 所示。

(20) 单击修改工具栏上的“修剪”命令按钮，选择矩形为修剪边，将上一步中绘制的圆的下半部分修剪掉，结果如图 7-61 所示。

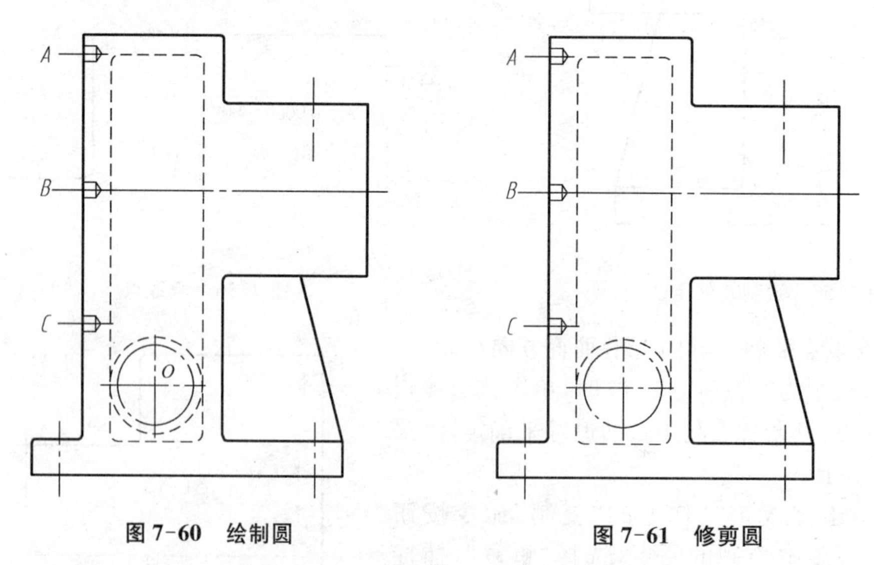

图 7-60　绘制圆　　　图 7-61　修剪圆

(21) 单击绘图工具栏上的“直线”命令按钮，根据如图 7-49 所示中给出的尺寸，使用对象捕捉追踪绘制右侧的不可见投影线，如图 7-62 所示。

(22) 单击绘图工具栏上的“圆弧”命令按钮，依次捕捉追踪 D、E、F 三点，F 点可追踪定位线上适当位置一点。

(23) 单击修改工具栏上的“复制”命令按钮 ，选择上一步中绘制的圆弧为复制对象，捕捉 G 点作为基点，捕捉 F 点作为位移的第二点，复制圆弧，结果如图 7-63 所示。

(24) 选择上一步中复制到上方的圆弧，单击图层工具栏中的下拉列表框按钮，选择图层“0”，这样就使圆弧转变为图层 0 上的图形，它的线型也发生了改变。

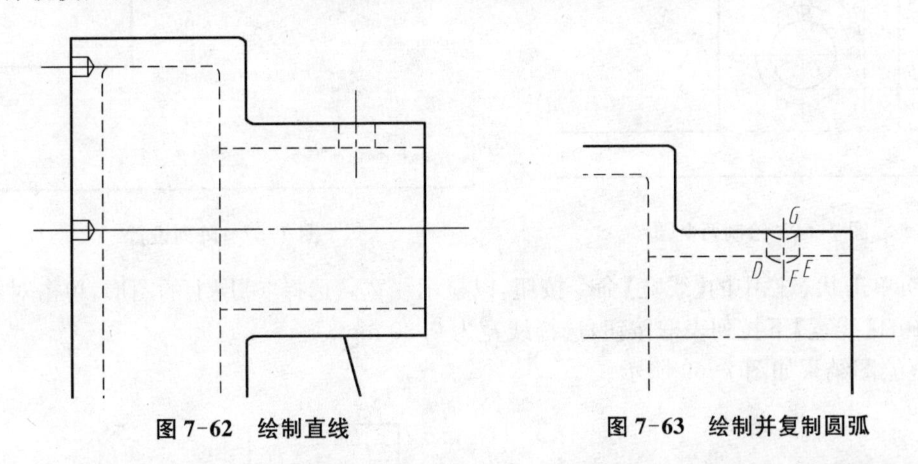

图 7-62　绘制直线　　　　图 7-63　绘制并复制圆弧

(25) 单击修改工具栏上的“修剪”命令按钮 ，选择两圆弧为修剪边，修剪两圆弧端点之间的直线，结果如图 7-64 所示。

(26) 单击绘图工具栏上的“直线”命令按钮 ，根据如图 7-49 所示给出的尺寸，绘制图形中其余的不可见投影线，绘图中可以利用对象捕捉追踪绘制一条垂线，再使用镜像命令来绘制，结果如图 7-65 所示。

(27) 单击图层工具栏中的下拉列表框按钮，选择图层“0”，使其成为当前层。

单击绘图工具栏上的“圆”命令按钮 ，捕捉交点 M 和 N 为圆心，分别绘制半径为 15 和 4 的两个圆，如图 7-66 所示。

(28) 单击修改工具栏中的“阵列”按钮 ，选择半径为 4 的小圆为阵列对象，以圆心 M 为中点进行环形阵列，参数设置如图 7-67 所示。阵列结果如图 7-68 所示。

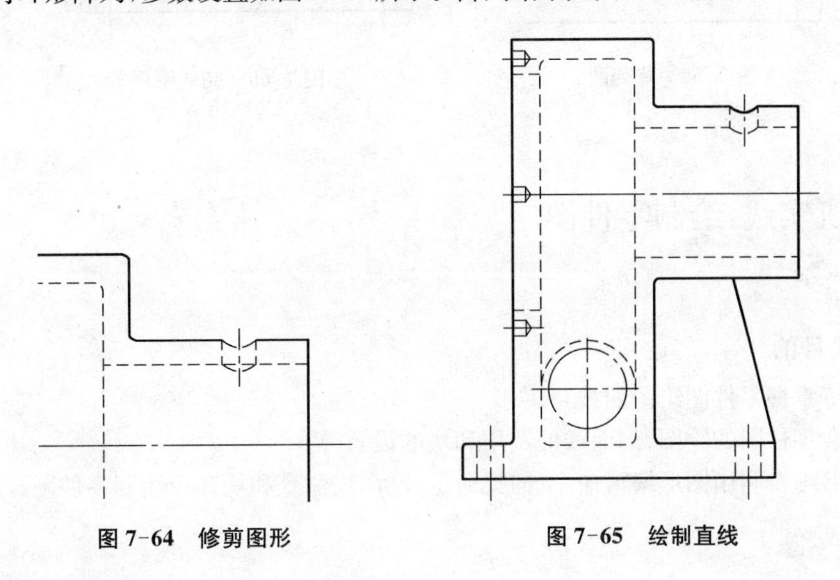

图 7-64　修剪图形　　　　图 7-65　绘制直线

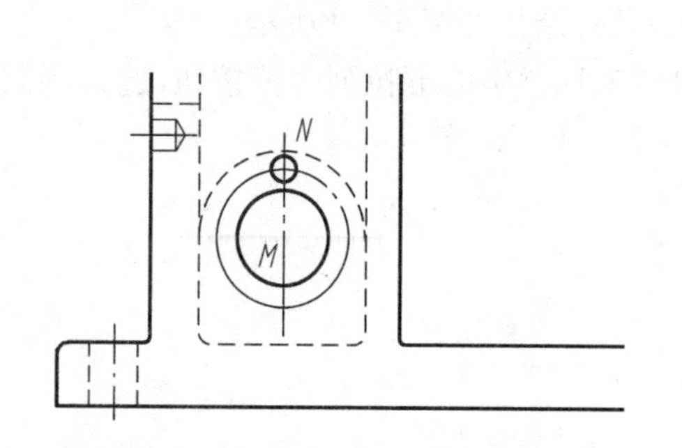

图 7-66　绘制两个圆

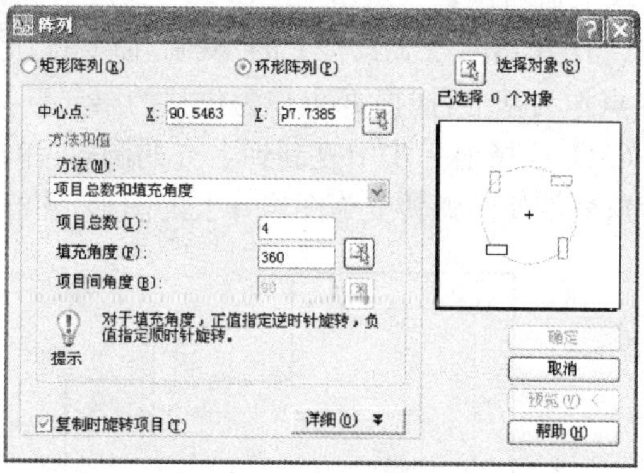

阵列
矩形阵列(R)　环形阵列(P)　选择对象(S)
已选择 0 个对象
中心点：X: 90.5463　Y: 37.7385
方法和值
方法(M)：
项目总数和填充角度
项目总数(I)：4
填充角度(F)：360
项目间角度(B)：90
对于填充角度，正值指定逆时针旋转，负值指定顺时针旋转。
提示
确定　取消　预览(V) <　帮助(H)
复制时旋转项目(T)　详细(O)

图 7-67　阵列设置

(29) 单击状态栏中的【线宽】命令按钮，以显示线宽。选择“0”层上的图形，单击对象特性工具栏中的【线宽】下拉列表框按钮，选择线宽为 0.30 mm。

最终绘图结果如图 7-69 所示。

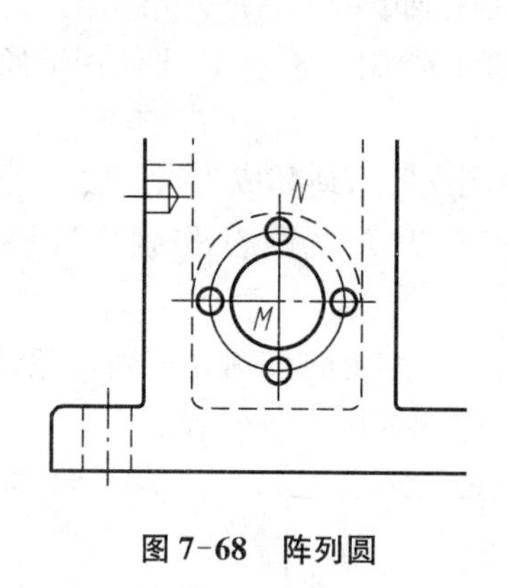

图 7-68　阵列圆

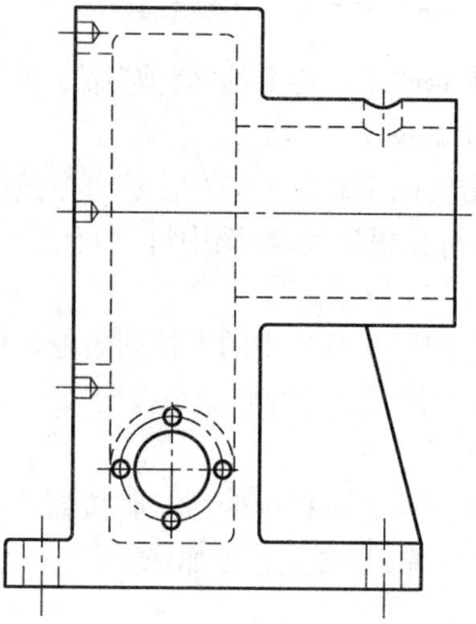

图 7-69　完成图形

7.5　上机实践：绘制零件图

1）实践目的

(1) 熟练掌握零件图绘图的技巧。

(2) 学会零件图的绘图、剖面线的调用和块的设置等。

(3) 能够综合利用图形编辑命令、捕捉命令、剖面线命令和块命令绘制零件图。

2）实践内容

【实践 7-1】 绘制轴类零件。

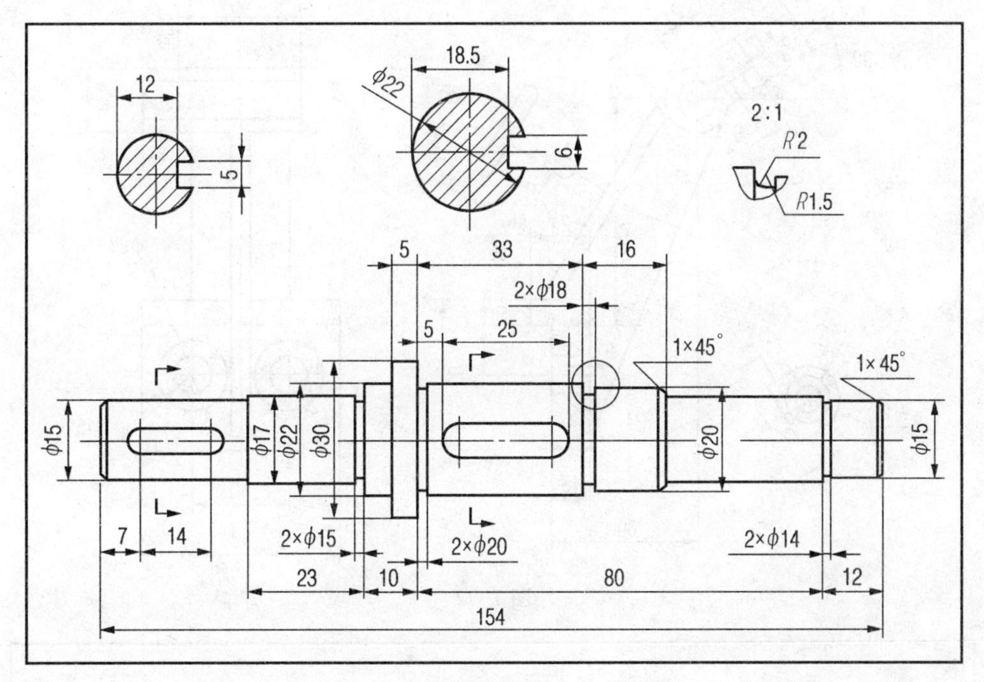

图 7-70

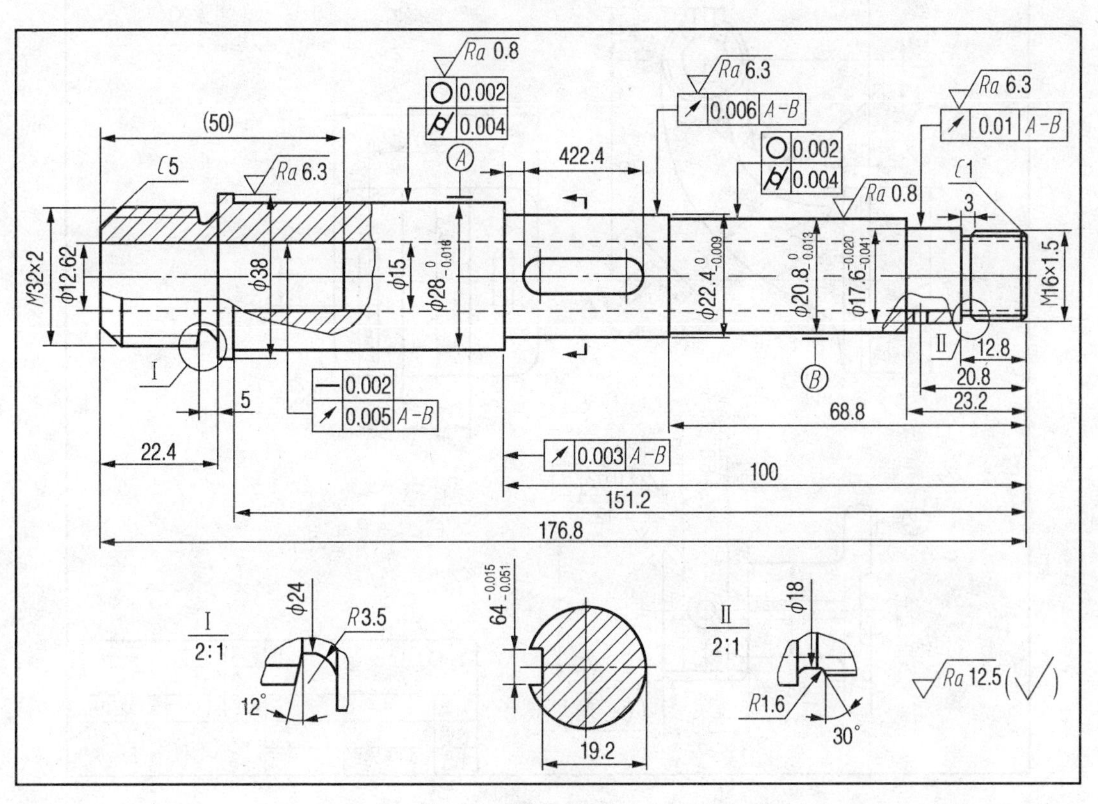

图 7-71

【实践 7-2】 绘制支架类零件。

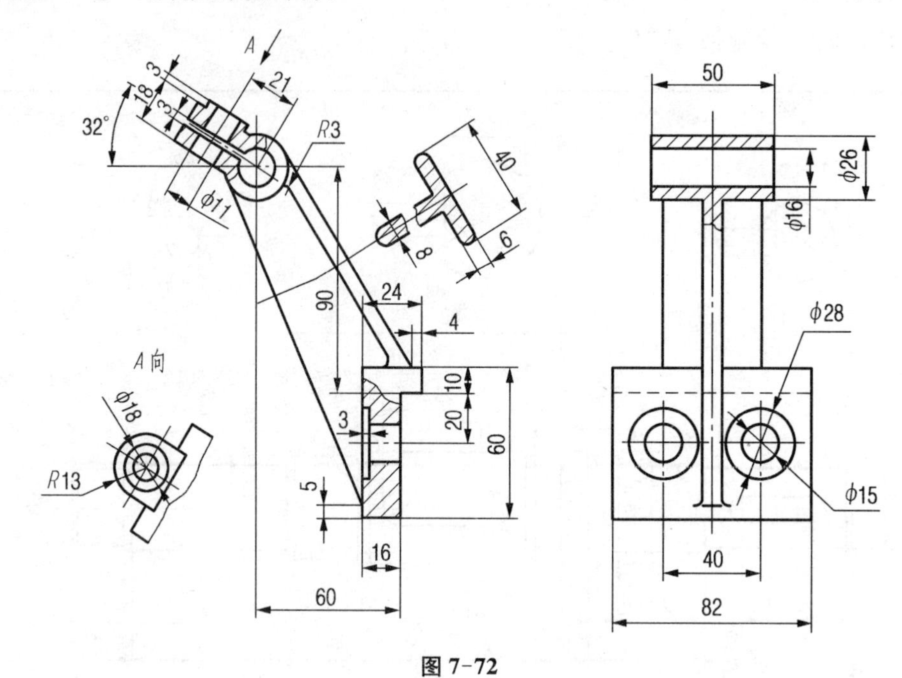

图 7-72

74
ϕ16
25
其余
22
11
R30
R10
R100
8
12
95
A
90
60
R10
A
80
12.5
R25
8
20
8
R10
30
ϕ20$^{+0.033}_{0}$
6.3
// 0.02 B
12.5
B
40
1×45°
60
4
ϕ8
ϕ38
12.5

技术要求
未注铸造圆角 R3

托　架		比例	1:1	（图号）
		件数	1	
制图		重量		材料 HT1533
校图		（校名）		
审核				

图 7-73

【实践 7-3】 绘制箱体类零件。

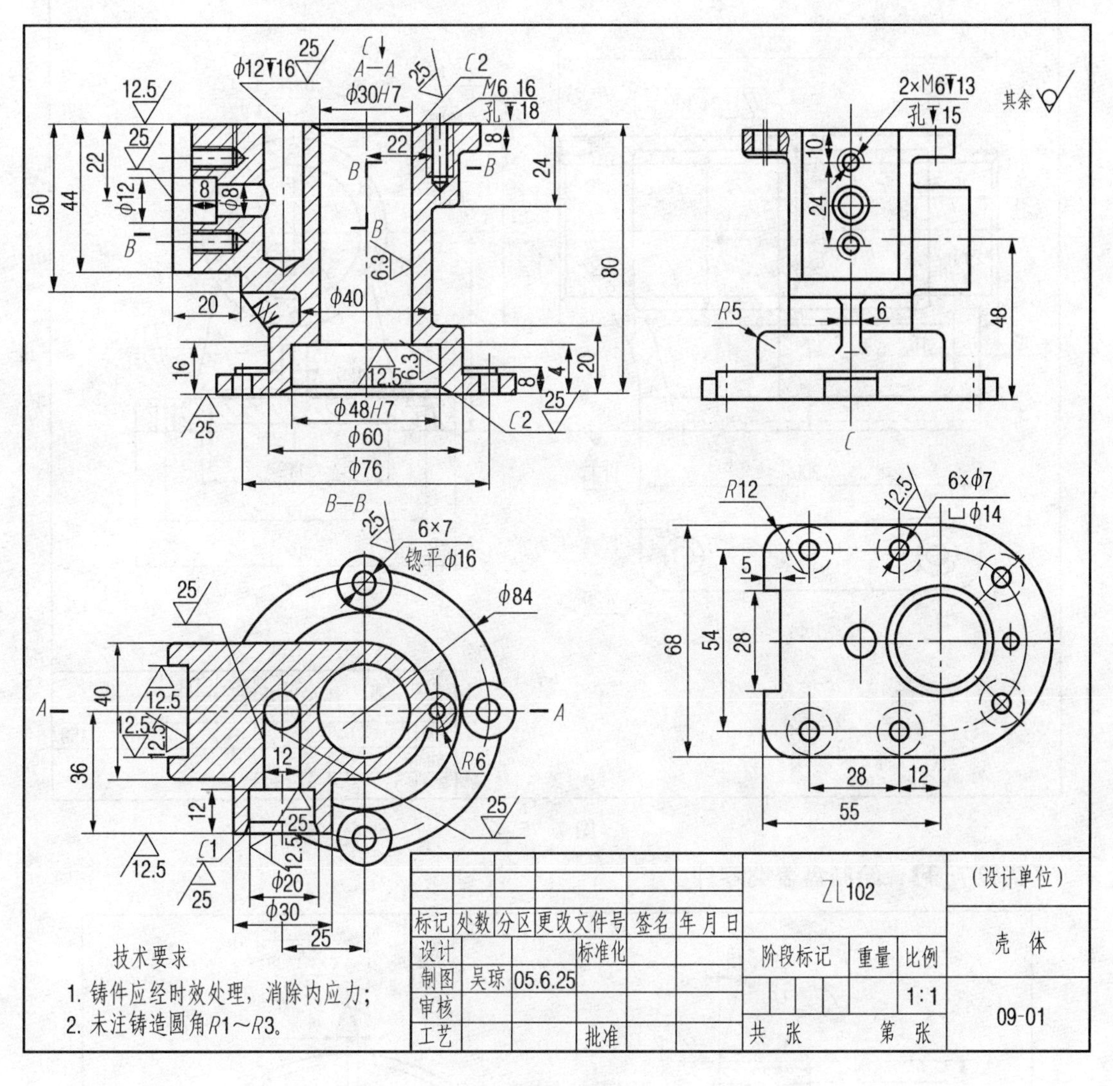

图 7-74

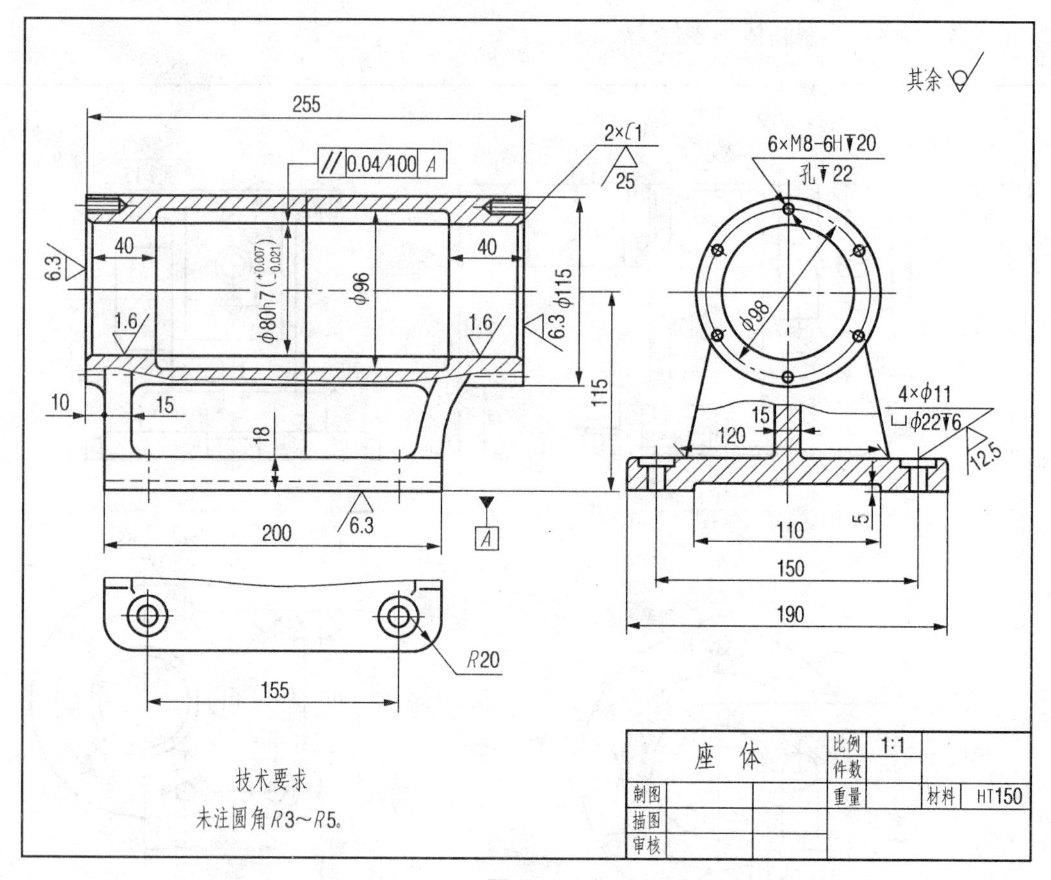

图 7-75

【实践 7-4】 绘制盘盖类零件。

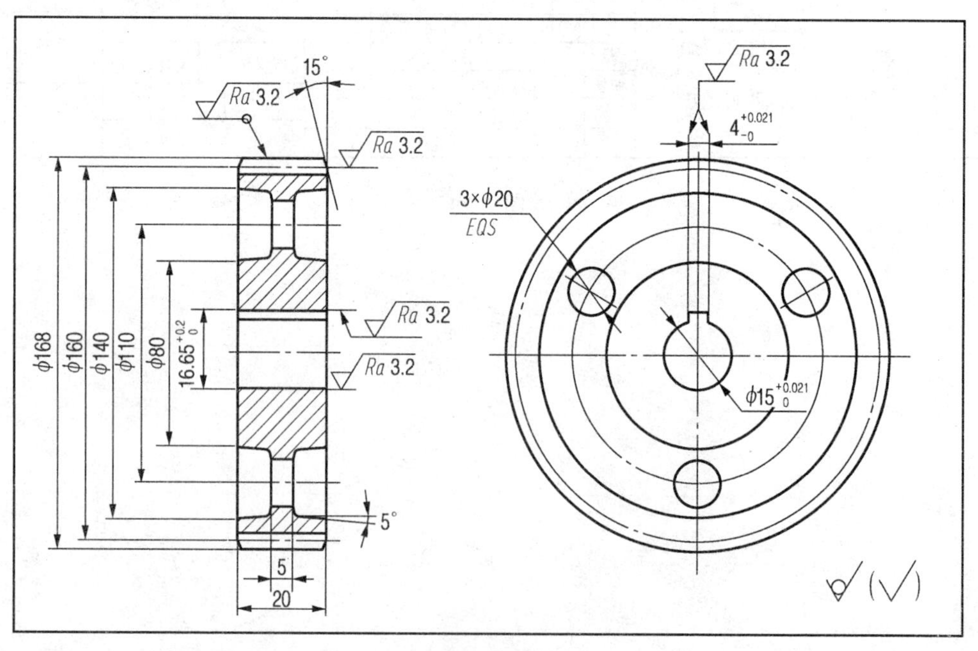

图 7-76

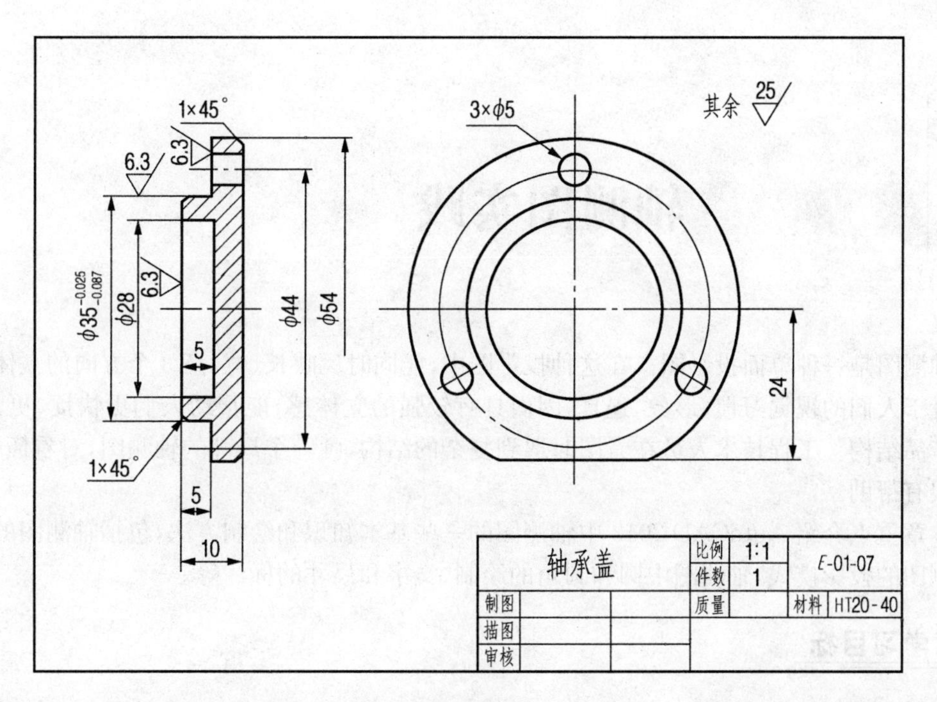
1×45°
6.3
6.3
3×φ5
其余 25
φ35 -0.025 -0.087
φ28
6.3
φ44
φ54
5
24
1×45°
5
10
轴承盖
比例 1:1
件数 1
E-01-07
制图
质量
材料 HT20-40
描图
审核

图 7-77

8 轴测图实践

轴测图是一种单面投影图。在这种投影图中，能同时反映长、宽、高3个方向的立体投影，并接近于人们的视觉习惯，形象、逼真，因而具有较强的立体感，能帮助人们更快捷、更清楚地认识产品结构。工程技术人员在看图时遇到复杂的结构，画一个局部的轴测图，对看懂机件的形状很有帮助。

本章重点介绍AutoCAD 2013中轴测图的一些基本知识和绘制方法，包括轴测图的分类，等轴测图的投影模式，轴测图中圆和圆角的绘制，文字和尺寸的标注等。

本章学习目标

- 了解和使用等轴测投影模式；
- 在等轴测投影中绘制直线、圆和圆弧等；
- 在等轴测投影中创建文字和尺寸标注。

8.1 画正等轴测图

8.1.1 画轴测图的基本方法

等轴测投影图是模拟三维物体沿特定角度产生平行投影图，其实质是三维物体的二维投影图。因此，绘制等轴测投影图采用的是二维绘图技术，利用在前面各章学过的知识就可以绘制等轴测投影图。略有不同的是，在AutoCAD中提供了等轴测投影模式，可在该模式下很容易地绘制等轴测投影视图。

在轴测投影中，我们把选定的投影面称为轴测投影面，如图8-1所示；把空间直角坐标轴在轴测投影面上的投影称为轴测轴；把两轴测轴之间的夹角称为轴间角；轴测轴上的单位长度与空间直角坐标轴上对应单位长度的比值称为轴向伸缩系数。

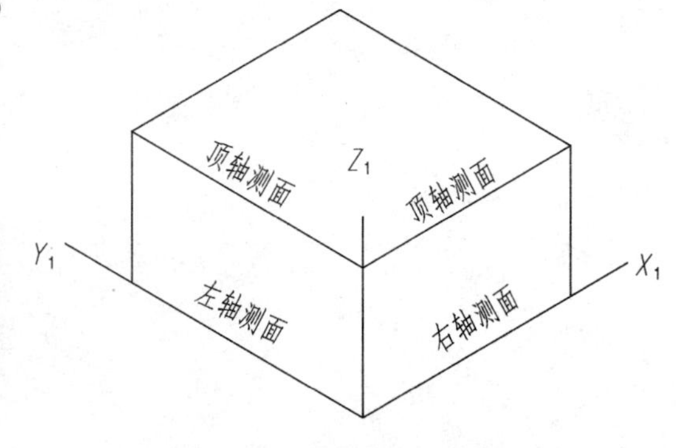

图8-1 等轴测面示意图

轴间角和轴向伸缩系数是绘制轴测图的两

个重要参数。

画轴测图最基本的方法如下。

(1) 平行于坐标轴的直线在轴测图上平行于轴测轴。

(2) 坐标轴上的直线、平行于坐标轴的直线在轴测图中的长度等于实长。

(3) 倾斜于坐标轴的直线有两种画法。如果其端点是其他已知线段上的对象点,可调用对象捕捉命令确定或画辅助点,否则输入倾斜线端点的坐标。

说明:输入点的坐标画轴测图是一种最原始的方法,也应是最后的方法。就是说,当无法用别的方法画出轴测图中的个别倾斜线段时,才用这一方法。

8.1.2 利用等轴测捕捉画轴测图

在 AutoCAD 中,利用等轴测捕捉和正交工具画图是画等轴测图常用的方法(也可以用等轴测捕捉和极轴追踪方式)。在默认情况下,等轴测捕捉处于关闭状态,可以用如下方法将其打开。

(1) 单击菜单【工具】|【绘图设置】,显示【草图设置】对话框,如图 8-2 所示。

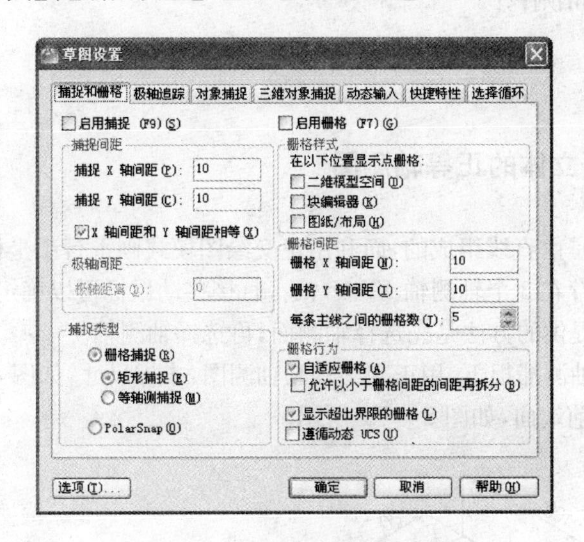

图 8-2 【草图设置】对话框

(2) 在【捕捉和栅格】选项卡中,单击【等轴测捕捉】使其左面的小圆圈中出现小黑点,选中该选项,如图 8-2 所示。

(3) 单击 确定 退出,完成设置。

(4) 为了更清楚地看到设置以后系统的变化,单击屏幕下方状态行上的栅格,显示栅格点,如图 8-3 所示。

从图 8-3 可以看出,此时的栅格点已经变成了沿轴测轴 X_1、Y_1、Z_1 方向分布的点,十字光标也变成了与左轴测面的 Y_1、Z_1 轴测轴平行的直线,说明系统已经进入了等轴测状态。等轴测状态有 3 个轴测面,AutoCAD 用十字光标的形式表示当前正处在哪一个轴测面内,顶轴测面、左轴测面、右轴测面内的十字光标的形式分别为、、。

按【F5】键可以在 3 个轴测面之间切换十字光标的形式。

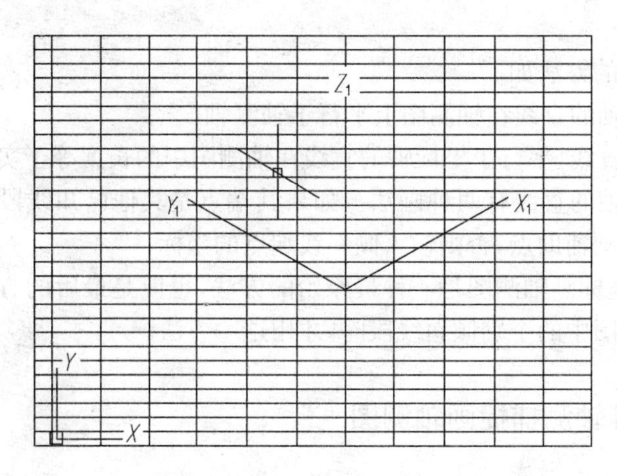

图 8-3　等轴测面栅格点示意图

8.2　绘制正等轴测图

8.2.1　画平面立体的正等轴测图

平面立体大部分是由直线组成的，而利用正交绘图模式画平行于坐标轴的直线非常方便，在等轴测捕捉模式下存在 3 个轴测轴 X_1、Y_1、Z_1，直接移动鼠标可以确定直线平行于哪个坐标轴。AutoCAD 2013 提供的方法是先选择轴测面，再选择轴测轴。

【例 8-1】　在等轴测捕捉下，用正交工具画轴测图，未标尺寸，如图 8-4(a)所示。

先在右轴测面画前端面，如图 8-4(b)所示。

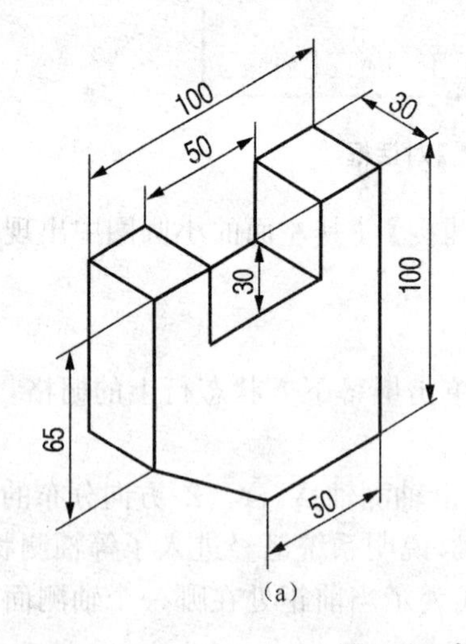

(a)

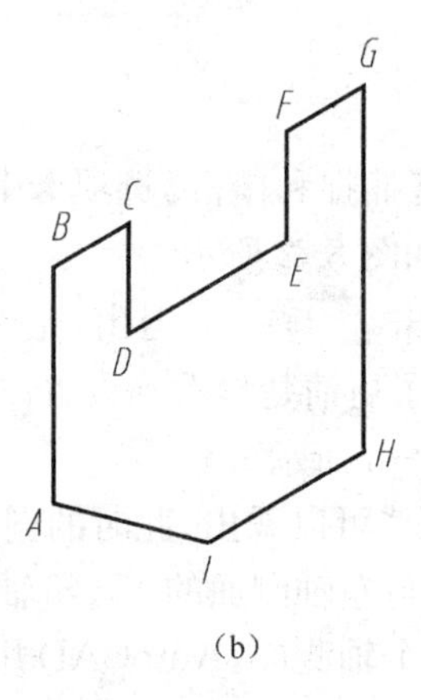

(b)

图 8-4　等轴测捕捉应用例图

(1) 使右轴测面为前端面。

按【F5键】,使十字光标变为 ,将右轴测面设置为当前轴测面。

(2) 打开正交工具 。单击直线按钮 。

命令：_line 指定第一点：(在适当位置单击指定 A 点)

指定下一点或[放弃(U)]:65↙(向上移动鼠标光标,拉出一条与 Z_1 平行的直线并输入 AB 长度)

指定下一点或[放弃(U)]:25 ↙(向右移动鼠标光标,拉出一条与 X_1 平行的直线并输入 BC 长度)

指定下一点或[闭合(C)/放弃(U)]:(同样画 CD、DE、EF、FG、GH、HI)

指定下一点或[闭合(C)/放弃(U)]:C↙(闭合图线(画 IA))

注意:画完端面以后,可以用下面的两种方法完成作图。

① 捕捉端点画长 30 的棱线后,复制后端面中所需图线,指定棱线端点 B 为基点,指定棱线另一端点为第二点,如图 8-5(a)所示。该方法比较简单,请参照本例自己练习。

② 画一条棱线,用复制命令的"复制(M)"选项复制棱线,如图 8-5(b)所示,捕捉端点画后端面,下面用这一方法完成作图。

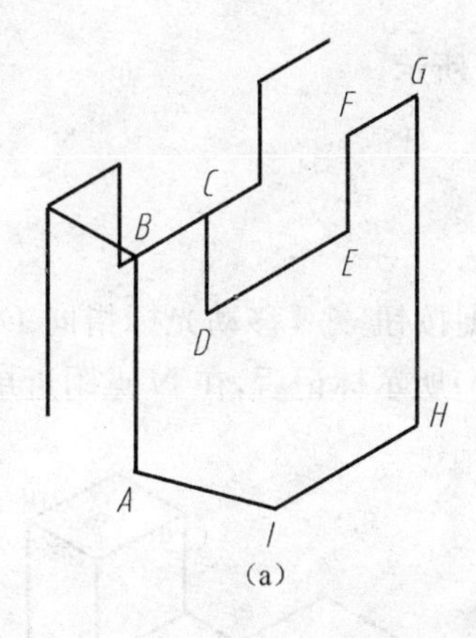

(a)

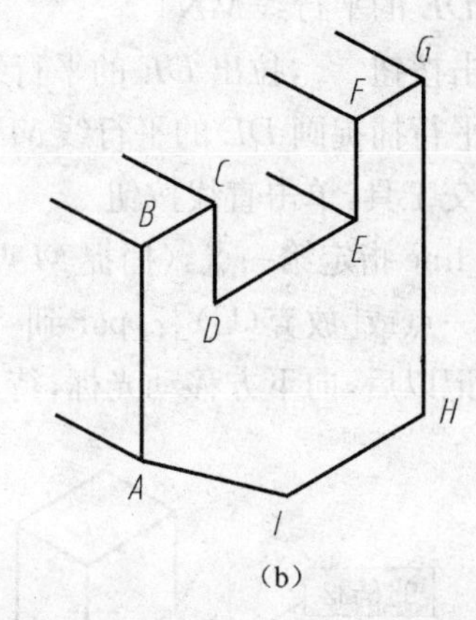

(b)

图 8-5　作图分析

(3) 按【F5】键,使十字光标变为 ,将左轴测面设置为当前轴测面。

(4) 画过 A 点的棱线。单击

命令：_line 指定第一点:(捕捉 A 点)

指定下一点或[放弃(U)]:30↙(向左上方移动鼠标光标,拉出一条与 Y_1 平行的直线,输入棱线长度)

指定下一点或[放弃(U)]:↙(结束命令)

(5) 单击复制按钮 。

命令：_copy

选择对象：找到 1 个(选择过 A 点的棱线)

选择对象:(单击鼠标右键,结束选择)

当前设置：　复制模式＝多个

指定基点或[位移(D)/模式(O)]〈位移〉:(捕捉 A 点)

指定第二个点或[阵列(A)]〈使用第一个点作为位移〉:(依次捕捉 B、C、E、F、G 点)

指定第二个点或[阵列(A)/退出(E)/放弃(U)]〈退出〉:↙ (结束命令)

(6) 捕捉端点,画后端面棱线,如图 8-6(a)所示。

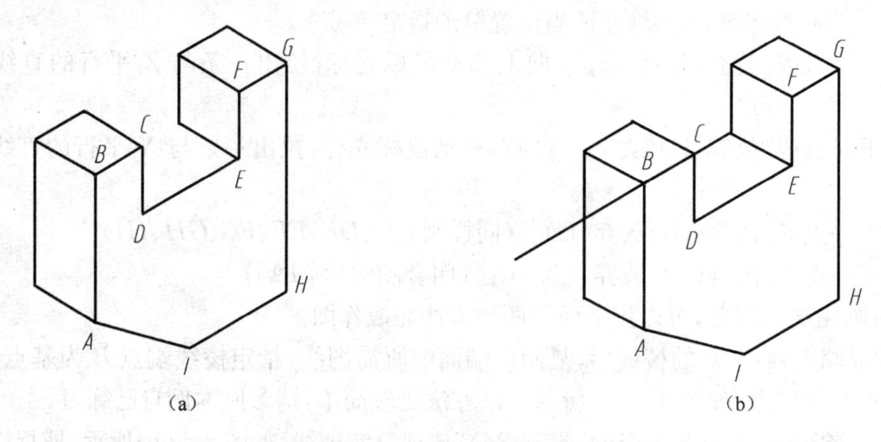

图 8-6 画后端面的棱线和 DE 的平行线

(7) 画 DE 的平行线 MN。

(8) 单击按钮 ,拉出 DE 的平行线,如图 8-6(b)所示。

(9) 用平行捕捉画 DE 的平行线 MN,步骤如下。

关闭正交工具,单击直线按钮

命令: _line 指定第一点:(捕捉 M 点)

指定下一点或[放弃(U)]:_par 到 (单击平行捕捉按钮 ,移动光标指向 DE,待显示平行捕捉标记以后,向下方移动光标,待显示如图 8-7(a)所示标记后,在 N 点附近单击)

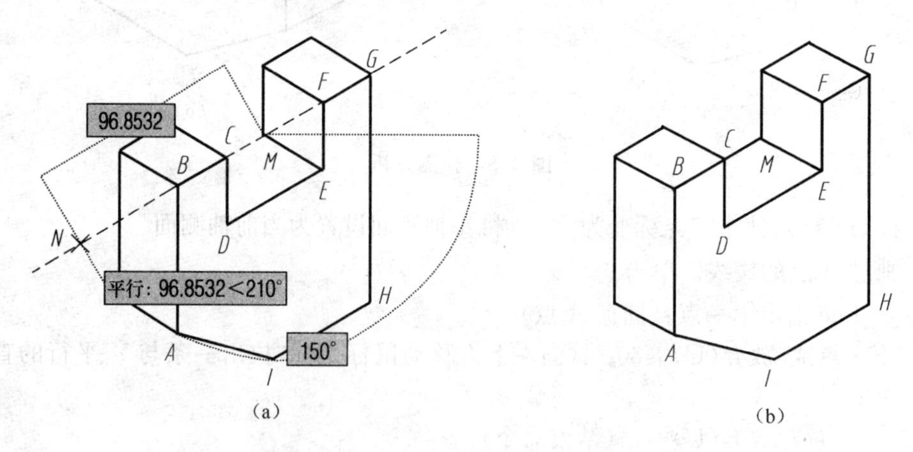

图 8-7 用平行捕捉画 DE 的平行线 MN

(10) 修剪直线完成作图,如图 8-7(b)所示。

在轴测图中,由于尺寸是沿轴测轴方向测量的,如图 8-4(a)所示,偏移命令的偏移距离是两平行线之间的垂直距离。因而,在轴测图中,画平行线不能用偏移命令,要用复制命令或捕捉。

8.2.2 画曲面立体的正等轴测图

曲面立体大部分的投影是圆，而圆的轴测投影是椭圆。在正等轴测图中，不同轴测面内的椭圆是不同的，如图 8-8(a)所示。用 AutoCAD 画圆的正等轴测投影非常简便，只需要选择轴测面，执行画椭圆命令，调用“等轴测圆(I)”选项，指定圆心和半径。

【例 8-2】 画边长为 80 的正方形 3 个表面上的圆的轴测投影，如图 8-8(a)所示。

(1) 画正方形的轴测投影，画对角线，如图 8-8(b)所示。

这个圆的圆心在图 8-8(b)所示的对角连线的交点上。圆直径等于正方体的边长，半径是 40。

(2) 画左轴测面上的椭圆 A。按【F5】键，使十字光标变为 ，将左轴测面设置为当前轴测面。

(3) 单击椭圆按钮 。

命令：_ellipse

指定椭圆轴的端点或[圆弧(A)/中心点(C)/等轴测圆(I)]：I↙

(调用“等轴椭圆(I)”选项，画等轴测椭圆)

指定等轴测圆的圆心：(捕捉 A 点为圆心)

指定等轴测圆的半径或[直径(D)]：40↙(输入半径 40)

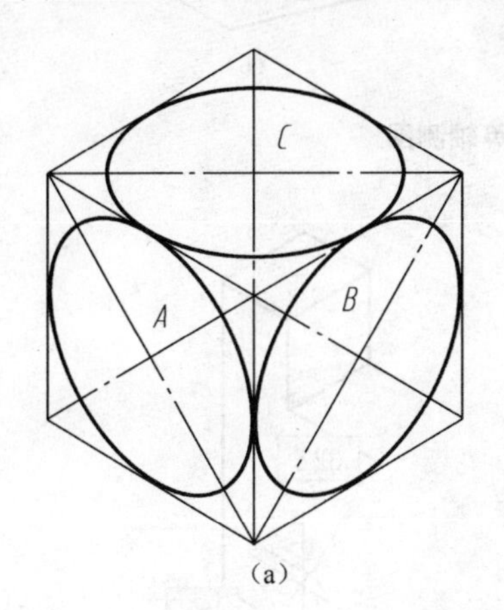

(a)

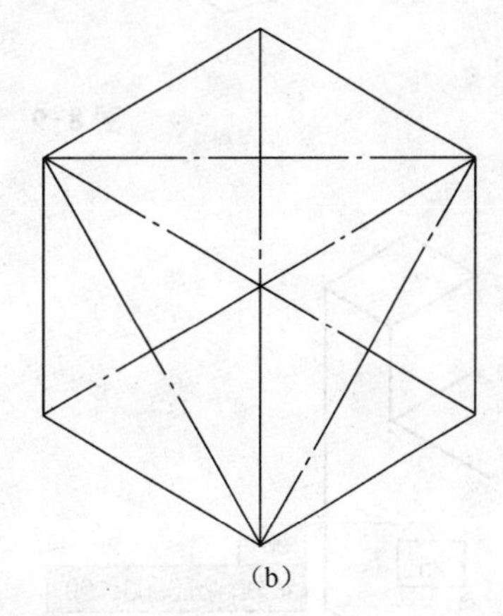
(b)

图 8-8 圆的正等轴测投影

(4) 同样画右轴测面上的椭圆 B，按【F5】键，使十字光标变为 ，将右轴测面设置为当前轴测面；画顶轴测面上的椭圆 C，按【F5】键，使十字光标变为 ，将顶轴测面设置为当前轴测面。

8.2.3 画圆角的正等轴测图

两个端点都是切点的圆弧称为圆角，圆角在正等轴测图的投影是椭圆弧。画椭圆弧的方法是画出椭圆弧所在的椭圆，再剪掉多余的弧段。

【例 8-3】 绘制如图 8-9(a)所示图形，圆弧的半径是 20。

本例通过画辅助线 *BC* 确定椭圆心，方法是用极轴追踪或延伸捕捉确定点 *B*，用极轴追踪画直线 *BC*(*AB*、*BC* 的长度=圆弧半径)。

(1) 设置并打开运行中的对象捕捉，包括端点延伸等捕捉方式；设置并打开极轴追踪，增量角为 30°(在极轴追踪按钮 上，单击鼠标右键，选中 30 即成功设置 30°增量角)。单击直线按钮 。

命令：_line 指定第一点：(从 *A* 点追踪)

指定下一点或[放弃(U)]：20↙(显示如图 8-10(a)所示追踪标记后，输入 *AB* 长度 20)

指定下一点或[放弃(U)]：20↙(向左下方移动鼠标光标，显示如图 8-10(b)所示追踪标记后，输入 *AB* 长度 20)

指定下一点或[闭合(C)/放弃(U)]：↙(结束命令)

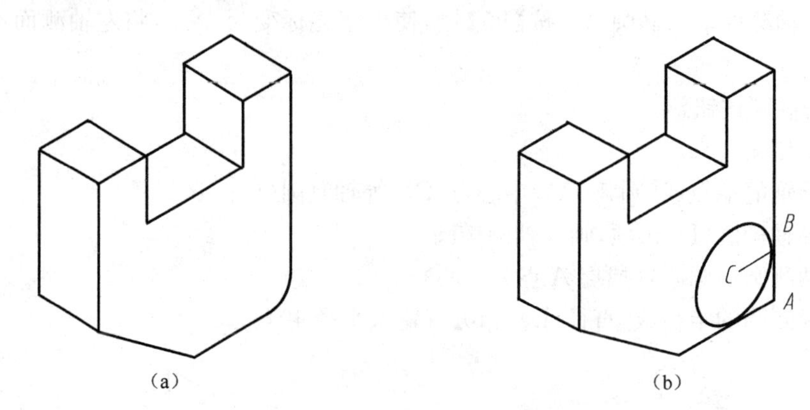

图 8-9　画圆角的正等轴测图

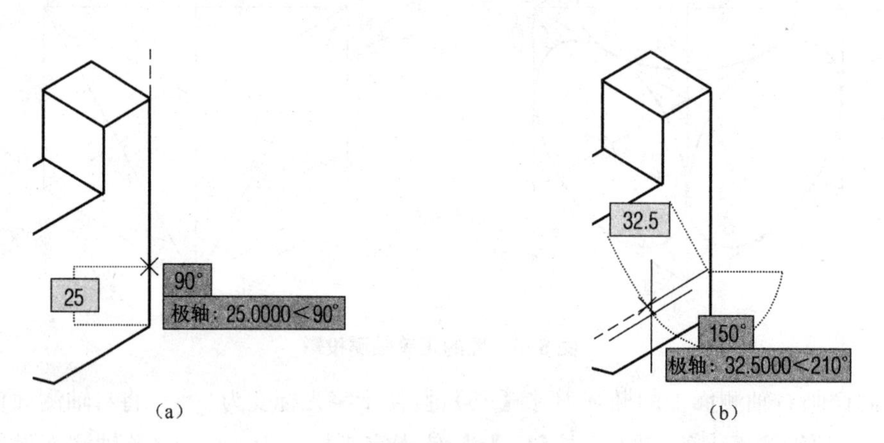

图 8-10　追踪标记

(2) 画右轴测面上的椭圆，如图 8-9(b)所示。

按【F5】键，使十字光标变为 ，将右轴测面设置为当前轴测面。

单击椭圆按钮

命令：_ellipse

指定椭圆轴的端点或[圆弧(A)/中心点(C)/等轴测圆(I)]：I↙

(调用"等轴椭圆(Ⅰ)"选项)

指定等轴测圆的圆心:(捕捉 C 点)

指定等轴测圆的半径或[直径(D)]:20↙(输入半径 20)

(3) 删除 AB、BC,修剪图线,完成作图。

8.3 注写轴测图文字

在轴测图上注写的文字要倾斜 30°或−30°,使它们看起来像贴在轴测面上一样,富有立体感,如图 8-11 所示。

在轴测图上,各轴测面上文字字头的倾斜规律如下。

(1) 在左轴测图上,倾斜−30°。

(2) 在右轴测图上,倾斜 30°。

(3) 在顶轴测图上,平行于 X 轴的文本倾斜 30°。

(4) 在顶轴测图上,平行于 Y 轴的文本倾斜−30°。

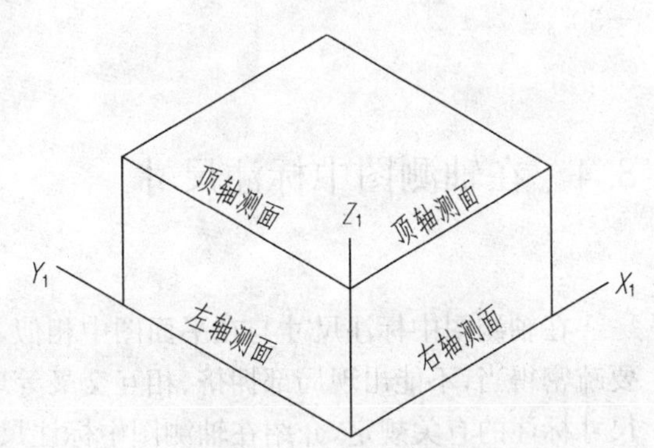

图 8-11 轴测图上的文本

为了避免以后标注文本时,每一次都要进行 30°或−30°的分析和选择,最好建立 4 种与轴测面相对应的文本样式,分别取名为左、右、顶-X、顶-Y,分别用来在左轴测面、右轴测面、顶轴测面上平行于 X 轴方向、顶轴测面上平行于 Y 轴方向注写文本。

【例 8-4】 建立"左"文本样式,倾角为−30°,用于在左轴测面上注写文本。

(1) 执行【菜单】→【文字样式】,显示【文字样式】对话框。

(2) 单击 新建(N)... 按钮,显示【新建文字样式】对话框,在【样式名】文本框中输入样式名称"左",单击 确定 ,返回【文字样式】对话框。

(3) 从【字体名】下拉列表中选择"仿宋_GB2312"。

(4) 在【高度】文本框中输入文本高度"0";【宽度比例】文本框中,保留默认值 1。

(5) 在【倾斜角度】文本框中,输入"−30",单击 应用(A) 完成设置。

(6) 单击 关闭(C) 按钮,退出【文字样式】对话框,完成设置。

说明:用户可以用同样的方法建立其他 3 种文字样式。

【例 8-5】 输入如图 8-11 所示的文字。

(1) 画一个适当大小的矩形的等轴测图,如图 8-11 所示。

(2) 注写左轴测面上的文字。

命令: DTEXT↙(输入单行文本命令的简化输入形式 DT,选择命令 DTEXT)

当前文字样式: "Standard",文字高度:10.0000,注释性:否

指定文字的起点或[对正(J)/样式(S)]: S↙

(调用"样式(S)"选项,选择文本样式)

输入样式名或[?]〈Standard〉:左↙

(输入所选文本样式的名称)

当前文字样式:"左",文字高度:10.0000,注释性:否

指定文字的起点或[对正(J)/样式(S)]:

(在适当位置单击,指定文本的起点)

指定文字的旋转角度〈0〉:-30↙(输入旋转角度,回车后,输入文字)

(3) 同样输入右轴测面上的文字。选择文字样式"右",输入时文字的旋转角度为 30°。

(4) 输入顶轴测面上与 X_1 平行的文字,选择文字样式"顶- X",输入时文字的旋转角度为 30°。

(5) 输入顶轴测面上与 Y_1 平行的文字,选择文字样式"顶- Y",输入时文字的旋转角度为 -30°。

8.4 在轴测图中标注尺寸

在轴测图中标注尺寸与在平面图中相似,也要做到标注的尺寸清晰、齐全、正确,整体布局要疏密得当,不能出现局部拥挤、相互交叉等现象。本节结合《工程制图》国家标准中关于轴测尺寸标注的有关规定,介绍在轴测图中标注尺寸的一般方法和应用实例。

AutoCAD 没有提供专门用来标注轴测图尺寸的命令,只能用标注平面图形尺寸的命令进行标注,这就需要将尺寸线、尺寸界线、标注文本倾斜某一角度,使它们与相应的轴测平行。

1) 关于轴测图中标注线性尺寸的说明

按照国标规定,轴测图中的线性尺寸一般应沿轴测轴的方向标注,尺寸数字应当按照相应的轴测面标注在尺寸线的上方,尺寸线必须和所标注的线段平行,尺寸界线一般应平行于某一轴测轴。当图形中出现向下的字头时,应当引出标注,将数字按水平位置注写,如图 8-12 所示。

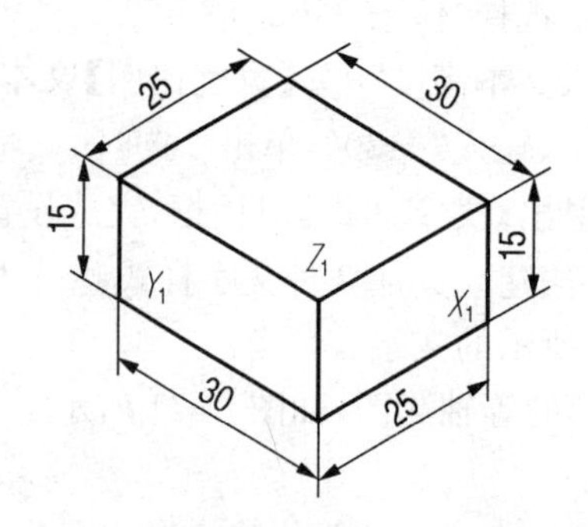

图 8-12 标注尺寸的基本规定

从图 8-12 所示中可以看出,尺寸界线与轴测轴平行;尺寸数字与尺寸线倾斜 30°或-30°,且具有以下规律。

(1) 在左轴测图上,倾斜−30°。

(2) 在右轴测图上,倾斜 30°。

(3) 在顶轴测图上,平行于 X 轴的文本倾斜 30°。

(4) 在顶轴测图上,平行于 Y 轴的文本倾斜−30°。

由于在轴测图中,线性尺寸数值是沿轴测轴方向测量的,所以一般用对齐标注命令标注尺寸,铅垂线(与 Z_1 轴平行)的尺寸还可以用线性标注命令标注。用这两个命令标注的尺寸,需要调整尺寸数字的字头方向,使之与尺寸界线平行。

2) 正等轴测图尺寸标注步骤

(1) 新建两个文字样式,分别取名为"30°"和"−30°",新建样式时,分别在【文字样式】对话框的【倾斜角度】文本框中输入 30°和−30°,其他与以前建立的"文字"样式相同。

(2) 在【机械图标注样式】的基础上,新建两个标注样式,分别取名为"30°"和"−30°"。新建标注样式时,分别在【新建】对话框中的【文字】选项卡中,从【文字样式】下拉列表中选择文字样式"30°""−30°",改【文字对齐】为"ISO 标准"。

(3) 使"30°"标注样式为当前样式,用对齐标注命令 标注尺寸,如图 8-13(a)所示。

(4) 用编辑标注命令 的【倾斜(O)】选项将尺寸界线分别旋转如下角度,如图 8-13(b)所示。

(5) 用编辑标注文字命令 调整尺寸线与尺寸数字的位置;使"−30°"尺寸样式为当前样式,用标注更新命令 ,将尺寸数字倾斜方向不合要求的尺寸改为当前样式"−30°",使之符合要求,如图 8-13(b)所示。

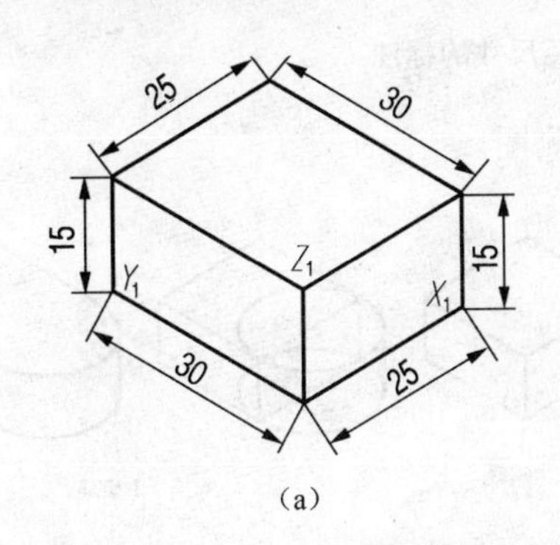

(a)

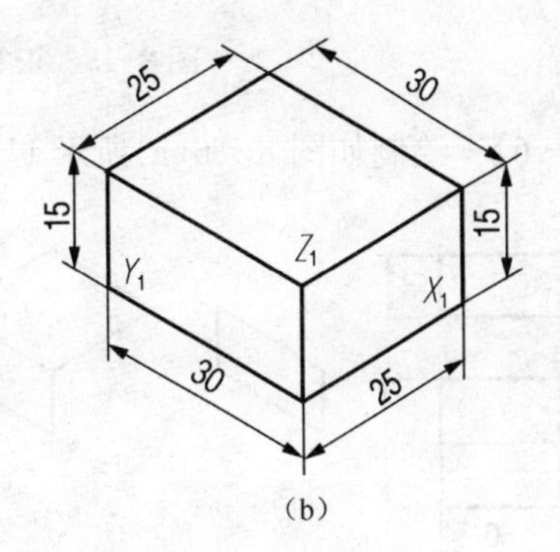

(b)

图 8-13 正等轴测图尺寸标注方法分析

3) 正等轴测图上标注直径与半径

标注圆的直径时,尺寸线和尺寸界线应当分别平行于圆所在平面的轴测轴。标注圆弧半径和较小圆的直径时,尺寸线可以从(或通过)圆心引出标注,但注写数字的横线必须平行于轴测轴。

在轴测图中,圆、圆弧已经变成了椭圆、椭圆弧,因而不能用直径命令、半径命令标注直径和半径尺寸,可以按下述方法标注这种尺寸。

(1) 直径标注的方法。首先以椭圆的中心为圆心,适当长为半径,画一个圆,与椭圆相交于 A 点,如图 8-14(a)所示;然后标注圆的直径,箭头尽量靠近 A 点,如图 8-14(b)所示;最后用 ED 命令修改尺寸,并删除标记 A 和辅助圆,得到直径的标注,如图 8-14(c)所示。

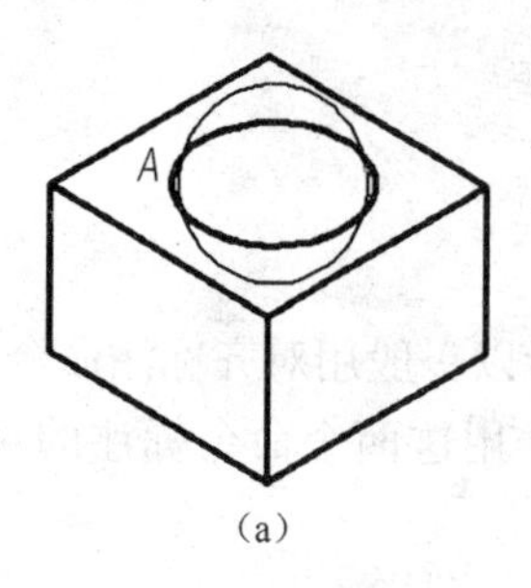

(a)

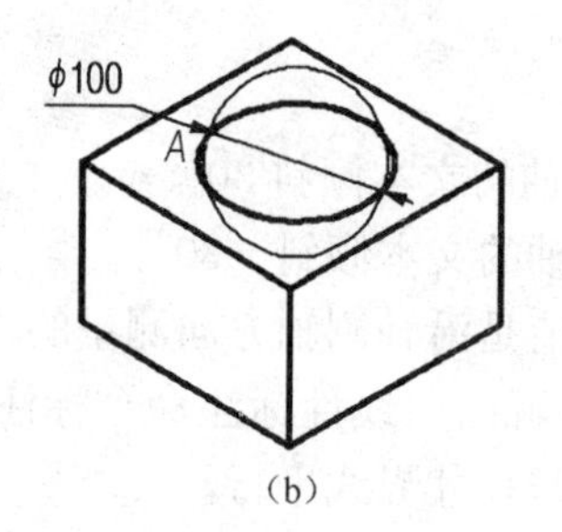

(b)

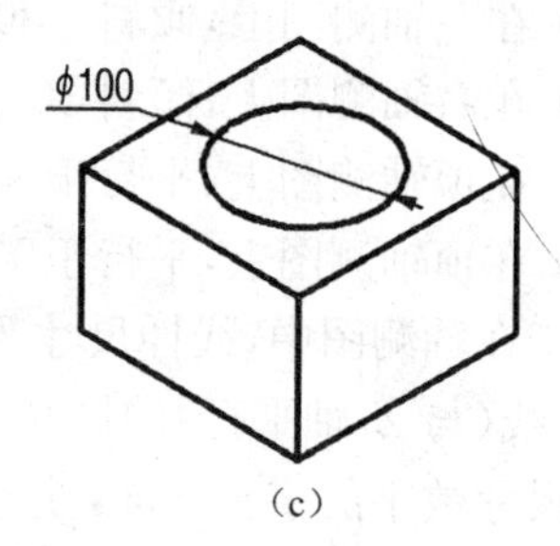

(c)

图 8-14　正等轴测图直径尺寸的标注

(2) 半径标注的方法。首先以椭圆的中心为圆心，适当长为半径，画一个圆，与椭圆相交于 A 点，如图 8-15(a)所示；然后标注圆的半径，箭头尽量靠近 A 点，如图 8-15(b)所示；最后用 ED 命令修改尺寸，并删除标记 A 和辅助圆，得到半径的标注，如图 8-15(c)所示。

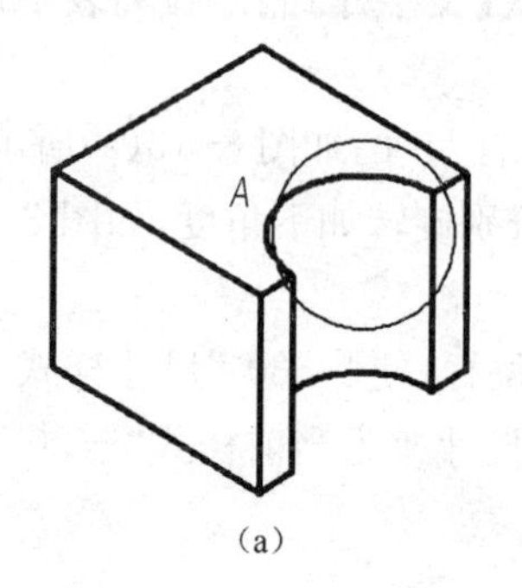

(a)

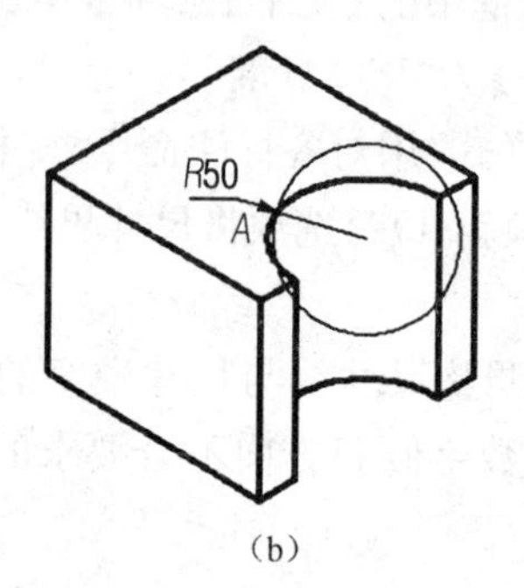

(b)

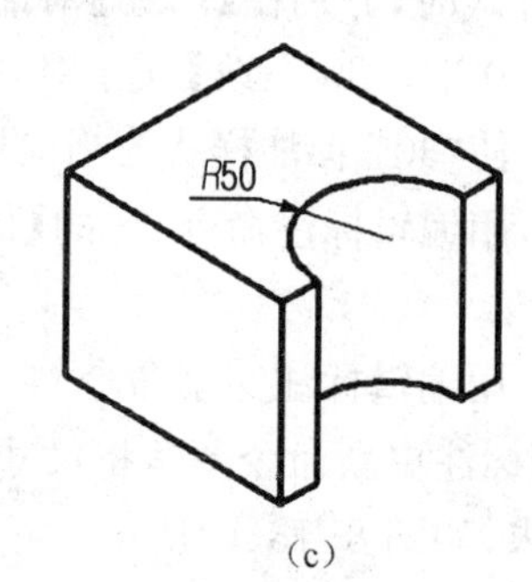

(c)

图 8-15　正等轴测图半径尺寸的标注

【例 8-6】 绘制如图 8-16(a)所示 U 形板的轴测图。

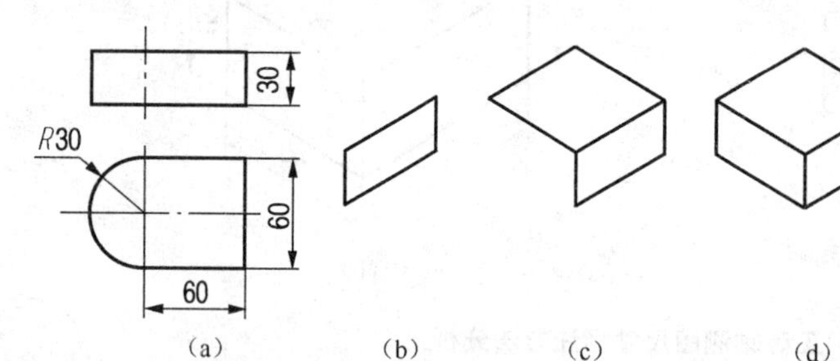

(a)　(b)

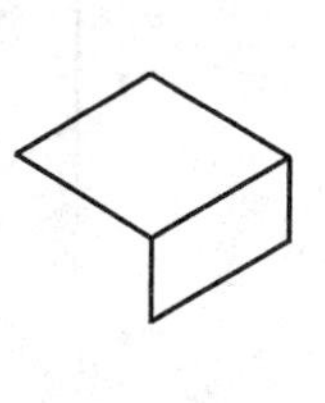
(c)

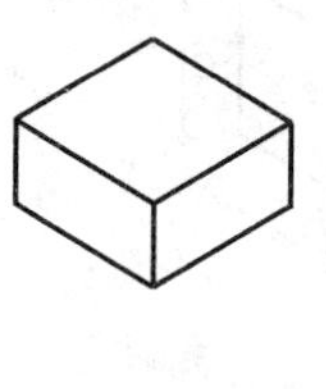
(d)

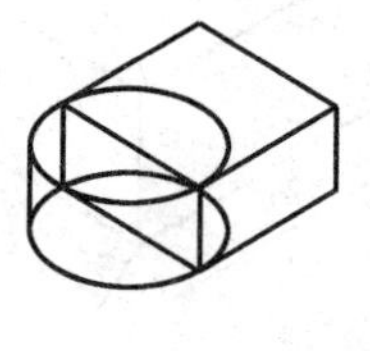
(e)

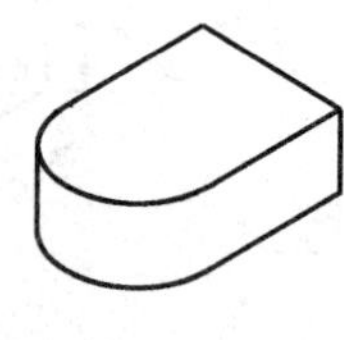
(f)

图 8-16　U 形板

(1) 画 U 形板的右面轴测投影，如图 8-16(b)所示。

按【F5】键，使十字光标变为 ，将右轴测面设置为当前轴测面。在绘图工具栏中，单击直线按钮，根据三视图中所给尺寸绘制 U 形板的右面轴测投影。

(2) 画 U 形板的上面轴测投影，如图 8-16(c)所示。

按【F5】键，使十字光标变为 ，将顶轴测面设置为当前轴测面。在绘图工具栏中，单击直线按钮，根据三视图中所给尺寸绘制 U 形板的上面轴测投影。

(3) 画 U 形板的左面轴测投影，如图 8-16(d)所示。

按【F5】键，使十字光标变为 ，将左轴测面设置为当前轴测面。在绘图工具栏中，单击直线按钮，根据三视图中所给尺寸绘制 U 形板的左面轴测投影。

(4) 单击椭圆按钮 ，拾取 U 形板上表面棱线的中心作为圆心，绘制一个半径为 30 的等轴测圆，如图 8-16(e)所示。

命令：_ellipse

指定椭圆轴的端点或[圆弧(A)/中心点(C)/等轴测圆(I)]：I↙

(调用“等轴椭圆(I)”选项，画等轴测椭圆)

指定等轴测圆的圆心：(捕捉点为圆心)

指定等轴测圆的半径或[直径(D)]：30↙(输入半径 30)

(5) 同样的方法画 U 形板下表面的等轴测椭圆。

(6) 修剪直线完成作图，如图 8-16(f)所示。

【例 8-7】 绘制如图 8-17 所示的零件轴测图。

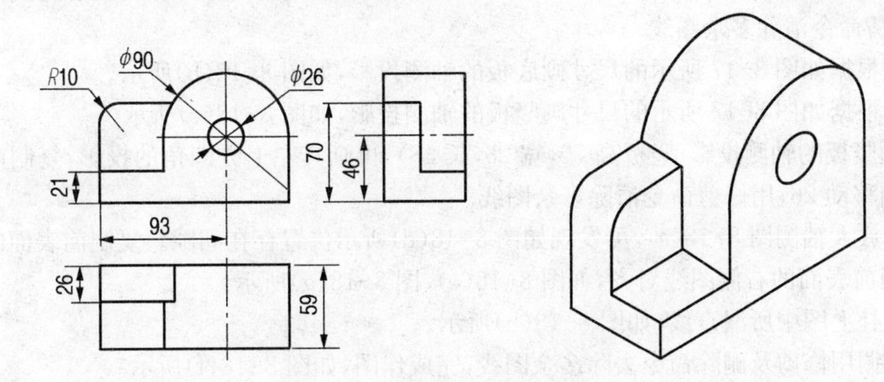

图 8-17　零件的三视图及其轴测图

(1) 画 U 形块的轴测投影，如图 8-18(a)所示。

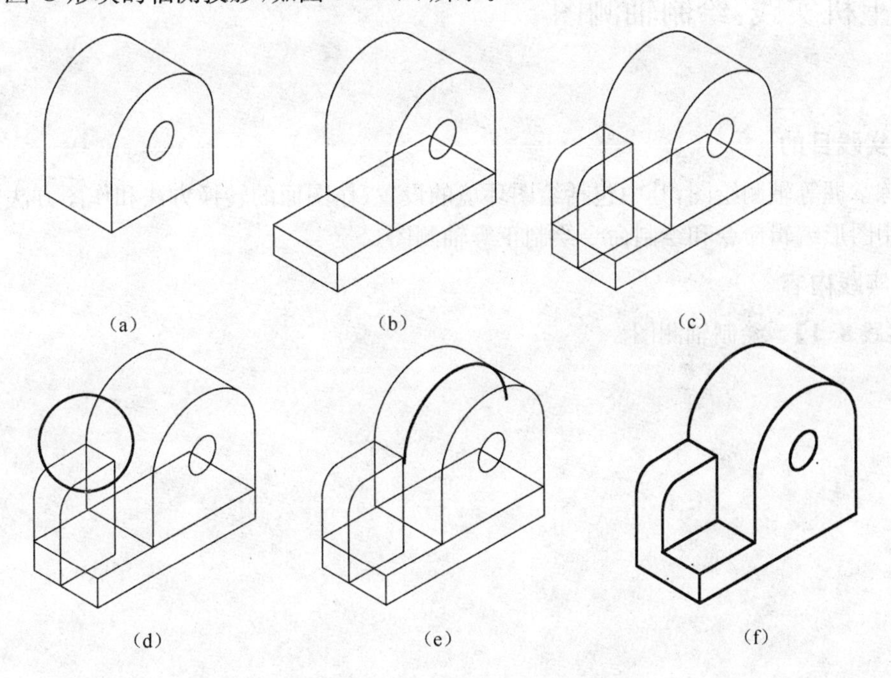

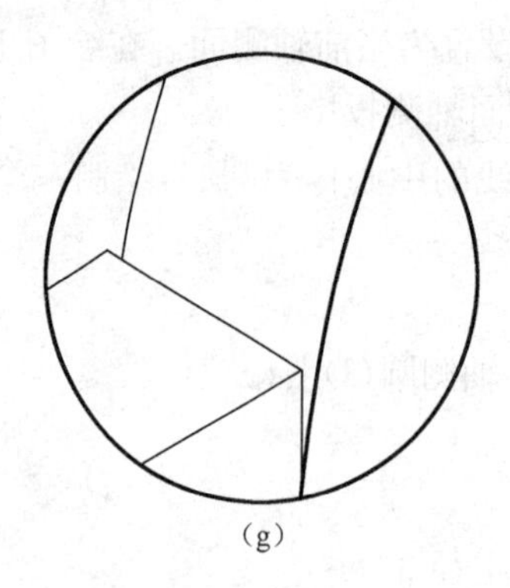

(g)

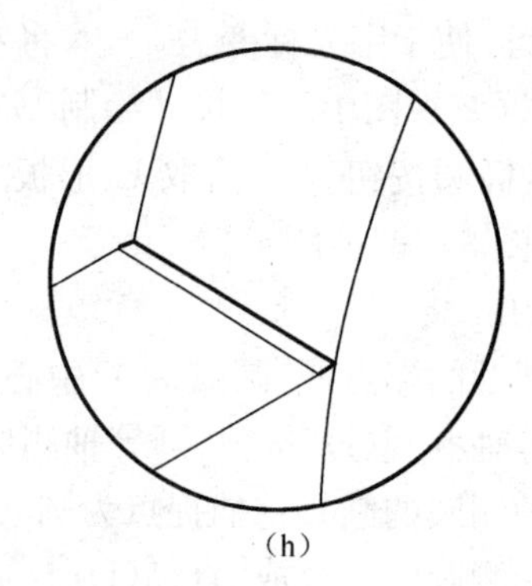

(h)

图 8-18　轴测图的作图分析及绘制过程

在轴测投影绘图模式下打开正交,按【F5】键,使十字光标变为 ，将右轴测面设置为当前轴测面。根据如图 8-17 所示的尺寸画 U 形块前表面的投影,复制前表面沿宽度方向移动 59,用修剪命令清除多余图线。

(2) 根据如图 8-17 所示的尺寸画底板的轴测投影,如图 8-18(b)所示。

(3) 根据如图 8-17 所示的尺寸画竖板的轴测投影,如图 8-18(c)所示。

先画竖板的轴测投影(竖板高 70,宽 26,长 48),再画其左上方圆角的投影,复制前表面沿宽度方向移动 26,用修剪命令清除多余图线。

(4) 放大轴测图 8-18(c),可发现如图 8-18(d)所示位置存在间隙。复制前表面的半圆图线与竖板前表面的右侧图线对齐,如图 8-18(e)、图 8-18(g)所示。

(5) 补上图中所漏直线,如图 8-18(h)所示。

(6) 调用修剪及删除命令去除多余图线,完成作图,如图 8-18(f)所示。

8.5　上机实践:绘制轴测图

1) 实践目的

熟练掌握等轴测绘图,其中包括绘图环境的设置、作图面的转换方法和作图方法等。能够综合利用图形编辑命令和绘制命令绘制正等轴测图。

2) 实践内容

【实践 8-1】 绘制轴测图。

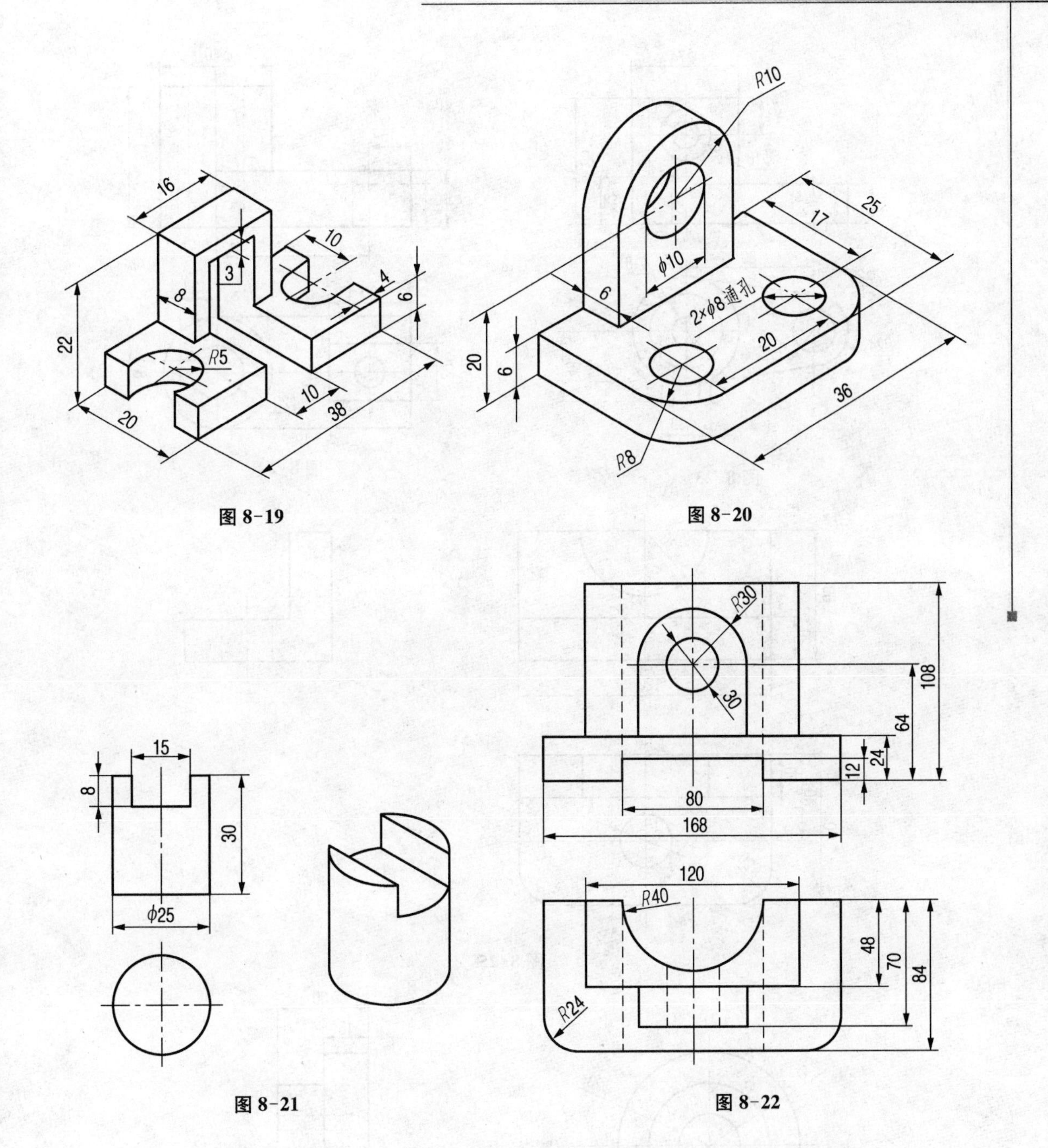

图 8-19

图 8-20

图 8-21

图 8-22

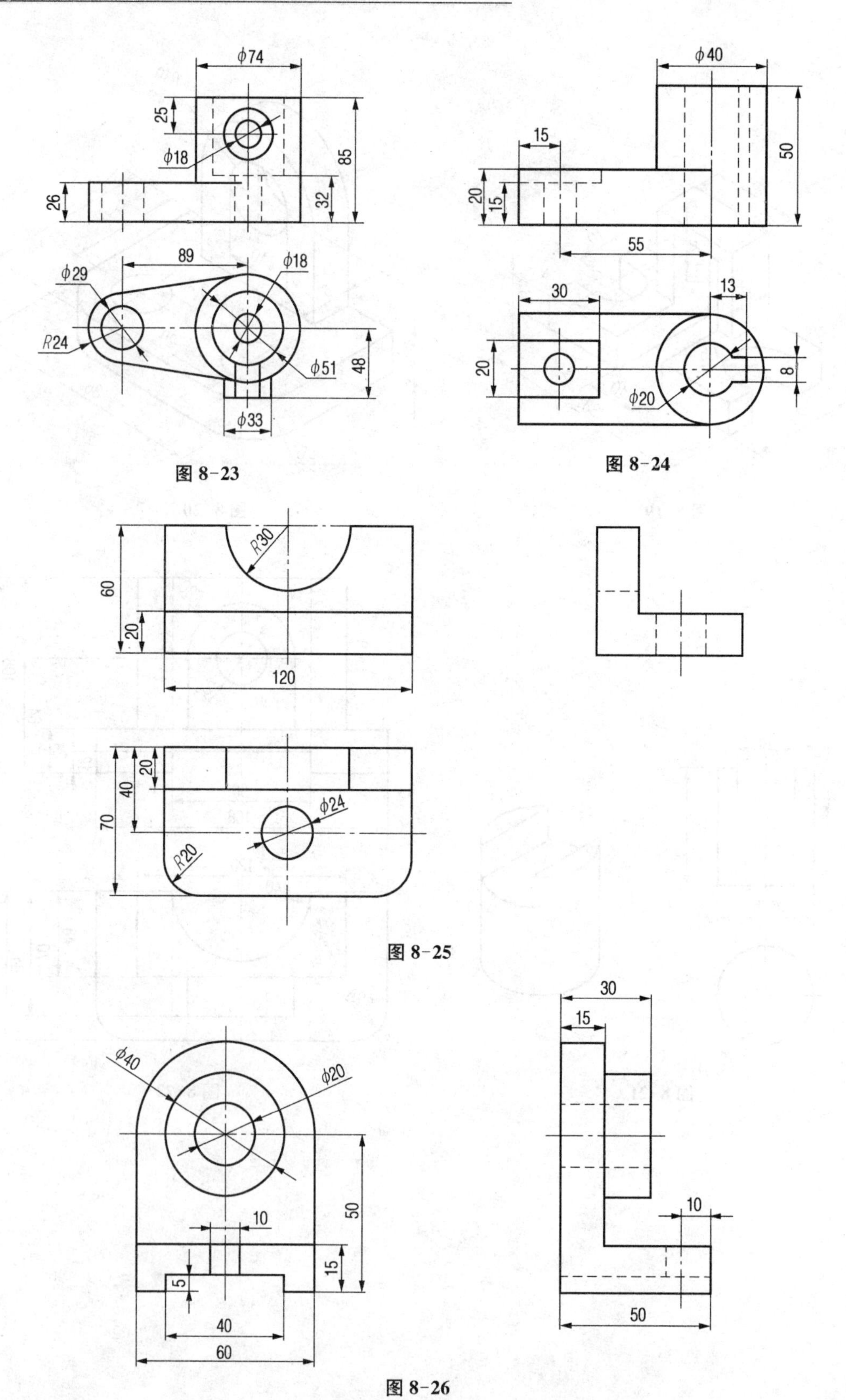

图 8-23

图 8-24

图 8-25

图 8-26

9 装配图实践

AutoCAD 2013 没有提供绘制装配图的专用命令。画装配图一般有如下两种方法。

(1) 直接画装配图。就是按手工画装配图的作图顺序，依次绘制各组成零件在装配图中的投影。为了方便作图，在画图时，应当将不同的零件画在不同的图层上，以便关闭或冻结某些图层，简化画面。由于不能编辑在关闭或冻结的图层上的图线，在进行“移动”等编辑操作以前，要先打开、解冻相应的图层。

(2) 拼装法画装配图。就是先画出零件图，再将零件图定义为图块文件，用插入图块的方法拼接装配图。拼接装配图的要点是定义图块时选择合理的定位基准，修剪插入后被遮挡的图线。

本章学习目标

➢ 了解 AutoCAD 2013 装配图的基本画法；

➢ 熟练掌握零件的装配技巧；

➢ 学会对装配图各个零件的修改。

由于直接画装配图用得较少，与画零件图相比，也没有多少特别的内容。本章用拼接法画如图 9-1 所示的定位器装配图。

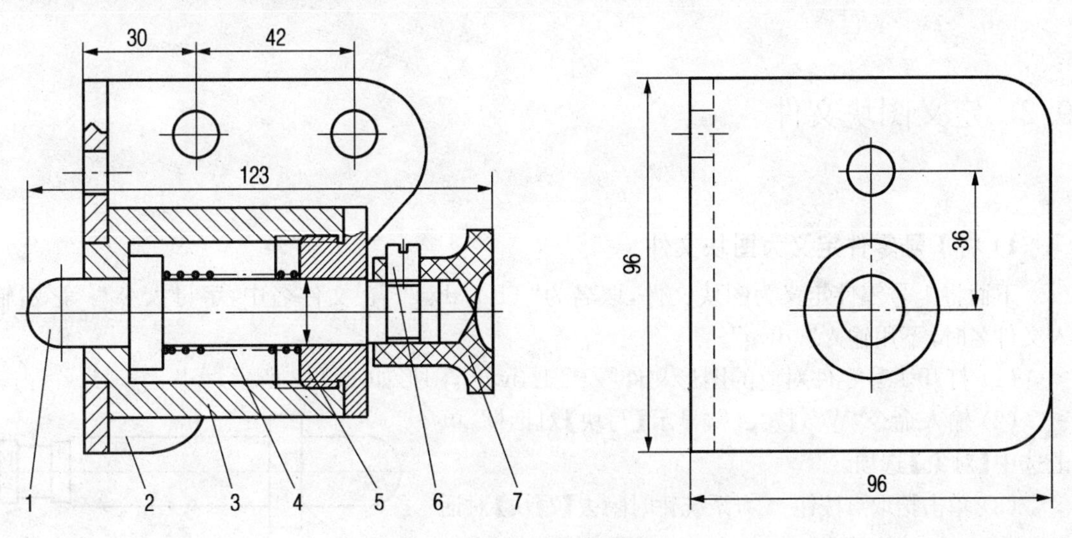

图 9-1　定位器的装配图

对于图 9-1 所示的装配图，需要用到画装配图的所有技巧；需要将插入的零件图进行多方面的调整，包括插入的比例、插入基点、弹簧的长度、螺纹连接处的图线、零件的剖面线、某些零件的表达方案等；需要处理重叠的图线；需要综合分析或多次修剪被多个零件遮挡的零件中的图线，还包括标注序号、尺寸、技术要求等方面的内容。

如果画装配图时，所有零件的形状和大小都已确定，可以先画出全部零件图，最后拼装成装配图。对于设计人员，需要通过画装配图最后确定某些零件的个别结构或尺寸，可以将画零件图与画装配图交叉进行，边画零件边组装，发现问题后及时修改。

9.1 画图前的准备工作

画图前主要做如下几个方面的准备工作。

(1) 熟悉所画机器或部件。装配图一般都比较复杂，与手工画图相同，画图前要先熟悉机器或部件的工作原理、零件的形状、连接关系等。

(2) 选择表达方案，即确定视图。

(3) 确定拼装顺序。在装配图中，将一条轴线称为一条装配干线，在如图 9-1 所示的定位器装配图中，所有零件装在一条轴线上，只有一条装配干线。画装配图要以装配干线为单元进行拼装。当装配图中有多条装配干线时，先拼装主要装配干线，再拼装其他装配干线，有关视图一起进行。同一装配干线上的零件按定位关系确定拼装顺序，如图 9-1 所示装配图，可以将除 2 号零件以外的其他零件定义为图块文件，插入到 2 号零件图中，先插入 3 号零件，再插入 1 号、5 号、4 号、7 号、6 号零件。

(4) 将零件图定义为图块文件。

(5) 分析零件的遮挡关系，由于在装配图中一般不画虚线，要分清各零件的遮挡关系，剪掉被遮挡的图线。画图以前要尽量分析得详尽一些，边拼装边细化。

9.2 定义图块文件

1) 将 1 号零件定义为图块文件

下面将 1 号零件定义为图块文件，取名为“TK1. dwg”，在文件名中，字母大小写等效，输入文件名时，不用输入“. dwg”。

(1) 打开 1 号零件对应的图形文件“ZPT1. dwg”，图形如图 9-2 所示。

(2) 输入命令“W”，按“↙”，显示【写块】对话框，单击选中【对象】选项。

(3) 单击拾取点按钮 ，系统暂时隐去【写块】对话框，捕捉 A 点为图块基准点，系统又返回【写块】对话框。

提示：选择插入图块时的定位点作为基准点。

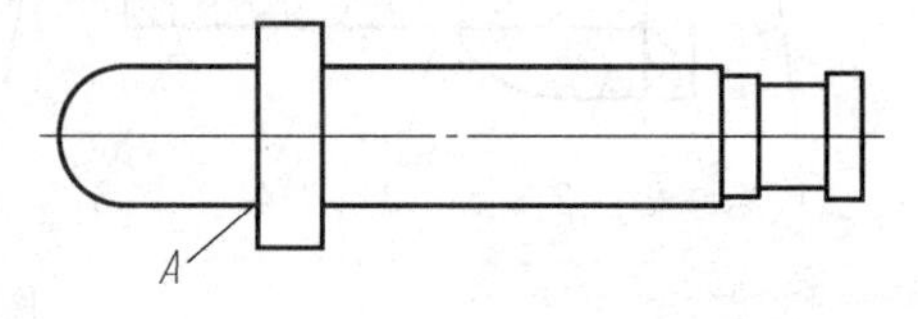

图 9-2 图形文件“ZPT1. dwg”

(4) 单击选择对象按钮 ，系统再一次隐去【写块】对话框，用窗口方式选择全部图形(不包括字母 A 和标注 A 的引线)，选择完对象以后，系统返回到【写块】对话框。

(5) 在【文件名】文本框中输入文件名“TK1”,从【位置】下拉列表中选择存放文件的文件夹,设置结果如图 9-3 所示。

图 9-3 设置结果

2) 将其他零件定义为图块文件

用拼装法画装配图,如果零件图中有多个视图,要将画装配图能用到的视图分别定义为图块文件。

同样按上述方法分别打开其他零件对应的图形文件,将它们定义为图块文件。3 号、4 号、5 号、6 号、7 号零件分别取名为 TK3、TK4、TK5、TK6、TK7,各零件的基准点都取在 A 点,如图 9-4 所示。

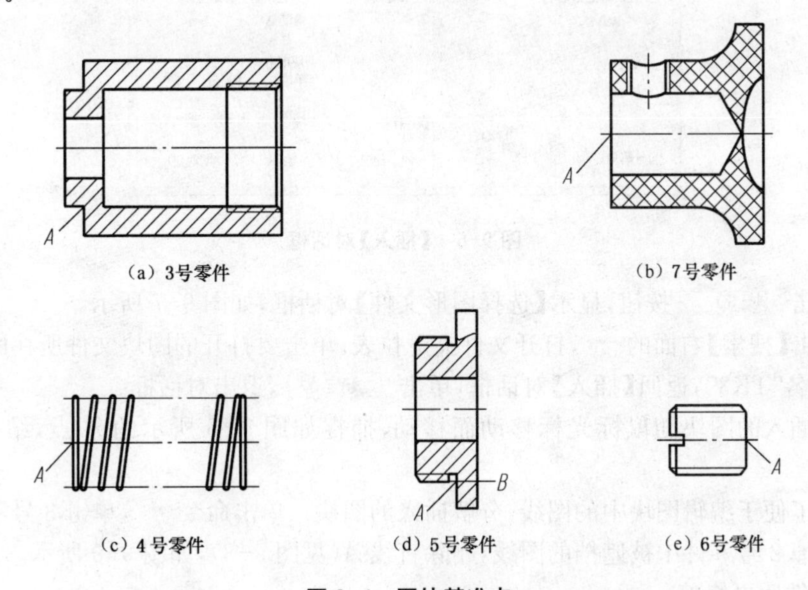

图 9-4 图块基准点

9.3　拼装法画装配图

下面用拼装法画装配图。将上述定义的图块文件插入到 2 号零件所在图形文件中。

1）插入 3 号零件

（1）打开 2 号零件对应的文件“ZPT2.dwg”，图形如图 9-5 所示。

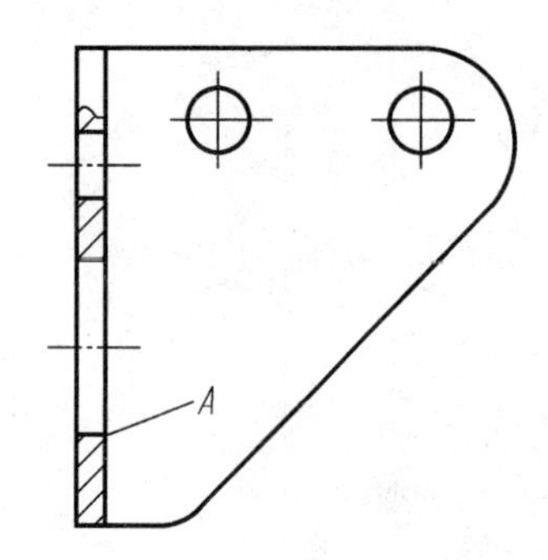

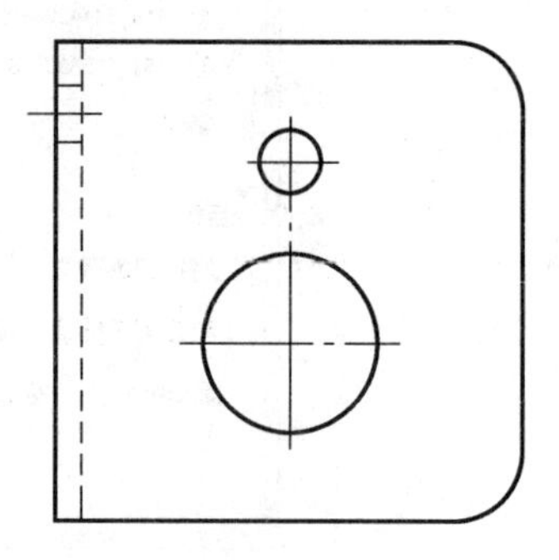

图 9-5　支架

（2）为了便于捕捉插入点，关闭“剖面线”层。

（3）单击插入图块按钮 ，显示【插入】对话框，如图 9-6 所示。

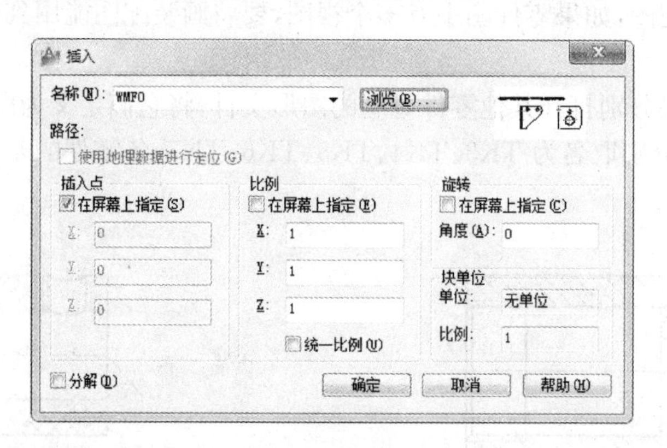

图 9-6　【插入】对话框

（4）单击 浏览(B)... 按钮，显示【选择图形文件】对话框，如图 9-7 所示。

（5）单击【搜索】右面的 ，打开文件夹下拉表，单击要打开的图块文件所在的文件夹，双击图块文件名“TK3”，返回【插入】对话框，单击 确定 ，退出对话框。

（6）刚插入的图块随鼠标光标移动而移动，捕捉如图 9-5 所示的 *A* 点，结果如图 9-8 所示。

（7）为了便于编辑图块中的图线，分解插入的图块。单击命令 ，单击 3 号零件。

（8）去掉 2 号零件中被遮挡的图线，删除直线 *A*（见图 9-8），如图 9-9 所示。直线 *B* 可以插入后续零件后再修剪。

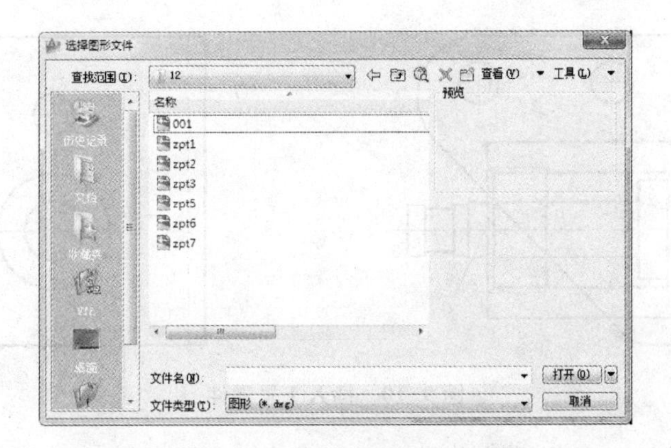

图 9-7 【选择图形文件】对话框

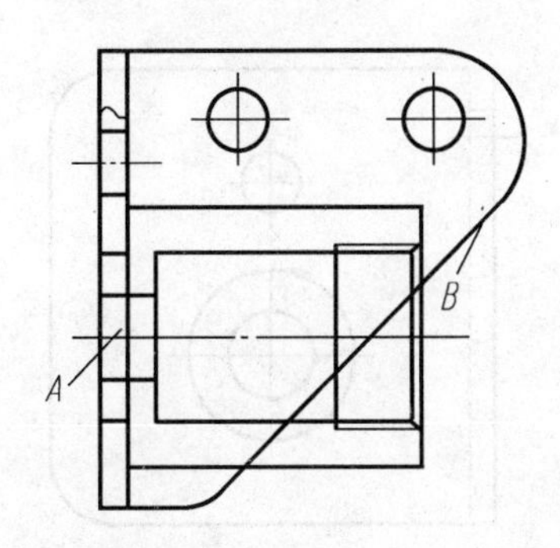

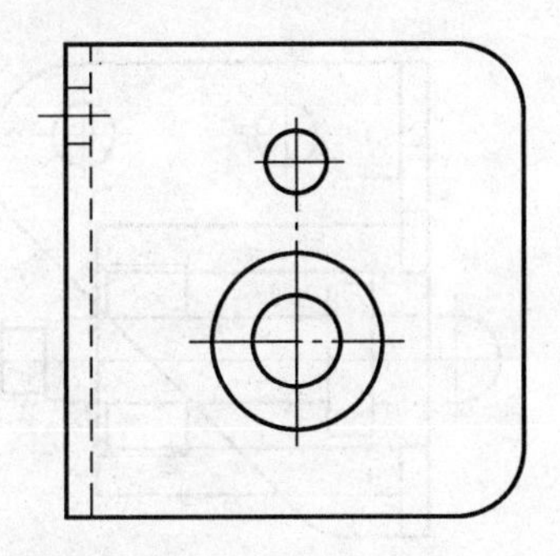

图 9-8 插入 3 号零件

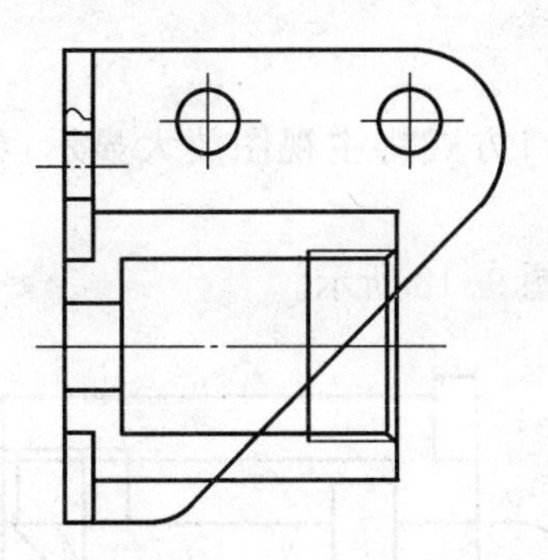
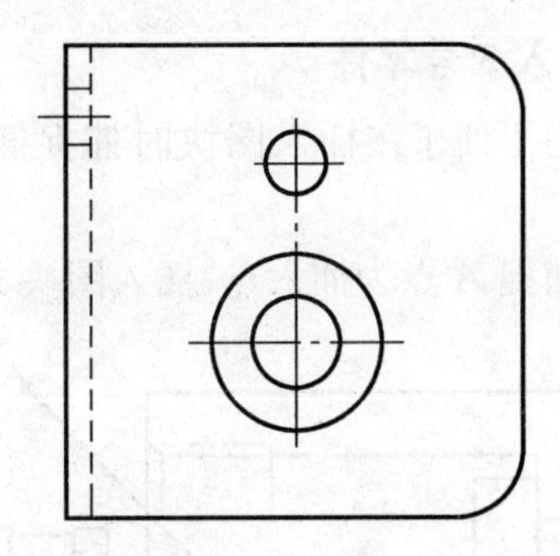

图 9-9 修剪结果

提示：修剪时，可以用窗口方式放大显示图形，修剪完后，单击 按钮，返回前一显示状态。由于图形是按 1∶1 绘制的，不说明时，插入比例都是 1。

2）插入 1 号零件

(1) 单击插入图块按钮 ，插入 1 号零件定义的图块文件“TK1”，捕捉 *A* 点作为插入点，如图 9-10 所示。

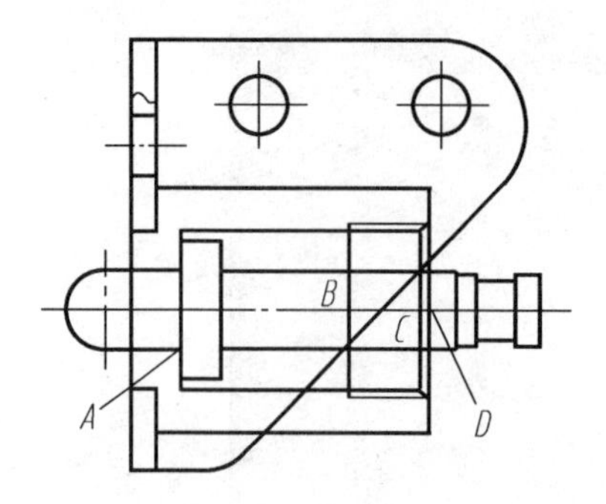

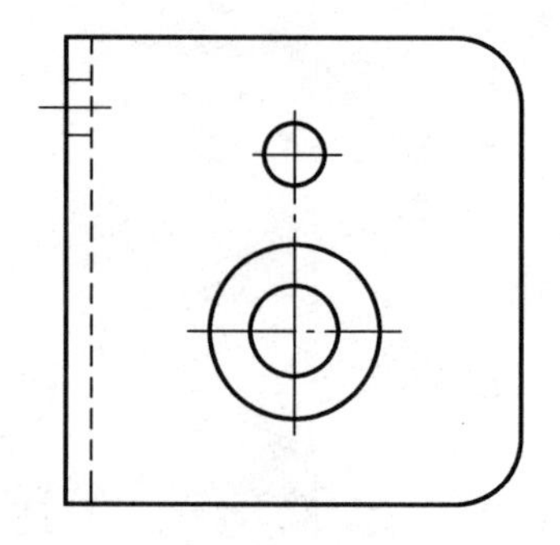

图 9-10　插入 1 号零件

(2) 分解刚插入的图块，修剪掉 2 号、3 号零件中被遮挡的直线 B、C，如图 9-11 所示。直线 D 可以插入 5 号零件以后再修剪。

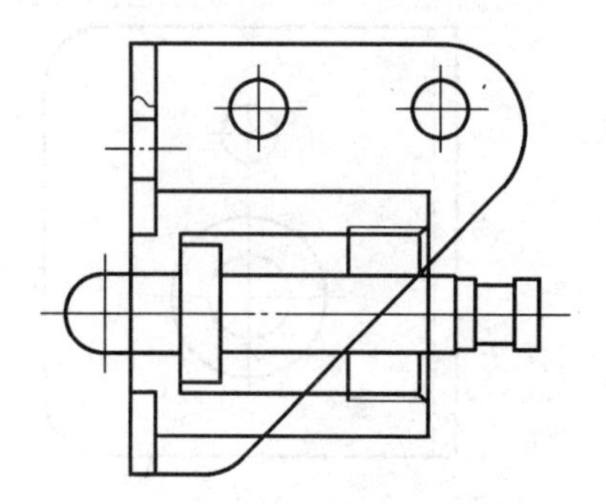
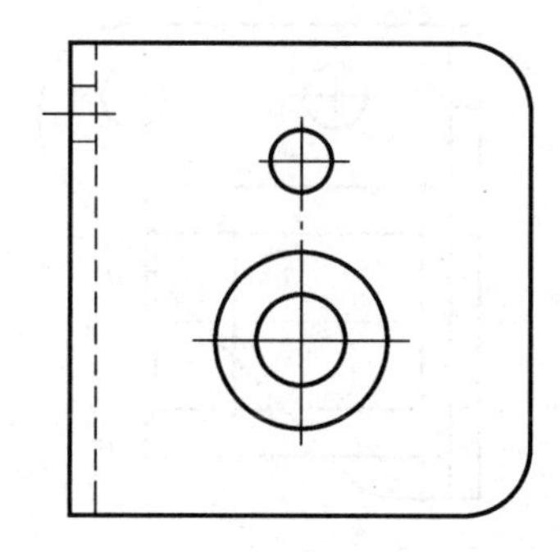

图 9-11　修剪结果

3）插入 5 号零件

(1) 为了便于在插入图块时捕捉插入点 A，用窗口方式将主视图放大显示，如图 9-12 所示。

(2) 捕捉 A 点为插入点，插入图块文件"TK5"，如图 9-13 所示。

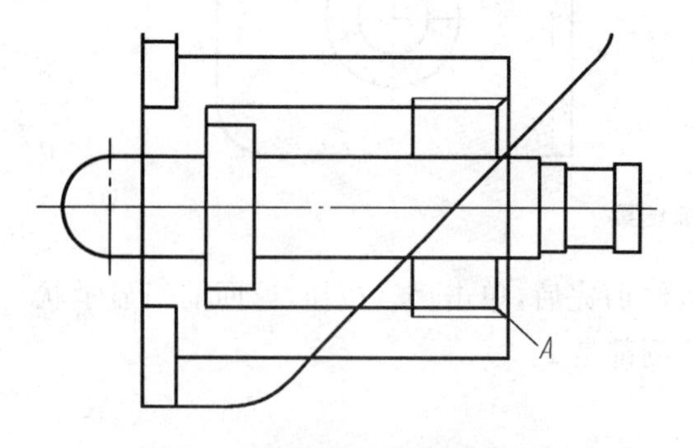

图 9-12　局部放大显示图形

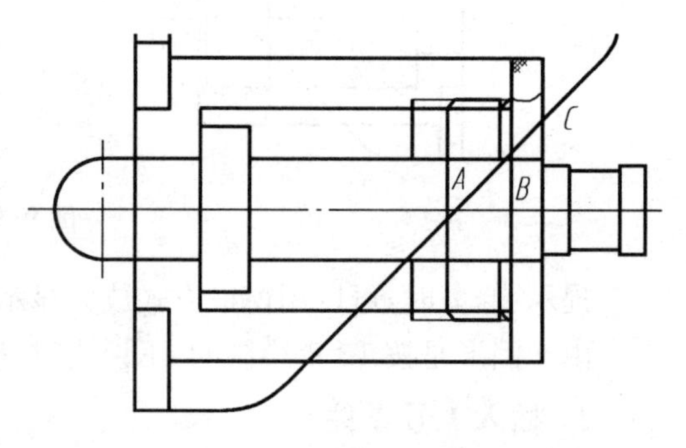

图 9-13　插入 5 号零件

(3) 分解刚插入的图块，修剪掉被遮挡的直线 A、B、C，结果如图 9-14 所示。

说明：后面还要再修剪图线 B(见图 9-13)。

4）插入 4 号零件

(1) 捕捉 A 点为插入点，插入图块文件“TK4”，如图 9-15 所示。

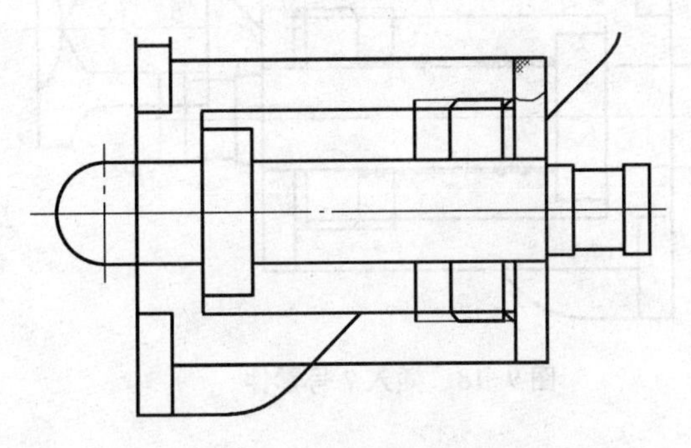

图 9-14 修剪结果

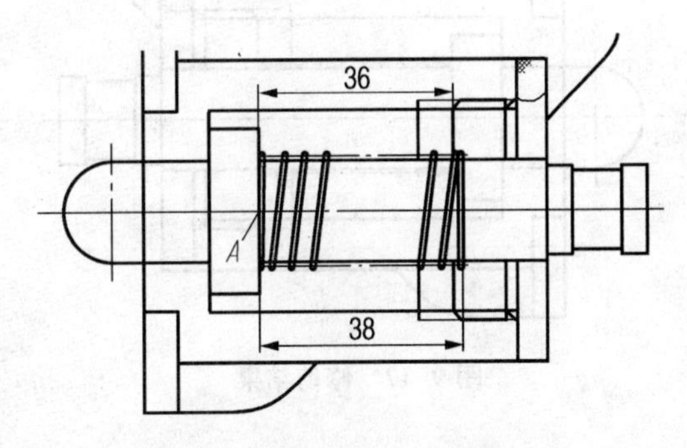

图 9-15 插入 4 号零件

从如图 9-15 所示可以看出，插入结果不正确。这是因为在图块中弹簧为原长，拼装后弹簧处于被压缩状态，原长为 38，要被压缩到 36，方法是在【插入】对话框中输入 X 方向的插入比例(36/38)。下面重新插入图块文件。

(2) 单击按钮 ，删除刚插入的图块。插入时，在【插入】对话框中，在【缩放比例】区的【X:】文本框中输入“36/38”，如图 9-16 所示。

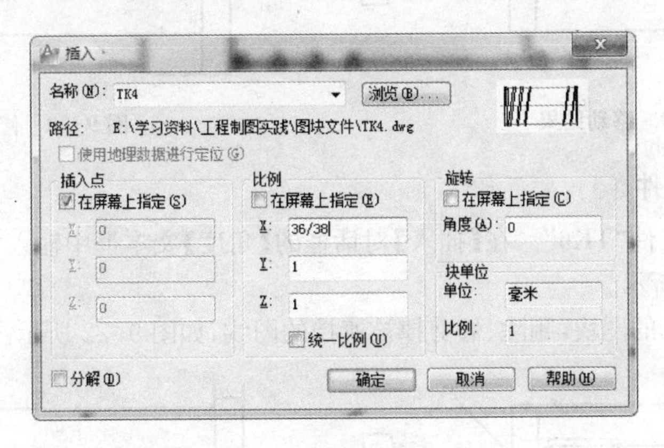

图 9-16

(3) 分解刚插入的图块，删除(当弹簧直径较小时)或修剪(当弹簧丝直径比较大时)弹簧中被遮挡的图线。

结果如图 9-17 所示。

提示：如果图线进入弹簧截面圆内，也要修剪。

5）插入 7 号零件

此图块定义时选择的基准点不能作为插入时的定位点。对于这种情况，可以先将图块插入到空白处，再将其移动到所需位置。

(1) 接上例，插入图块，在屏幕左上方任意一点单击，如图 9-18 所示。

(2) 以 B 为基点，将图块移动到 A 点(见图 9-18)，如图 9-19 所示。

(3) 分解刚插入的图块，修剪被遮挡的图线 A，如图 9-20 所示。

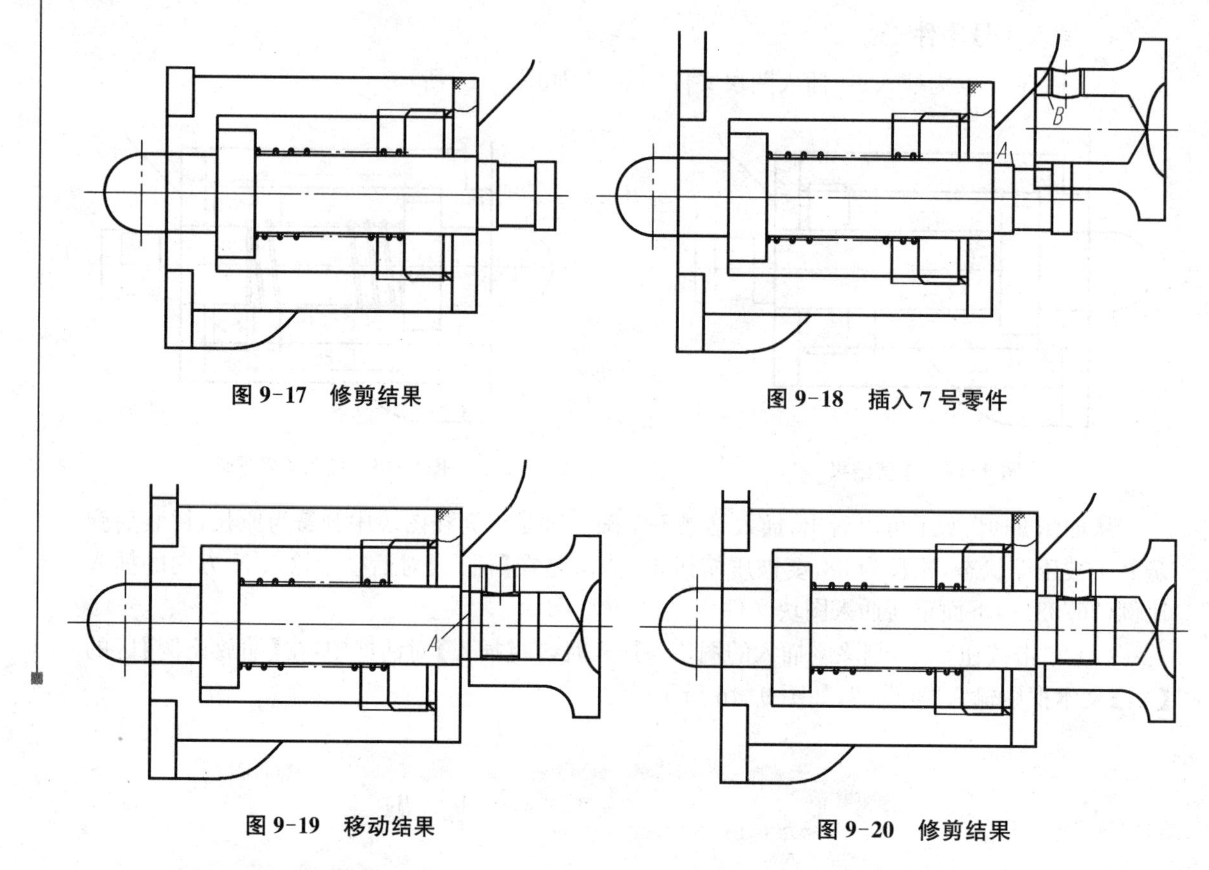

图 9-17　修剪结果

图 9-18　插入 7 号零件

图 9-19　移动结果

图 9-20　修剪结果

6）插入 6 号零件

（1）插入图块文件“TK6”。在【插入】对话框的【角度】文本框中输入“－90”，捕捉点 A 为插入点，如图 9-21 所示。

（2）分解刚插入的图块，删除、修剪掉被遮挡的图线，如图 9-22 所示。

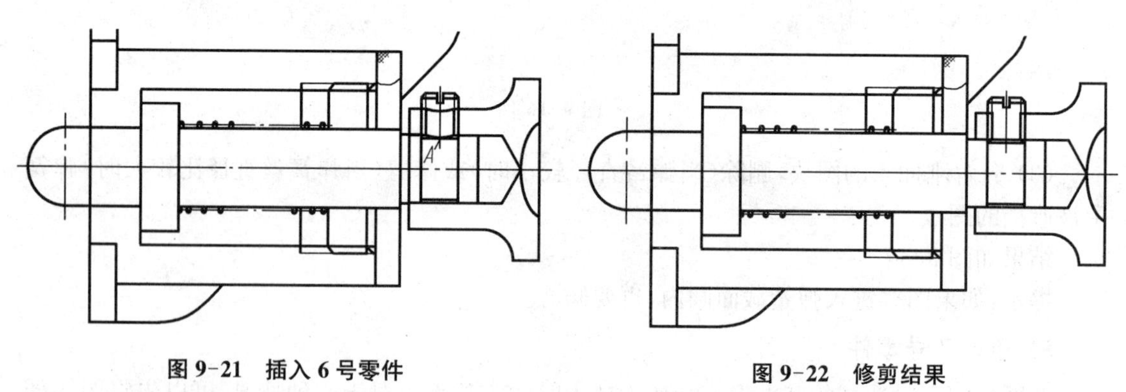

图 9-21　插入 6 号零件

图 9-22　修剪结果

提示：修剪时放大显示图形。

（3）打开“剖面线”层，修改部分剖面线方向，如图 9-23 所示。

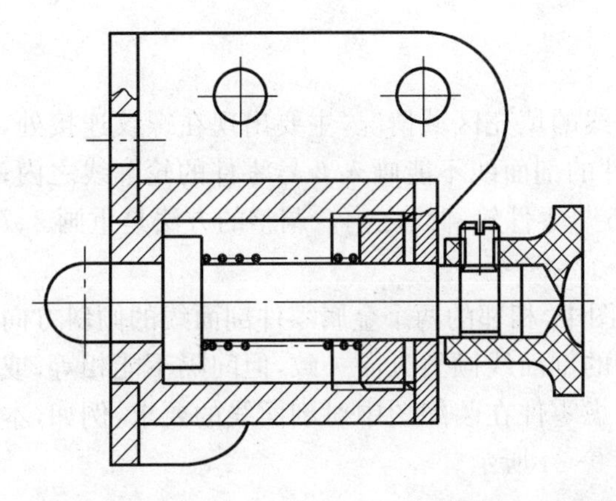

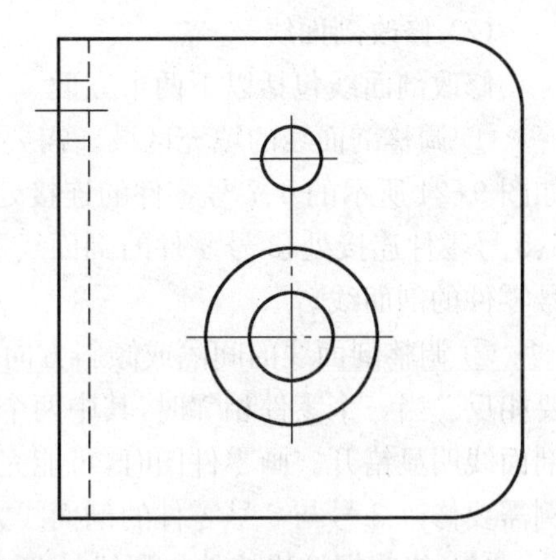

图 9-23 完成拼装后的装配图

9.4 检查错误、修改插入的零件图

为了便于观察，放大显示主视图，如图 9-24 所示。

1）检查错误

检查错误主要包括以下两个方面。

(1) 查看定位是否正确

查看定位时，逐个局部放大显示零件的各相接部位，查看定位是否正确。

(2) 查看修剪结果是否正确

由于在插入零件的过程中，插入的零件逐渐增多，以前被修改过的零件可能又被新插入的零件遮挡，需要重新修剪。如图 9-8 所示中的图线 B，随着零件的插入，依次被 3、5、6 号零件(见图 9-24)遮挡，如果每次插入零件都修剪的话，需要修剪 3 次；有时由于考虑不周或操作失误，也会造成修剪错误。例如，如图 9-24 所示的 A、B 两线段修剪不正确以及遗漏直线 F 的修剪。

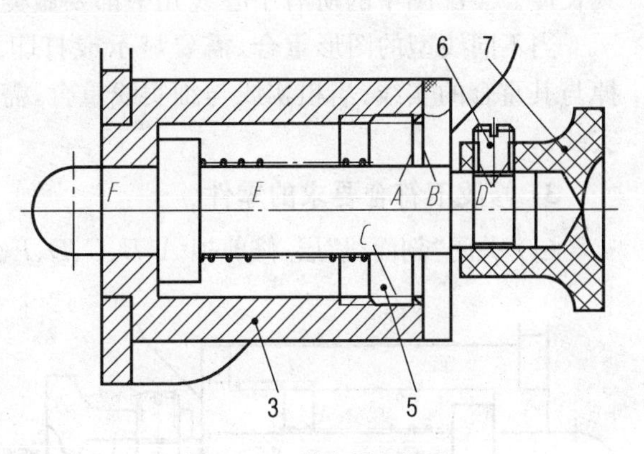

图 9-24 放大显示图形

2）修改插入的零件

修改插入的零件图主要包括以下几个方面。

(1) 调整零件表达方案

由于零件图和装配图表达的侧重面不同，在两种图样中统一零件的表达方法不可能完全相同。应当调整零件的画法，以适应装配图的要求，如图 9-24 所示的 5 号零件，应当为全剖，不能用零件图中的局部剖切绘制；轴套类零件有时需要在装配图中画上图形截面的投影等，如图 9-23 左视图所示的圆 C。

(2) 修改剖面线

修改剖面线包括以下两个方面。

① 调整剖面线的填充区域。需要调整剖面线的填充区域情况，主要出现在螺纹连接处，如图 9-24 所示的 6、7 号零件的连接处，7 号零件的剖面线不能画入 6 号零件的轮廓线之内；3、5 号零件连接处，3 号零件的剖面线不能画入 5 号零件轮廓线之内。调整的方法是重画 3、7 号零件的剖面线。

② 调整剖面线的间隔或倾斜方向。在装配图中，相邻的两个金属零件剖面线的倾斜方向要相反。当三个零件相邻时，其中两个相邻零件的剖面线倾斜方向一致，但间隔不能相等，或剖面线明显错开。画零件图时，可能完全没有考虑零件在装配图中对剖面线的要求，例如，本例需要修改 3 号与 5 号零件的剖面线方向，如图 9-24 所示。

(3) 修改螺纹连接处的图线

螺纹连接图的画法是内外螺纹的连接段要按外螺纹来画，剖面线要画到粗实线。例如，本例需要将 *C*、*D* 处(见图 9-24)的几段螺纹线改为细实线。

(4) 调整重叠图线

插入零件以后，有许多重叠的图线。当中心线重叠时，不能显示、打印为中心线，例如图 9-24 所示的中心线 *F*，在以前的图形中都显示为实线，就是因为多条中心线重叠的原因。处理的方法是只留下其中一段，删除其他重叠的线，用拉长命令的“动态(DY)”选项，调整其长度。装配图中的所有中心线几乎都要做类似调整。

当不同线型的图形重合，需要显示或打印为间断线型时，例如虚线、中心线等，需要剪掉与其重合的实线；当粗实线与细实线重合，需要打印为细实线时，需要剪掉与其重合的粗实线。

3) 修改不符合要求的零件

(1) 关闭“剖面线”层，修剪掉 *A*、*B*、*C*、*D*、*F*(*A*、*B*、*C*、*D*、*F* 见图 9-24)，如图 9-25 所示。

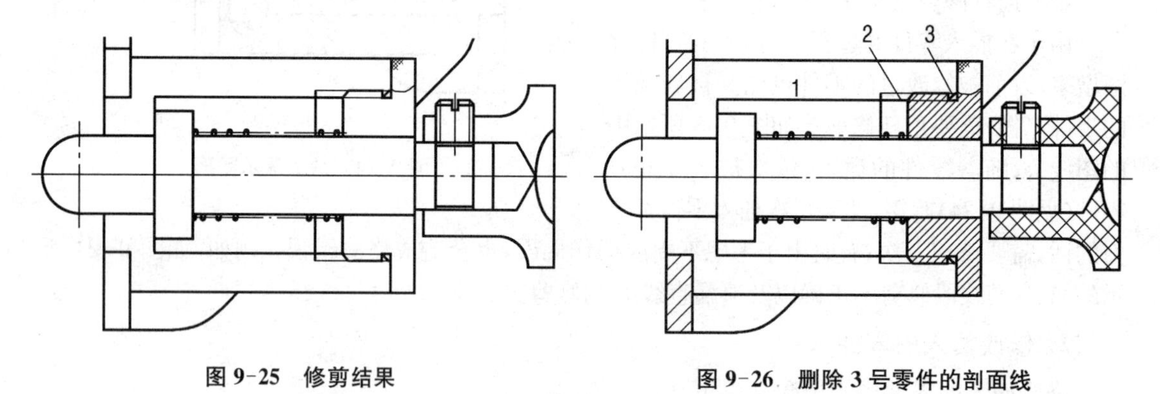

图 9-25　修剪结果　　**图 9-26　删除 3 号零件的剖面线**

(2) 打开“剖面线”层，删除 3 号零件的剖面线，如图 9-26 所示。

(3) 重画 3 号零件中的剖面线，使剖面线不画入 5 号零件之内。剖面线编号为 ASNI31，角度为 0，比例为 1，填充区域为如图 9-26 所示的 1、2、3 以及对称区域，结果如图 9-27 所示。

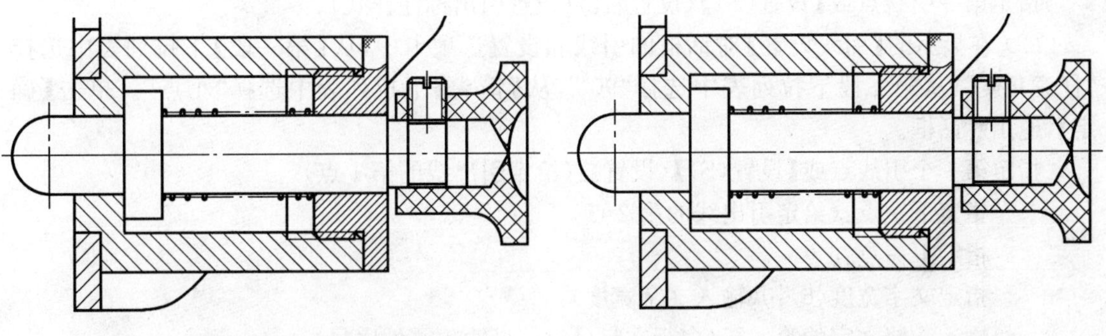

图 9-27　重画 3 号零件中的剖面线　　　　图 9-28　重画 7 号零件中的剖面线

(4)重画 7 号零件中的剖面线,使剖面线不画入 6 号零件轮廓线之内。剖面线编号为 ADNI37,比例为 1,如图 9-28 所示。

提示:可以用编辑填充图案命令,调整各零件剖面线的间隔和倾角,但不能改变填充区域的大小。

9.5　布置视图、标注尺寸和技术要求

布置视图、标注尺寸和技术要求的方法与零件图相同,但内容各有侧重。

1) 布置视图

布置视图要通盘考虑,既要使各视图匀称地分布在图面上,又要留下标注尺寸、零件编号、填写技术要求、绘制标题栏和明细表的空间。在这一方面能够显示出计算机绘图的优越性,可以随时调用"移动"命令,反复进行调整。

提示:布置视图前,要打开所有的图层。

2) 标注尺寸和技术要求

在装配图中,只标注与装配有关的尺寸,例如特征尺寸、装配尺寸、安装尺寸、外形尺寸等;只标注与机器或部件总体性能有关的技术要求。本例图可以标注如图 9-1 所示的尺寸与公差。

提示:标注尺寸前,先关闭剖面线层。

9.6　标注零件序号,填写标题栏和明细表

在装配图中标注零件序号有很多种形式,用快速引线命令可以很方便地标注零件的序号。下面以标注 1 号零件为例介绍在装配图中标注零件序号的方法。

(1) 单击快速引线命令按钮。

命令:_pleader

指定第一引线点或【设置(S)】〈设置〉:↙(设置引出标注样式)

(2) 在显示的【引线设置】对话框的引线和设置选项卡中,从【第一段】下拉列表中选择“任意角度”,从第二段下拉列表中选择“90°”,从【箭头】下拉列表中选择“小点”。单击【确定】,退出对话框。

指定第一个引线点或【设置(S)】〈设置〉:(给定引出线的第1点)

指定下一点:(给定引出线的第2点)

指定下一点:↙

指定文字宽度〈6〉:0(输入文字宽度)

输入注释文字的第一行〈多行文字(M)〉:1(输入零件序号)

输入注释文字的下一行:↙(结束命令)

(3) 用同样方法标注其他零件的序号,标注时不用再设置引出标注的样式。

9.7 画装配图小结

用拼装法画装配图分为3步。

(1) 画出零件图。

(2) 将零件图定义为图块文件。

(3) 插入图块并拼装装配图。

将零件图定义为图块文件时,要选择合理的定位基准,修剪掉插入后被遮挡的图线。工程设计人员可以将画零件图和画装配图交叉进行。

画完装配图以后,要注意检查,主要检查相连接零件的定位是否正确,插入图块以后所做的修剪是否正确。修剪以前要先调用分解命令分解插入的图块,也可以在插入图块时将其分解,见第7章。

画完装配图以后,还需要适当调整插入的零件图,主要包括以下四个方面。

(1) 调整某些零件的表达方法,调整剖面线的间隔或倾斜方向,以适应装配图的要求。

(2) 修改螺纹连接处的投影形状,将内外螺纹的连接段按外螺纹来画,剖面线画到粗实线。

(3) 修改螺纹连接处的图线。

(4) 调整重叠的图线。

在装配图中,只标注与装配有关的尺寸,例如特征尺寸、装配尺寸、安装尺寸、外形尺寸等;标注与机器或部件相关的技术要求。

使用“引出标注”命令标注装配图中的序号,序号要按逆时针或顺时针排列。

9.8 上机实践:绘制装配图

1）实践目的

(1) 熟练掌握装配图的绘图方法,了解所绘制部件的装配关系和工作原理,从基础零件入手,按课程所授方法绘出部件的装配图。

(2) 深刻理解装配图的画图方法和步骤,能绘制和看懂中等复杂程度(5～10 个非标准件)的部件装配图。

(3) 能够综合利用图形编辑命令和绘制命令绘制装配图。

(4) 通过零件图绘制装配图,标注装配图尺寸,编零件序号,填写明细栏。

2）实践内容

根据零件图组画装配图,根据装配示意图和零件图绘制装配图,图纸幅面和比例自选。

(1) 千斤顶工作原理及装配示意图

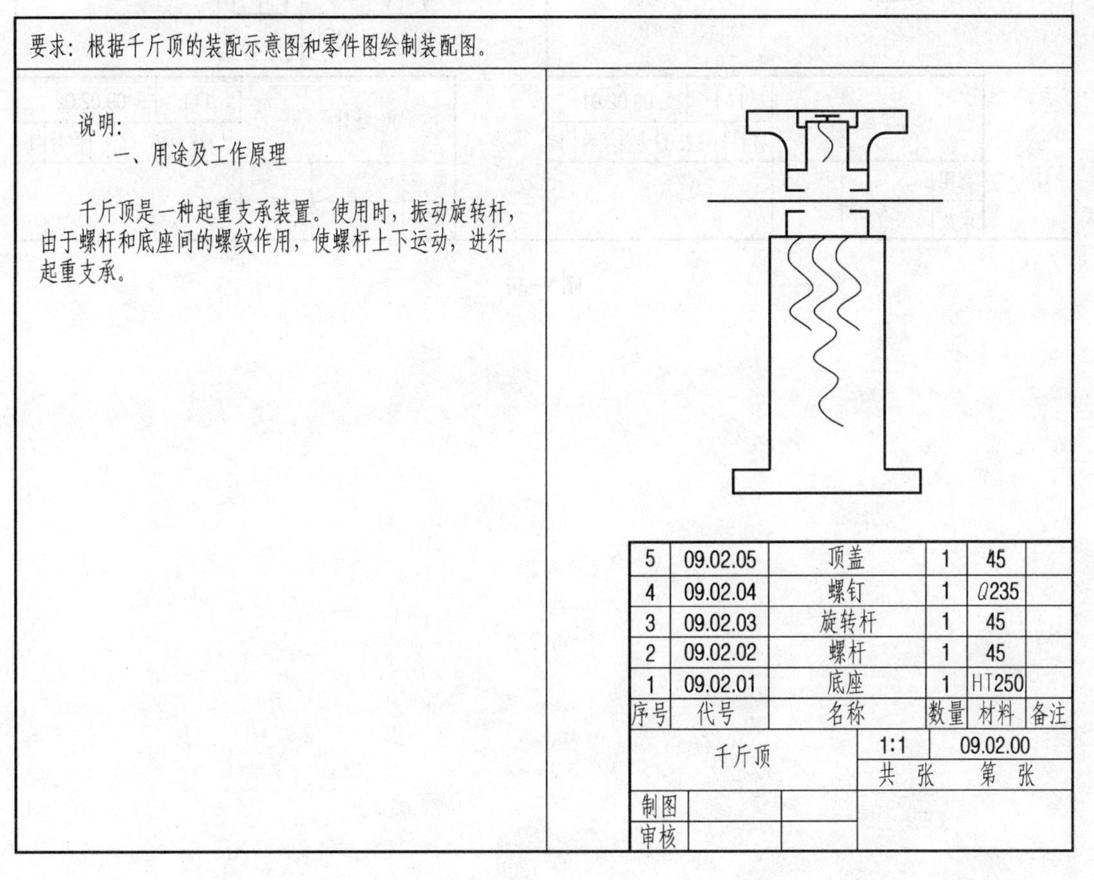
要求：根据千斤顶的装配示意图和零件图绘制装配图。
说明：
一、用途及工作原理
千斤顶是一种起重支承装置。使用时，振动旋转杆，由于螺杆和底座间的螺纹作用，使螺杆上下运动，进行起重支承。

5	09.02.05	顶盖	1	45	
4	09.02.04	螺钉	1	Q235	
3	09.02.03	旋转杆	1	45	
2	09.02.02	螺杆	1	45	
1	09.02.01	底座	1	HT250	
序号	代号	名称	数量	材料	备注

千斤顶	1:1	09.02.00
	共 张	第 张
制图		
审核		

图 9-29

(2) 零件图 1

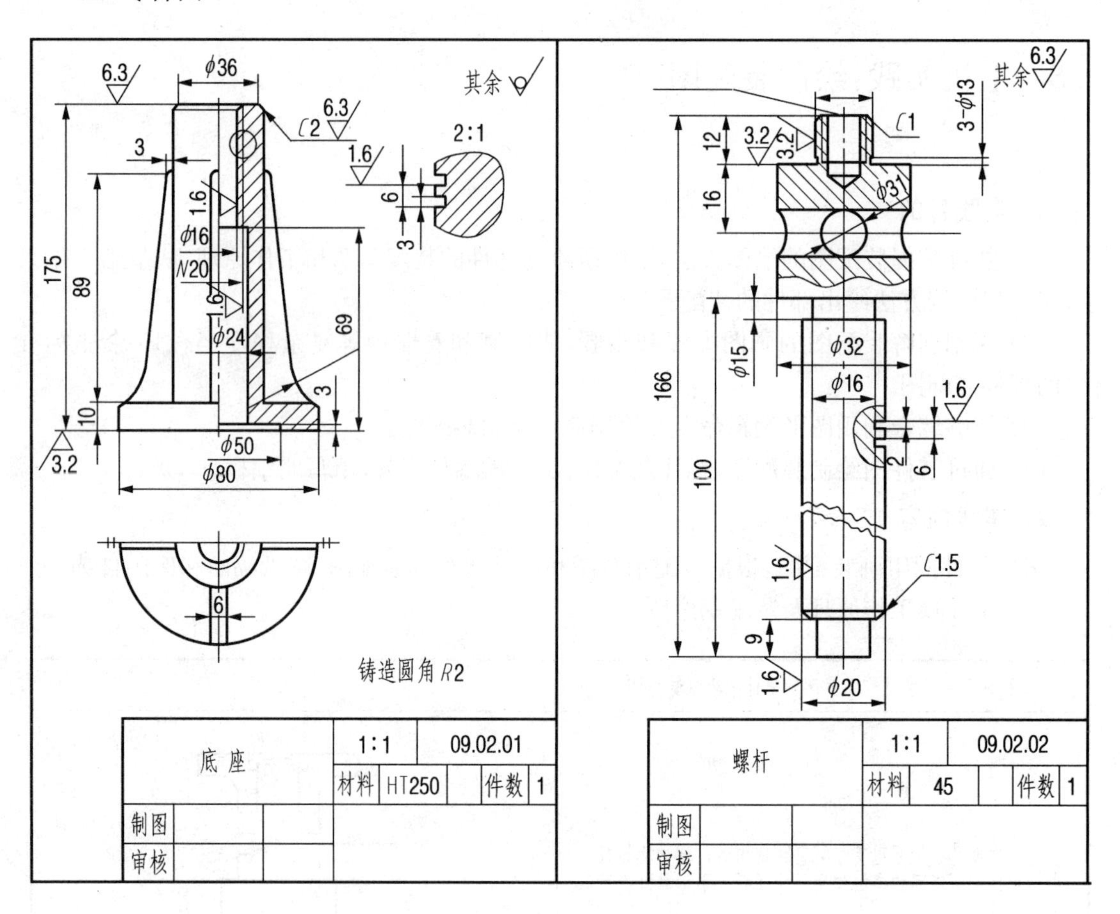

6.3
φ36
其余
C2
6.3
2:1
1.6
3
1.6
6
3
φ16
N20
175
89
1.6
φ24
69
3
10
φ50
3.2
φ80
6
铸造圆角R2
底座
1:1
09.02.01
材料
HT250
件数
1
制图
审核
其余
6.3
C1
3-φ13
12
3.2
3.2
16
φ31
φ15
φ32
166
φ16
1.6
100
2
6
1.6
C1.5
9
1.6
φ20
螺杆
1:1
09.02.02
材料
45
件数
1
制图
审核

图 9-30

(3) 零件图 2

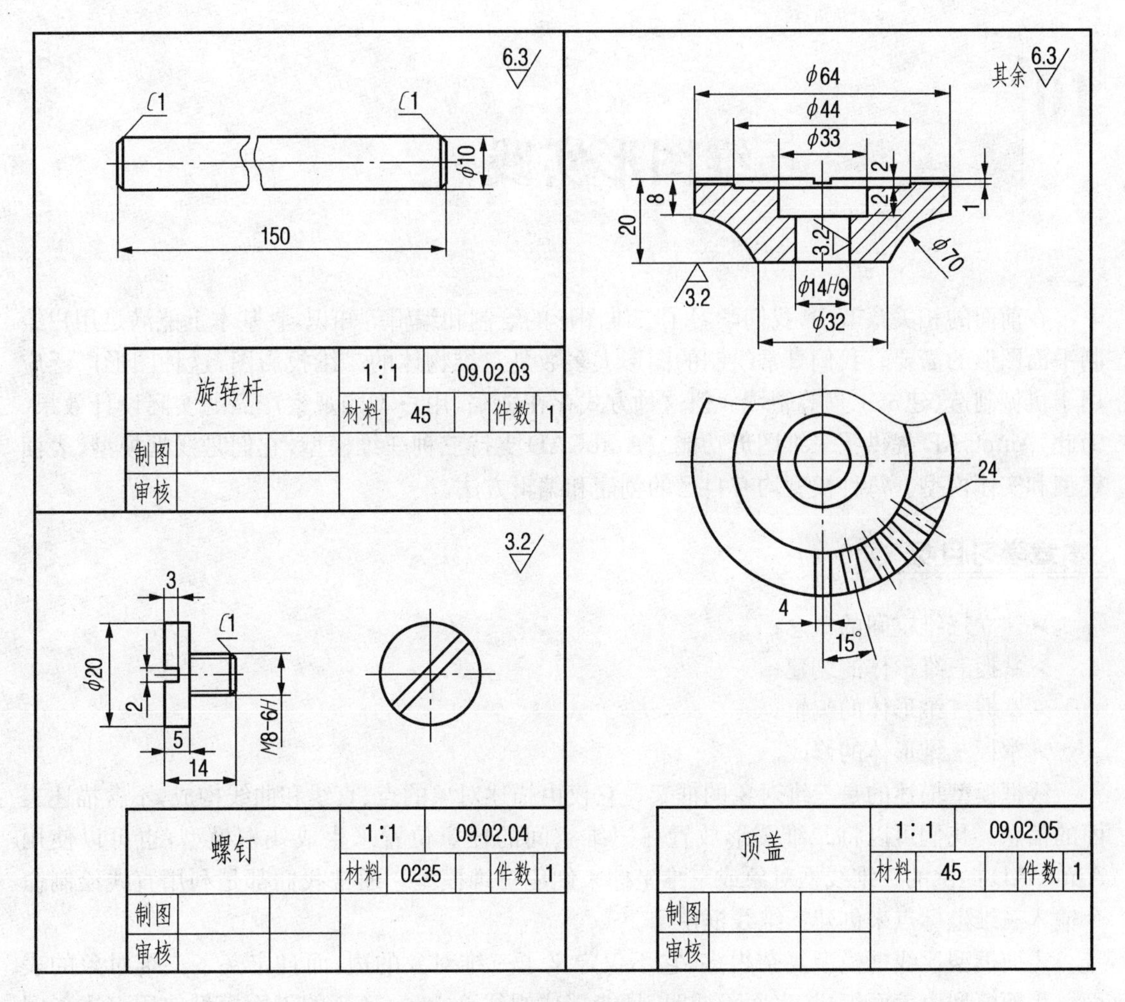

6.3
C1
C1
φ10
150
旋转杆
1:1
09.02.03
材料
45
件数
1
制图
审核
其余 6.3
φ64
φ44
φ33
2
2
1
8
20
3.2
φ70
3.2
φ14H9
φ32
24
4
15°
顶盖
1:1
09.02.05
材料
45
件数
1
制图
审核
3.2
3
C1
φ20
2
5
14
M8-6H
螺钉
1:1
09.02.04
材料
Q235
件数
1
制图
审核

图 9-31

10 三维图形实践

在前面的相关章节中，我们学习了二维图形的绘制和编辑等知识，它基本上能满足用户绘制平面图形的需要。我们日常绘制的图形大多数是三维物体的二维投影图，这种图形广泛应用于机械制造、建筑工程等领域。但这种方式存在缺陷，用户不能观察产品的实际设计效果。为此，AutoCAD 提供了三维图形功能。AutoCAD 支持三种三维模型，它们是线框模型、表面模型和实体模型。每种模型均有自己的创建和编辑方法。

本章学习目标

- 建立三维空间的概念；
- 掌握三维形体的创建；
- 掌握三维形体的编辑；
- 掌握三维形体的修改。

线框模型描述的是三维对象的框架。它仅由描述对象的点、直线和曲线构成，不含描述表面的信息。我们可以将二维图形放置在三维空间的任意位置来生成线框模型，也可以使用 AutoCAD 提供的三维线框对象或三维坐标来创建三维模型。通常我们都是利用直线绘制命令输入三维坐标点来创建三维线框模型。

表面模型比线框模型复杂得多，它不仅定义了三维对象的边，而且定义了三维对象的表面。表面模型由表面组成，表面不透明，且能挡住视线。AutoCAD 的表面模型使用多边形网格定义对象的棱面模型。由于网格表面是平面的，因此使用多边形网格只能近似地模拟曲面。建立表面模型的命令在【绘图】|【建模】|【曲面】子菜单中，也可以在【曲面】工具条中找到。

实体模型描述了对象所包含的整个空间，是信息最完整且二义性最小的一种三维模型。实体模型在构造和编辑上较线框和表面模型复杂。用户可以分析实体的质量、体积、重心等物理特性，可以做一些应用分析，如数控加工、有限元等提供的数据。与表面模型类似，实体模型也以线框的形式显示，除非用户进行消隐、着色或渲染处理。创建实体的命令在【绘图】|【建模】或【实体】工具条中。

尽管用 AutoCAD 可以创建所有的三种类型的模型，然而要注意，三种模型通常都以线架模型方式显示，也就是说，只有用户使用特定命令时，模型的真实属性才能显示出来，否则，所创建的三种模型在计算机上显示是相同的，均以线架结构显示。

10.1　用户坐标系

在绘制三维模型时，经常会在形体的不同表面上创建模型，这就需要用户不断地改变当前绘图面，如果不重新定义坐标系，系统将只默认以世界坐标系 WCS 的 *XOY* 面为基面进行绘图，这显然不能满足要求，所以用户必须自己定义当前绘图面，这样才能在不同的三维面上使用这些二维或三维绘图与编辑命令。因此，在讲述三维绘图命令前，用户必须掌握自定义坐标系的方法以及怎样进行不同坐标系的转换。

10.1.1　三维坐标系

1）三维点坐标

三维点坐标输入法是指当命令行出现输入点坐标的提示后，用户直接键入所要确定的点的三个坐标值即可。

三维点坐标输入法有两种坐标输入方式，即绝对坐标输入和相对坐标输入。

（1）绝对坐标输入方式所输入的点的坐标表示此点与原点间的距离，用户直接输入 *X*、*Y*、*Z* 三个坐标值，三个坐标值之间用逗号隔开。例如，点 *A*(30,60,80)表示该点的 *X*、*Y*、*Z* 三个坐标值依次分别为 30,60,80，如图 10-1(a)所示。

（2）相对坐标输入方式输入的点的坐标表示此点与上一点之间的距离，用户直接输入当前点在 *X*、*Y*、*Z* 方向上的增量值，并在输入值前加@符号。例如点 *B*(@30,60,80)，表示该点相对于上一点的 *X*、*Y*、*Z* 三个坐标值的增量分别为 30,60,80。

事实上，三维点坐标输入法与 2D 点坐标输入完全一致，仅增加一个 *Z* 坐标即可，它广泛用于创建三维线框等模型。

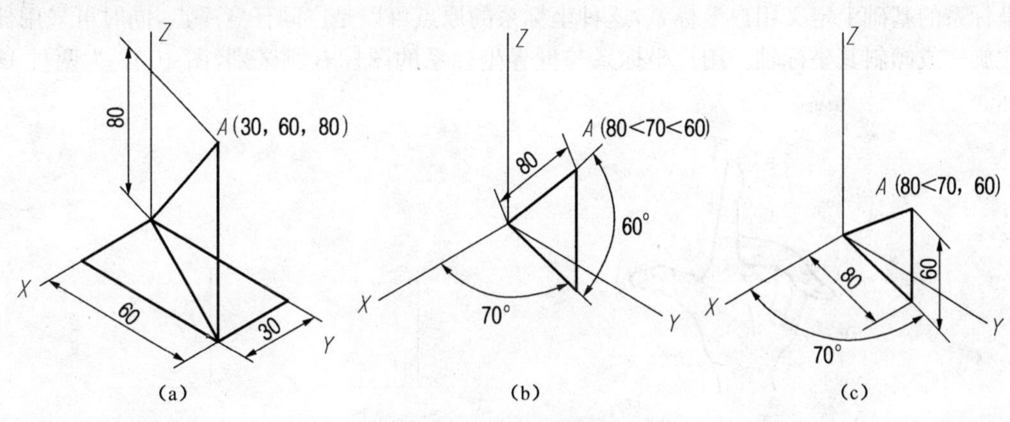

图 10-1　三维坐标输入法

2）球面坐标

球面坐标输入法是指当命令行出现输入点的提示后，用户直接输入该点与当前坐标系原点的距离，该点同坐标原点的连线在 *XOY* 平面上的投影与 *X* 轴的夹角值，该点同坐标原点的连线和 *XOY* 平面的夹角值，并在这三项之间用“<”号隔开。

例如，如图 10-1(b)所示，点 *A*(80<70<60)表示该点与当前坐标的原点距离为 80，该点同坐标原点的连线在 *XOY* 平面上的投影与 *X* 轴的夹角值为 70°，该点同坐标原点的连线和 *XOY* 平面的夹角值为 60°。

球面坐标输入法也有绝对和相对两种输入方式，这两种输入方式的使用方法与三维点坐标输入法中两种坐标输入方式的使用方法相同，利用相对坐标只要在输入值前加提示@符号即可。其实，这种方法就是由平面极坐标概念演变而来的，适用于创建球面上的点。

3）柱面坐标

柱面坐标输入法是指当命令行出现输入点的提示后，用户直接输入该点在当前坐标系 *XOY* 平面上的投影和当前坐标系原点的距离，该点同坐标原点的连线在 *XOY* 平面上的投影与 *X* 轴的夹角值，该点的 *Z* 坐标值，并在前两个值之间用“<”号隔开。

例如，如图 10-1(c)所示，点 *A*(80<70,60)表示该点与当前坐标系 *XOY* 平面上的投影和当前坐标系原点的距离为 80，该点同坐标原点的连线在 *XOY* 平面上的投影与 *X* 轴的夹角值为 70°，该点的 *Z* 坐标值为 60。

柱面坐标输入法也有绝对和相对两种输入方式，这两种输入方式的使用方法与三维点坐标输入法中两种坐标输入方式的使用方法相同，利用相对坐标只要在输入值前加提示@符号即可。这种方法也是由平面极坐标概念演变而来的，适用于创建柱面上的点。

10.1.2　用户坐标系 UCS

用户坐标系 UCS，顾名思义，就是用户自己定义的坐标系，它是一个可变化的坐标系。用户坐标系 UCS 的坐标轴方向按照右手法则定义，如图 10-2 所示。

采用世界坐标系时，图形的绘制与编辑只能在一个固定的坐标系中进行，对绘制三维图形尤其是比较复杂的三维图形造成一定的困难。为了适应绘图需要，AutoCAD 允许用户在世界坐标系的基础上定义用户坐标系，这种坐标系的原点可以是空间任意一点，同时可采用任意方式旋转或倾斜其坐标轴。用户坐标系与世界坐标系的图标有所区别，图 10-3 为两种 UCS 图标。

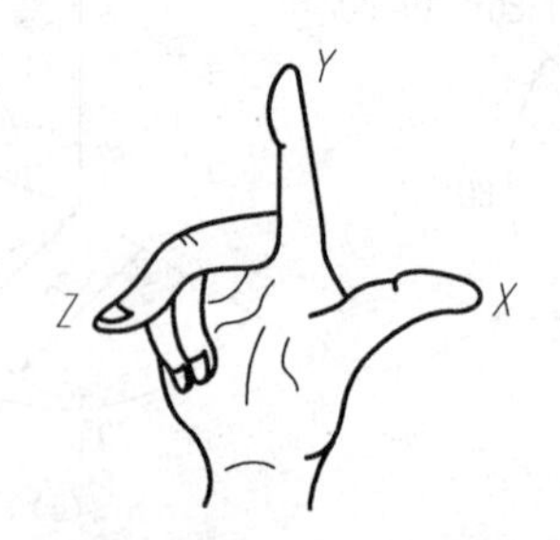

图 10-2　“右手定则”定坐标轴正向

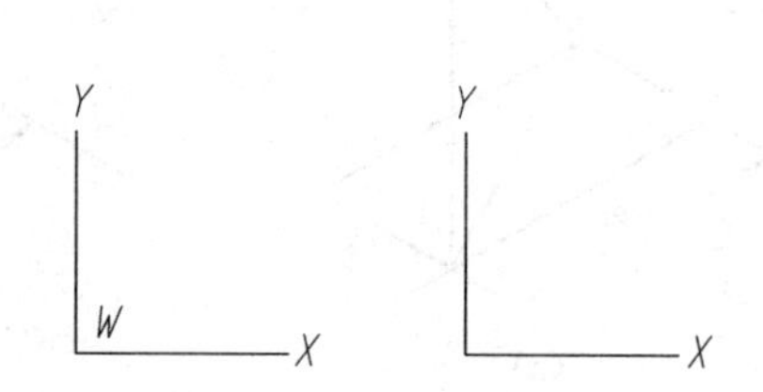

图 10-3　UCS 图标

1）UCS 图标样式的选择方法

通过下拉菜单，选择【视图(V)】|【显示(L)】|【UCS 图标(U)】|【特性(P)】后，弹出

【UCS 图标】对话框，如图 10-4 所示。

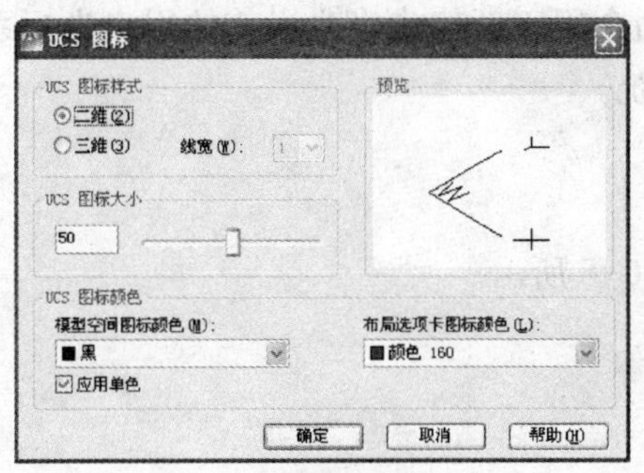

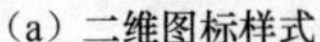

(a) 二维图标样式

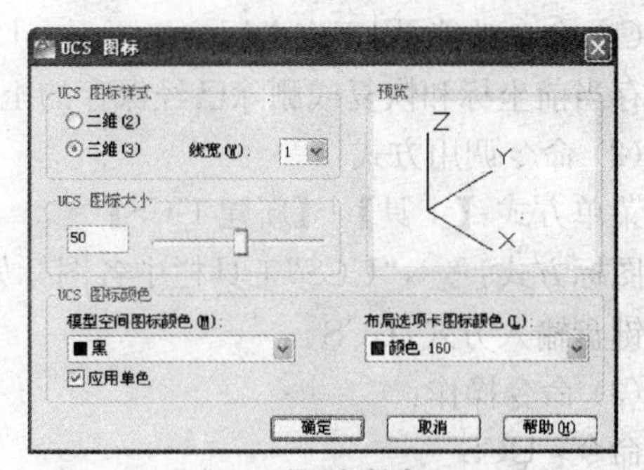

(b) 三维图标样式

图 10-4　【UCS 图标】对话框

该对话框用于指定二维或三维 UCS 图标的显示及其外观。“二维”单选按钮用于显示二维图标，不显示 *Z* 轴，如图 10-4(a)所示。“三维”单选按钮用于显示三维图标，如图 10-4(b)所示。“圆锥体”选项表示如果选中三维 UCS 图标，则 *X* 轴和 *Y* 轴显示三维圆锥体形箭头；如果不选择“圆锥体”，则显示二维箭头。“线宽”下拉列表可控制选中三维 UCS 图标的线宽，可选 1、2 或 3 个像素。

2）UCS 图标的控制

(1) 命令功能：提供一个坐标系图标，反映当前坐标系的 *XY* 平面及坐标系原点的位置。

(2) 命令调用方式：

菜单方式：【视图】|【UCS 坐标】|【开/关】

键盘输入方式：UCSICON

(3) 命令的操作：

命令：UCSICON

输入选项[开(ON)/关(OFF)/全部(A)/非原点(N)/原点(OR)/可选(S)/特性(P)]〈关〉：_on

(4) 选项说明：

① 开(ON)：显示当前坐标系的图标。

② 关(OFF)：不显示当前坐标系的图标。

③ 全部(A)：当屏幕被设置成多个视口(绘图区)时，该选项用于控制各个视口是否均显示坐标系图标，对单视口无意义。

④ 非原点(N)：当设定显示坐标系图标时，选择该选项，表示无论用户坐标系原点在何处，图标总位于世界坐标系原点上(即屏幕左下角)。

⑤ 原点(OR)：当设定显示坐标系图标时，选择该选项，表示图标随用户坐标原点位置放置(但当图标所处位置令图标部分超出屏幕界限时，则图标仍被置于屏幕左下角)。

为方便绘图，通常应在屏幕上反映用户坐标系的位置，所以应采用“UCSICON”命令，选择“ON”和“OR”选项，使用户坐标系的图标总处于新原点的位置。

⑥ 特性(P)：显示【UCS 图标】对话框，从中可以控制 UCS 图标的样式、可见性和位置。

3）建立和改变 UCS

（1）命令功能：用于定义用户坐标系。UCS 命令用于新建或修改当前的用户坐标系统以及保存当前坐标和恢复或删除已经保存的坐标系统。

（2）命令调用方式：

菜单方式：【工具】|【新建 UCS】

图标方式：，"UCS"工具栏中各图标如图 10-5 所示。

键盘输入方式：UCS

（3）命令操作：

命令：UCS

指定 UCS 的原点或[面(F)/命名(NA)/对象(OB)/上一个(P)/视图(V)/世界(W)/X/Y/Z/Z 轴(ZA)]〈世界〉：

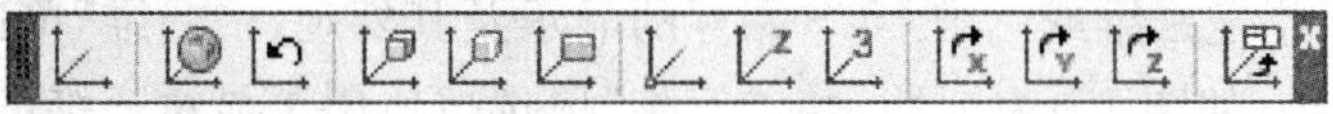

图 10-5 "UCS"工具栏

（4）选项说明：

① 原点(O)：将原坐标系平移到指定原点处，新坐标系的坐标轴与原坐标系的坐标方向相同。选取该选项后，后续提示如下。

指定新 UCS 的原点〈0,0,0〉：保持 UCS 的坐标轴方向不变，移动 UCS 的原点到新的位置，如图 10-6 所示。

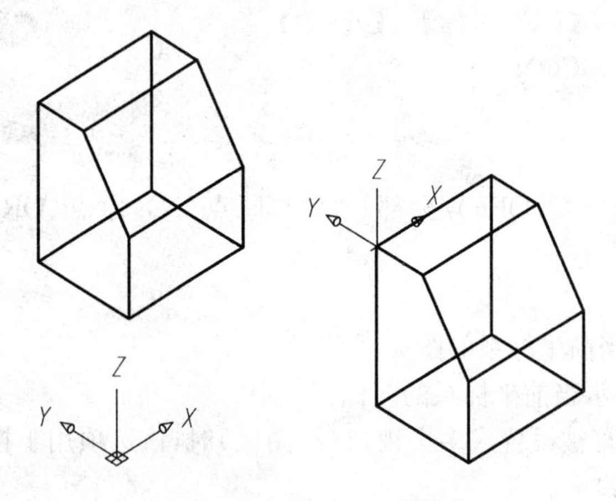

图 10-6 指定新 UCS 的原点

② 轴(ZA)

命令：UCS

指定 UCS 的原点或[面(F)/命名(NA)/对象(OB)/上一个(P)/视图(V)/世界(W)/X/Y/Z/Z 轴(ZA)]〈世界〉：ZA

指定新原点或[对象(O)]〈0,0,0〉：

在正 *Z* 轴范围上指定点〈－168.1052,0.0000,1.0000〉：(如图 10-7 所示)

③ 三点(3)：给定三个点定义新的用户坐标系。第一点确定原点，第二点和第三点分别确

定 X、Y 轴的正向，如图 10-8 所示。

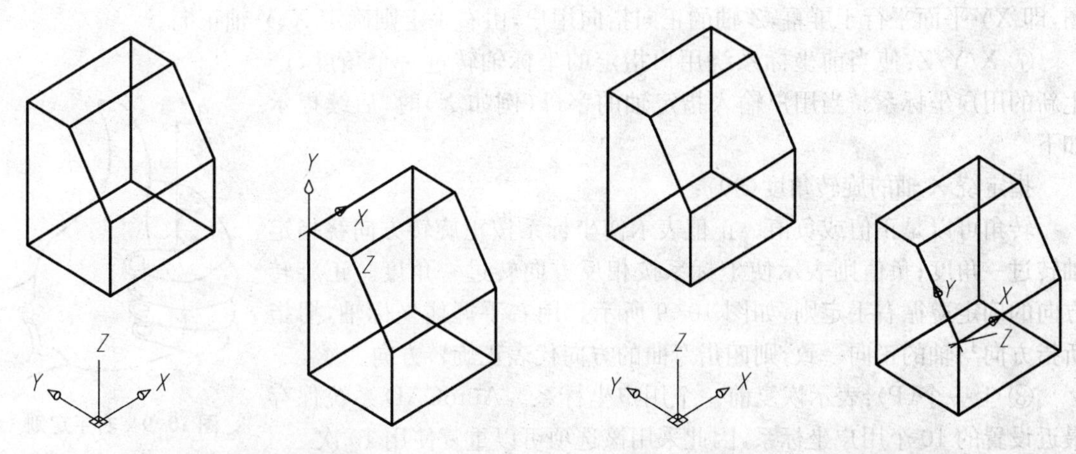

图 10-7　选择 Z 轴方式　　　　**图 10-8　选择三点方式**

④ 对象(OB)：选择一个实体对象建立新的用户坐标系。新坐标系的 Z 轴正方向与所选三维对象的延伸方向一致。选取该选项后，后续提示如下。

选择对齐 UCS 的对象：

对于三维实体、三维多义线、三维曲面、射线、构造线、多线、多行文字等不能执行“对象(OB)”选项。选择不同的实体所定义的用户坐标系如表 10-1 所示。

表 10-1　用户坐标系的原点及 X 轴正向的定位规则

实体对象	UCS 的定位
圆弧、椭圆弧	以弧线中心为新原点，X 轴正向通过离选择对象拾取点最近的弧线端点
圆、椭圆	以圆或椭圆中心为新原点，X 轴正向通过选择对象拾取点
尺寸标注	以尺寸文本的中点为新原点，X 轴方向与尺寸文本书写方向相同
直线	以靠近选择对象拾取点的一端为新原点，X 轴的正向由新原点指向直线段的另一端点
点	以点所在位置作为新原点，X 轴正向与新建用户坐标系前的坐标系 X 轴正向相同
二维多义线	当选择对象拾取点落于多义线中的直线段，则 UCS 的定位与“直线”类型相同；当选择对象拾取点落于多义线中的弧线，则 UCS 的定位与“圆弧”类型相同
文本	以文本左下角的定位起点为新原点，X 轴与输入文本时的坐标系 X 轴同向
块	以块的插入点为新原点，块插入时的转角确定了 X 轴的正向

⑤ 面(F)：选择一个三维实体中的平面对象使新建用户坐标系与之平行。选取该选项后，后续提示如下。

[选择实体对象的平面]：

输入选项[下一个(N)/X 轴反向(X)/Y 轴反向(Y)]〈接受〉：

a. 下一个(N)：当被选对象为两个平面的交线，选取该选项表示使新建坐标系与另一个平面平行。

b. X 轴反向(X)：将用户坐标系 X 轴翻转 180°。

c. Y 轴反向(Y)：将用户坐标系 Y 轴翻转 180°。

⑥ 视图(V)：设置一个新的用户坐标系，以原坐标系的原点为原点，使 Z 轴垂直于当前视图，即 XY 平面平行于屏幕，Z 轴的正向指向用户，由右手定则确定 X、Y 轴正向。

⑦ X/Y/Z：使当前坐标系绕用户指定的坐标轴转过一个角度，产生新的用户坐标系。当用户输入指定轴的字母(例如 X)时，后续提示如下。

指定绕 X 轴的旋转角度〈90〉：

转角可以是正值或负值。正值表示使坐标系按正旋转方向绕指定轴转过一角度；负值则表示使坐标系按相反方向转过一角度。正旋转方向的确定遵循右手定则，如图 10-9 所示。用右手握住坐标轴，拇指所指方向与轴的正向一致，则四指弯曲的方向代表正旋转方向。

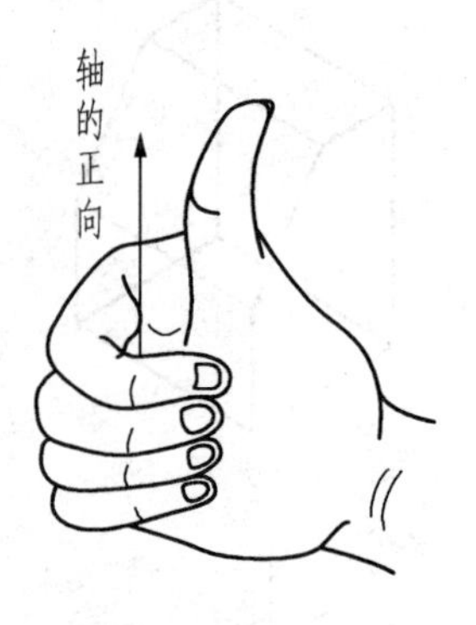

图 10-9　右手定则

⑧ 上一个(P)：表示恢复前一个用户坐标系。AutoCAD 系统保存最近设置的 10 个用户坐标系，因此采用该选项可以重复使用 10 次。

⑨ 应用(A)：将当前用户坐标系应用于选择的视口或全部视口。选取该选项后，后续提示如下。

拾取要应用当前 UCS 的视口或[所有(A)]〈当前〉：

⑩ "?"：用于查询已存储的用户坐标系名称。

⑪ 世界(W)：表示世界坐标系。该选项为默认选项，当用户需要返回世界坐标系时，只要对"UCS"命令的首行提示作回车响应即可。世界坐标系是定义所有用户坐标系的基础，不能被重命名。

4）管理用户坐标系 UCS

(1) 命令功能：用于管理已定义的用户坐标系，包括恢复已保存的 UCS 或正交 UCS，指定视口中的 UCS 图标和 UCS 设置，命名和重命名当前 UCS。

(2) 命令调用方式：

菜单方式：【工具】|【命名 UCS】

图标方式：

键盘输入方式：UCSMAN

(3) 命令操作：

激活 UCSMAN 命令后，AutoCAD 将弹出如图 10-10所示的管理【UCS】对话框。

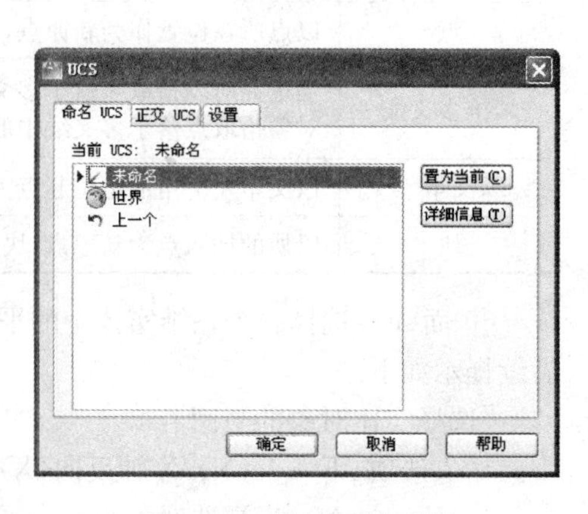

图 10-10　【UCS】对话框

(4) 选项说明：

【UCS】对话框中共有 3 个选项卡，即【命名 UCS】【正交 UCS】和【设置】。

① 【命名 UCS】选项卡

【命名 UCS】选项卡主要用于显示已定义的用户坐标系的列表并设置当前的 UCS，如图 10-10 所示，包括以下选项。

a. 当前 UCS

显示当前 UCS 的名称，如果 UCS 没有命名并保存，则当前 UCS 名为"未命名"。

b. UCS 名称列表

在该列表框中，列出了当前图形中已定义的用户坐标系。在列表中，当前 UCS 的名称前面有一个三角符号。

c.“置为当前”按钮

此按钮将恢复在列表中选择的 UCS。用户也可以通过双击 UCS 名或右击 UCS 名，然后从显示的快捷菜单中选择“置为当前”选项来恢复所选的 UCS。

d.“详细信息”按钮

选择此按钮将显示【UCS 详细信息】对话框，如图 10-11 所示，提供了关于当前 UCS 的详细信息。

②【正交 UCS】选项卡

【正交 UCS】选项卡可用于将当前 UCS 改变为 6 个正交 UCS 中的一个，如图 10-12 所示，它包括以下选项。

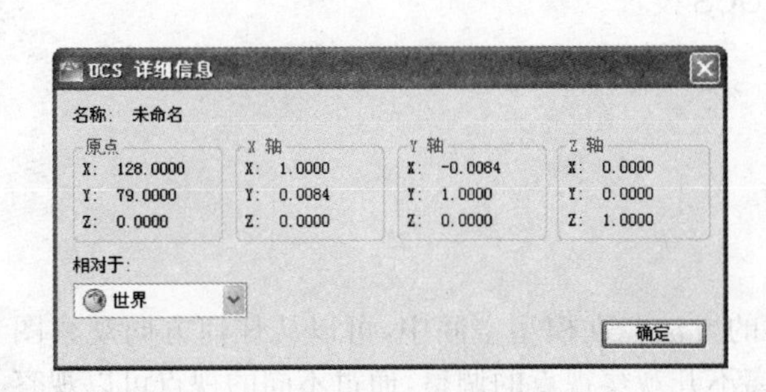

图 10-11　【UCS 详细信息】对话框

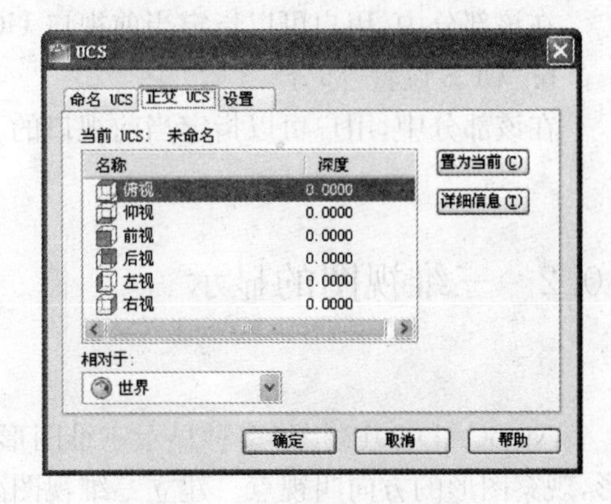

图 10-12　【正交 UCS】选项卡

a. 当前 UCS

显示当前 UCS 的名称，如果 UCS 没有命名并保存，则当前 UCS 名为“未命名”。

b. 正交 UCS 名称列表框

该列表框中列出了当前图形中的 6 个正交的坐标系，这 6 个正交的坐标系是相对于在“相对于”下拉列表框中所指定的 UCS 而定义的。其中的“深度”栏字段显示了某个正交坐标系与穿过 UCS 原点的平行平面的距离。

c.“置为当前”按钮

此按钮将恢复在列表中选择的 UCS。用户也可以通过双击 UCS 名或右击 UCS 名，然后从显示的快捷菜单中选择“置为当前”选项来恢复所选的 UCS。

d.“详细信息”按钮

选择此按钮将显示【UCS 详细信息】对话框。

e.“相对于”下拉列表框

指定所选正交坐标系相对于基础坐标系的方位。默认情况下，WCS 作为基础坐标系。该下拉列表框中显示了当前图形中所有已命名的 UCS。

f.“重置”选项

此选项未在【正交 UCS】选项卡中显示，它只能通过鼠标右键快捷菜单访问，它用于恢复所选正交坐标系的原点，该原点可能被 UCS 命令的“MOVE”选项改变过。

g. “深度”选项

此选项也未在【正交 UCS】选项卡中显示，它只能通过鼠标右键快捷菜单访问。它用于指定所选正交坐标系与穿过 UCS 原点的平行平面的距离。选择该选项后，AutoCAD 将显示【正交 UCS 深度】对话框，用于指定深度值。

③【设置】选项卡

【设置】选项卡如图 10-13 所示。它用于显示和修改 UCS 图标设置以及保存到视口中的 UCS 设置，它包括以下选项。

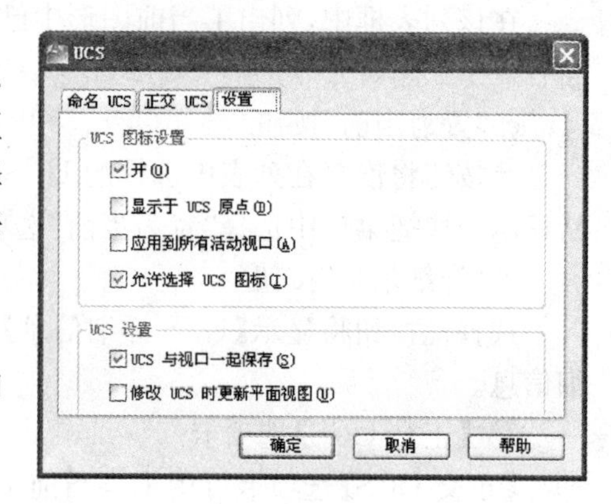

图 10-13 【设置】选项卡

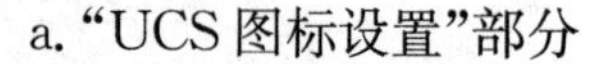

a. “UCS 图标设置”部分

在该部分中，用户可以指定当前视口 UCS 图标的设置。

b. “UCS 设置”部分

在该部分中，用户可以指定当前视口的 UCS 设置。

10.2 三维视图的显示

AutoCAD 2012 提供多种显示三维图形的方法。在模型空间中，可以从任何方向观察图形，观察图形的方向叫视点。建立三维视图离不开观察视点的调整，通过不同的视点可以观察立体模型的不同侧面和效果。

10.2.1 视点设置

对于在 XY 平面上绘制的二维图形而言，为了直观地反映图形的真实形状，视点设置在 XY 平面的上方，使观察方向平行于 Z 轴。但在绘制三维图形时，用户往往希望能从各种角度来观察图形的立体效果，这就需要重新设置视点。

视点设置通常可以采用下面 3 种方法。

1) 视点预置命令

(1) 命令功能：设置三维视图观察方向。

(2) 命令调用方式：

菜单方式：【视图】|【三维视图】|【视点预设】

键盘输入方式：DDVPOINT

(3) 命令操作：

激活 DDVPOINT 命令后，AutoCAD 将弹出如图 10-14 所示的【视点预设】对话框。

(4)选项说明：

① 与 X 轴的角度(A)

它是指视线(即视点到观察目标的连线)在 *XY* 平面上的投影与 *X* 轴正向的夹角。用户可在对话框中的左图直接单击所需角度值,也可以在对应的角度编辑框中输入角度值。

② 与 XY 平面的角度(P)

它是指视线与 *XY* 平面的夹角。用户可以在对话框中的右图直接单击所需角度,也可以在对应的角度编辑框中输入角度值。

③ "设置为平面视图(V)"按钮

它表示设置视线与 *XY* 平面垂直,即视线与 *XY* 平面的夹角为 90°。此时,相对于当前坐标系,实体显示为平面视图。从正投影原理分析,当视线垂直于 *XY* 平面,其投影积聚为一点,无论在"与 X 轴的角度"旁边的编辑框输入任何角度值,屏幕显示的平面图形效果是相同的,默认显示的角度值为"270"。

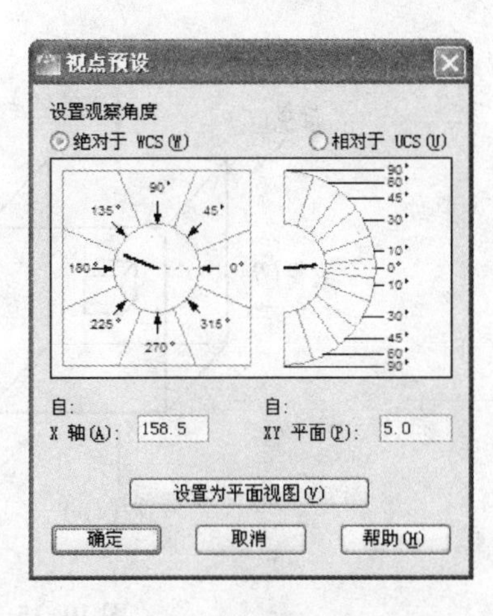

图 10-14 【视点预设】对话框

④ 绝对于 WCS 和相对于 UCS

它表示相对于世界坐标系或用户坐标系设置视线角度。

对话框内两个图形中的红色虚线均为零度位置,红色实线指示当前角度位置,黑色实线指示修改后的角度位置。

2) 视点命令

(1) 命令功能:设置图面三维直观视图的观察方向。

(2) 命令调用方式:

菜单方式:【视图】|【三维视图】|【视点】

键盘输入方式:VPOINT

(3) 命令操作:

命令:VPOINT

当前视图方向:VIEWDIR=0.0000,0.0000,1.0000

指定视点或[旋转(R)]〈显示坐标球和三轴架〉:

(4) 选项说明:

① 指定视点

使用输入的 *X*、*Y*、*Z* 坐标创建一个矢量,该矢量定义了观察视图的方向,例如用户可以指定类似于(0,0,1)、(0,−1,0)、(−1,0,0)等的点来作为观察方向。

根据《技术制图国家标准》,要形成一个物体的六个基本视图,首先应将物体置于正六面体系中,按正投影原理分别将物体向六个基本投影面投影,如图 10-15(a)所示。当用户要在屏幕上观察物体的六个基本视图时,可以通过改变视点来实现。各基本视图的视点位置及其坐标值如图 10-15(b)所示。例如,要在屏幕上显示物体的主视图,应将视点设在 *A* 点位置,坐标值为(0,−1,0)。

② 旋转(R)

使用两个旋转角度确定视点,命令行提示如下。

输入 XY 平面与 X 轴的夹角〈当前值〉:

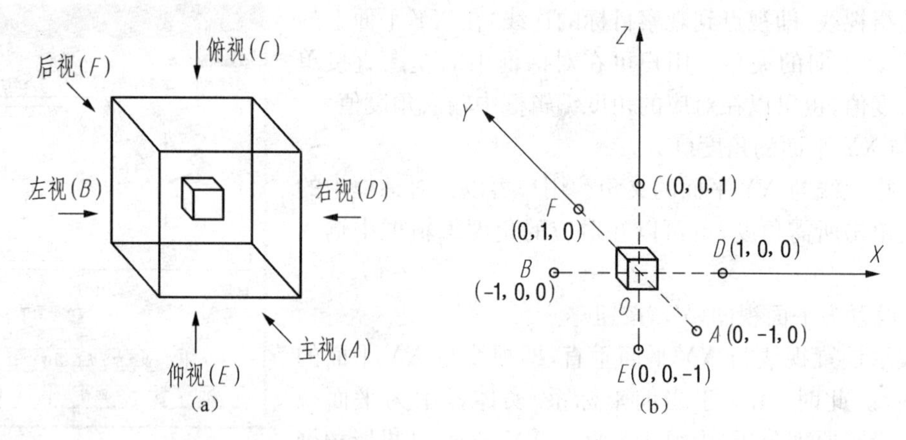

图 10-15　视点位置与六个基本视图投影方向的关系

输入与 XY 平面的夹角〈当前值〉：

通过指定视线在 *XY* 平面上的投影与 *X* 轴正向的夹角以及视线与 *XY* 平面的夹角来确定观察方向。

③ 执行默认项〈显示坐标球和三轴架〉

选择此选项后将在屏幕上出现如图 10-16 所示的坐标球和三轴架。

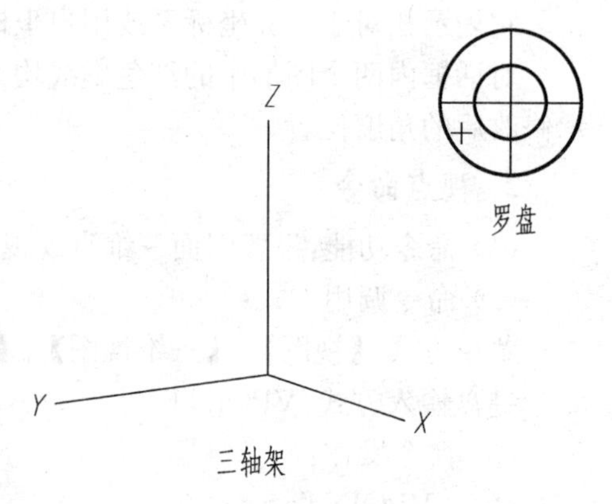

图 10-16　罗盘和三轴架

屏幕右上角的坐标球是一个球体的二维显示。中心点代表北极，内圆表示赤道，外圆表示南极。坐标球上有一个小十字光标，可以用鼠标移动小十字光标。如果小十字光标是在内圆里，那么就是在赤道上方向下观察模型；如果小十字光标是在外圆里，那么就是从图形的下方或者说是从南半球观察模型。当移动光标时，三轴架（即当前的坐标系）根据坐标球指示的观察方向旋转。将小十字光标移到球体的某个位置上并单击鼠标左键，就能得到一个观察方向。

3）视图命令

(1) 命令功能：保存或恢复已命名视图。

(2) 命令调用方式：

菜单方式：【视图】|【命名视图】

图标方式：

键盘输入方式：VIEW

(3) 命令操作：

激活 VIEW 命令后，AutoCAD 将弹出如图 10-17 所示的【视图管理器】对话框。

(4) 选项说明：

该对话框由【模型视图】、【布局视图】和【预设视图】三个选项卡构成。

① 【视图管理器】选项卡

【视图管理器】选项卡如图 10-17 所示，它包括以下内容。

a. 视图列表框

显示已经命名的视图名称、视图所在的绘图空间、随视图保存的 UCS 名称以及透明状态。当前视图的左边有一个小箭头图标。

b. “置为当前”按钮

将选择的视图设置为当前视图。

c. “新建”按钮

以当前屏幕视口中的显示状态或重新定义一矩形视图窗口保存为新的视图。单击该按钮，弹出如图 10-18 所示的【新建视图】对话框。

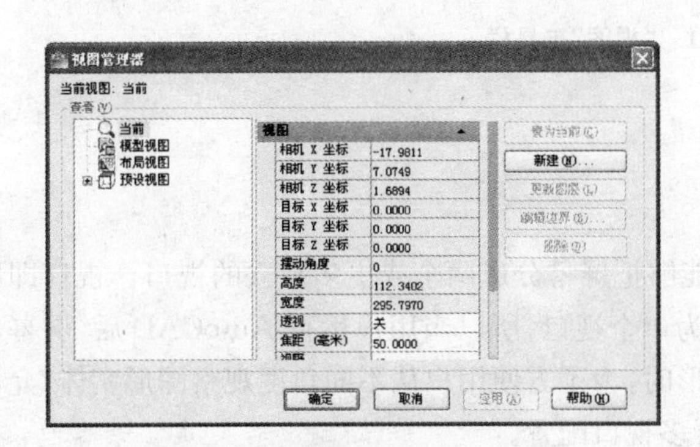

图 10-17 【视图管理器】选项卡

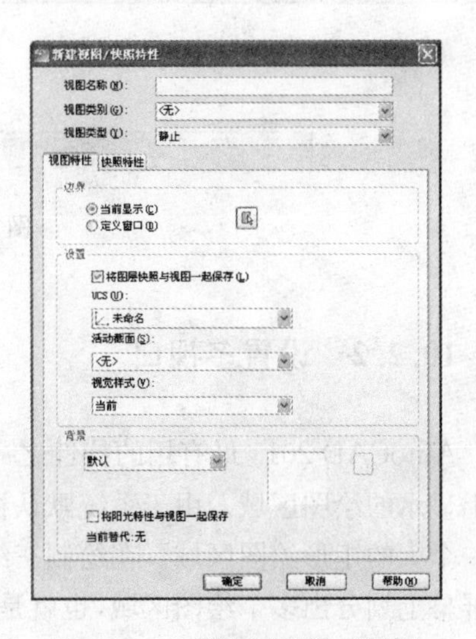

图 10-18 【新建视图】对话框

② 【预设视图】选项卡

【预设视图】选项卡如图 10-19 所示，它包括以下内容。

a. 视图列表框

列表显示正交和等轴测视图的名称。

b. “置为当前”按钮

将选中的正交视图和等轴测视图设置为当前视图。

c. “相对于”列表框

用于选择正交视图和等轴测视图相对于何种坐标系统，默认的坐标系为世界坐标系。

d. “恢复正交 UCS 和视图”复选框

该复选框控制是否恢复正交 UCS 和视图。

另外，上述功能的实现也可以用下面两种方法。

Ⅰ. 利用下拉菜单【视图】|【三维视图】，如图 10-20 所示。正交视图可选择俯视、仰视、左视、右视、主视和后视。等轴测图可选择西南等轴测、东南等轴测、东北等轴测、西北等轴测。

Ⅱ. 利用“视图”工具栏，如图 10-21 所示。

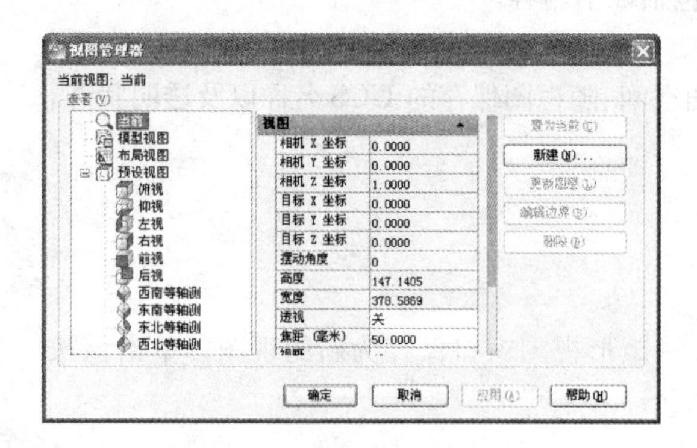

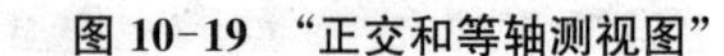
图 10-19 “正交和等轴测视图”

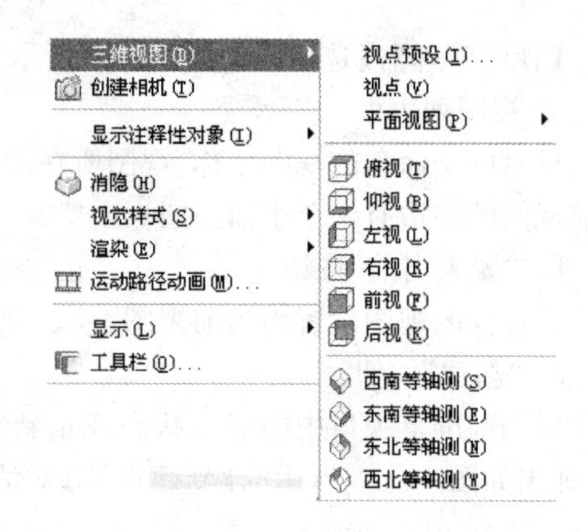

图 10-20 用下拉菜单调用正交和等轴测视图

图 10-21 “视图”工具栏

10.2.2 设置多视口

AutoCAD 2013 最有用的特性之一是能够把屏幕分成两个或更多独立的视口。视口即屏幕上显示的绘图区域。由于系统默认视口为单个视口，所以当用户运行 AutoCAD 后，屏幕显示一个大的矩形绘图区域。在绘制三维图形时，为了方便用户从不同角度观察图形实体，允许在屏幕上划分出多个绘图区域，也就是进行多视口配置。

(1) 命令功能：用于在模型空间建立多个视口，允许用户对视口进行组合、布局、保存以及删除或调用已存储的视口。建立多个视口后，要激活任一视口，只需将鼠标箭头移进该视口并单击鼠标左键。被激活的视口即成为当前视口。

(2) 命令调用方式：

菜单方式：【视图】|【视口】|弹出下拉菜单项|选择视口配置的数量

图标方式：

键盘输入方式：VPORTS

(3)命令操作：

激活 VPORTS 命令后，AutoCAD 将弹出如图 10-22 所示的【视口】对话框。

(4) 选项说明：

【视口】对话框由【新建视口】和【命名视口】两个选项卡构成。

① 【新建视口】选项卡(见图 10-22)。

a. 新名称(N)：建立新的视口配置并保存。

b. 标准视口(V)：列出 AutoCAD 提供的标准视口配置。

c. 预览：显示用户选择的视口配置。

d. 应用于(A)：将所选的视口配置于整个显示屏幕或者当前视口。

e. 设置(S)：选择“二维”，则所有新视口的视点与当前视口一致；选择“三维”，则新视口的视点可选择设置为三维中的特殊视点。

f. 修改视图(C):用于从列表中选择的视口配置代替已选择的视口配置。

g. 视觉样式(T):将视觉样式应用到视口。将显示所有可用的视觉样式。

②【命名视口】选项卡(见图 10-23)。

用户在【新建视口】选项卡中赋予新视口配置某个名称并保存起来,进入【命名视口】选项卡,“命名视口”一栏将显示所有已存储的视口配置名称,选取某个视口配置后,“预览”栏即出现预览图。

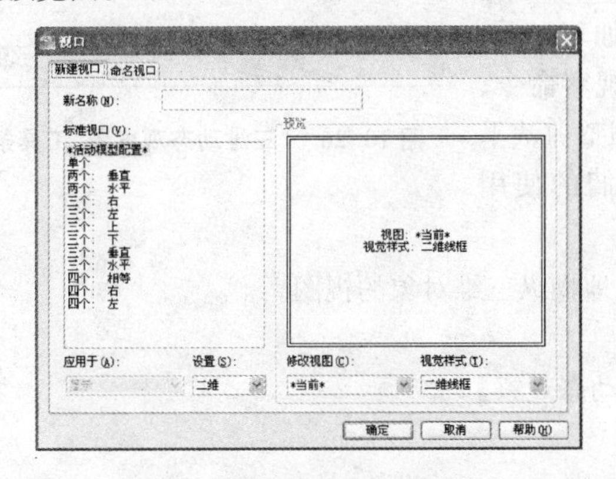

图 10-22　【新建视口】选项卡

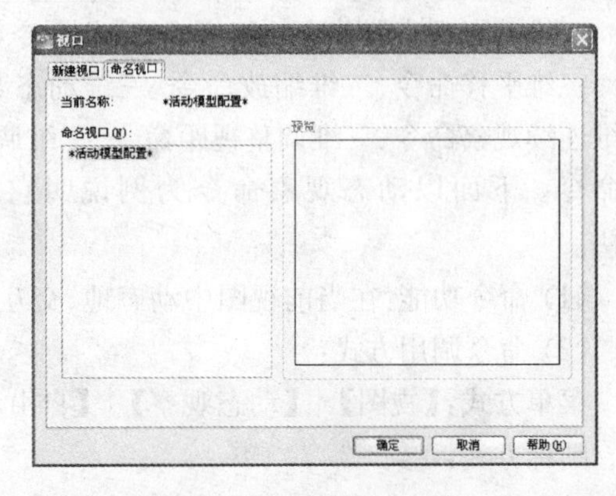

图 10-23　【命名视口】选项卡

【例 10-1】　在模型空间创建四个视口,分别显示三维模型的主视图、俯视图、左视图和东南等轴测图。

具体操作如下。

在模型空间创建四个视口,作图过程如图 10-24 所示。

(1) 在【视图】菜单中选择【视口】,再选择【新建视口】。

① 在“新名称”编辑框中输入“NEW”。

② 在“标准视口”列表框中选择视口配置“四个:相等”。

③ 在“设置”列表框中选择“三维”。

(2) 在“预览”框中单击左上角的视口,从“修改视图”列表框中选择“前视”。接下来分别在左下角、右上角和右下角的三个视口选择“俯视”“左视”和“东南等轴测”。

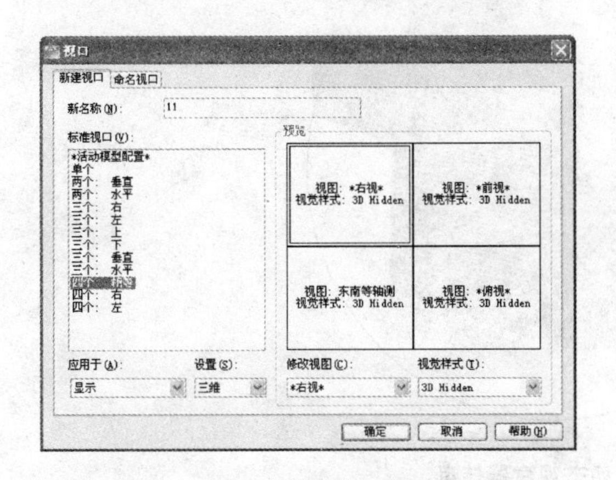

图 10-24　在模型空间【新建视口】对话框

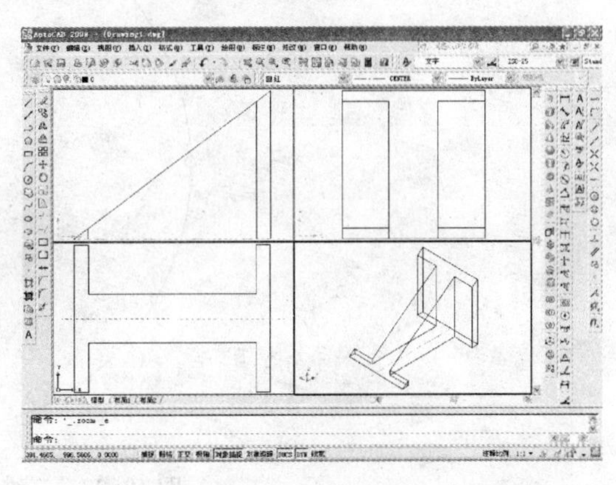

图 10-25　新创建的四个视口

单击【确定】按钮,关闭对话框。

当执行上述操作后,新创建的四个视口如图 10-25 所示。

10.2.3 三维动态观察器

三维动态观察器是 AutoCAD 2013 中使用最方便、功能最强大的一种三维观察工具,在建模过程中,几乎能够满足所有的观察要求。“三维动态观察器”工具条如图 10-26 所示。

三维动态观察器包含一组命令,这些命令如下。

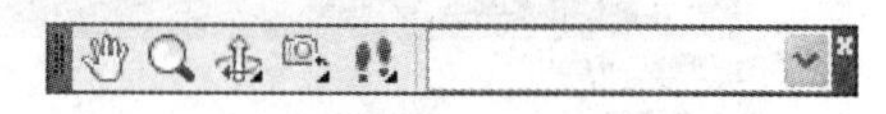

图 10-26 “三维动态观察器”工具条

三维平移命令、三维缩放命令、三维动态观察命令、三维连续观察命令、三维调整视距命令、三维调整剪裁平面命令。下面以动态观察命令为例说明它们的使用方法。

(1) 命令功能:在当前视图中动态地、交互地操纵三维对象的视图。

(2) 命令调用方式:

菜单方式:【视图】|【动态观察】|【自由动态观察】

图标方式:

键盘输入方式:3DORBIT

(3) 命令说明:

当执行了该命令后,图形中会出现如图 10-27 所示的三维动态观察器转盘。按住鼠标左键移动光标可以拖动视图旋转,当光标移动到弧线球的不同部位时,可以用不同的方式旋转视图。

① 当光标在弧线球内时,光标图标显示为两条封闭曲线环绕的小球体,此时视线从球面指向球心,按住左键可沿任意方向旋转视图,从球面不同位置上观察对象。如果沿垂直方向移动光标,可以从球面上方或下方观察对象;如果沿水平方向移动光标,可以从球面的前、后、左、右方向观察对象。

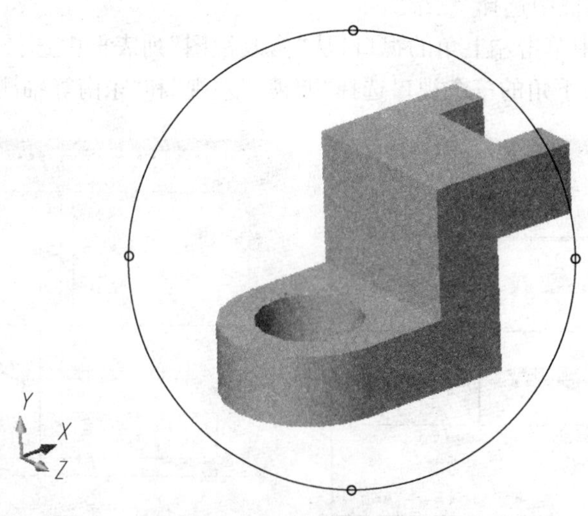

图 10-27 三维动态观察器转盘

② 当光标在弧线球外时，光标图标变成环形箭头。当按住左键绕着弧线球移动光标时，视图绕着通过球心并垂直于屏幕的轴转动。

③ 当光标置于弧线球左或右两个小圆中时，光标图标变成水平椭圆。如果在按住左键的同时移动光标，视图将绕着通过弧线球中心的垂直轴（或 Y 轴）转动。

④ 当光标置于弧线球上或下两个小圆中时，光标图标变成垂直椭圆。如果在按住左键的同时移动光标，视图将绕着通过弧线球中心的水平轴（或 X 轴）转动。

10.2.4　三维图像的消隐

（1）命令功能：用于隐藏面域或三维实体被挡住的轮廓线。

（2）命令调用方式：

菜单方式：【视图】|【消隐】

图标方式：

键盘输入方式：HIDE

（3）命令操作：

命令：HIDE

HIDE 正在重生成模型。

当执行“HIDE”命令后，用户不需要进行目标选择，AutoCAD 2013 会检查图形中的每根线，当确定线位于其他物体的后面时，将把该线条从视图上消隐掉，这样图形看起来就更加逼真。当需要恢复消隐前的视图状态时，可采用“重生成”命令实现。图形消隐后不能使用“实时缩放”和“平移”命令。

10.2.5　三维图像的着色

（1）命令功能：以某种颜色在三维实体表面上色，并能根据观察角度确定各个面的相对亮度，产生更逼真的立体效果。

（2）命令调用方式：

菜单方式：【视图】|【视觉样式】|

图标方式：从着色工具栏中单击对应的图标选择着色方式（见图 10-28）

键盘输入方式：SHADEMODE

（3）命令操作：SHADEMODE

当前模式：二维线框

输入选项

[二维线框(2)/三维线框(3)/三维隐藏(H)/真实(R)/概念(C)/其他(O)]〈概念〉：（其中真实(R)就是边框体着色，概念(C)就是体着色，消隐则变为隐藏）

图 10-28　“视觉样式”工具栏

（4）选项说明：

① 二维线框(2D)：以直线和曲线来显示对象的边界。

② 三维线框视觉样式(3D)：以直线和曲线来显示对象的边

界,同时显示一个三维 UCS 图标。

③ 三维隐藏视觉样式(H):以三维线框显示对象,并隐藏背面不可见的轮廓,同时显示一个三维 UCS 图标。

④ 真实视觉样式(R):着色多边形平面间的对象,并使对象的边平滑化,将显示已附着到对象的材质,是体着色。

⑤ 概念视觉样式(C):着色多边形平面间的对象,并使对象的边平滑化。着色使用冷色和暖色之间的过渡,效果缺乏真实感,但是可以更方便地查看模型的细节,是带边框的平面着色。

⑥ 管理视觉样式(O):通过更改面设置和边设置并使用阴影和背影可以创建自己的视觉样式,是带边框的体着色。

不同的着色方式产生的着色效果见图 10-29。

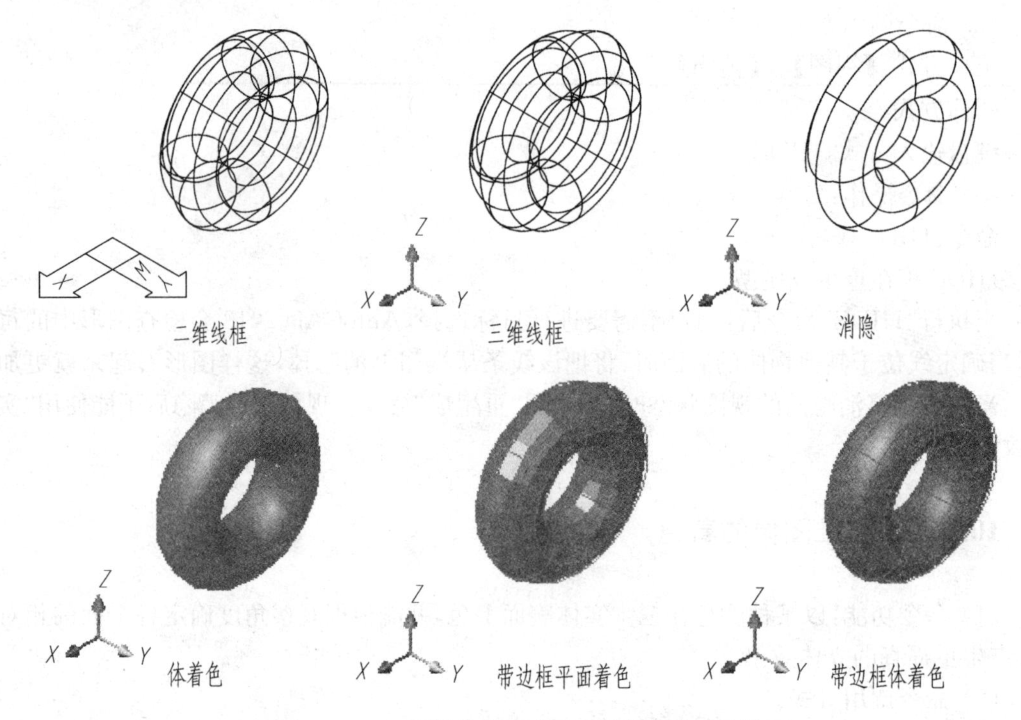

图 10-29　不同的着色方式产生的着色效果示例

当需要恢复消隐前的视图状态时,应选择“视觉样式”命令中的“二维线框”选项。经过着色处理的图像只能显示在屏幕上,其效果并不能打印输出。

10.2.6　显示效果变量

对于曲面立体,其显示效果和一些变量的设置有关。

1) FACETRES 变量

FACETRES 变量控制表达曲面的小平面数。在使用 HIDE 等命令时,实体的面均由许多很小的平面来代替。当代替的平面数越多时,显示就越平滑。FACETRES 的默认值为 0.5,可选范围为 0.01 至 10,数值越高,显示的小平面越多,因此生成时间也越长。

2）ISOLINES 变量

ISOLINES 变量控制显示曲面的素线条数，其有效范围为 0 至 2047，默认值为 4。增加条数可以使得三维立体看上去更加接近实物，同时会增加生成的时间。

10.3 三维基本形体的创建

在 AutoCAD 中，根据创建模型的方式不同，三维模型可以分为三类，即线框模型、表面模型和实体模型。

10.3.1 创建三维线框模型

线框模型可理解为对二维平面图形赋予一定厚度后在三维空间产生的模型。这种建模方式主要描绘三维对象的骨架，没有面和体的特征，而且只能沿 Z 轴方向加厚，无法生成球面和锥面模型，对于复杂的模型，线条会显得杂乱。

创建三维线框模型常用的方法主要有以下几种。

1）设置当前高度和厚度

(1) 命令功能：用来规定当前标高和三维物体的厚度。

ELEV 命令可以设定默认的绘制图形的基底标高（Elevation）和厚度（Thickness）。图形的基底标高是指从 XY 平面开始沿 Z 轴测得的 Z 坐标值。图形的厚度是指图形沿 Z 轴测得的长度。

(2) 命令调用方式：

ELEV 命令不出现在菜单任何地方，若要执行，必须通过键盘输入。

键盘输入方式：ELEV

(3) 命令操作：

命令：ELEV

指定新的默认标高〈0.0000〉：

指定新的默认厚度〈0.0000〉：

2）查看和改变图形的标高和厚度

比较方便的方法是利用对象特性命令来查看和改变图形的标高和厚度。在二维空间绘制平面图形后，执行特性命令修改其特性，在对话框中“厚度”和中心点的 Z 轴坐标一栏分别输入新的值，改变视点进入三维空间，即产生对应的线框模型，但样条曲线、椭圆、多线、多行文本以及由“True Type”字体产生的文本均无法赋予厚度。

3）利用三维多段线创建线框模型

(1) 命令功能：创建三维多段线。

(2) 命令调用方式：

菜单方式：【绘图】|【三维多段线】

键盘输入方式：3DPOLY

(3) 命令操作：

命令：3DPOLY

指定多段线的起点：

指定直线的端点或[放弃(U)]：

指定直线的端点或[放弃(U)]：

指定直线的端点或[闭合(C)/放弃(U)]：

10.3.2 三维曲面造型

表面模型主要以平面方式来描绘物体表面。AutoCAD 采用多边形网格(即微小的平面)模拟三维模型表面，模型可以进行消隐、着色和渲染，从而得到真实的视觉效果。但由于网格是小平面，所以网格定义的模型曲面只是近似曲面。建立表面模型的命令可以用绘图菜单的表面子菜单，也可以用曲面工具栏(见图 10-30)。

图 10-30 曲面工具栏

1) 三维曲面

(1) 命令功能：创建三维曲面。

(2) 命令调用方式：

菜单方式：【绘图】|【建模】|【网格】|【平滑网格】

图标方式：

键盘输入方式：3D

(3) 命令操作：

命令：3D

[长方体表面(B)/圆锥面(C)/下半球面(DI)/上半球面(DO)/网格(M)/棱锥面(P)/球面(S)/圆环面(T)/楔体表面(W)]：

(4) 选项说明：

① 长方体表面：创建三维长方体多边形网格。

② 圆锥面：创建圆锥状多边形网格。

③ 下半球面：创建球状多边形网格的下半部分。

④ 上半球面：创建球状多边形网格的上半部分。

⑤ 网格：创建平面网格，其 M 向和 N 向大小决定了沿这个方向绘制的直线数目。M 向和 N 向与 XY 平面的 X 轴和 Y 轴相似。

⑥ 棱锥面：创建一个棱锥或四面体。

⑦ 球面：创建球状多边形网格。

⑧ 圆环面：创建与当前 UCS 的 XY 平面平行的圆环状多边形网格。

⑨ 楔体表面：创建一个直角楔体状多边形网格，其斜面沿 X 轴方向倾斜。

2) 三维面

(1) 命令功能：创建三维面。

(2) 命令调用方式：

菜单方式：【绘图】|【建模】|【网格】|【三维面】

图标方式：

键盘输入方式：3DFACE

(3) 命令操作：

下面以如图10-31所示的三维平面创建为例说明。

命令：3DFACE

指定第一点或[不可见(I)]：(输入顶点 A)

指定第二点或[不可见(I)]：@100,0,0(输入顶点 B)

指定第三点或[不可见(I)]〈退出〉：@0,－200,0(输入顶点 C)

指定第四点或[不可见(I)]〈创建三侧面〉：@－100,0,0(输入顶点 D)

指定第三点或[不可见(I)]〈退出〉：@－100,0,－200(输入第二个平面的第三点 E)

指定第四点或[不可见(I)]〈创建三侧面〉：@200,0,0(输入第二个平面的第四点 F)

指定第三点或[不可见(I)]〈退出〉：@0,200,0(输入第三个平面的第三点 G)

指定第四点或[不可见(I)]〈创建三侧面〉：@－200,0,0(输入第三个平面的第四点 H)

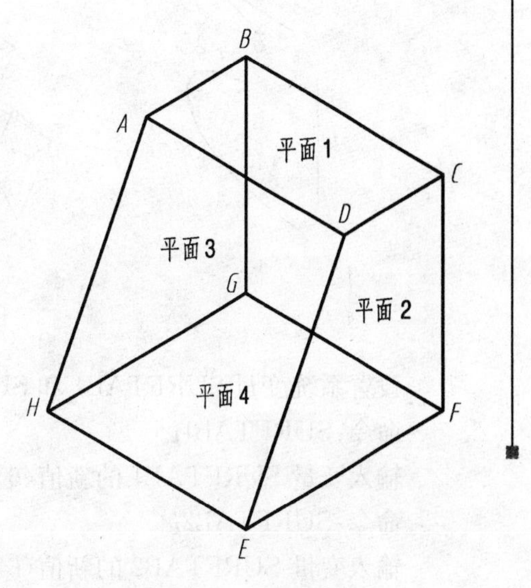

图10-31　三维平面

指定第三点或[不可见(I)]〈退出〉：(捕捉第四个平面的第三点 A)

指定第四点或[不可见(I)]〈创建三侧面〉：(捕捉第四个平面的第四点 B)

指定第三点或[不可见(I)]〈退出〉：

结果如图10-31所示。

(4) 选项说明：

在输入第一点后，可按顺时针或逆时针方向输入其余的点，以创建合法的三维面。如果四个顶点都在同一平面上，那么AutoCAD将创建一个类似于面域对象的平面。在边的第一点之前输入I或Invisible可以使该边不可见。

3) 旋转曲面

(1) 命令功能：创建三维回转曲面。

(2) 命令调用方式：

菜单方式：【绘图】|【建模】|【网格】|【旋转网格】

图标方式：

键盘输入方式：REVSURF

(3) 命令操作：

命令：REVSURF

当前线框密度:SURFTAB1=6,SURFTAB2=6
选择要旋转的对象:选择 2(选择一条直线、圆弧或二维、三维多段线),见图 10-32(a)
选择定义旋转轴的对象:选择 1(选择一条直线或开放的二维、三维多段线)
指定起点角度〈0〉:(输入一个值或回车)
指定包含角(+=逆时针,-=顺时针)〈360〉:(输入一个值或回车)见图 10-32(b)

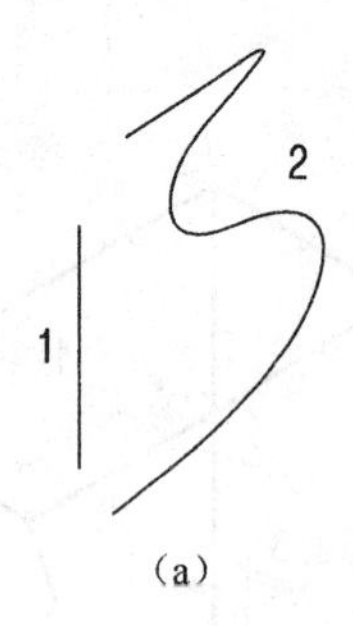

(a)

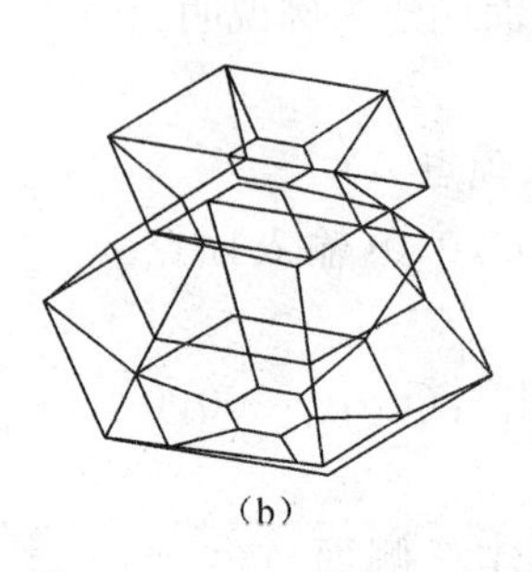
(b)

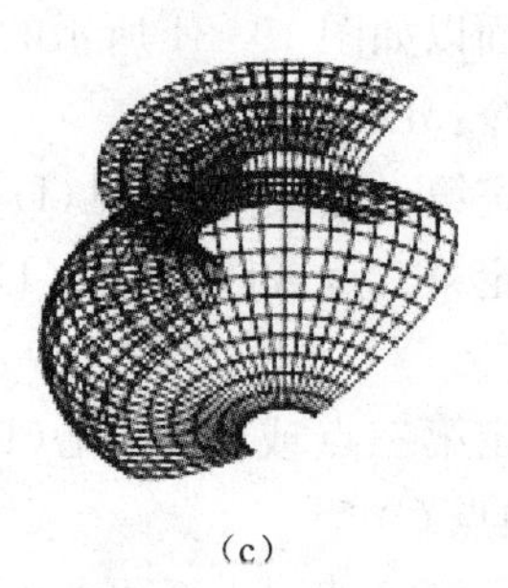
(c)

图 10-32　旋转网格面

设置系统变量 SURFTAB1 和 SURFTAB2。
命令:SURFTAB1↙
输入变量 SURFTAB1 的新值〈6〉:32↙
命令:SURFTAB2↙
输入变量 SURFTAB2 的新值〈6〉:32↙
命令:REVSURF↙
选择路径曲线:↙
选择回转轴:↙
起始角度〈0〉:↙
包含角度(+=逆时针,-=顺时针)〈整圆〉:180↙
命令:HIDE↙
结果见图 10-32(c)。
(4) 选项说明:
通过将路径曲线或剖面(直线、圆、圆弧、椭圆、椭圆弧、闭合多段线、多边形、闭合样条曲线或圆环)绕选定的轴旋转一个近似于旋转曲面的多边形网格。

4) 平移曲面

(1) 命令功能:创建平移曲面。
(2)命令调用方式:
菜单方式:【绘图】|【建模】|【网格】|【平移网格】
图标方式:
键盘输入方式:TABSURF
(3) 命令操作:
命令:TABSURF
选择用作轮廓曲线的对象:选择 2,见图 10-33(a)

选择用作方向矢量的对象：选择 1(选择直线或开放的多段线)，见图 10-33(b)

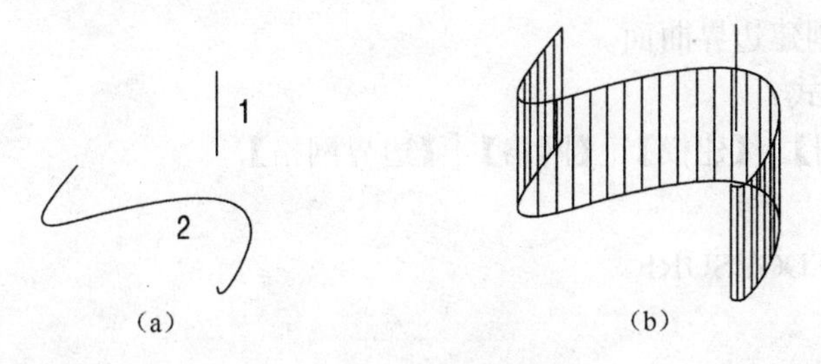

图 10-33　平移网格面

(4) 选项说明：

构造一个多边形网格，此网格表示一个由路径曲线和方向矢量定义的平移曲面。路径曲线定义多边形网格的曲面，它可以是直线、圆弧、圆、椭圆、二维或三维多段线。

5) 直纹曲面

(1) 命令功能：创建直纹曲面。

(2) 命令调用方式：

菜单方式：【绘图】|【建模】|【网格】|【直纹网格】

图标方式：

键盘输入方式：RULESURF

(3) 命令操作：

命令：RULESURF

当前线框密度：SURFTAB1=6

选择第一条定义曲线：选择 1，见图 10-34(a)

选择第二条定义曲线：选择 2，见图 10-34(b)

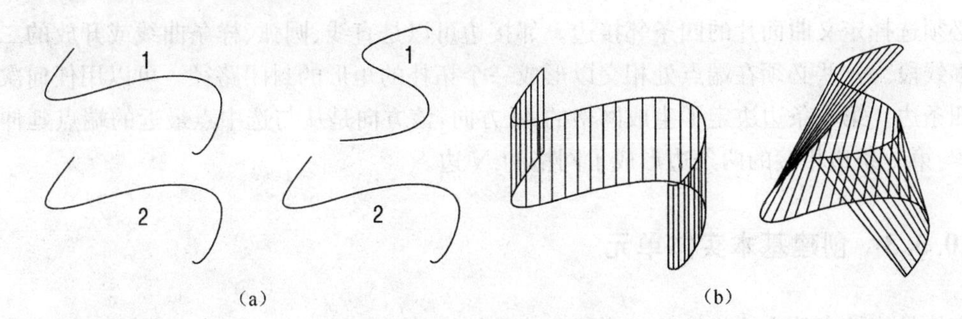

图 10-34　直纹网格面

(4) 选项说明：

在两条曲线之间创建多边形网格，表示一个直纹曲面。所选择的对象用于定义直纹曲面的边，该对象可以是点、直线、样条曲线、圆、圆弧或多段线。如果有一个边界是闭合的，那么另一个边界必须也是闭合的。可以将一个点作为开放或闭合曲线的另一个边界，但是只能有一个边界曲线可以是一个点。对于不封闭曲线来说，在选择曲线时，点取的位置不同形成的曲面也不同，在同一侧选择对象时创建多边形网格，选择不同侧的对象创建自交的多边形网格。

6）边界曲面

（1）命令功能：创建边界曲面。

（2）命令调用方式：

菜单方式：【绘图】|【建模】|【网格】|【边界网格】

图标方式：

键盘输入方式：EDGESURF

（3）命令操作：

命令：EDGESURF

当前线框密度：SURFTAB1=6，SURFTAB2=6

选择用作曲面边界的对象 1：选择 1

选择用作曲面边界的对象 2：选择 2

选择用作曲面边界的对象 3：选择 3，见图 10-35(a)

选择用作曲面边界的对象 4：选择 4，见图 10-35(b)

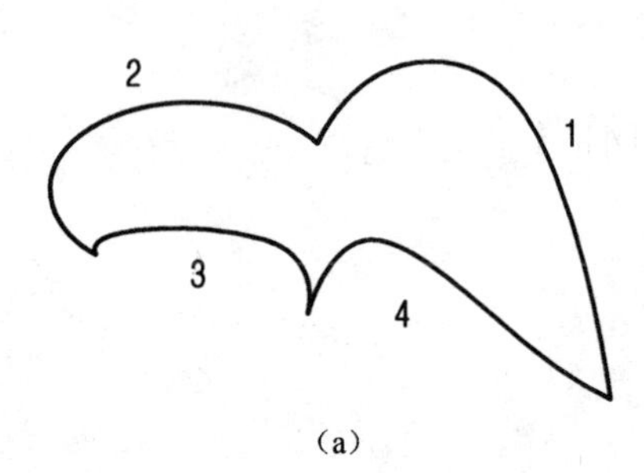

(a)

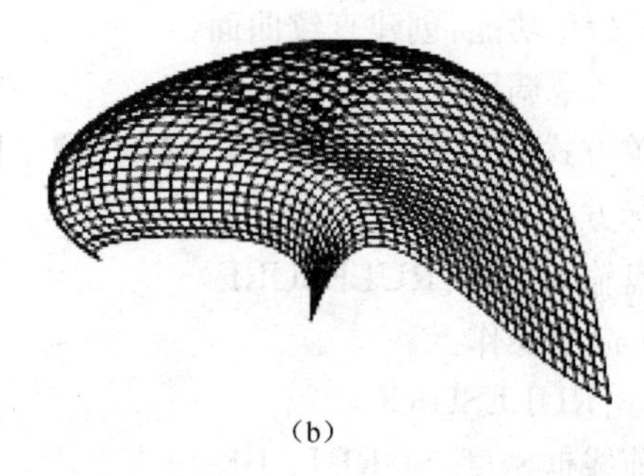

(b)

图 10-35　边界网格面

（4）选项说明：

必须选择定义曲面片的四条邻接边。邻接边可以是直线、圆弧、样条曲线或开放的二维或三维多线段。这些必须在端点处相交以形成一个拓扑的矩形的封闭路径。可以用任何次序选择这四条边。第一条边决定了生成网格的 *M* 方向，该方向是从与选中点最近的端点延伸到另一端，与第一条边相接的两条边形成了网格的 *N* 边。

10.3.3　创建基本实体单元

实体是能够完整表达物体几何形状和物理特性的空间模型，与线框和网格相比，实体的信息最完整，容易构造和编辑，相对更容易构造和编辑复杂的三维实体是 AutoCAD 的核心建模手段。AutoCAD 2013 提供了四种创建三维实体的方法如下。

（1）根据基本实体单元来创建实体，如长方体、球体、圆柱体、圆锥体等。

（2）沿指定的路径拉伸平面图形，创建拉伸实体。

（3）绕指定的轴线旋转平面图形，创建旋转实体。

（4）创建扫掠实体。

（5）创建放样实体。

(6) 通过布尔运算,将简单的实体对象组合成更为复杂的实体对象。

长方体、球体、圆柱体、圆锥体、楔体、圆环体都是基本实体单元,AutoCAD 2013 分别提供了创建这些实体单元的命令。"实体"工具栏如图 10-36 所示。

图 10-36 "实体"工具栏

1) 创建长方体

(1) 命令功能:创建实心长方体。

(2) 命令调用方式:

菜单方式:【绘图】|【建模】|【长方体】

图标方式:

键盘输入方式:BOX

(3) 命令操作:指定底面第一个角点和第二个角点的位置,再指定高度。下面以创建如图 10-37 所示的长方体为例简单说明。

命令:BOX

指定长方体的角点或[中心点(C)]:(长方体的对角坐标)

指定其他角点或[立方体(C)/长度(L)]:L(选择长度)

指定长度:20(长方形底边)

指定宽度:10(长方形底边)

指定高度:20(长方形高度)

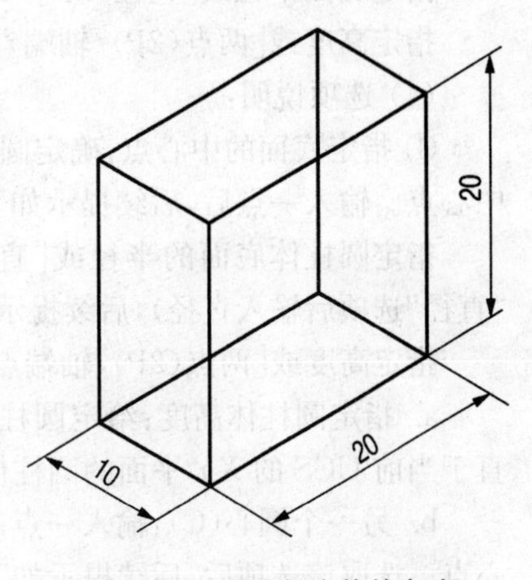

图 10-37 创建长方体的方法

2) 创建球体

(1) 命令功能:创建实心球体。球体的纬线平行于当前 UCS 的 *XY* 平面,轴线与当前 UCS 的 *Z* 轴方向一致。

(2) 命令调用方式:

菜单方式:【绘图】|【建模】|【球体】

图标方式:

键盘输入方式:SPHERE

(3) 命令操作:指定球的中心,再指定球的半径或直径。

命令:SPHERE

当前线框密度:ISOLINES=4

指定球体球心〈0,0,0〉:

指定球体半径或[直径(D)]:

(4) 说明:

系统变量"ISOLINES"用于控制球体表面线框密度,默认值为 4,变量取值范围为 0~2047,用户可以通过调整该变量的值使球体表面趋于圆滑。

3）创建圆柱体命令

(1) 命令功能:创建实心圆柱体或椭圆柱体。

(2) 命令调用方式:

菜单方式:【绘图】|【建模】|【圆柱体】

图标方式:

键盘输入方式:CYLINDER

(3) 操作方式:指定底面的中心点、半径或直径,再指定高度,如图 10-38 所示。

命令:CYLINDER

当前线框密度:ISOLINES=4

指定底面的中心点或[三点(3P)/两点(2P)/切点、切点、半径(T)/椭圆(E)]:

指定底面半径或[直径(D)]〈45.4944〉:D

指定高度或[两点(2P)/轴端点(A)]〈60.7839〉:30

(4) 选项说明:

① 指定底面的中心点:确定圆柱体在 XY 平面上的端面圆中心点。输入一点后,后续提示如下。

指定圆柱体底面的半径或[直径(D)]:输入半径(或选取"直径"选项后输入直径),后续提示如下。

指定高度或[两点(2P)/轴端点(A)]:

a. 指定圆柱体高度:给定圆柱体的高度,生成一个轴线垂直于当前 UCS 的 XY 平面的圆柱体。

b. 另一个圆心(C):输入一点确定圆柱体另一端面圆的中心点。选取该选项后,后续提示如下。

指定圆柱的另一个圆心:

生成的圆柱体轴线与两端面圆中心点的连线重合。

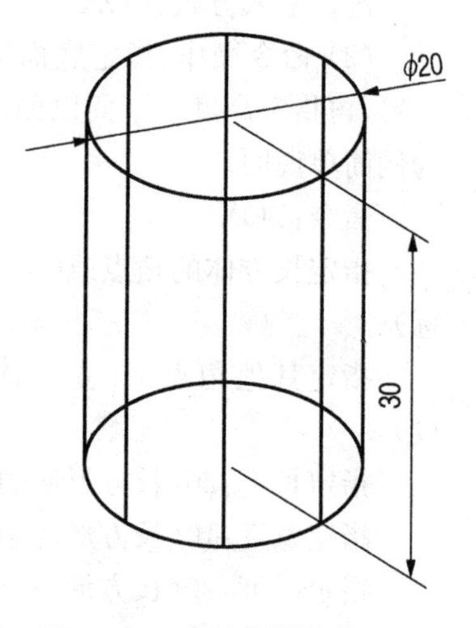

图 10-38　创建圆柱体的方法

② 椭圆(E):表示创建椭圆柱体。选取该选项后,后续提示如下。

指定第一个轴的端点或[中心(C)]:

a. 选择圆柱体底面椭圆的轴端点:表示采用"轴长、半轴长"方式生成椭圆柱体的一个椭圆端面。给定一点后,后续提示如下。

指定第一个轴的其他端点:

指定第二个轴的端点:

指定高度或[两点(2P)/轴端点(A)]:

该提示句中,各选项的含义与(1)中出现的同一提示句的解释基本相同,主要影响生成的椭圆柱体的轴线位置。

b. 中心点(C):表示采用"中心点、半轴、半轴"方式生成椭圆柱体的一个椭圆端面。选取该选项后,后续提示如下。

指定圆柱体底面椭圆的中心点〈0,0,0〉:

指定到第一个轴的距离:(输入椭圆的一条半轴长)

指定第二个轴的端点:(输入椭圆的另一条半轴长)

[另一个圆心(C)]:(指定高度或[两点(2P)/轴端点(A)])

4）创建圆锥体命令

(1) 命令功能:创建圆锥体。

(2) 命令调用方式:

菜单方式:【绘图】|【建模】|【圆锥体】

图标方式:

键盘输入方式:CONE

(3) 操作方式:指定底面的圆心、半径或直径,再指定高度。下面以创建如图 10-39 所示的圆锥体为例简单说明。

命令:CONE

当前线框密度:ISOLINES=4

指定底面的中心点或[三点(3P)/两点(2P)/相切、相切、半径(T)/椭圆(E)]

(圆锥体底面的中心点坐标)

指定圆锥体底面的半径或[直径(D)]:D

指定圆锥体底面的直径:20(圆锥体底面的直径)

指定高度或[两点(2P)/轴端点(A)/顶面半径(T)]:20(圆锥体高度)

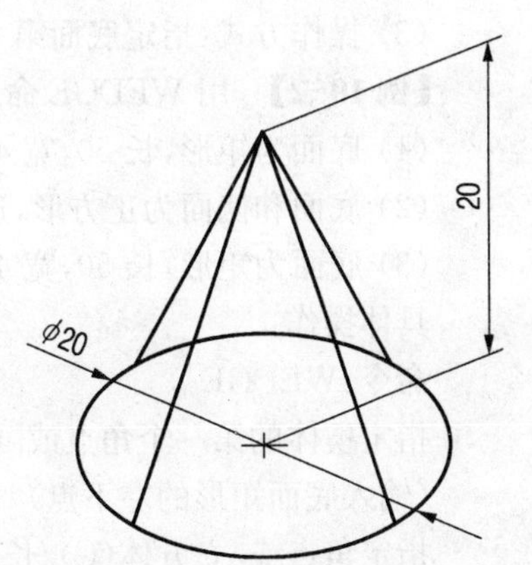

图 10-39 创建圆锥的方法

(4) 选项说明:

① 指定圆锥体底面的中心点:确定圆锥体底面圆的中心点。输入一点后,后续提示如下。

指定圆锥体底面的半径或[直径(D)]:

用户给定半径或直径后,后续提示如下。

指定高度或[两点(2P)/轴端点(A)/顶面半径(T)]

a. 指定圆锥体高度:指定圆锥体的高度。生成一个轴线垂直于当前 UCS 的 *XY* 平面的圆锥体。

b. 顶点(A):指定圆锥体的顶点。生成的圆锥体高度为底面圆中心至顶点的距离,两点连线决定了圆锥体的轴线方向。

② 椭圆(E):表示创建椭圆锥体。选取该选项后,后续提示如下。

指定第一个轴的端点或[中心(C)]:

指定第一个轴的其他端点:

指定第二个轴的端点:

指定高度或[两点(2P)/轴端点(A)/顶面半径(T)]:

提示用户选择建立椭圆的方式(参见创建圆柱体命令的解释)。

5）圆环体命令

(1) 命令功能:创建圆环体。

(2) 命令调用方式:

菜单方式:【绘图】|【建模】|【圆环体】

图标方式:

键盘输入方式:TORUS

(3) 操作方式:指定圆环的圆心、半径或直径,再指定管道的半径或直径。

6) 创建楔体命令

(1) 命令功能:创建楔体。

(2) 命令调用方式:

菜单方式:【绘图】|【建模】|【楔体】

图标方式:

键盘输入方式:WEDGE

(3) 操作方式:指定底面第一个角点和第二个角点的位置,再指定楔形高度。

【例 10-2】 用 WEDGE 命令创建下列楔形实体。

(1) 底面为矩形,长 50,宽 40,楔体高度 30,标高 10,斜面向右。

(2) 底面和侧面为正方形,边长 50,标高 0,斜面向右。

(3) 底面为矩形,长 50,宽 40,楔体高度 20,标高 10,斜面向左。

具体操作:

命令:WEDGE

指定楔体的第一个角点或[中心点(CE)]〈0,0,0〉:150,200,10

(输入底面矩形的左下点)

指定角点或[立方体(C)/长度(L)]:L

指定长度:50

指定宽度:40

指定高度:30

命令:WEDGE

指定楔体的第一个角点或[中心点(CE)]〈0,0,0〉:230,200

(输入底面矩形的左下点)

指定角点或[立方体(C)/长度(L)]:C

指定长度:50

命令:WEDGE

指定楔体的第一个角点或[中心点(CE)]〈0,0,0〉:350,200,10

(输入底面矩形的右下点)

指定角点或[立方体(C)/长度(L)]:300,240,10

(输入底面矩形的左上点)

指定高度:20

操作完成后,生成的主视图、俯视图和西南等轴测图如图 10-40 所示。

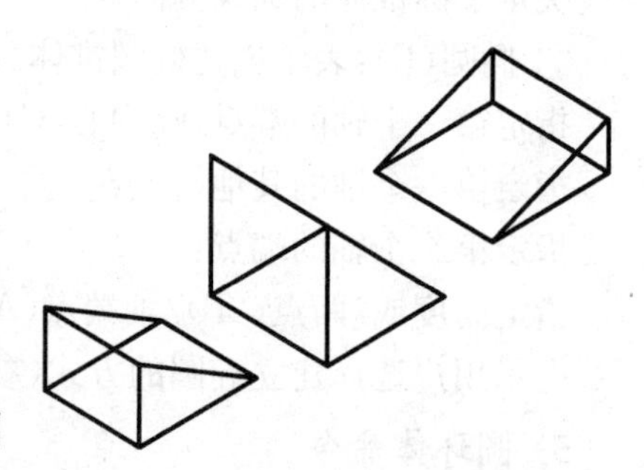

图 10-40 用 WEDGE 命令创建的楔形实体

10.3.4　创建拉伸和旋转实体模型

用户除了可以利用基本形体的组合产生三维实体模型外，还可以采用拉伸二维对象或将二维对象绕指定轴线旋转的方法生成三维实体。被拉伸或旋转的二维对象可以是三维平面、封闭的多段线、宽线、矩形、多边形、圆、圆环、椭圆、封闭的样条曲线和面域。

1）创建面域

面域是一个没有厚度的面，其外形与包围它的封闭边界相同。组成边界的对象可以是直线、多段线、矩形、多边形、圆、圆弧、椭圆、椭圆弧、样条曲线、宽线等。面域可用于填充和着色、提取设计信息、进行布尔运算等。

(1) 命令功能：使形成封闭环的对象创建二维面域。

(2) 命令调用方式：

菜单方式：【绘图】|【面域】

图标方式：

键盘输入方式：REGION

(3) 操作步骤：

命令：REGION

选取对象：

在此提示下，选择要创建二维面域的形成封闭环的对象，然后按回车键或右键确认。AutoCAD 继续提示如下。

已提取一个环。

已创建一个面域。命令也就此终结。

必须注意的是已创建成面域的封闭环从外观上看不出变化，此时通过单击三维显示命令中的面着色命令即可看出变化。

例如，在如图 10-41 所示中，封闭环由直线、圆弧、多段线和样条曲线四个对象形成，可以对其创建面域。

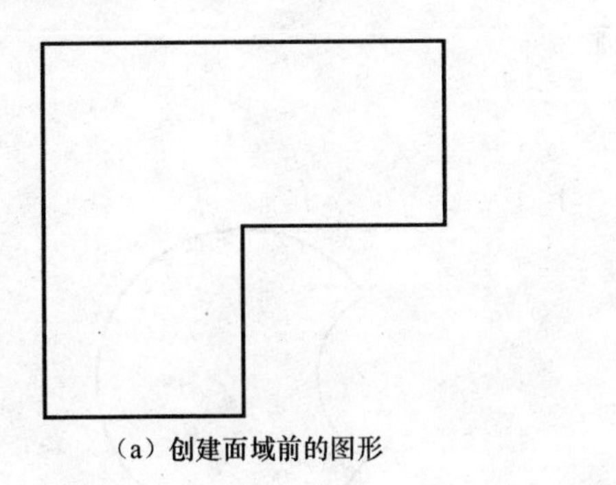

（a）创建面域前的图形

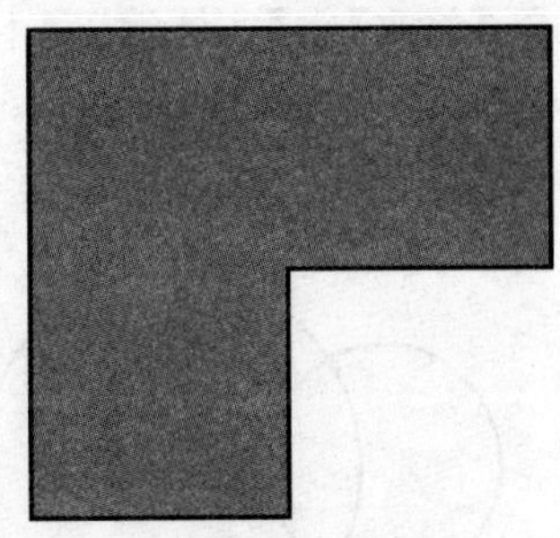

（b）创建面域后的图形

图 10-41　图形创建面域

2）面域的布尔运算

布尔运算是一种数学上的逻辑运算，用在 AutoCAD 绘图中，对提高绘图效率具有很大作用，特别是在绘制一些比较特殊的、复杂的图形时。布尔运算的对象只包括实体和共面的面域，对于普通的图形对象无法进行布尔运算。布尔运算包括并集运算、差集运算和交集运算。

(1) 并集运算

a. 命令功能：并集运算可以将两个或多个面域合并为一个面域。

b. 命令调用方式：

菜单方式：【修改】|【实体编辑】|【并集】

键盘输入方式：UNION

c. 操作步骤：

命令：UNION

选取对象：选择小圆面域

选取对象：选择大圆面域

选取对象：可以继续选择作为边界的对象，如果不再选择，按回车键或右键确认即可。

并集运算命令执行结果如图 10-42 所示。

对于面域的并集运算，如果所选的面域不是相交面域，那么执行该命令后，从外观上看不出变化，但实际上已经将所选的面域合并为一个单独的面域。

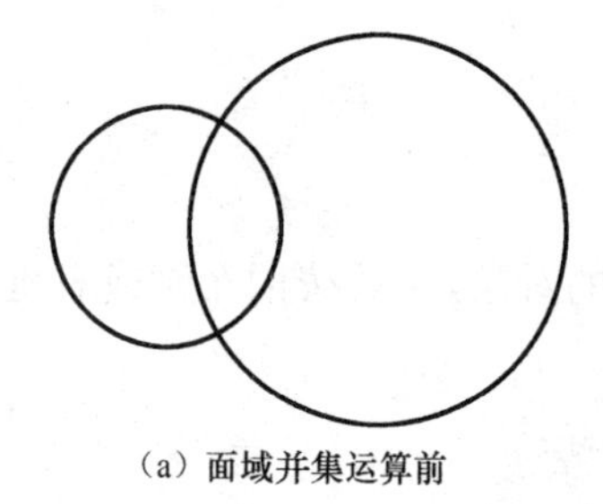

(a) 面域并集运算前

(b) 面域并集运算后

图 10-42　并集运算

(2) 差集运算

① 命令功能：从一个面域中减去一个或多个面域。

② 命令调用方式：

菜单方式：【修改】|【实体编辑】|【差集】

键盘输入方式：SUBSTRACT

③ 操作步骤：

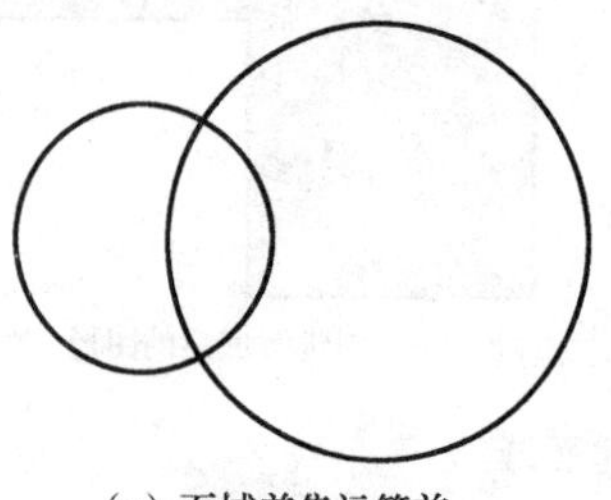

(a) 面域差集运算前

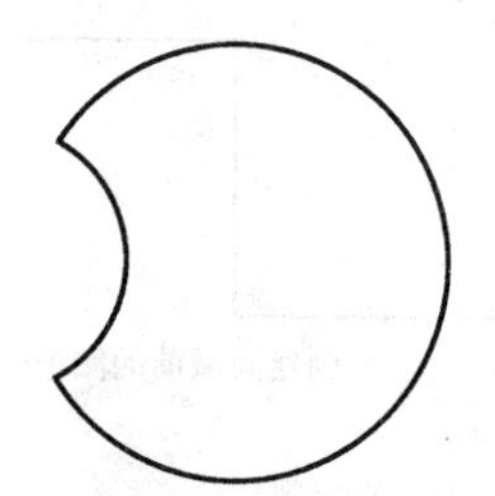

(b) 面域差集运算后

图 10-43　差集运算

命令:SUBSTRACT 选择要从中减去的实体或面域…

选取对象:选择大圆面域

选取对象:按回车键或右键确认

选择要减去的实体或面域…

选取对象:选择小圆面域

选取对象:按回车键或右键确认即可

差集运算命令执行结果如图 10-43 所示。

对于面域的差集运算,如果所选的面域不是相交面域,那么执行该命令后,则删除所有减掉的面域。

(3) 交集运算

① 命令功能:创建多个面域的交集,即从两个或多个面域中抽取重叠的部分。

② 命令调用方式:

菜单方式:【修改】|【实体编辑】|【交集】

键盘输入方式:INTERSECT

③ 操作步骤:

命令:INTERSECT

选取对象:选择大圆面域

选取对象:选择小圆面域

选取对象:按回车键或右键确认即可

交集运算命令执行结果如图 10-44 所示。

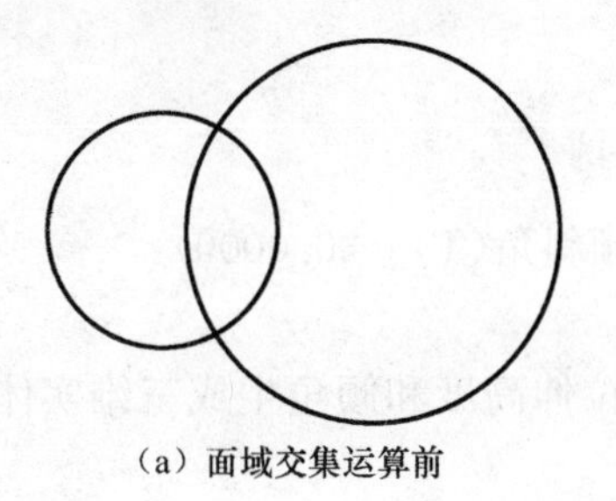

(a) 面域交集运算前　　(b) 面域交集运算后

图 10-44　交集运算

对于面域的交集运算,如果所选的面域不是相交面域,那么执行该命令后,则删除所有选择的面域。

3) 从面域中提取数据

由于面域是实体对象,所以它们比相应的线框模型含有更多的信息,其中最重要的信息就是质量特性。

命令调用方式:

菜单方式:【工具】|【查询】|【面域/质量特性】

在命令行提示下,选择要提取数据的面域对象,然后按回车键或右键确认,这时,AutoCAD 将自动切换到文本窗口,并显示选择的面域对象的数据特性,如图 10-45 所示。

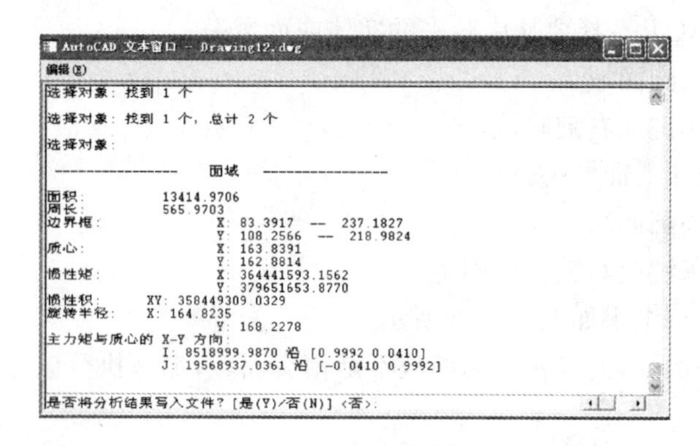

图 10-45 面域的质量特性数据

4）创建拉伸实体模型

(1) 命令功能：用于将二维的闭合对象沿指定路径或给定高度和倾角拉伸成三维实体，但不能拉伸三维对象、包含块内的对象、有交叉或横断部分的多段线和非闭合的多段线。

(2) 命令调用方式：

菜单方式：【绘图】|【建模】|【拉伸】

图标方式：

键盘输入方式：EXTRUDE

(3) 命令操作：

命令：EXTRUDE

当前线框密度：ISOLINES=4

选择对象：(选择欲拉伸的对象)

选择对象：

指定拉伸的高度或[方向(D)/路径(P)/倾斜角(T)]〈30.0000〉：

(4) 选项说明：

① 指定拉伸高度：使二维对象按指定的拉伸高度和倾角生成三维实体。给定高度后，后续提示如下。

指定拉伸的倾斜角度〈0〉：

② 路径(P)：使二维对象沿指定路径拉伸成三维实体。选取该选项后，后续提示如下。

选择拉伸路径：

路径可以是直线、圆、圆弧、椭圆、椭圆弧、二维多段线和样条曲线等。作为路径的对象不能与被拉伸对象位于同一平面，其形状也不应过于复杂。

相同的二维对象沿不同的路径或不同的二维对象沿相同的路径拉伸生成的三维模型均不相同。

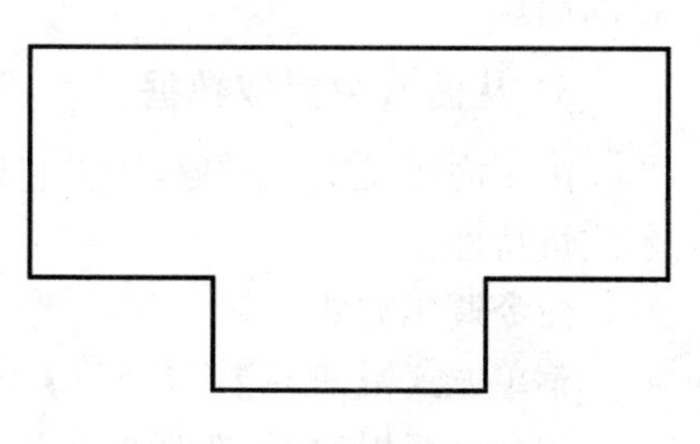

图 10-46 封闭的多段线

【例 10-3】 将如图 10-46 所示的平面图形通过拉伸形成三维实体，分别采用 0°、10°和－10°的倾斜角度进行拉伸。

具体操作如下。
命令:REGION(执行面域命令)
选择对象:找到 1 个
选择对象:
已提取 1 个环。
已创建 1 个面域。
命令:EXTRUDE
当前线框密度:ISOLINES=4
选择对象:找到 1 个
选择对象:
指定拉伸的高度或[方向(D)/路径(P)/倾斜角(T)]〈30.0000〉:50
指定拉伸的倾斜角度〈0〉:0
重复执行 EXTRUDE 命令,分别指定拉伸的角度为 10°和-10°,拉伸后的结果如图 10-47 所示。

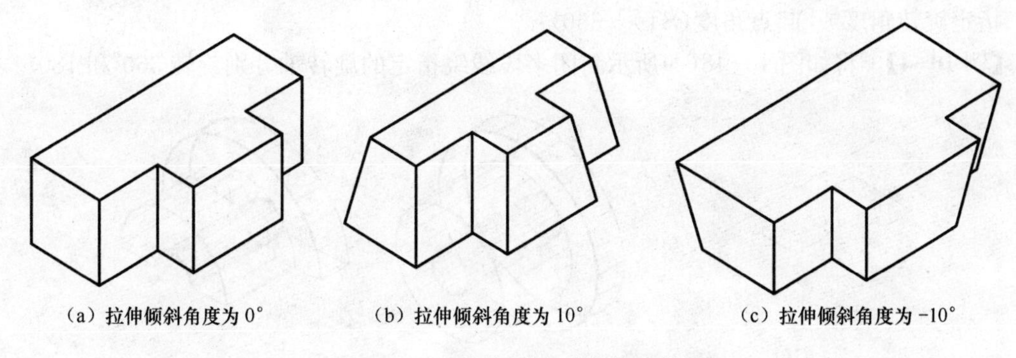

(a) 拉伸倾斜角度为 0°　(b) 拉伸倾斜角度为 10°　(c) 拉伸倾斜角度为 -10°

图 10-47　不同倾斜角度的拉伸结果

5) 创建旋转实体模型

(1) 命令功能:用于将闭合的二维对象绕指定轴旋转生成回转实体。二维对象可以是圆、椭圆、圆环、面域、以独立实体出现的封闭的二维多段线和样条曲线。

(2) 命令调用方式:
菜单方式:【绘图】|【建模】|【旋转】
图标方式:
键盘输入方式:REVOLVE

(3) 命令操作:
命令:REVOLVE
当前线框密度:ISOLINES=4
选择对象:(选择欲旋转的对象)
选择对象:
指定轴起点或根据以下选项之一定义轴[对象(O)/X/Y/Z]〈对象〉:

(4) 选项说明:
① 指定旋转轴的起点:输入两点确定旋转轴。指定一点后,后续提示如下。

指定轴端点：

指定旋转角度或[起点角度(ST)]〈360〉：

以旋转方式生成三维实体必须满足两个条件：一是作为旋转轴的对象必须在旋转对象边缘以外；二是作为旋转轴的对象不得垂直于旋转对象所处平面。当选取的旋转轴倾斜于旋转对象所在平面时，三维实体的轴线与倾斜直线在二维对象所处平面的投影重合。

有相交的封闭多段线或样条曲线不能作为旋转对象，每次只能旋转一个对象。

② 对象(O)：以直线段或一段直的多段线作为旋转轴。当被选中对象与旋转对象不平行时，系统将以该对象相对于旋转对象所在平面的投影作为三维实体的轴线。选取该选项后，后续提示如下。

选择一个对象：

指定旋转角度〈360〉：

③ X 轴/Y 轴：以当前坐标系的 X 轴或 Y 轴作为旋转轴。当被旋转对象不处于当前坐标系的 XY 平面上，系统将把 X 轴和 Y 轴向旋转对象所在平面投影，并以投影作为旋转轴。用户指定旋转轴后，后续提示如下。

指定旋转角度或[起点角度(ST)]〈360〉：

【例 10-4】 将如图 10-48(a)所示封闭多段线绕指定的旋转轴分别旋转 360°和 180°。

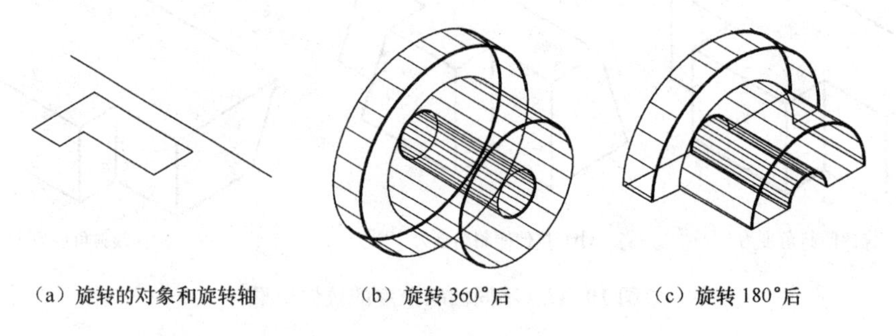

(a) 旋转的对象和旋转轴　　(b) 旋转 360°后　　(c) 旋转 180°后

图 10-48　不同倾斜角度的旋转结果

具体操作如下。

命令：ISOLINES

输入 ISOLINES 的新值〈4〉：24(设置所生成的旋转体的表面光滑程度)

命令：REVOLVE

当前线框密度：ISOLINES=24

选择对象：找到 1 个

选择对象：

指定轴起点或根据以下选项之一定义轴[对象(O)/X/Y/Z]〈对象〉：O↙

选择对象：

指定旋转角度或[起点角度(ST)]〈360〉：↙

操作完成后，得到如图 10-48(b)所示的图形。重复上述操作，指定旋转角度为 180°，得到如图 10-48(c)所示的图形。

6）创建扫掠实体模型

(1) 命令功能：可以通过沿开放或闭合的二维或三维路径扫掠开放或闭合的平面曲线（轮廓）创建新实体或曲面。

(2) 命令调用方式：

菜单方式：【绘图】|【建模】|【扫掠】

图标方式：

键盘输入方式：SWEEP

(3) 命令操作：

命令：SWEEP

当前线框密度：ISOLINES=4，闭合轮廓创建模式=实体

选择要扫掠的对象或[模式(MO)]：MO

闭合轮廓创建模式[实体(SO)/曲面(SU)]〈实体〉：SO

选择要扫掠的对象或[模式(MO)]：找到 1 个

选择要扫掠的对象或[模式(MO)]：

选择扫掠路径或[对齐(A)/基点(B)/比例(S)/扭曲(T)]：如图 10-49 所示

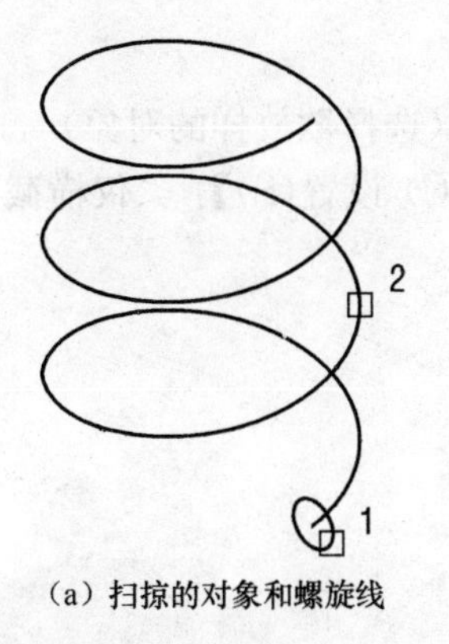

(a) 扫掠的对象和螺旋线

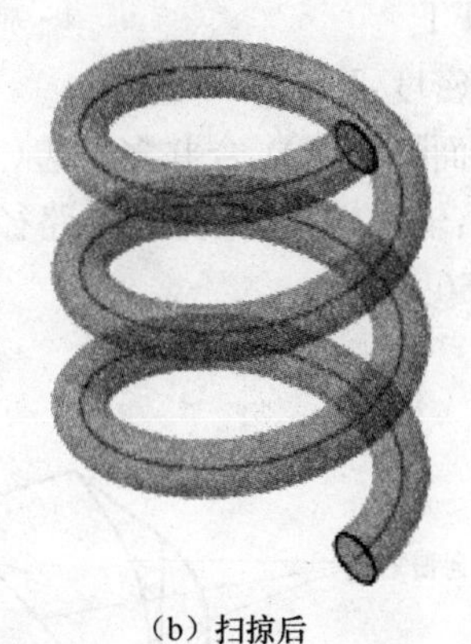

(b) 扫掠后

图 10-49　扫掠实体模型

(4) 选项说明：

① 指定扫掠的对象：直线、圆及圆弧、椭圆及椭圆弧、二维多段线、二维样条曲线、平面三维面、面域、实体的面输入两点确定旋转轴。指定扫掠的对象后，后续提示如下。

选择要扫掠的对象或[模式(MO)]：找到 1 个

选择扫掠路径或[对齐(A)/基点(B)/比例(S)/扭曲(T)]：

② 对齐(A)：指定是否对齐轮廓以使其作为扫掠路径切向的法向。默认情况下，轮廓是对齐的。选取该选项后，后续提示如下。

选择扫掠路径或[对齐(A)/基点(B)/比例(S)/扭曲(T)]：A

扫掠前对齐垂直于路径的扫掠对象[是(Y)/否(N)]〈是〉：

③ 基点(B)：指定要扫掠对象的基点。如果指定的点不在选定对象所在的平面上，则该点将被投影到该平面上。

④ 比例(S)：指定比例因子以进行扫掠操作。从扫掠路径的开始到结束，比例因子将统一

应用到扫掠的对象。输入 S,命令行提示如下。

输入比例因子或[参照(R)/表达式(E)]〈1.0000〉:0.5

选择扫掠路径或[对齐(A)/基点(B)/比例(S)/扭曲(T)]:

⑤ 扭曲(T):设置正被扫掠的对象的扭曲角度。扭曲角度指沿扫掠路径全部长度的旋转量。输入选项 T,命令提示如下。

输入扭曲角度或允许非平面扫掠路径倾斜[倾斜(B)/表达式(EX)]〈0.0000〉:400

选择扫掠路径或[对齐(A)/基点(B)/比例(S)/扭曲(T)]:

7) 创建放样实体模型

(1) 命令功能:是通过在一组曲线之间的空间内创建三维实体或曲面,一组曲线必须指定两个或多个对象。

(2) 命令调用方式:

菜单方式:【绘图】|【建模】|【放样】

图标方式:

键盘输入方式:LOFT

(3) 命令操作:

命令:LOFT

当前线框密度:ISOLINES=4

选择横截面【点(PO) 合并多条边(J) 模式(MO)】:(选择欲放样的对象)

选择对象:输入选项【导向(G) 路径(P) 仅横截面(C) 设置(S)】: <仅横截面>

见图 10-50。

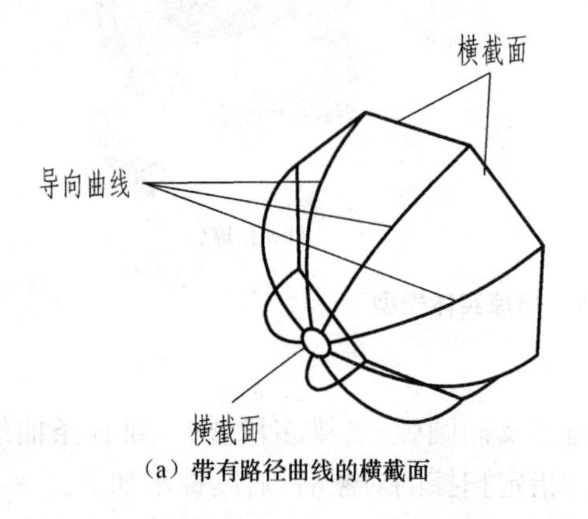

(a) 带有路径曲线的横截面

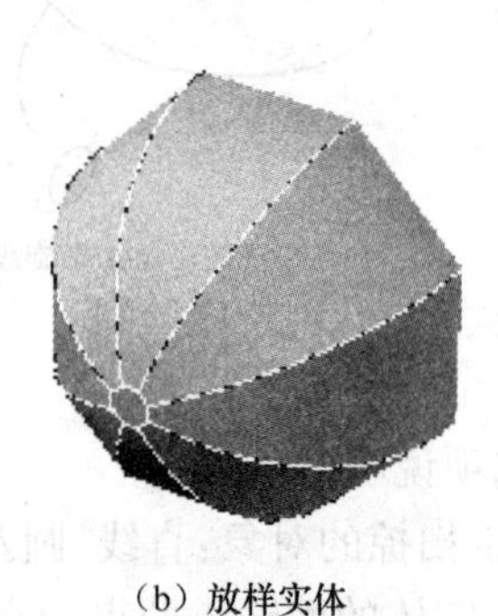

(b) 放样实体

图 10-50

(4) 选项说明:

有相交的封闭多段线或样条曲线不能作为旋转对象,每次只能旋转一个对象。

① 导向(G):指定控制放样实体或曲面形状的导向曲线。可以使用导向曲线来控制点如何匹配相应的横截面,以防止出现不希望看到的效果(例如结果实体或曲面中的皱褶)。

② 路径(P):指定放样实体或曲面的单一路径,如图 10-51 所示。

③ 仅横截面(C):在不使用导向或路径的情况下,创建放样对象。

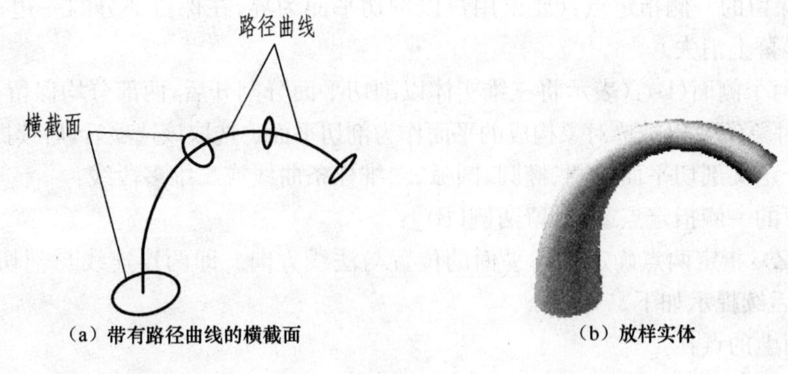

(a) 带有路径曲线的横截面　　(b) 放样实体

图 10-51

10.4 实体编辑

10.4.1 三维实体的剖切、截面与干涉

1) 实体剖切

(1) 命令功能:用平面把三维实体剖开成两部分。用户可选择保留其中一部分或全部保留。

(2) 命令调用方式:

菜单方式:【修改】|【三维操作】|【剖切】

图标方式:

键盘输入方式:SLICE

(3) 命令操作:

命令:SLICE

选择要剖切的对象:找到 1 个

选择要剖切的对象:

指定切面的起点或[平面对象(O)/曲面(S)/Z 轴(Z)/视图(V)/XY(XY)/YZ(YZ)/ZX(ZX)/三点(3)]〈三点〉:

指定平面上的第二个点:

在所需的侧面上指定点或[保留两个侧面(B)]〈保留两个侧面〉:

(4) 选项说明:

① 三点(3):以三点确定剖切平面。指定一点后,后续提示如下。

指定平面上的第二个点:

指定平面上的第三个点:

在所需的侧面上指定点或[保留两个侧面(B)]〈保留两个侧面〉:

a. 在要保留的一侧指定点:(要求用户以剖切平面为界,在保留部分的一边拾取一点,另一部分即在屏幕上消失)

b. 保留两个侧面(B):(表示将三维实体以剖切平面分割开后,两部分均保留下来)

② 平面对象(O):以被选对象构成的平面作为剖切平面。选取该选项后,后续提示如下。

选择用于定义剖切平面的圆、椭圆、圆弧、二维样条曲线或二维多段线:

在要保留的一侧指定点或[保留两侧(B)]:

③ Z 轴(Z):指定两点确定剖切平面的位置与法线方向。即两点连线与剖切面垂直。选取该选项后,后续提示如下。

指定剖面上的点:

指定平面 Z 轴(法向)上的点:(该点与前一点的连线确定平面的法向)

在所需的侧面上指定点或[保留两侧(B)]〈保留两个侧面〉:

④ 视图(V):表示剖切平面与当前视图平面平行且通过某一指定点。为保证剖切平面能够剖到三维实体,通常指定点为实体上的一点。

⑤ XY 平面(XY)/YZ 平面(YZ)/ZX 平面(ZX):表示剖切平面通过一个指定点且平行于 *XY* 平面(或 *YZ* 平面、*ZX* 平面)。选取该选项后,后续提示如下。

指定 YZ 平面上的点〈0,0,0〉:

在所需的侧面指定点或[保留两侧(B)]〈保留两个侧面〉:

【例 10-5】 将如图 10-52 所示的实体沿前后对称平面剖切。

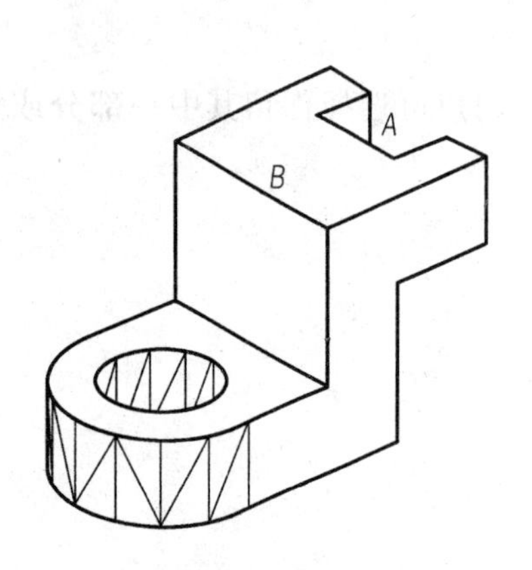

图 10-52 实体剖切

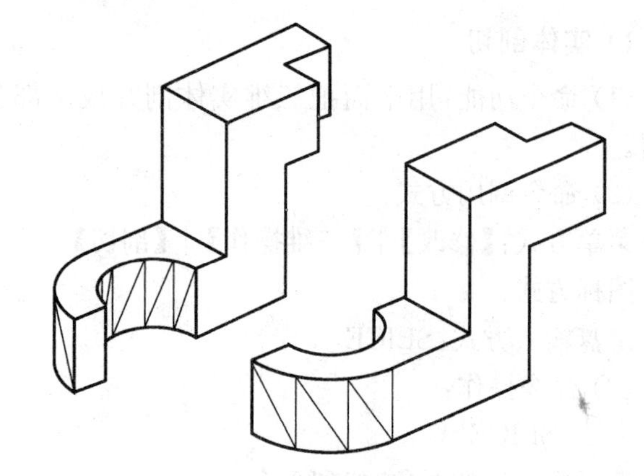

图 10-53 剖切后实体

具体操作如下。

命令:SLICE

选择对象:找到 1 个

选择对象:

选择要剖切的对象:找到 1 个

指定切面的起点或[平面对象(O)/曲面(S)/Z 轴(Z)/视图(V)/XY(XY)/YZ(YZ)/ZX(ZX)/三点(3)]〈三点〉:3

指定平面上的第一个点:(捕捉中点 *A* 点)

指定平面上的第二个点:(捕捉中点 *B* 点)

指定平面上的第三个点:(捕捉圆心点 C 点)

在所需的侧面上指定点或[保留两个侧面(B)]〈保留两个侧面〉:

在所需的侧面指定点或[保留两侧(B)]:B

命令:MOVE(移动前面剖切开的实体)

选择对象:找到 1 个

选择对象:

指定基点或[位移(D)]:

指定位移的第二点或〈使用第一个点作为位移〉:

操作完成后,得到如图 10-53 所示的图形。

2) 实体截面

(1) 命令功能:以一个截平面截切三维实体,截平面与实体表面产生的交线称为截交线。它是一个平面封闭线框,通过“截面”命令,可以产生截平面与三维实体的截交线并建立面域。

(2) 命令调用方式:

菜单方式:【绘图】|【建模】|【截面平面】

图标方式:

键盘输入方式:SECTION

(3) 命令操作:

命令:SECTION

选择对象:(选择欲作剖切的对象)

选择对象:

指定截面上的第一个点,依照[对象(O)/Z 轴(Z)/视图(V)/XY(XY)/YZ(YZ)/ZX(ZX)/三点(3)]〈三点〉:

(4) 选项说明:

各选项的含义参见“剖切”命令中的选项说明。“截面”命令与“剖切”命令不同之处在于:前者只生成截平面截切三维实体后产生的断面,实体仍是完整的;后者则以截平面将三维实体截切成两部分,并不单独分离出断面。将如图 10-52 所示图形进行“剖切”,结果如图 10-54 所示。截面命令只对实体模型生效,对线框模型和表面模型无效。

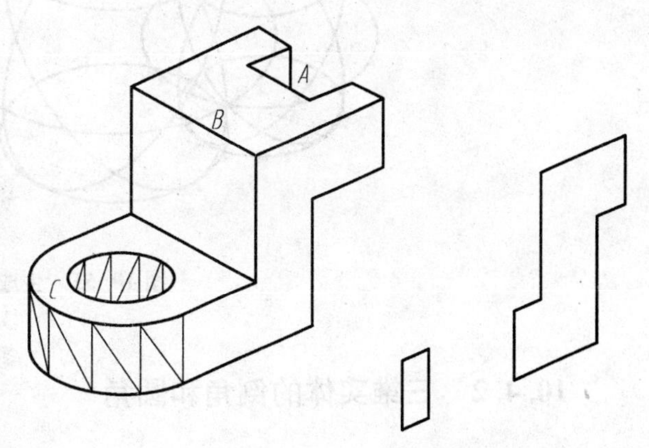

图 10-54　生成剖截面

3) 实体干涉

(1) 命令功能:用于查询两个实体之间是否产生干涉,即是否有共属于两个实体所有的部分。如果存在干涉,可根据用户需要确定是否要将公共部分生成新的实体。

(2) 命令调用方式:

菜单方式:【修改】|【三维操作】|【干涉】

图标方式：

键盘输入方式：INTERFERE

(3) 命令操作：

命令：INTERFERE

选择第一组对象或[嵌套选择(N)/设置(S)]：

选择对象：找到 1 个

选择对象：↙(表示不再选取对象)

选择第二组对象或[嵌套选择(N)/检查第一组(K)]〈检查〉：

选择对象：找到 1 个

选择对象：↙(表示不再选取对象)

比较 1 个实体与另 1 个实体。

干涉对象(第一组)：1

干涉对象(第二组)：1

找到的干涉点对：1

是否创建干涉实体？[是(Y)/否(N)]〈否〉：Y

以"Y"响应，表示将两组实体的公共部分生成一个新的实体；以回车响应，则表示不以干涉部分生成新的实体，只检查两组实体是否有干涉，结果如图 10-55 所示。

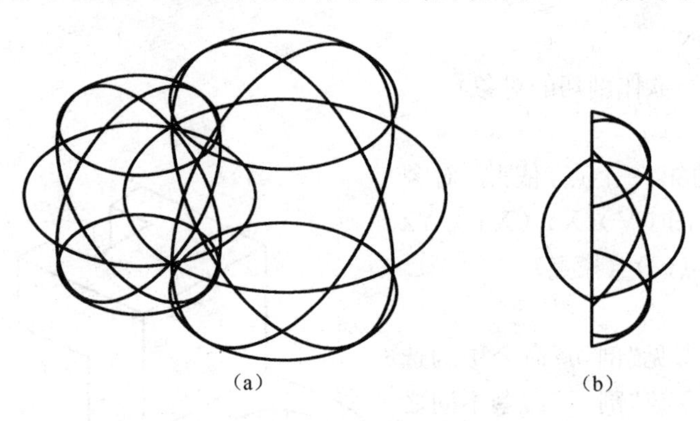

(a) (b)

图 10-55 生成剖截面

10.4.2 三维实体的倒角和圆角

1) 实体倒角

(1) 命令功能：对三维实体进行倒角，也就是在三维实体表面相交处按指定的倒角距离生成一个新的平面或曲面。三维实体的倒角采用倒角(Chamfer)命令，该命令除了适用于二维图形外，还可用于三维实体。

(2) 命令调用方式：

菜单方式：【修改】|【倒角】

图标方式：

键盘输入方式：CHAMFER

(3) 命令操作：

命令:CHAMFER

(“修剪”模式)当前倒角距离 1=10.0000,距离 2=10.0000

选择第一条直线或[放弃(U)/多段线(P)/距离(D)/角度(A)/修剪(T)/方式(E)/多个(M)]：

以上括号中各选项的含义参见第2章“倒角”命令的选项说明。这些选项只对二维图形的倒角生效。

(4) 选项说明：

当命令行提示用户“选择第一条线”时,选取对象应为需要倒角的两表面交线。此时,线段所在的其中一个表面会呈高亮度显示(形成一个虚线框)。后续提示如下。

基面选择…

输入曲面选择选项[下一个(N)/当前(OK)]〈当前〉:

(1) 当前(OK):以回车响应表示用户确认以当前屏幕显示高亮度的面作为基面。

(2) 下一个(N):键入“N”并回车,表示选择另一个面作为基面。由于用户选取的线段是三维实体两表面的交线,因此系统允许用户选择其中任一个面作为基面。后续提示如下。

输入曲面选择选项[下一个(N)/当前(OK)]〈当前〉:(此时包含交线的另一表面出现高亮显)

确认基面后,后续提示如下。

指定基面倒角距离〈10.0000〉:

指定另一表面倒角距离〈10.0000〉:

选择边或[环(L)]:

① 选择边:只对基面上所选边进行倒角。

② 环(L):对基面周围的边同时进行倒角。

【例 10-6】 将如图 10-56(a)所示的长方体顶面左右两边进行倒角,倒角距离为 5。

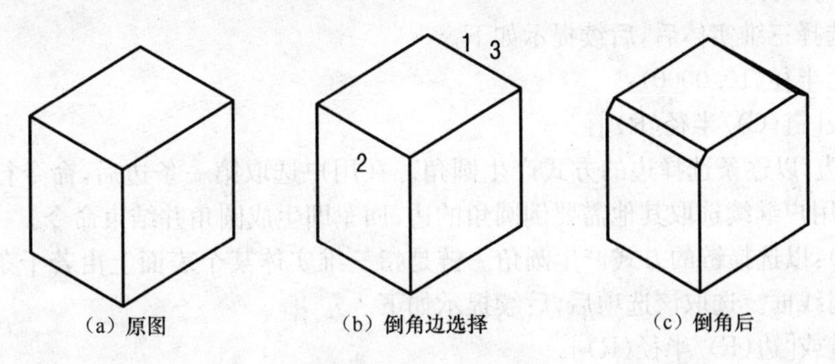

图 10-56 实体倒角

具体操作如下。

命令:CHAMFER

(“修剪”模式)当前倒角距离 1=10.0000,距离 2=10.0000

选择第一条直线或[放弃(U)/多段线(P)/距离(D)/角度(A)/修剪(T)/方式(E)/多个

(M)]:(选择长方体的 1 边,如图 10-56(b)所示)

基面选择…

输入曲面选择选项[下一个(N)/当前(OK)]〈当前〉:N

输入曲面选择选项[下一个(N)/当前(OK)]〈当前〉:

指定基面的倒角距离〈10.0000〉:5

指定其他曲面的倒角距离〈10.0000〉:5

选择边或[环(L)]:(选择长方体的 2 边)

选择边或[环(L)]:(选择长方体的 3 边)

选择边或[环(L)]:↙(按回车结束选择)

操作完成后,得到如图 10-56(c)所示的图形。

2)实体圆角

(1) 命令功能:构造三维实体的圆角,也就是在三维实体表面相交处按指定的半径生成一个弧形曲面,该曲面与原来相交的两表面均相切。三维实体的圆角采用"圆角(Fillet)"命令。该命令适用于二维与三维实体。

(2) 命令调用方式:

菜单方式:【修改】|【圆角】

图标方式:

键盘输入方式:FILLET

(3)命令操作:

命令:FILLET

当前模式:模式=修剪,半径=10.0000

选择第一个对象或[放弃(U)/多段线(P)/半径(R)/修剪(T)/多个(M)]:

以上括号内各选项的含义参见第 2 章"圆角"命令中的选项说明。这些选项只对二维图形的圆角生效。

(4) 选项说明:

当用户选择三维实体后,后续提示如下。

输入圆角半径〈10.0000〉:

选择边或[链(C)/半径(R)]:

① 选择边:以逐条选择边的方式产生圆角。在用户选取第一条边后,命令行反复出现上句提示,允许用户继续选取其他需要倒圆角的边,回车即生成圆角并结束命令。

② 链(C):以选择链的方式产生圆角。链是指三维实体某个表面上由若干条圆滑连接的边组成的封闭线框。选取该选项后,后续提示如下。

选择边链或[边(E)/半径(R)]:

上述提示反复出现,允许用户继续选取其他链,回车后所选链即生成圆角并结束命令。

当三维实体表面不存在链时,选择"链"方式倒圆角实际上与选择"边"方式是完全相同的。

③ 半径(R):表示重新确定圆角半径。

【例 10-7】 将如图 10-57(a)所示的长方体顶面左右两边进行倒圆角,圆角半径为 8。

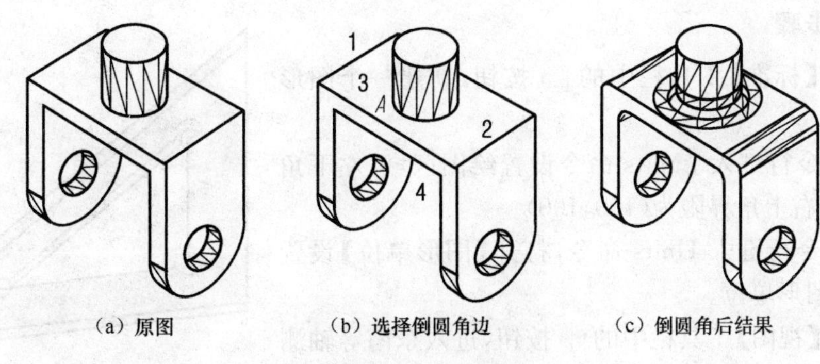

（a）原图　　（b）选择倒圆角边　　（c）倒圆角后结果

图 10-57　实体倒圆角

具体操作如下。

命令：FILLET

当前模式：模式＝修剪，半径＝10.0000

选择第一个对象或[放弃(U)/多段线(P)/半径(R)/修剪(T)/多个(M)]：

(选择三维实体上倒圆角的边界，如 *A* 点)

输入圆角半径〈10.0000〉：8

选择边或[链(C)/半径(R)]：(选择倒圆角的边界 1)

选择边或[链(C)/半径(R)]：(选择倒圆角的边界 2)

选择边或[链(C)/半径(R)]：(选择倒圆角的边界 3)

选择边或[链(C)/半径(R)]：(选择倒圆角的边界 4)

选择边或[链(C)/半径(R)]：↙(按回车结束选择)

已选定 5 个边用于圆角。

操作完成后，得到如图 10-57(c)所示的图形。

10.5　综合举例

10.5.1　三角板

制作一个厚为 2.5 mm 的直角三角板，其两直角边相等且长 80 mm，最终效果如图 10-58 所示。

1）操作主要内容

(1) 使用 Wedge(楔体)命令建立楔体实体。

(2) 实体的拉伸(Extrude)命令。

(3) 实心体的布尔运算中的 Sutract(差集)命令。

(4) 实心体的倒直角 Chamfer 命令。

(5) 动态旋转三维视图 3Dorbit 命令和实体的渲染 Render 命令。

2）操作步骤

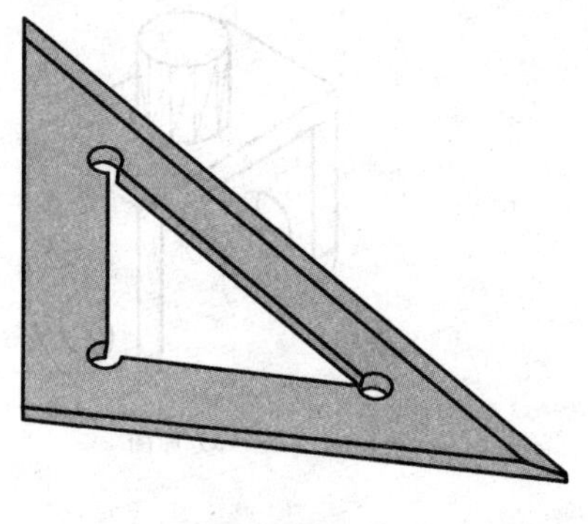
图 10-58　三角板

(1) 单击【标准】工具栏中的 按钮，新建一个图形文件。

(2) 在命令行键入 Limits 命令设置绘图区域：左下角界限为(0,0)，右上角界限为(100,100)。

(3) 在命令行键入 Units 命令，打开【图形单位】设置对话框，设置图形单位。

(4) 单击【视图】工具栏中的 按钮，进入东南等轴测视图模式。

(5) 选择【绘图】|【实体】|【楔体】命令或单击【实体】工具栏中的 按钮，绘制一高为 80 的楔体。

命令执行过程如下。

命令：WEDGE

指定第一个角点或[中心(C)]：0,0,0

指定其他角点或[立方体(C)/长度(L)]：80,2.5,0

指定高度或[两点(2P)]：80

(6) 重复上一步骤的操作，再绘制一个高为 40 的楔体，楔体底面的两角点坐标分别为(11.72,0,11.72)、(51.72,2.5,11.72)，结果如图 10-59 所示。

(7) 选择【工具】|【新建 UCS】|【X】命令，将坐标系统 X 轴旋转 90°。

(8) 单击【视图】工具栏中的 按钮，将视图变换到主视图(或前视图)模式下。

(9) 单击【绘图】工具栏中的 按钮，分别以小三角形的三个顶点为圆心(打开端点捕捉功能，用光标捕捉各顶点)，绘制三个半径为 2.5 的圆，结果如图 10-60 所示。

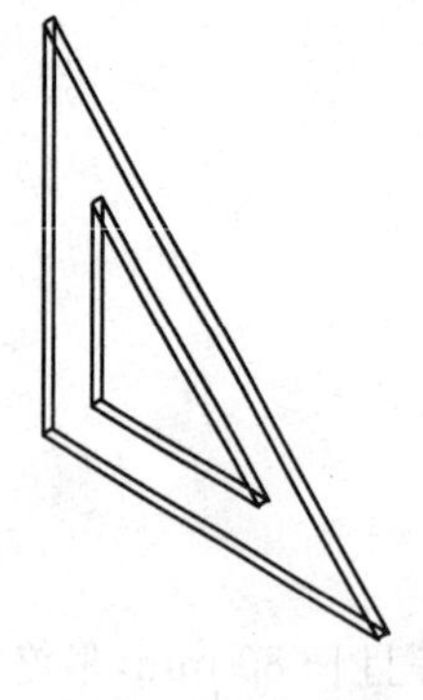
图 10-59　两楔体

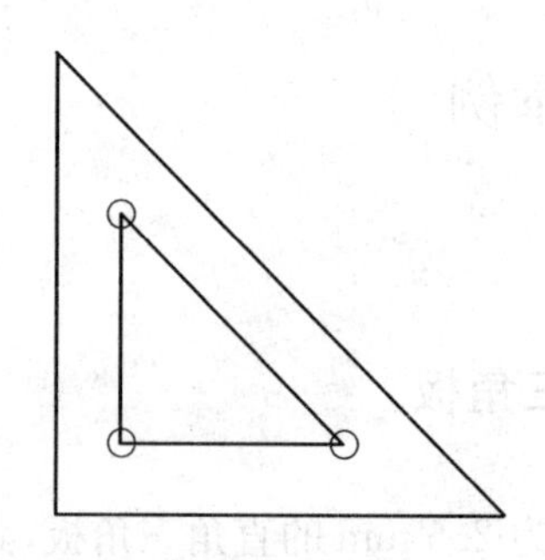
图 10-60　绘制三个圆

(10) 单击【视图】工具中的 按钮，将视图再变换到东南等轴测视图模式下。

(11) 选择【绘图】|【实体】|【拉伸】命令，或单击【实体】工具栏中的 按钮，将步骤(9)中绘制的三个小圆拉伸成实体，拉伸高度为－5，拉伸倾斜角为默认值 0，结果如图 10-61 所示。

(12) 单击【实体编辑】工具栏中的 按钮，选择大楔体作为要从中减去的实体，再选择小楔体和上一步三个小圆拉伸后的实体作为要减去的实体，执行差集运算，将拉伸的实体和小楔体从大楔体中减去，结果如图 10-62 所示。

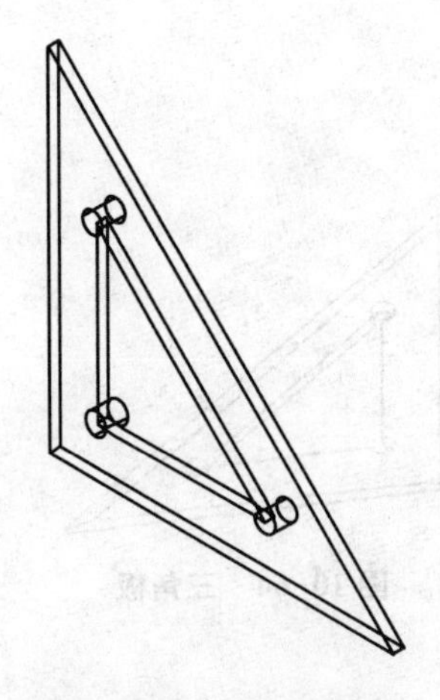
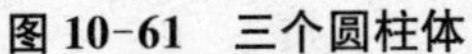

图 10-61 三个圆柱体

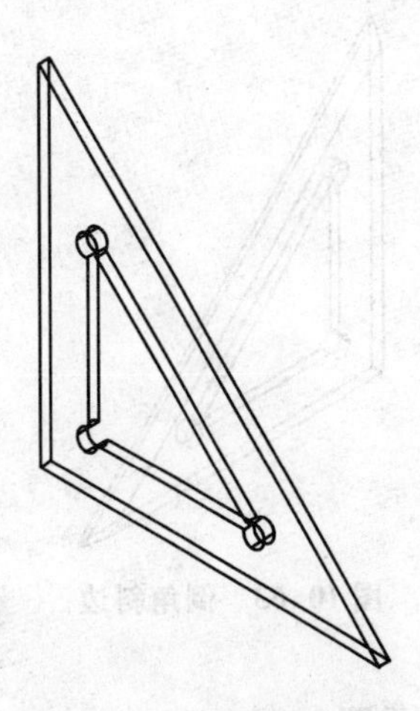

图 10-62 三角板胚体

(13) 单击【修改】工具栏中的 按钮,或在命令行键入 Chamfer 命令,对如图 10-62 所示的图形中位于 XY 平面内的三角形的斜边进行倒直角的操作。

命令执行过程如下。

命令:_chamfer

("修剪"模式)当前倒角距离 1=0.0000,距离 2=0.0000

选择第一条直线或[放弃(U)/多段线(P)/距离(D)/角度(A)/修剪(T)/方式(E)/多个(M)]:

选择如图 10-62 所示的图形中位于 XY 平面内的三角形的斜边。

基面选择…

输入曲面选择选项[下一个(N)/当前(OK)]〈当前(OK)〉:

选择楔体的斜端面为基准面(如果当前高亮度显示的不是楔体的斜端面,键入 N,直到其高亮度显示时,按↙键确定)。

指定基面倒角距离或[表达式(E)]:1.5

指定其他曲面倒角距离或[表达式(E)]〈1.5000〉:4

选择边或[环(L)]:

选择如图 10-62 所示图形中位于 XY 平面内的内三角形的斜边并按↙键,结果如图 10-63所示。

(14) 选择【视图】|【三维动态观察器】命令或单击【三维动态观察器】工具栏中的 按钮,执行 3Dorbit 命令,在圆形轨道内转动绘制的三角板模型到一个最佳的观察角度。

(15) 选择【视图】|【显示】|【UCS 图标】|【原点】命令,使 UCS 图标显示在左下角。

(16) 选择【视图】|【消隐】命令或在命令行键入 Hide 命令,对整个图形进行消隐处理,得到三角板的消隐模型,结果如图 10-64 所示。

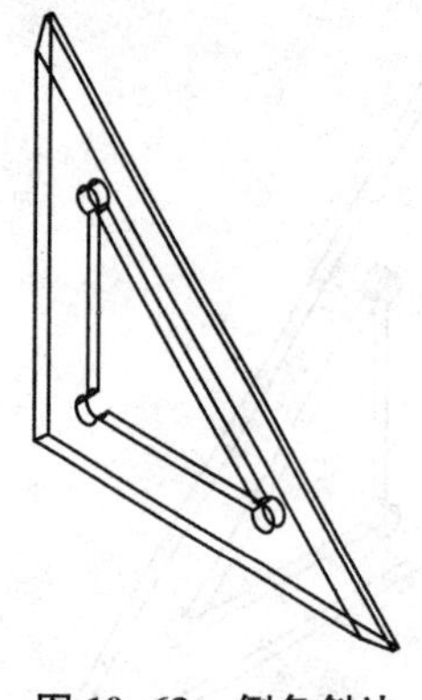

图 10-63 倒角斜边

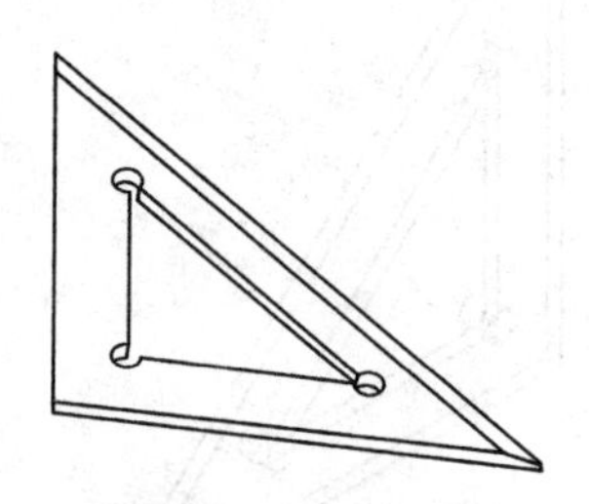

图 10-64 三角板

10.5.2 锤子

制作常用的工具锤子，最终效果如图 10-65 所示。

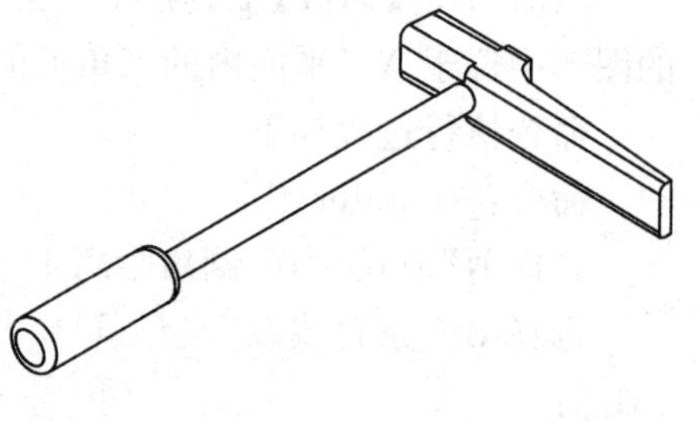

图 10-65 锤子

1）操作主要内容

(1) 使用圆柱体(Cylinder)、长方体(Box)命令建立楔体实体。

(2) 实心体的布尔运算(并集(Union)、差集(Sutract)命令)。

(3) 实心体的圆角(Fillet)命令。

(4) 实体的渲染(Render)命令。

2）操作步骤

(1) 单击【标准】工具栏中的 □ 按钮，新建一个图形文件。

(2) 单击【视图】|【三维视图】|【东北等轴测】命令，进入东北等轴测视图模式。

(3) 选择【绘图】|【实体】|【长方体】命令，启动绘制长方体命令，绘制一个以点(0，−10，0)为角点、以点(30，10，20)为另一角点的长方体，结果如图 10-66 所示。

(4) 单击【修改】|【圆角】命令，选择绘制的长方体，将需要倒角的四条棱边倒成半径为 5 的圆角，结果如图 10-67 所示。

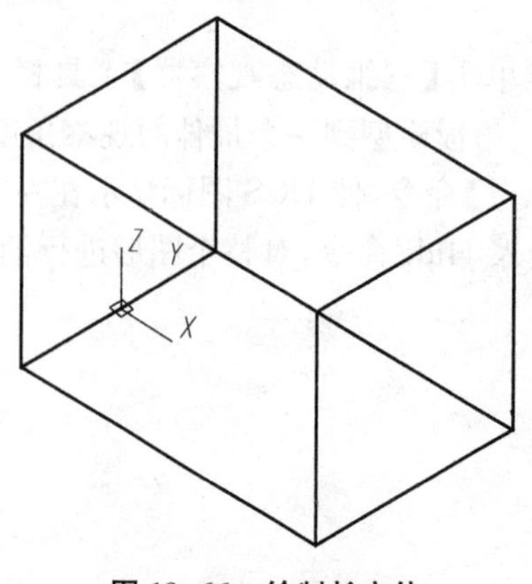

图 10-66 绘制长方体

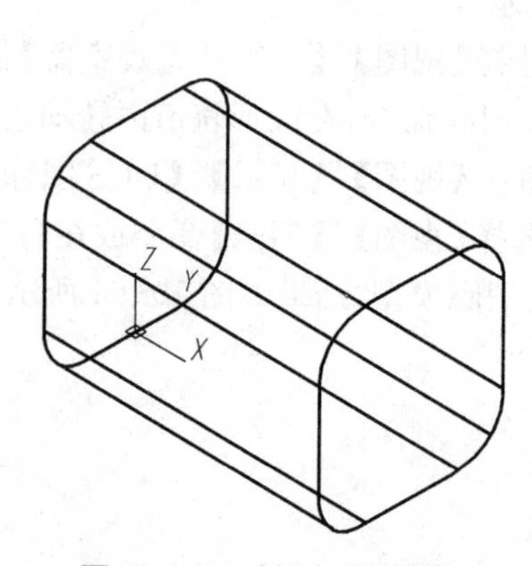

图 10-67 对长方体倒圆角

(5) 选择【绘图】|【实体】|【长方体】命令，启动绘制长方体命令，绘制一个以点(30,10,20)为角点、以点(90,−10,0)为另一角点的长方体，结果如图 10-68 所示。

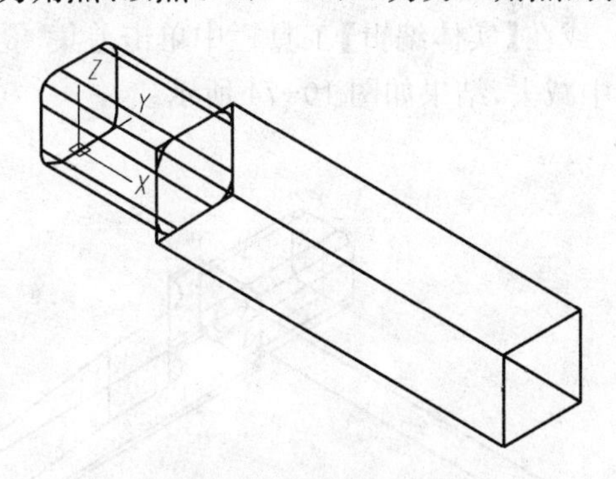

图 10-68　绘制长方体

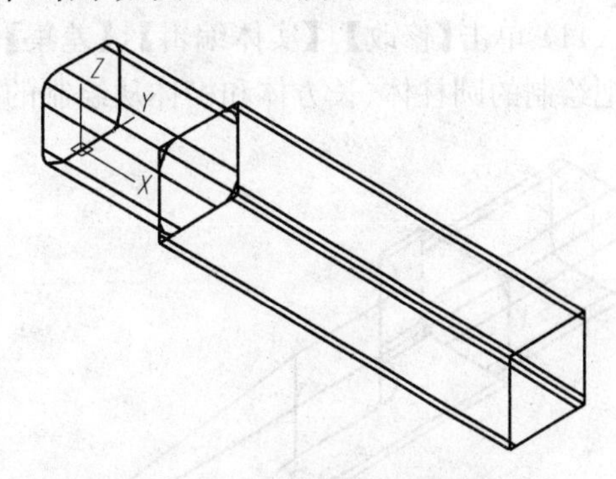

图 10-69　对长方体倒圆角

(6) 单击【修改】|【圆角】命令，选择绘制的长方体，将需要倒角的四条棱边倒成半径为 2 的圆角，结果如图 10-69 所示。

(7) 选择【绘图】|【实体】|【圆柱体】命令，启动绘制圆柱体命令，绘制一个以点(50,10,0)为底面中心、直径为 20、高为 20 的圆柱体，如图 10-70 所示。

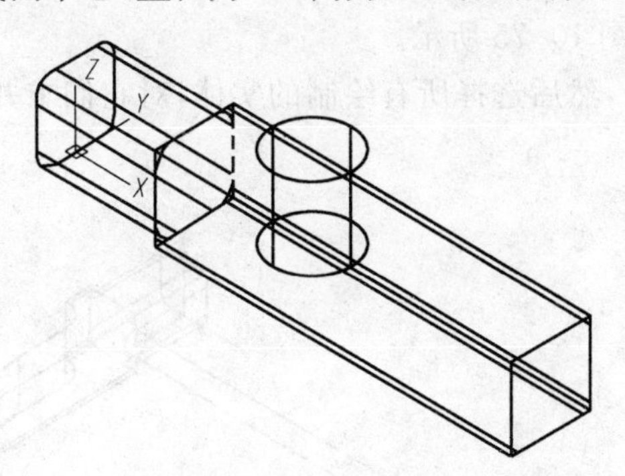

图 10-70　绘制圆柱体

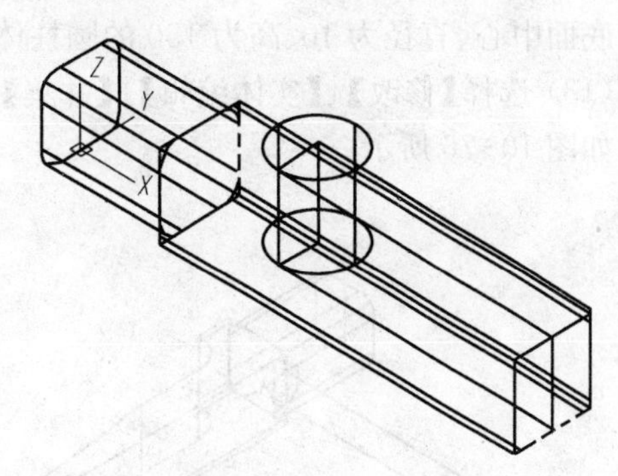

图 10-71　绘制长方体

(8) 选择【绘图】|【实体】|【长方体】命令，启动绘制长方体命令，绘制一个以点(50,10,0)为角点、以点(90,0,20)为另一角点的长方体，结果如图 10-71 所示。

(9) 选择【工具】|【新建 UCS】|【X】命令，然后按↙键确认，将坐标系绕 *X* 轴旋转 90°，结果如图 10-72 所示。

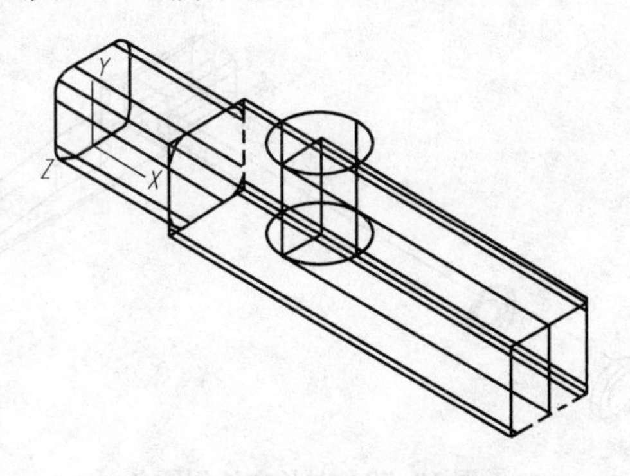

图 10-72　将坐标系绕 ***X*** 轴旋转 90°

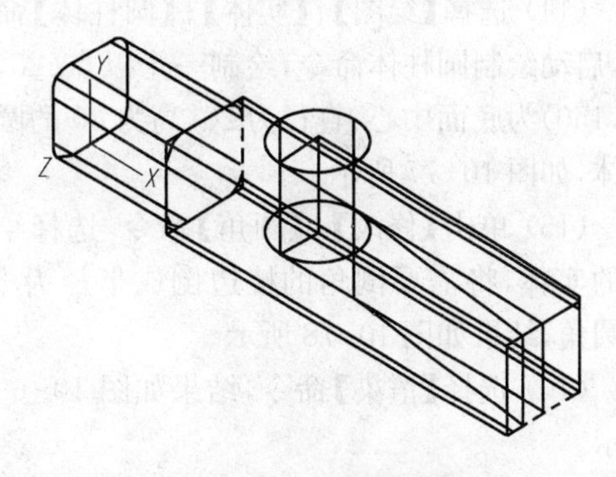

图 10-73　绘制楔体

(10) 选择【绘图】|【实体】|【楔体】命令，启动画楔体命令，绘制一个以点(90,0,0)为角点、以点(50,20,5)为另一角点的楔体，结果如图 10-73 所示。

(11) 单击【修改】|【实体编辑】|【差集】命令，或在【实体编辑】工具栏中单击差集 按钮，把绘制的圆柱体、长方体和楔体从绘制的实体中减去，结果如图 10-74 所示。

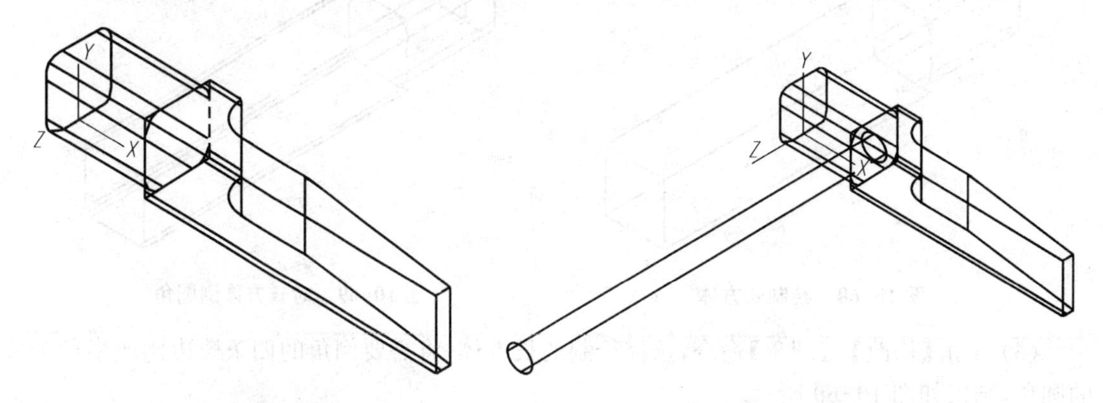

图 10-74 求差集后结果　　图 10-75 绘制圆柱体

(12) 选择【绘图】|【实体】|【圆柱体】命令，启动绘制圆柱体命令，绘制一个以点(30,10,0)为底面中心、直径为 10、高为 150 的圆柱体，如图 10-75 所示。

(13) 选择【修改】|【实体编辑】|【并集】命令，然后选择所有绘制的实体，对它们求并集，结果如图 10-76 所示。

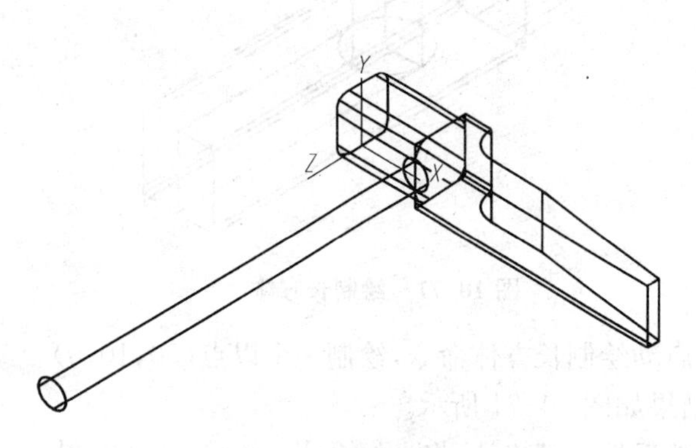

图 10-76 求并集后结果

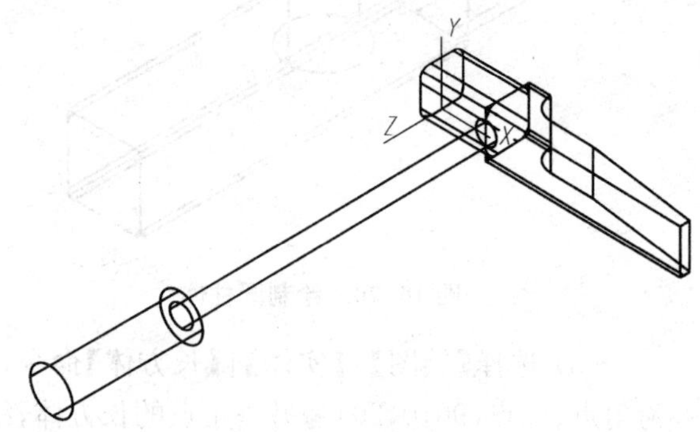

图 10-77 绘制圆柱体

(14) 选择【绘图】|【实体】|【圆柱体】命令，启动绘制圆柱体命令，绘制一个以点(25,10,150)为底面中心、直径为 20、高为 60 的圆柱体，如图 10-77 所示。

(15) 单击【修改】|【圆角】命令，选择绘制的实体，将需要倒角的棱边倒成半径为 3 的圆角，结果如图 10-78 所示。

(16) 选择【渲染】命令，结果如图 10-65 所示。

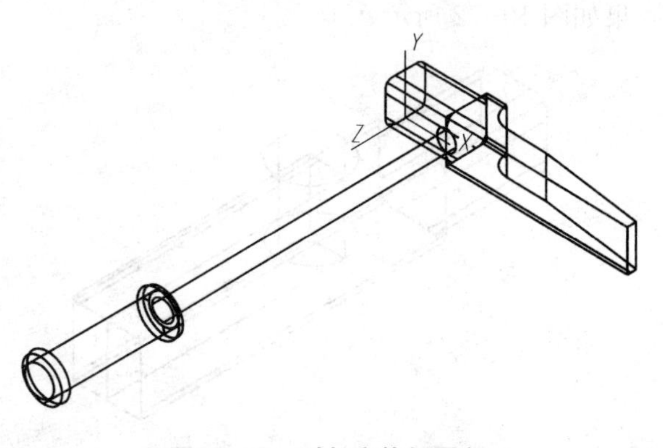

图 10-78 对长方体倒圆角

10.5.3 托架

根据尺寸完成图 10-79 的绘制。

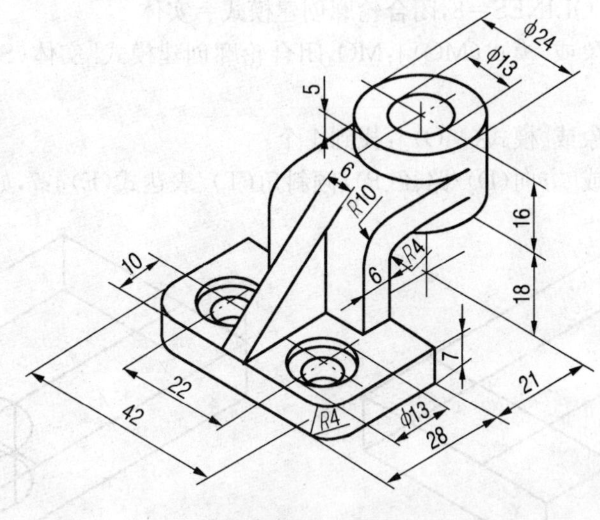

图 10-79　托架

步骤如下。

(1) 选择【绘图】|【实体】|【长方体】命令，启动绘制长方体命令，绘制一个以任意点为角点、以点@(42,28,7)为另一角点的长方体，结果如图 10-80 所示。

(2) 绘制两孔：

① 移动坐标到上表面。

命令：UCS

指定 UCS 的原点或[面(F)/命名(NA)/对象(OB)/上一个(P)/视图(V)/世界(W)/X/Y/Z/Z 轴(ZA)]〈世界〉：F

选择实体对象的面：

输入选项[下一个(N)/X 轴反向(X)/Y 轴反向(Y)]〈接受〉：选择上表面，如图 10-81 所示

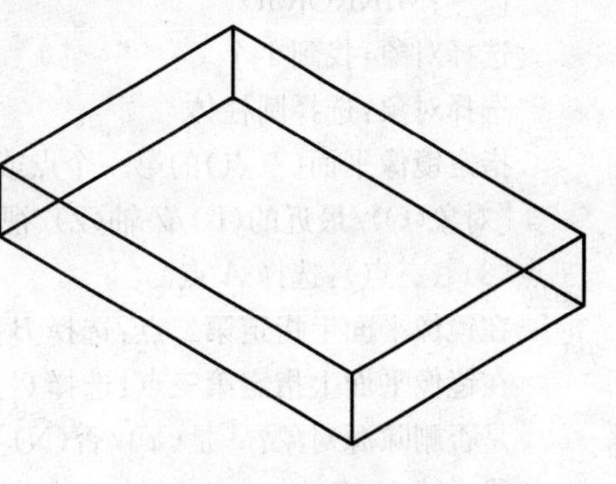

图 10-80　绘制长方体

②偏移两正交线找圆心。

命令：SOLIDEDIT

实体编辑自动检查：SOLIDCHECK=1

输入实体编辑选项[面(F)/边(E)/体(B)/放弃(U)/退出(X)]〈退出〉：_edge

输入边编辑选项[复制(C)/着色(L)/放弃(U)/退出(X)]〈退出〉：_copy

指定基点或位移：

指定位移的第二点：10，如图 10-81 所示

③ 画圆。

命令：CIRCLE

指定圆的圆心或[三点(3P)/两点(2P)/切点、切点、半径(T)]:

指定圆的半径或[直径(D)]:6.5

④ 拉伸圆柱体。

命令:EXTRUDE

当前线框密度:ISOLINES=8,闭合轮廓创建模式=实体

选择要拉伸的对象或[模式(MO)]:MO,闭合轮廓创建模式[实体(SO)/曲面(SU)]〈实体〉:SO

选择要拉伸的对象或[模式(MO)]:找到 1 个

指定拉伸的高度或[方向(D)/路径(P)/倾斜角(T)/表达式(E)]:7,如图 10-82 所示

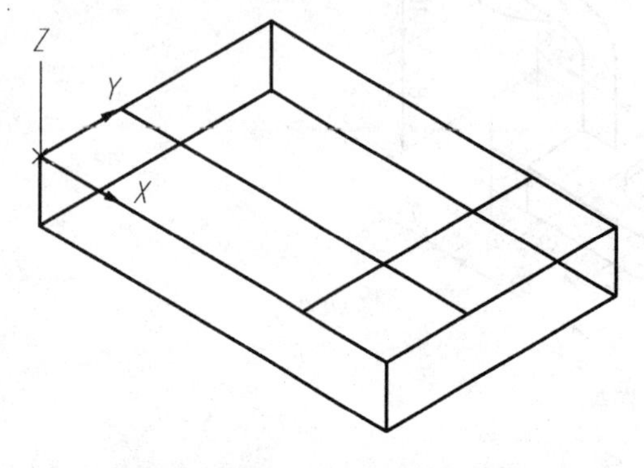

图 10-81 移动坐标偏移线

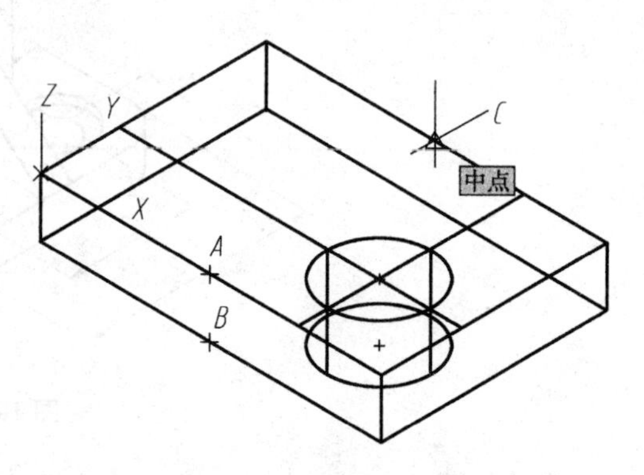

图 10-82 拉伸圆柱体

⑤ 三维镜像。

命令:MIRROR3D

选择对象:找到 1 个

选择对象:选择圆柱体

指定镜像平面(三点)的第一个点或

[对象(O)/最近的(L)/Z 轴(Z)/视图(V)/XY 平面(XY)/YZ 平面(YZ)/ZX 平面(ZX)/三点(3)]〈三点〉:选择 *A* 点

在镜像平面上指定第二点:选择 *B* 点

在镜像平面上指定第三点:选择 *C* 点

是否删除源对象?[是(Y)/否(N)]〈否〉:↙,结果如图 10-83 所示

⑥ 布尔运算。

命令:SUBTRACT

(选择要从中减去的实体、曲面和面域…)

选择对象:找到 1 个

选择要减去的实体、曲面和面域…

选择对象:找到 2 个,如图 10-84 所示

(3) 倒圆角:

命令:FILLET

当前设置:模式=修剪,半径=10.0000

选择第一个对象或[放弃(U)/多段线(P)/半径(R)/修剪(T)/多个(M)]:R

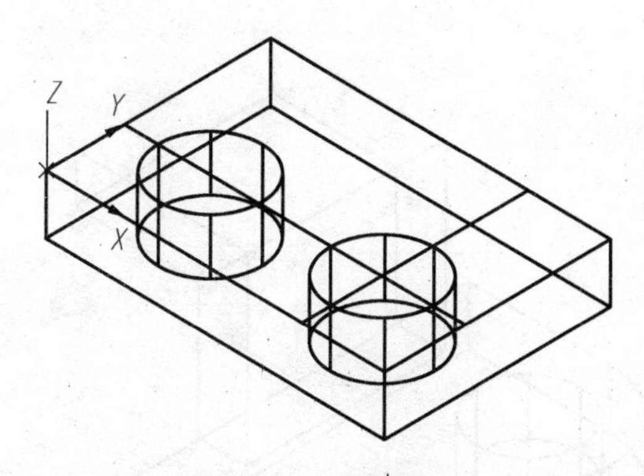

图 10-83　镜像圆柱体

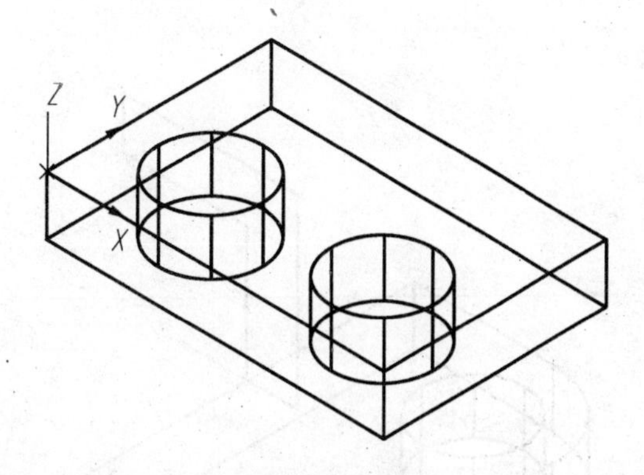

图 10-84　布尔运算

指定圆角半径〈0.0000〉:4

选择第一个对象或[放弃(U)/多段线(P)/半径(R)/修剪(T)/多个(M)]:

输入圆角半径或[表达式(E)]〈10.0000〉:

选择边或[链(C)/环(L)/半径(R)]:选择两个边,结果如图 10-85 所示

(4) 拉伸立板:

① 改变坐标。

命令:UCS

当前 UCS 名称: * 世界 *

指定 UCS 的原点或[面(F)/命名(NA)/对象(OB)/上一个(P)/视图(V)/世界(W)/X/Y/Z/Z 轴(ZA)]〈世界〉:*X*

指定绕 X 轴的旋转角度〈90〉:↙,如图 10-86 所示

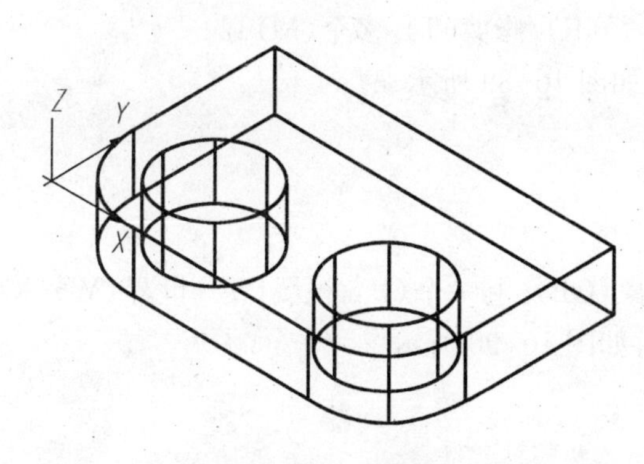

图 10-85　倒圆角

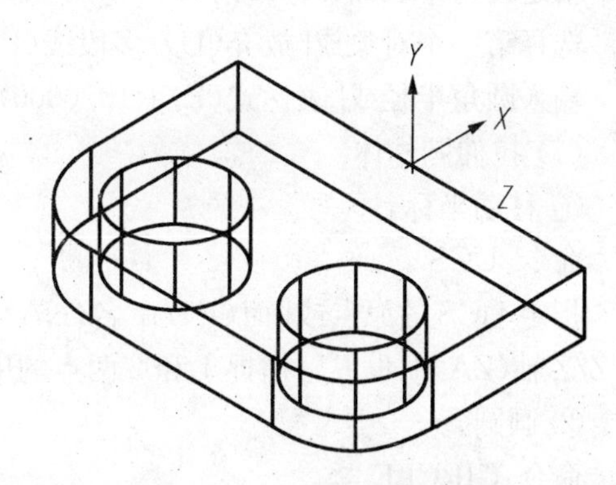

图 10-86　改变坐标点位置

② 绘制立板平面图,如图 10-87 所示。

③ 拉伸。

命令:EXTRUDE

当前线框密度:ISOLINES=8,闭合轮廓创建模式=实体

选择要拉伸的对象或[模式(MO)]:MO,闭合轮廓创建模式[实体(SO)/曲面(SU)]〈实体〉:SO

选择要拉伸的对象或[模式(MO)]:找到 1 个

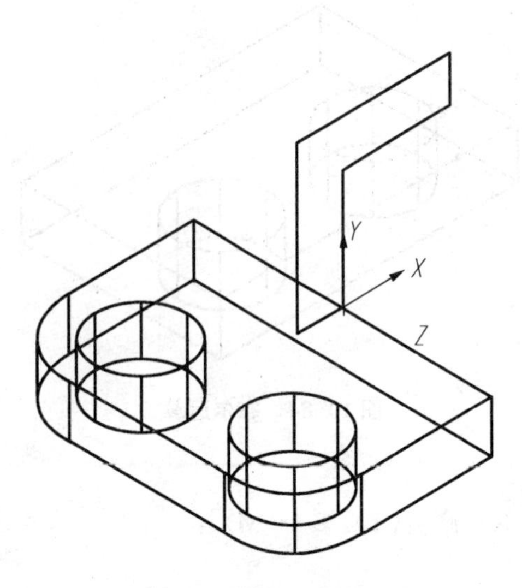

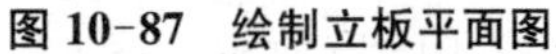
图 10-87　绘制立板平面图

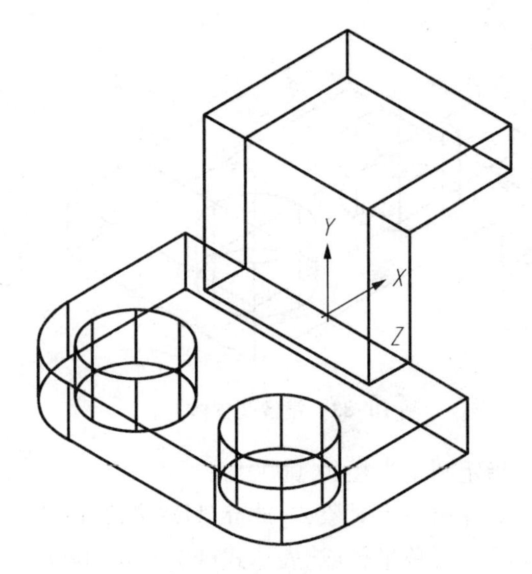

图 10-88　拉伸立板

指定拉伸的高度或[方向(D)/路径(P)/倾斜角(T)/表达式(E)]〈－7.0000〉:24,如图 10-88 所示

④ 倒两边圆角。

命令:FILLET

当前设置:模式＝修剪,半径＝0.0000

选择第一个对象或[放弃(U)/多段线(P)/半径(R)/修剪(T)/多个(M)]:R

指定圆角半径〈10.0000〉:10

选择第一个对象或[放弃(U)/多段线(P)/半径(R)/修剪(T)/多个(M)]:

输入圆角半径或[表达式(E)]〈10.0000〉:4,如图 10-89 所示

(5) 拉伸圆柱体:

① 移动坐标。

命令:UCS

指定 UCS 的原点或[面(F)/命名(NA)/对象(OB)/上一个(P)/视图(V)/世界(W)/X/Y/Z/Z 轴(ZA)]〈世界〉:捕捉 1 和 2 两点的中点,如图 10-90 所示

② 画圆。

命令:CIRCLE

指定圆的圆心或[三点(3P)/两点(2P)/切点、切点、半径(T)]:(捕捉两点的中点)

指定圆的半径或[直径(D)]:12,如图 10-90 所示

③ 移动圆。

命令:MOVE

选择对象:找到 1 个

指定基点或[位移(D)]〈位移〉:选择圆心为移动基点

指定第二个点或〈使用第一个点作为位移〉:5,如图 10-91 所示

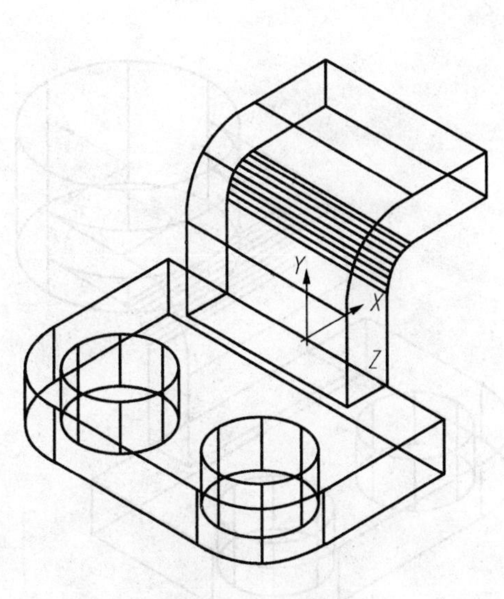

图 10-89　倒圆角

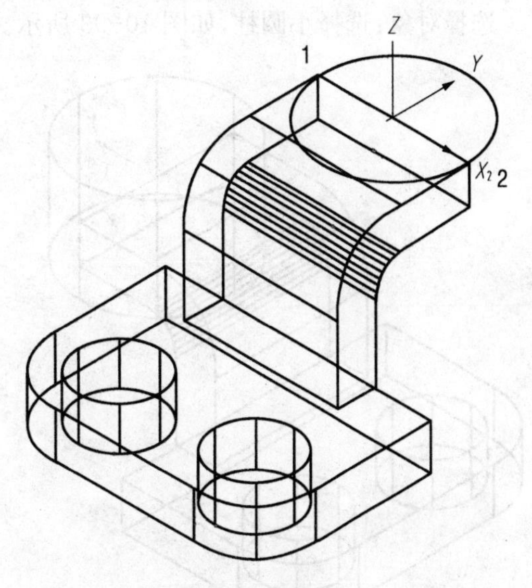

图 10-90　绘制圆柱体平面图

④ 拉伸圆柱体。

命令:EXTRUDE

当前线框密度:ISOLINES=8,闭合轮廓创建模式=实体

选择要拉伸的对象或[模式(MO)]:MO,闭合轮廓创建模式[实体(SO)/曲面(SU)]〈实体〉:SO

选择要拉伸的对象或[模式(MO)]:选择圆

指定拉伸的高度或[方向(D)/路径(P)/倾斜角(T)/表达式(E)]:16,如图 10-91 所示

⑤ 布尔运算。

命令:UNION

选择对象:选择圆柱体

选择对象:选择支架体↙,如图 10-92 所示

⑥ 画圆打孔。

命令:CIRCLE

指定圆的圆心或[三点(3P)/两点(2P)/切点、切点、半径(T)]:

指定圆的半径或[直径(D)]〈6.3972〉:6.5

命令:EXTRUDE

当前线框密度:ISOLINES=8,闭合轮廓创建模式=实体

选择要拉伸的对象或[模式(MO)]:MO,闭合轮廓创建模式[实体(SO)/曲面(SU)]〈实体〉:SO

选择要拉伸的对象或[模式(MO)]:选择小圆

指定拉伸的高度或[方向(D)/路径(P)/倾斜角(T)/表达式(E)]〈-16.0964〉:16

命令:SUBTRACT(选择要从中减去的实体、曲面和面域…)

选择对象:选择支架体

选择要减去的实体、曲面和面域…

选择对象：选择小圆柱，如图 10-93 所示。

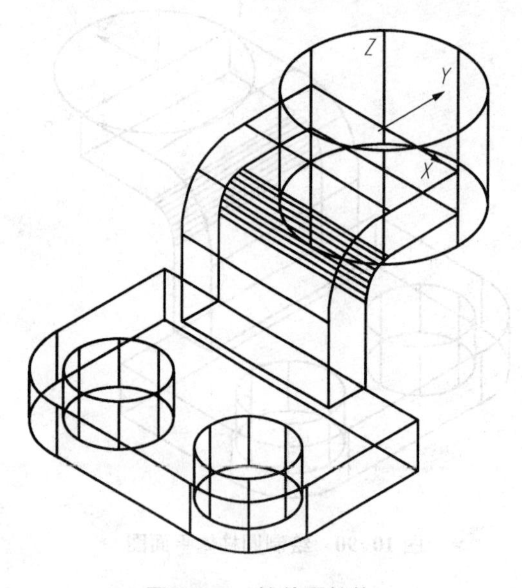

图 10-91　拉伸圆柱体

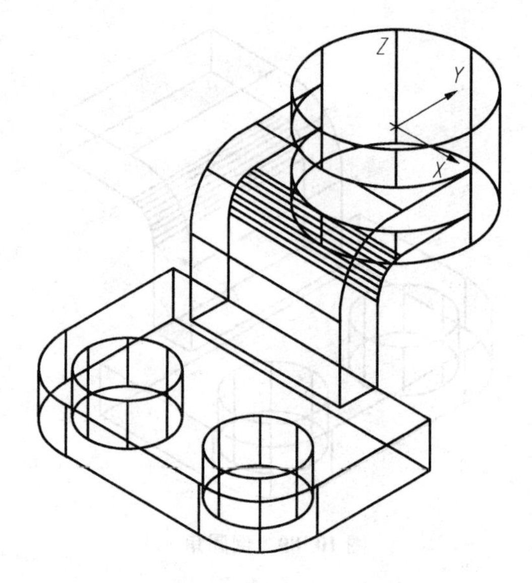

图 10-92　布尔运算

(6) 拉伸筋板

① 移动 UCS 坐标。

移动坐标到 3 点处，如图 10-94 所示。

命令：UCS

当前 UCS 名称：* 没有名称 *

指定 UCS 的原点或[面(F)/命名(NA)/对象(OB)/上一个(P)/视图(V)/世界(W)/X/Y/Z/Z 轴(ZA)]〈世界〉：

指定 X 轴上的点或〈接受〉：

指定 UCS 的原点或[面(F)/命名(NA)/对象(OB)/上一个(P)/视图(V)/世界(W)/X/Y/Z/Z 轴(ZA)]〈世界〉：X

指定绕 X 轴的旋转角度〈90〉：

如图 10-94 所示。

② 画筋板平面图，并移动到 4 点处，如图 10-94 所示。

③ 拉伸筋板。

命令：EXTRUDE

当前线框密度：ISOLINES=8，闭合轮廓创建模式=实体

选择要拉伸的对象或[模式(MO)]：MO

闭合轮廓创建模式[实体(SO)/曲面(SU)]〈实体〉：SO

选择要拉伸的对象或[模式(MO)]：选择筋板平面图

指定拉伸的高度或[方向(D)/路径(P)/倾斜角(T)/表达式(E)]〈−16.0000〉：6

④ 移动筋板至中点。

选择筋板左下角的中点到 4 点，结果如图 10-95 所示。

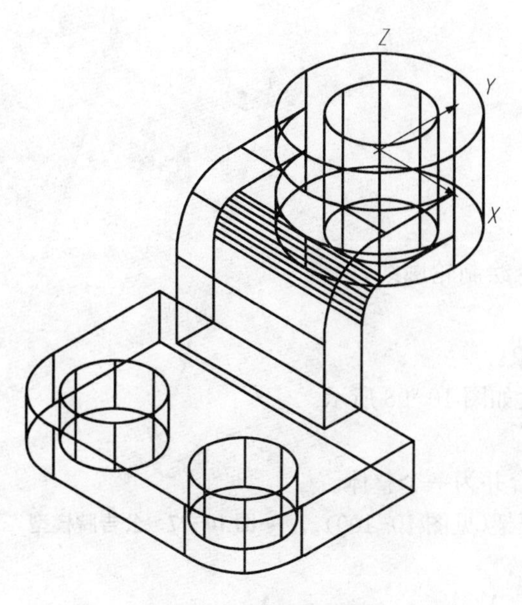

图 10-93　画圆内圆打孔

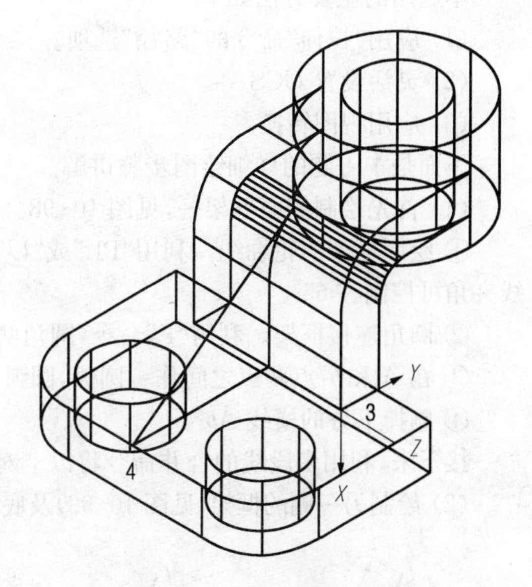

图 10-94　绘制筋板平面图

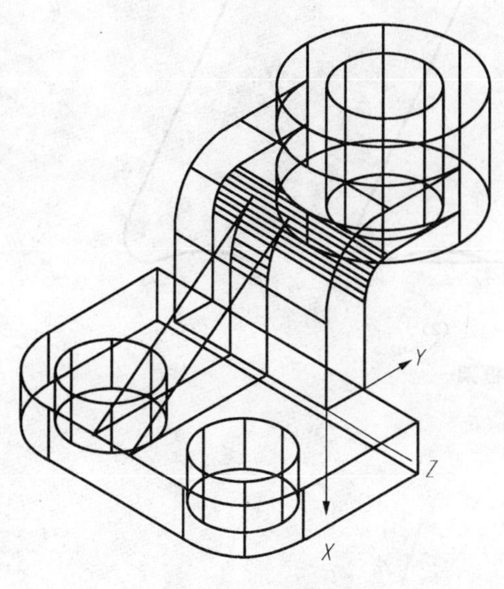

图 10-95　拉伸筋板

图 10-96　托架效果图

(7) 渲染

命令:VSCURRENT

输入选项[二维线框(2)/线框(W)/隐藏(H)/真实(R)/概念(C)/着色(S)/带边缘着色(E)/灰度(G)/勾画(SK)/X 射线(X)/其他(O)]〈概念〉:_C,结果如图 10-96 所示

10.5.4　公告牌制作

先来看看最终效果图如图 10-97 所示。

本题用的主要方法如下。

(1) 应用“拉伸”命令的“路径”选项。

(2) 灵活设置 UCS。

(3) 应用视图转换。

下面是本习题的详细绘图步骤讲解。

(1) 首先绘制侧面框架一,见图 10-98。

① 绘制框架的轮廓线。利用“PL”或“L”命令绘制轮廓线,两条线夹角可控制在 65°。

② 圆角连接框架。利用“F”命令,圆角两对象。

③ 在 A 和 b_1 点两点之间作一圆弧,圆弧高度如图 10-98 所示。

④ 删掉下方的横线 Ab_1。

接下来,利用多段线的合并命令将以上对象合并为一个整体。

(2) 绘制另一侧的框架(见图 10-99)及底部框架(见图 10-100)。

图 10-97 公告牌模型

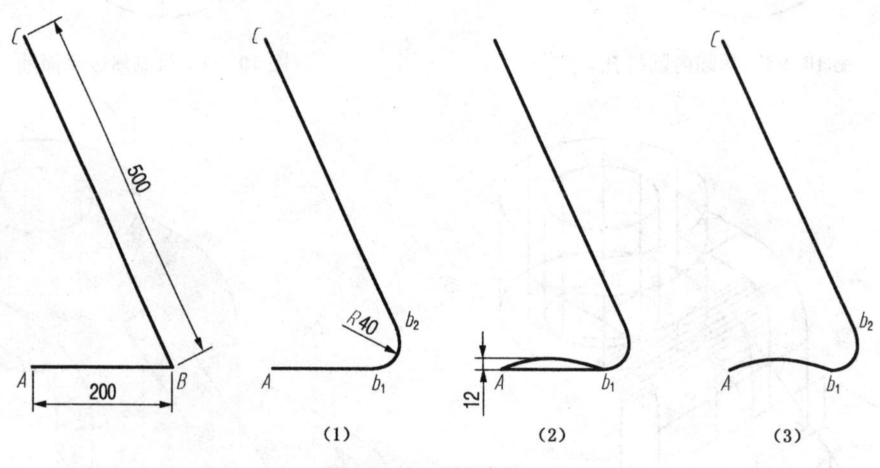

图 10-98 侧面框架一

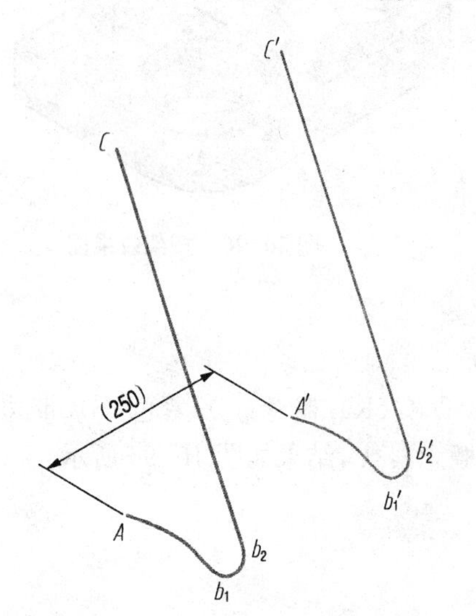

图 10-99 另一侧的框架

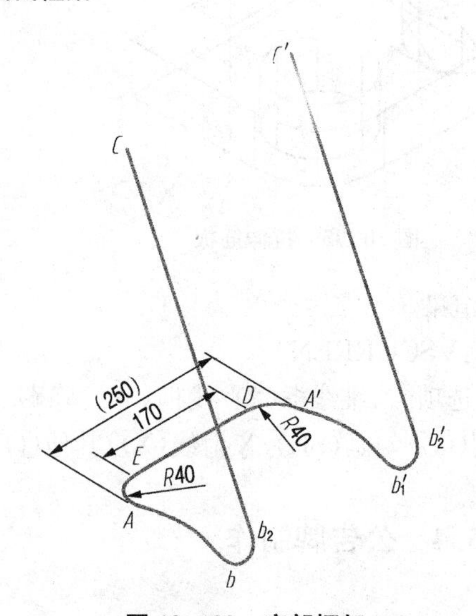

图 10-100 底部框架

① 设置视图。单击“视图”工具栏的“东南等轴测”按钮,将视点设置为“东南等轴测”。绕 X 轴旋转当前 UCS,旋转角度为−90°。

② 复制框架 1,距离为 250,得到框架 2,效果如图 10-99 所示。

③ 利用“PL”命令按图示尺寸绘制底部框架。

(3) 绘制上下部框架,如图 10-101 所示。

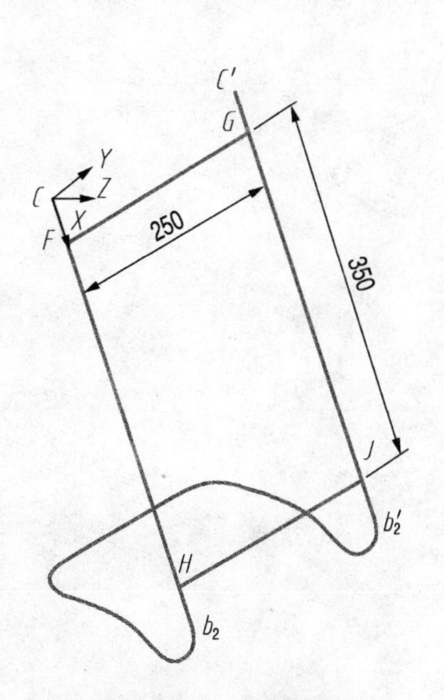

图 10-101 上下部框架

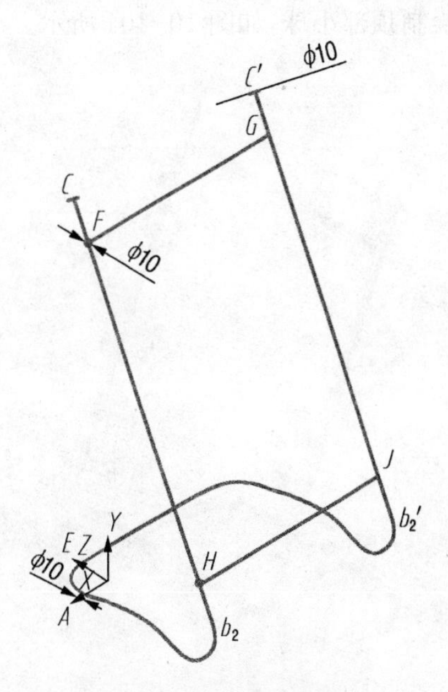

图 10-102 顶部绘圆

先设置视图。单击“视图”工具栏的“三点”按钮。单击点 C 指定坐标新原点,单击点 b_2 指定 X 轴正向,单击点 C' 指定 Y 轴正向。

启用“直线”命令,指定点 F 的坐标(50,0,0),输入距离 250,得到直线 FG。

同理,得到直线 HJ。

(4) 绘制拉伸圆。

① 绘制顶部的拉伸圆,如图 10-102 所示。

先设置视图。单击“UCS”工具栏的“Y”按钮,指定旋转角度为−90°。

启用“圆”命令,作圆心在 C 点、圆半径为 5 的圆。

同理,在 C' 点也作一等半径圆。

② 绘制公告牌横杆的拉伸圆。

旋转视图到当前作图面上。单击“UCS”工具栏的“X”按钮,指定旋转角度为 90°。

启用“圆”命令,绘制横杆的两个拉伸圆。

③ 绘制底部支架的拉伸圆。

启用“三点”设置视图命令,指定新原点为 $R40$ 圆弧圆心,指定点 A 为 X 轴正向,指定点 E 为 Y 轴正向。

单击“UCS”工具栏的“X”按钮,绕 X 轴旋转当前 UCS,旋转角度为−90°。

用“圆”命令画底部支架的拉伸圆。

(5) 拉伸实体对象。

启用“拉伸”命令，“EXTRUDE↙”(或单击“实体”工具栏的“拉伸”按钮)，选择上支架的ϕ10 圆为拉伸对象，选择“路径(P)”选项，单击直线 *FG*。

重复此操作，依次拉伸所有框架，如图 10-103 所示。

单击菜单【视图(V)】|【着色(S)】|【体着色(G)】。

(6) 绘制顶部小球，如图 10-104 所示。

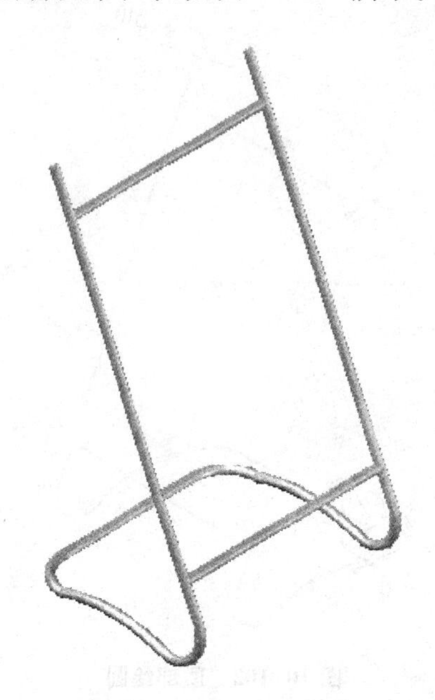

图 10-103　拉伸圆

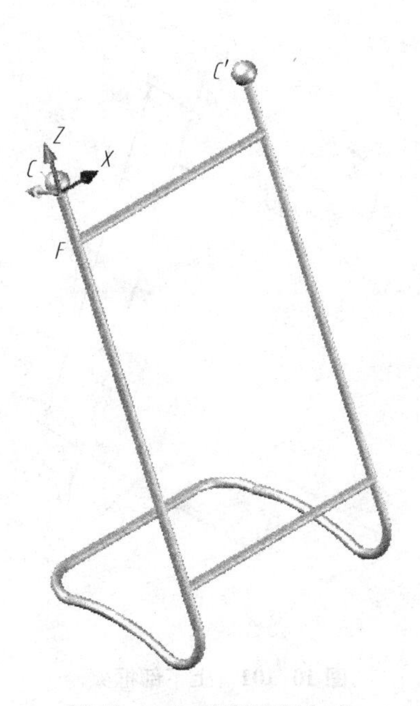

图 10-104　绘制顶部小球

先设置视图。

启用“三点”设置视图命令，单击 *C* 点为坐标原点，单击点 *C′* 为 *X* 轴正向，单击点 *F* 为 *Y* 轴正向。

绕 *X* 轴旋转当前 UCS，旋转角度为 90°。

绘制小球。

启用“球体”命令，球心坐标为(0,0,10)，球体半径为 12。

(7) 绘制公告板。

单击“UCS”工具栏的“X”按钮，绕 *X* 轴旋转当前 UCS，指定旋转角度为 90°。

启用命令三维面“3DFACE”，利用“捕捉自”，from 基点：(单击点 F)〈偏移〉：@10，−10，指定第一点 *K*，(光标移向 *Y* 的负方向)230↙，输入距离指定第二点 *L*，(光标向 *X* 方向移)330↙，输入距离指定第三点 *M*，(光标向 *Y* 的负方向移)230↙，输入距离指定第四点 *N*。

得到三维面 *KLMN*，如图 10-105 所示。

(8) 书写文本。

设置文字样式。在【文字样式】对话框，取消“使用大字体(U)”，在“字体名(F)”下拉列表框中选择“TT 华文新魏”。

利用单行文字，利用对象追踪确定文字中心位置，书写文字“公告”，字高建议为 60。

单击“绘图次序”工具栏中的“置于对象之上”按钮，选择“公告”文本，指定面板为对照对象，按 Enter 键结束命令。

(9) 合并全部对象。

利用命令“UNION”合并全部实体对象。

全部操作完成，如图 10-106 所示。

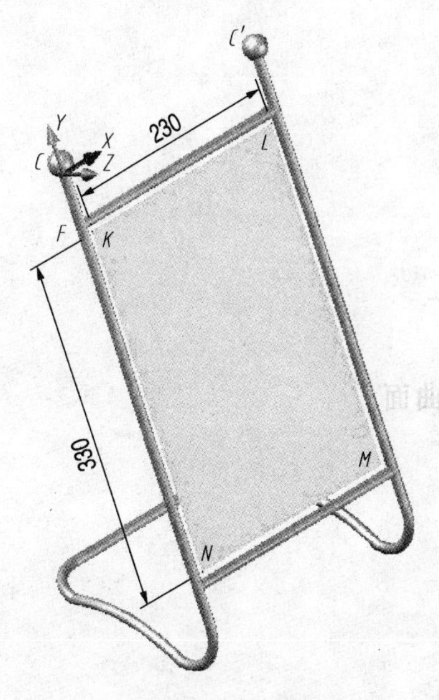

图 10-105　绘制公告板

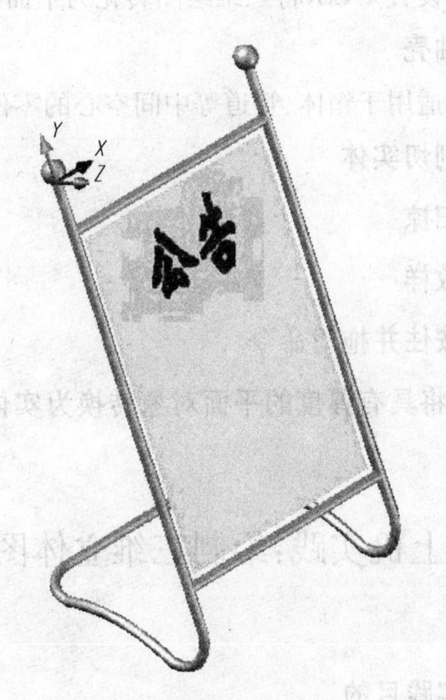

图 10-106　书写文本

10.6　三维建模方法总结

1）拉伸法：绘制各横截面相同或者线性变化的实体

注意：

(1) 拉伸对象应是封闭的，如矩形、多边形、2D 多段线、3D 多段线、圆、圆弧、椭圆、椭圆弧、二维样条曲线、面域。

(2) 拉伸路径不能和拉伸对象在同一平面。

(3) 拉伸路径应是整条复合线。

2）旋转法：绘制回转体

注意：

(1) 想象出半剖面形状。

(2) 想象出回转中心线位置。

(3) 旋转对象必须是封闭的，如圆、椭圆、封闭的二维多段线、封闭的样条曲线、面域等。

3）将简单形体进行布尔运算

(1) 并集(UNION)：由所有参与运算的实体组合成新的实体。

(2) 差集(SUBTRACT):从一些实体中减去另一些实体,从而得到一个新实体。
(3) 交集(INTERSECT):求多个实体的公共部分,从而组成新实体。

4) UCS

通过设置 UCS,将三维绘图转化为平面绘图。

5) 抽壳

特别适用于箱体、管道等中间空心的零件。

6) 剖切实体

7) 扫掠

8) 放样

9) 按住并拖动命令

10) 将具有厚度的平面对象转换为实体和曲面

10.7 上机实践:绘制三维立体图

1) 实践目的

(1) 熟练掌握三维图形绘图与编辑命令的使用。
(2) 理解用户坐标系及其创建方法。
(3) 了解和掌握构造三维模型的常用命令及操作方法。
(4) 掌握如何对实体模型灵活地进行修改和编辑。

2) 实践内容

【实践 10-1】 绘制下列图形。

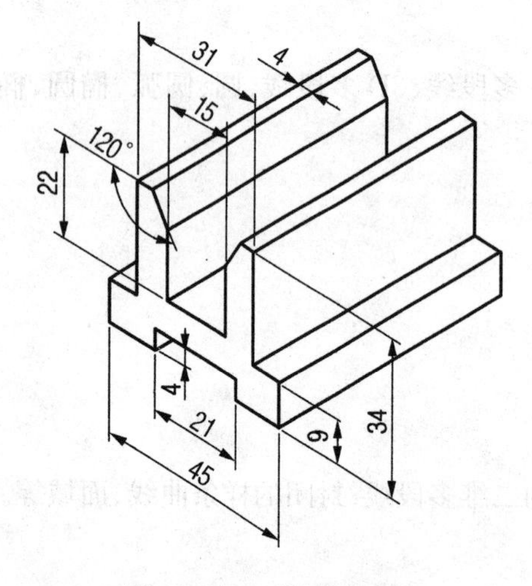

图 10-107 (总长度 57)

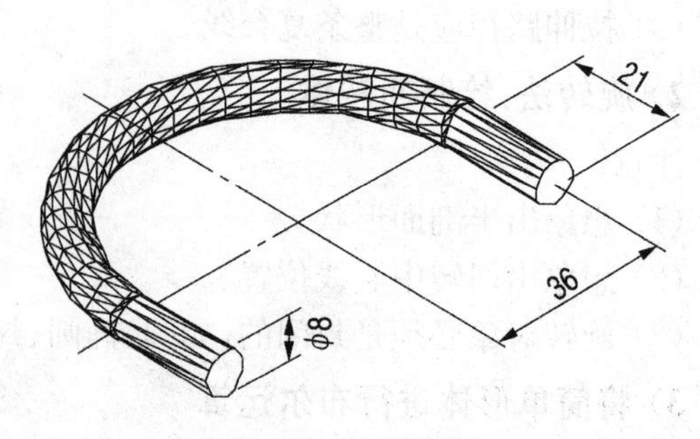

图 10-108

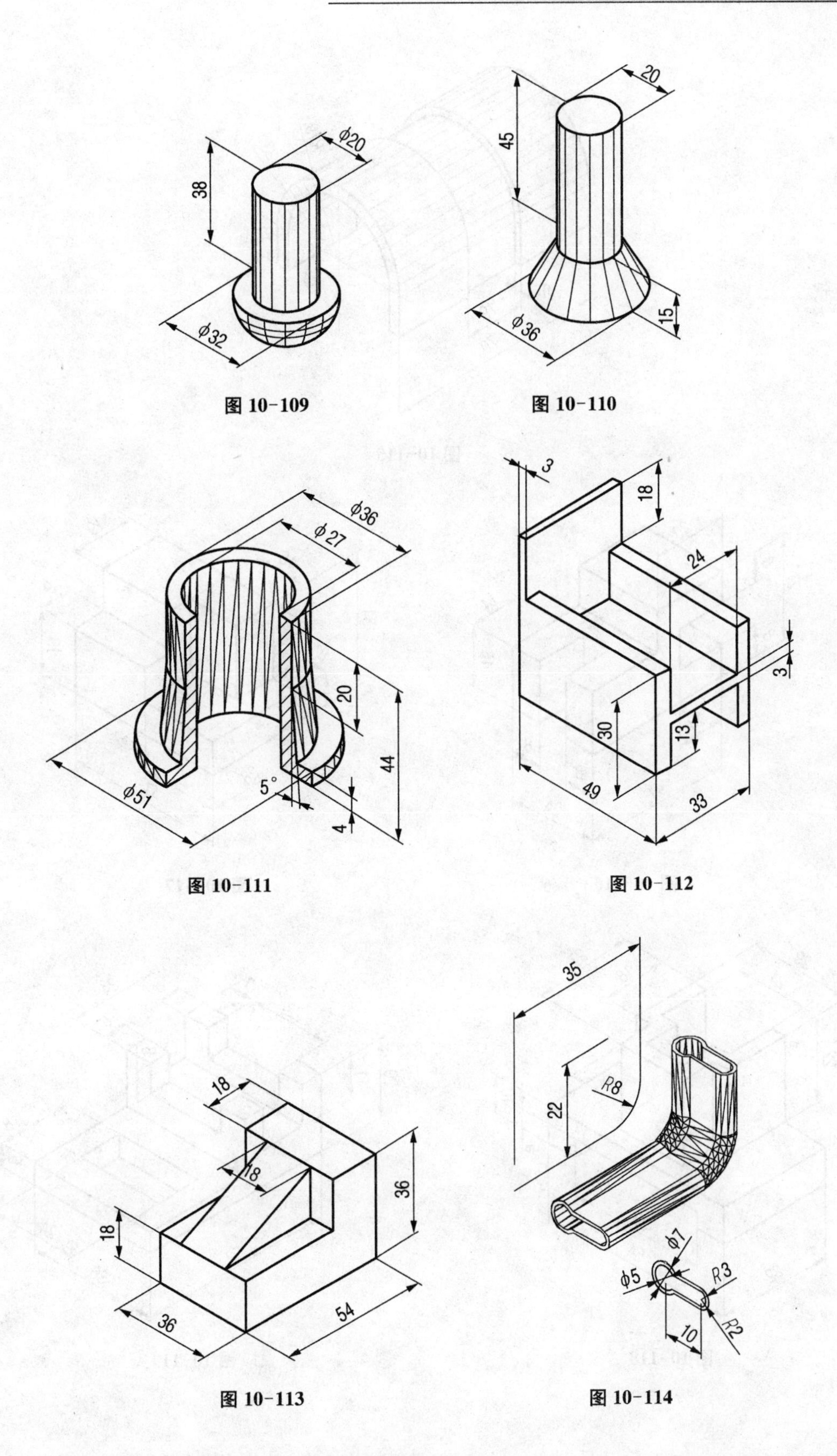

图 10-109

图 10-110

图 10-111

图 10-112

图 10-113

图 10-114

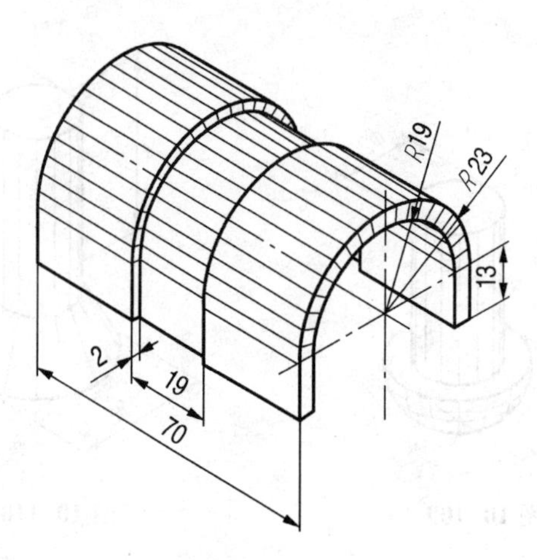

图 10-115

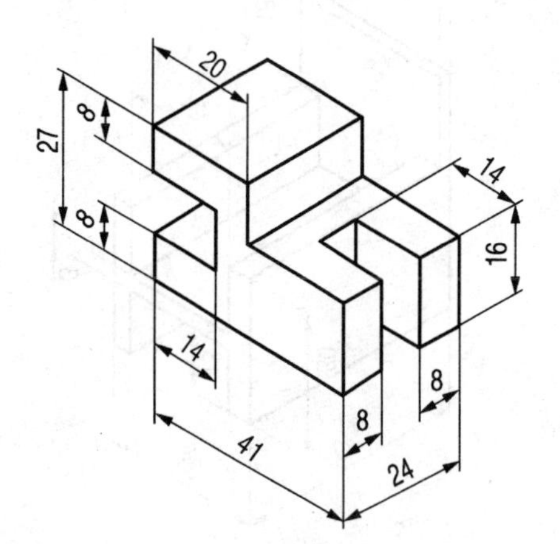

图 10-116

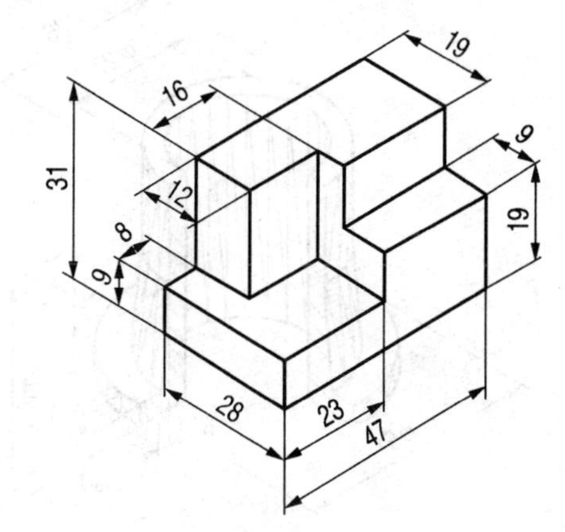

图 10-117

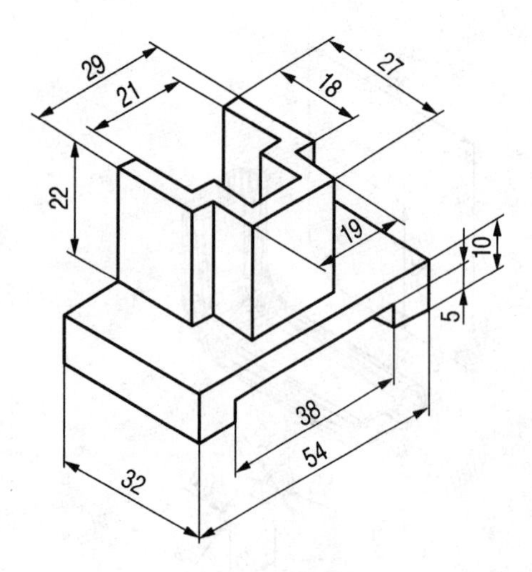

图 10-118

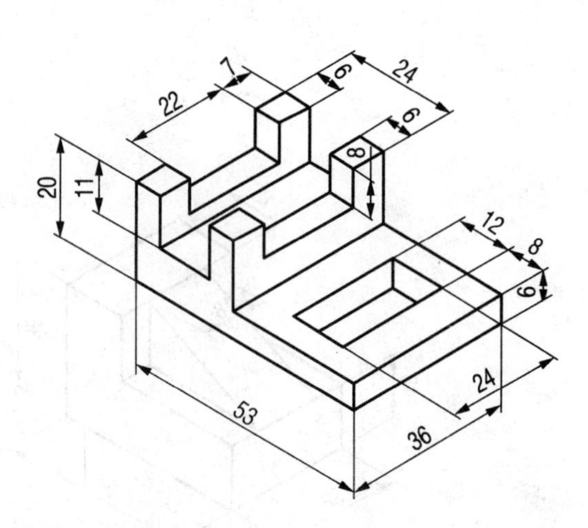

图 10-119

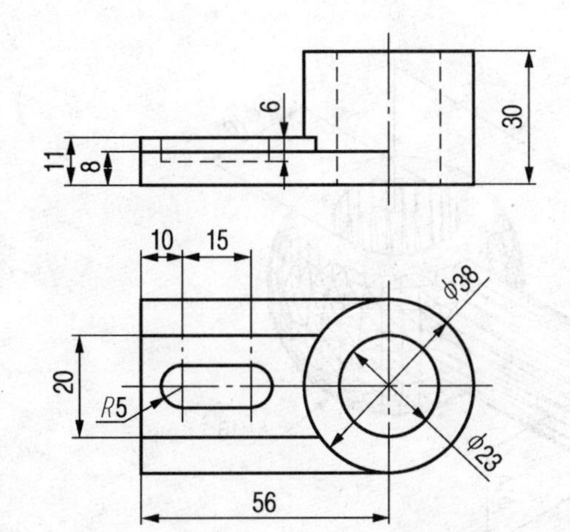

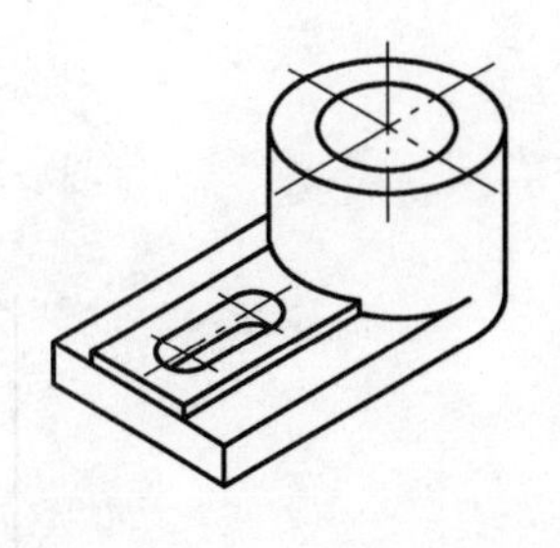

图 10-120

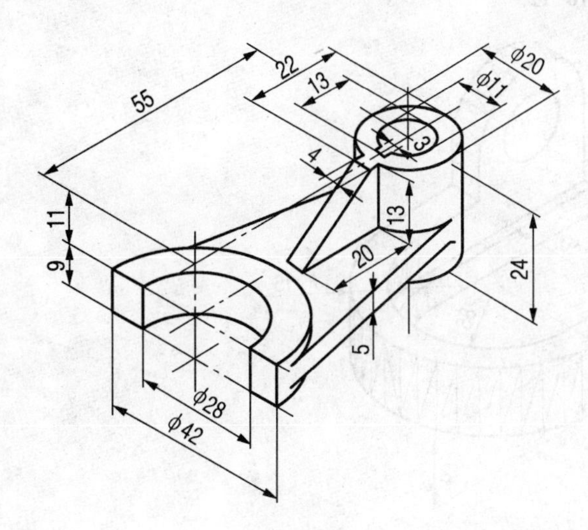

图 10-121

图 10-122

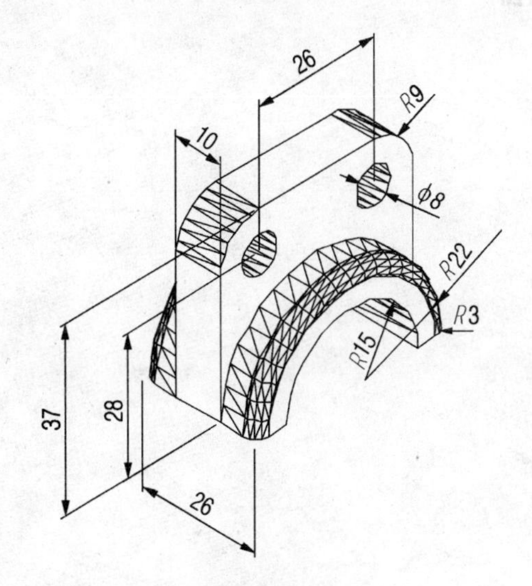

图 10-123

图 10-124

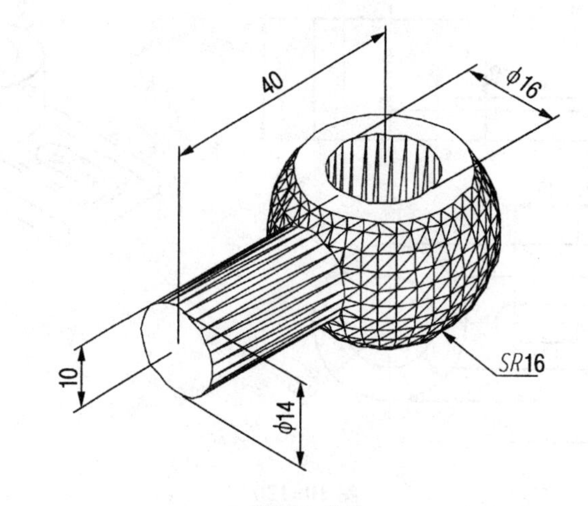

图 10-125

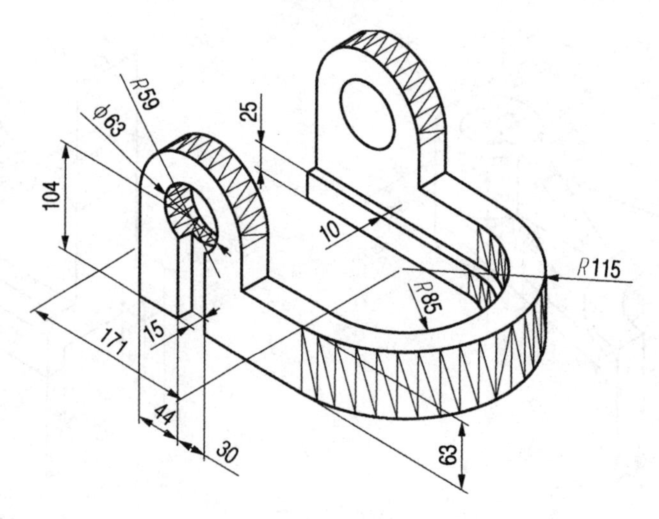

图 10-126

11 图形的打印输出

在 AutoCAD 2013 中，系统提供了图形输入输出接口。用户不仅可以将其他应用程序中处理好的数据传送给 AutoCAD，还可以将在 AutoCAD 中绘制好的图形打印出来，或者将其信息传送给其他应用程序。

本章重点了解图形的输入、输出与打印的方法，并能够将绘制的图形按机械制图的标准设置好并打印出来。

本章学习目标

- 图形输入输出；
- 创建和管理布局；
- 布局的页面设置；
- 打印图形。

11.1 图形输入输出

在 AutoCAD 2013 中，除了可以打开和保存 DWG 格式的图形文件外，还可以输入或输出其他格式的图形。

11.1.1 输入图形

在 AutoCAD 的【插入点】工具栏中，单击【输入】按钮，打开【输入文件】对话框，如图 11-1 所示。在【文件类型】下拉列表框中，可以看到系统允许输入的【图元文件】、ACIS、3D Studio 以及 V8 DGN 图形格式文件。

在菜单命令中，尽管没有【输入点】命令，但是用户可以使用【插入】|【3D Studio】、【ACIS 文件】、【Windows 图元文件】命令，分别输入上述 3 种格式的图形文件。

11.1.2 输入与输出 DXF 文件

在 AutoCAD 中，可以把图形保存为 DXF 格式，也可以打开 DXF 格式的文件。DXF 文件

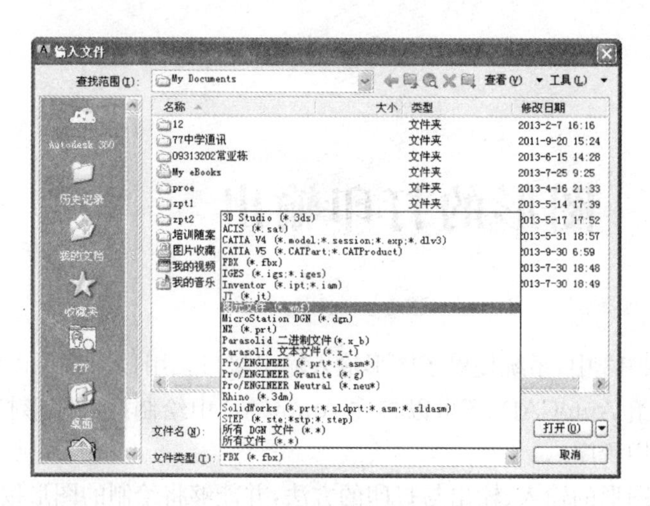

图 11-1 【输入文件】对话框

是标准的 ASCII 码文本文件，一般由以下 5 个信息段构成：

(1) 标题段(HEADER)：存储的是图形的一般信息，由用来确定 AutoCAD 作图状态和参数的标题变量组成，而且大多数变量与 AutoCAD 的系统变量相同。

(2) 表段(TABLES)：表段包含以下 8 个列表，每个表中又包含不同数量的表项。

① 线型表(LTYPE)：描述图形中线形信息。

② 层表(LAYER)：描述图形的图层状态、颜色、线型等信息。

③ 字体样式表(STYLE)：描述图形中字体样式信息。

④ 视图表(VIEW)：描述视图的高度、宽度、中心以及投影方向等信息。

⑤ 用户坐标系统表(UCS)：描述用户坐标系统原点、X 轴和 Y 轴方向等信息。

⑥ 视口配置表(VPORT)：描述各视口的位置、高度比、栅格捕捉、栅格显示等信息。

⑦ 尺寸标注字体样式表(DIMSTYLE)：描述尺寸标注字体样式及有关标注信息。

⑧ 登记申请表(APPID)：该表中的表项用于为应用建立索引。

(3) 块段(BLOCKS)：描述图形中块的有关信息，例如块名、插入点、所在图层以及块的组成对象等。

(4) 实体段(ENTITIES)：描述图中所有图形对象及块的信息，是 DXF 文件的主要信息段。

(5) 结束段(EOF)：DXF 文件结束段，位于文件的最后两行。

在 AutoCAD 中，可以使用两种方法打开 DXF 格式的文件：一是选择【文件】|【打开】命令，使用【选择对象】对话框打开；二是执行 DXFIN 命令，使用【选择对象】对话框打开。

如果要以 DXF 格式输出图形，可选择【文件】|【保存】命令或【文件】|【另存为】命令，在打开的【图形另存为】对话框的【文件类型】下拉列表框中选择 DXF 格式，然后在对话框右上角选择【工具】|【选项】命令，打开【另存为选项】对话框，如图 11-2 所示。在【DXF 选项】选项卡中设置保存格式，即 ASCⅡ格式或【二进制】格式。

二进制格式的 DXF 文件包含 ASCⅡ格式 DXF 文件的全部信息，但它更为紧凑，AutoCAD对它的读写速度也会有很大的提高。此外，用户可通过此对话框确定是否只将指定的对象以 DXF 格式保存，是否保存微缩预览图像。如果图形以 ASCⅡ格式保存，还能够设置保存精度。

11.1.3　插入 OLE 对象

选择【插入】|【OLE 对象】命令，打开 Windows 的【插入对象】对话框，可以插入对象链接或者嵌入对象，如图 11-3 所示。

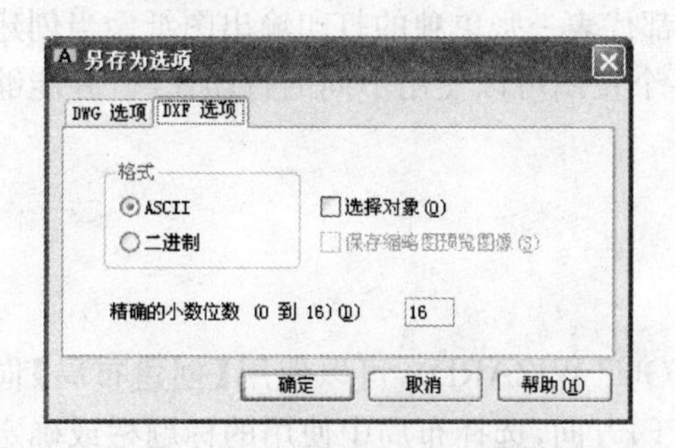

图 11-2　【另存为选项】对话框

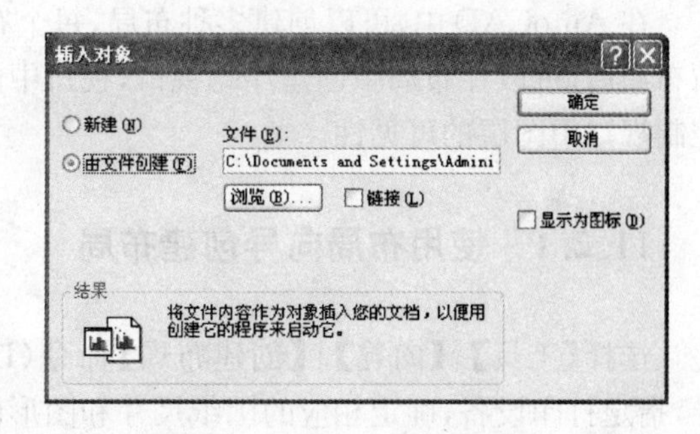

图 11-3　【插入对象】对话框

11.1.4　输出图形

选择【文件】|【输出】命令(EXPORT)，打开【输出数据】对话框，如图 11-4 所示。用户可以在【保存于】下拉列表框中设置文件输出的路径。

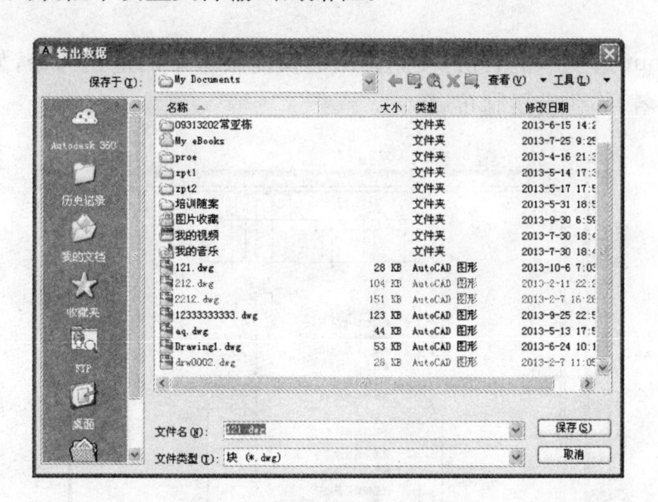

图 11-4　【输出数据】对话框

在【文件名】文本框中输入文件名称；在【文件类型】下拉列表框中，选择文件的输出类型，如【图元文件】、【ACIS】、【平版印刷】、【封装 PS】、【DXX 提取】、【位图】、【3D Studio】、【块】等。

当用户设置了文件的输出路径、名称、文件类型后，单击对话框中的【保存】按钮，切换到绘图窗口中，可以选择需要以指定格式保存的对象。

11.2　创建和管理布局

在 AutoCAD 中，可以创建多种布局，每个布局都代表一张单独的打印输出图纸。当创建新布局后，可以在布局中创建浮动视口，视口中的各个视图可以使用不同的打印比例，并能够控制视口中图层的可见性。

11.2.1　使用布局向导创建布局

选择【工具】|【向导】|【创建布局】命令(LAYOUTWIZARD)，可以使用【创建布局】向导，指定打印设备，确定相应的图纸尺寸和图形的打印方向，选择布局中使用的标题栏或确定视口设置。

用户也可以使用 LAYOUT 命令，以多种方式创建新布局，如从已有的模块开始创建、从已有的布局创建或直接从头开始创建。这些方式分别对应 LAYOUT 命令的相应选项。另外，用户还可用 LAYOUT 命令来管理已创建的布局，如删除、改名、保存以及设置等。

11.2.2　管理布局

在布局的 Layout 选项卡上右击，使用弹出的快捷菜单中的适当命令，如图 11-5 所示，可以新建、删除、重命名、移动或复制布局。

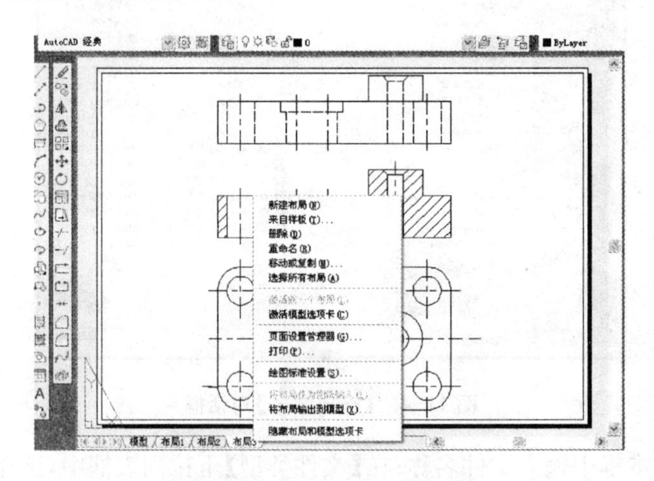

图 11-5　管理布局快捷菜单

默认情况下，单击某个布局选项卡时，系统将自动显示【页面设置管理器】对话框，供用户设置页面布局。如果以后要修改页面布局，可从图 11-5 所示的快捷菜单中选择【页面设置管理器】。通过修改布局的页面设置，可以将图形按不同比例打印到不同尺寸的图纸中。

11.3 布局的页面设置

用户在模型空间中完成图纸的设计和绘图工作后，就要准备打印图形。此时，可使用布局功能来创建图形多个视图的布局以完成图形的输出。当第一次从【模型】选项卡切换到【布局】选项卡时，将显示一个默认的单个视口，并显示在当前打印配置下的图纸尺寸和可打印区域，同时打开【页面设置管理器】对话框，可以对打印设备和打印布局进行详细的设置，并且还可以保存页面设置，然后应用到布局或其他布局中。

11.3.1 设置打印环境

要设置打印环境，可以选择【文件】|【页面设置管理器】命令(PAGESETUP)，打开【页面设置管理器】对话框，如图 11-6 所示。

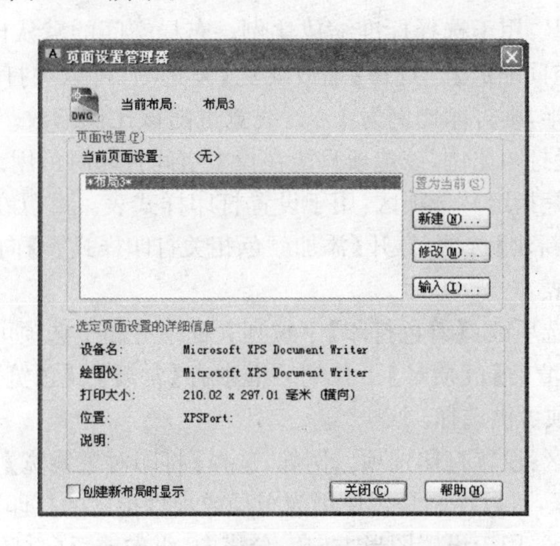

图 11-6 【页面设置管理器】对话框

对话框中有四个主要选项按钮，单击【新建】按钮，打开【新建页面设置】对话框，可以设置【新页面设置名】和选择页面设置的【基础样式】，单击【确定】后，进入【页面设置-布局名】对话框，如图 11-7 所示，各主要选项的功能如下：

①“打印机/绘图仪”选项区：用于选择并设置打印机、绘图仪的特性。其中在【名称】下拉列表框中，可以选择当前可用的打印机或绘图仪的名称；单击【特性】按钮，打开【绘图仪配置编辑器】对话框，可以查看或修改绘图仪的配置信息。

②“图纸尺寸”选项区：用于设置图纸的尺寸。

③“打印区域”选项区：用于确定【打印范围】，它有【布局】、【显示】、【图形界限】三个选项。

④“打印偏移(原点设置在可打印区域)”选项区：在 X 和 Y 文本框中，可以输入相对于可

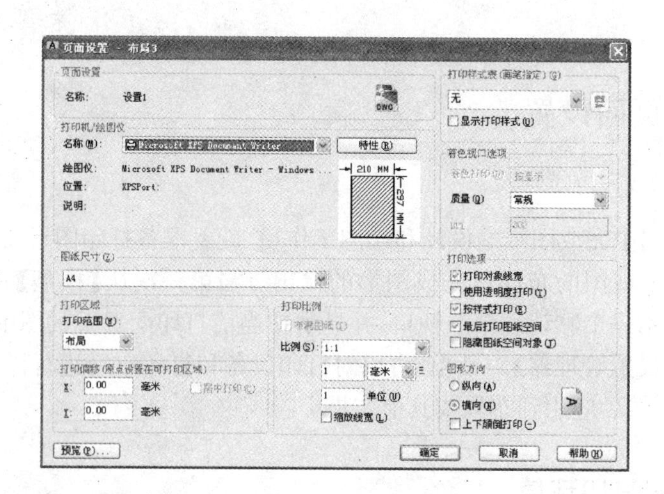

图 11-7 【页面设置-布局名】对话框

打印区域左下角的偏移。如果选择【居中打印】复选框,则可以自动计算输入的偏移值以便居中打印。

⑤“打印比例”选项区:用于选择标准缩放比例。布局空间的默认比例为 1∶1,模型空间的默认比例为【按图纸空间缩放】。选择【缩放线宽】复选项,可以按打印比例缩放线宽,如果要缩小为原来尺寸的一半,则打印比例为 1∶2,线宽也随该比例缩放。选择【布满图纸】复选项,则按图纸大小来配置打印比例,该选项只能在模型空间打印时可用。

⑥“打印样式表(画笔指定)”选项区:用于设置打印样式表。可以在下拉列表框中选择一个样式表,也可以选择【新建】选项,打开【添加颜色相关打印样式表】向导对话框,可以根据该向导创建新的打印样式表。

⑦“着色视口选项”选项区:【着色打印】下拉列表框中有四个选项可供选择,它们是【按显示】、【线框】、【消隐】、【渲染】;【质量】下拉列表框中有【常规】、【预览】、【最大】、【自定义】、【演示】、【草稿】六个选项可供选择。

⑧“打印选项”选项区:设置打印选项。例如,选择【打印对象线宽】复选项,可以打印对象线宽;【打印样式】复选框,可以控制是否使用为布局或视口指定的打印样式特性。

⑨“图形方向”选项区:用于设置图形方向。分横向、纵向或反向打印。

在图 11-7 所示对话框中选择中间文本框中的页面设置名,单击【置为当前】,就是将设置好的【设置 1】置为当前的页面设置;单击【输入】按钮,打开【从文件选择页面设置】对话框,可以输入页面设置文件来创建页面设置;单击【修改】按钮,打开【页面设置-布局名】对话框,修改已有的页面设置,各选项的具体功能同上。

11.3.2 使用布局样板

布局样板是从 DWG 或 DWT 文件中输入的布局,用户可以利用现有样板中的信息创建新的布局。AutoCAD 提供了众多布局样板,以供用户设计新布局环境时使用。根据布局样板创建新布局时,新布局中将使用现有样板中的图纸空间几何图形及其页面设置。这样,将在图纸空间中显示布局几何图形和视口对象,用户可以决定保留从样板中输入的几何图形,也可以删除图形。

AutoCAD 提供的布局样板文件的扩展名为.dwt，来自任何图形的任何布局样板都可以输入到当前图形中。

通常情况下，将图形或样板文件插入到新布局的同时，源图形或源样板文件保存的符号表及块定义信息都将插入到新的布局中。但是，如果使用 Layout 命令的 Saveas 选项保存源样板文件，任何未经引用的符号表和块定义信息都不随布局样板一起保存。可以使用 Template 选项在图形中创建新的布局。使用这种方法保存和插入布局样板，可以避免删除不必要的符号表信息。

如果要使用现有布局样板，可以选择【插入】|【布局】|【来自样板的布局】命令，打开【从文件选择样板】对话框，并从样板文件列表中选择图形样板文件，然后单击【打开】按钮，打开选中的样板文件，此时打开【插入布局】对话框，在【布局名称】列表中选择布局样板，然后选择【确定】，结果如图 11-8 所示。

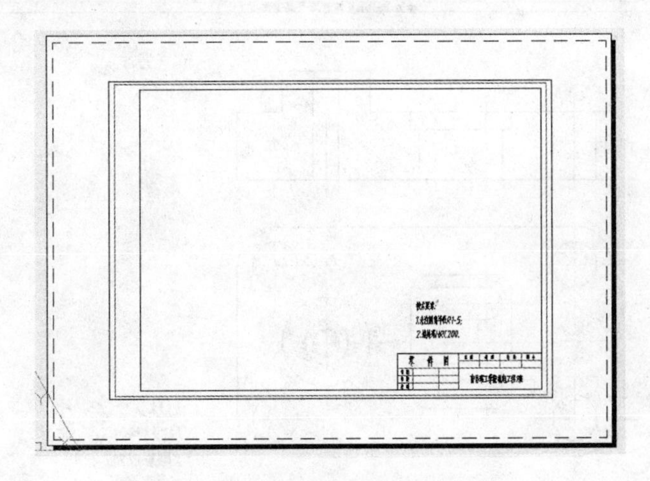

图 11-8 利用布局样板创建布局

任何图形都可以保存为样板图形，所有的几何图形和布局设置都可保存到 DWT 文件。选择 LAYOUT 命令的【另存为(SA)】选项可以将布局保存为样板文件(DWT)。

创建新的布局样板时，任何引用的符号定义都随样板一起保存，如果将这个样板输入到新的布局，引用的符号定义将被输入为布局设置的一部分。建议使用 LAYOUT 命令的【另存为(SA)】选项创建新的布局样板，此时没有使用的符号表定义将不随文件一起保存，也不添加到输入样板的新布局中。

11.4 打印图形

创建完图形之后，通常要打印到图纸上，或者生成一份电子图纸，以便携带或在网上传播。打印的图形可以包含图形的单一视图，或者更为复杂的视图排列。根据不同的需要，可以打印一个或多个视口，或设置选项以决定打印的内容和图像在图纸上的布置。

11.4.1 打印预览

在打印输出图形之前，可以预览输出结果，检查设置是否正确，例如图形是否都在有效输出区域内等。要预览输出结果，可在【标准】工具栏中单击【打印预览】按钮，或选择【文件】|【打印预览】命令，或在命令提示行中输入 Preview 命令。

AutoCAD 按照当前的页面设置、绘图设备设置、绘图样式表等在屏幕上绘制最终要输出的图纸，如图 11-9 所示。

在预览窗口中，光标变成了带有加号和减号放大镜状，可以通过向上拖动光标放大图像，或向下拖动光标缩小图像。要结束全部预览，可直接按下 Esc 键，或单击【关闭预览窗口】按钮。

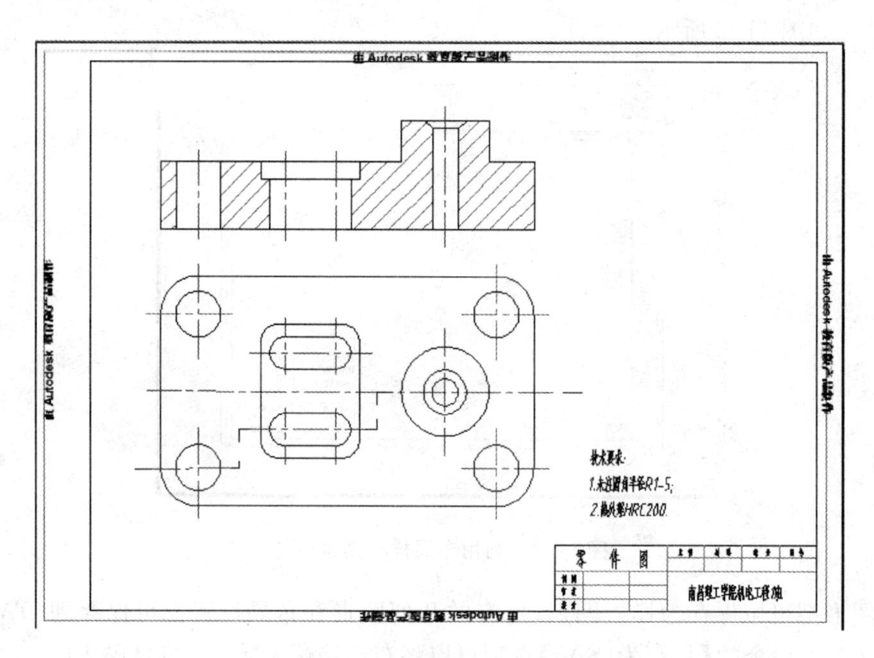

图 11-9 绘图输出结果预览

11.4.2 打印图形

在 AutoCAD 中，选择【文件】|【打印】命令(PLOT)，使用打开的【打印】对话框可以打印图形，如图 11-10 所示。

该对话框与【页面设置-布局名】对话框基本相同，只是【页面设置】选项区的页面设置【名称】变得可选，【打印选项】中多出来 3 个选项。其中，【后台打印】复选项是将打印转入后台进行；【将修改保存到布局】复选项，是用来将当前的修改保存到布局；【打开打印戳记】复选项，是用来指定是否每个输出图形的某个角落上显示绘图标记，以及是否产生日志文件。

打印戳记包括图形名、布局名称、日期和时间、打印比例、设备名、图纸尺寸等，用户还可以定义自己的打印戳记，选择【打开打印戳记】复选项，单击按钮，打开【打印戳记】对话框，可

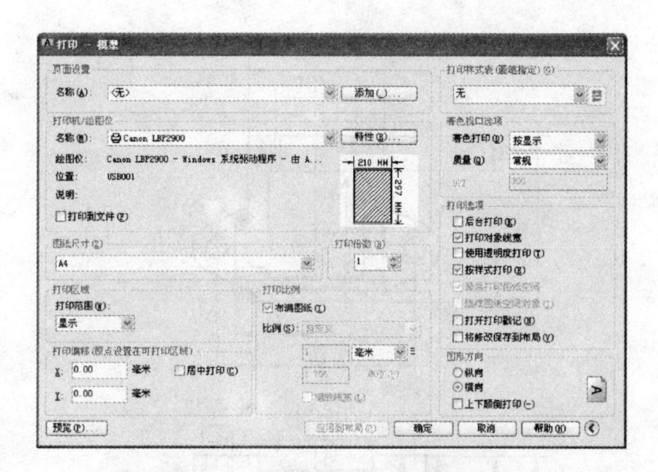

图 11-10　【打印-布局名】对话框

以在其中设置【打印戳记】选项,如图 11-11 所示。

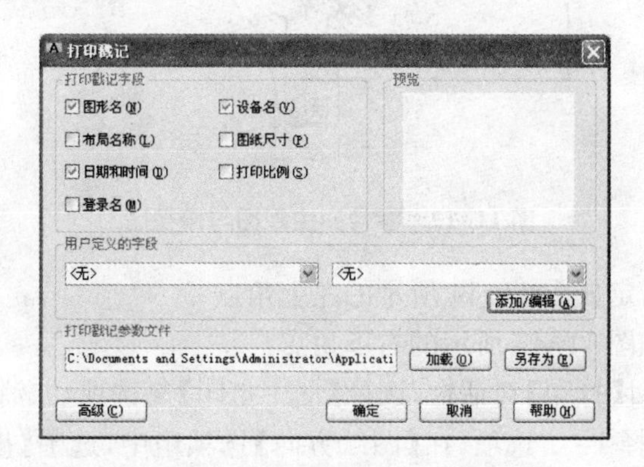

图 11-11　【打印戳记】对话框

在该对话框中,【打印戳记字段】选项区中的复选框用来指定在图形中显示那些预定义的打印标记;【用户定义的字段】选项区显示了用户自定义的打印标记,单击【添加/编辑】按钮可以添加和修改自定义打印标记;【打印戳记参数文件】选项区用来加载或保存有关打印戳记的参数设置。

当此部分的设置完成后,在【打印-布局名】对话框中单击【确定】按钮,AutoCAD 将开始输出图形,并动态显示输出进度。如果图形输出时出现错误,或用户要中断图形输出,可单击 Esc 键,系统将结束图形输出。

【例 11-1】　在模型空间中绘制如图 11-12 所示的零件图(要求用本机安装的打印机用 A4 纸,按照 1∶1 的比例打印主视图)。

具体操作步骤如下:

① 选择【文件】|【打印】命令,弹出如图 11-13 所示的【打印】对话框,在【打印机/绘图仪】选项组中的【名称】下拉列表框中选择本机安装的打印机 JWF6 ePlot. pc3,在【图纸尺寸】下拉列表框中选择 A4 选项,在【打印范围】下拉列表框中选择【窗口】选项,切换到绘图区,命令行提示如下:

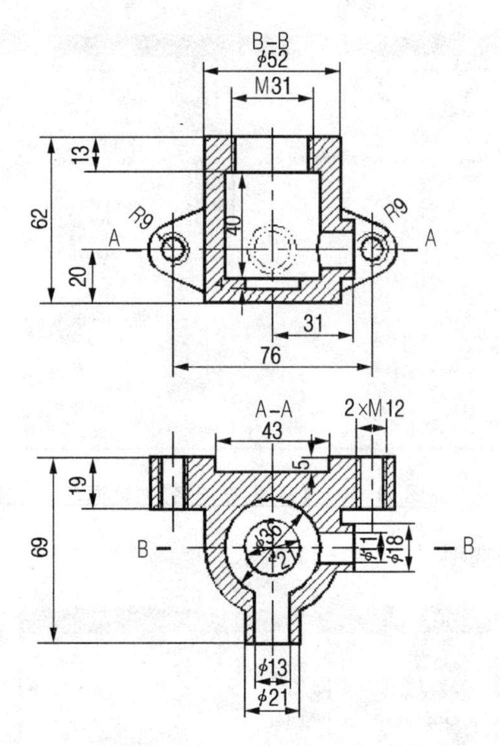

图 11-12　零件图主视图与俯视图

指定第一个角点:指定如图 11-14 所示的左上角点

指定对角点:指定如图 11-14 所示的右下角点

② 选择完毕后,返回【打印】对话框,选择【居中打印】复选项,取消【布满图纸】复选项,在【比例】下拉列表框中选择 1∶1 选项,在【图纸方向】选项组中,选中【横向】单选按钮,在预览区可以看到设置的效果。

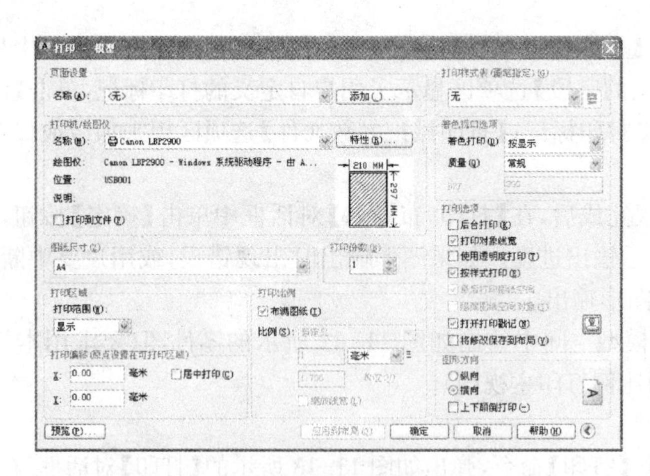

图 11-13　设置【打印】对话框

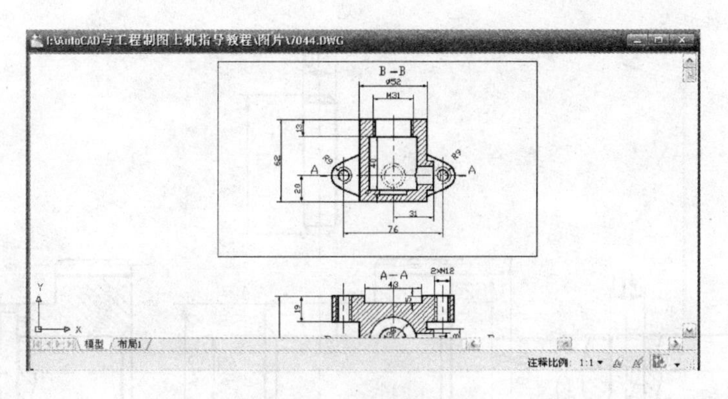

图 11-14　选择打印区域

③ 单击【预览】按钮，进入打印预览窗口，预览效果如图 11-15 所示。按回车键返回【打印】对话框，单击【确定】按钮打印图纸。

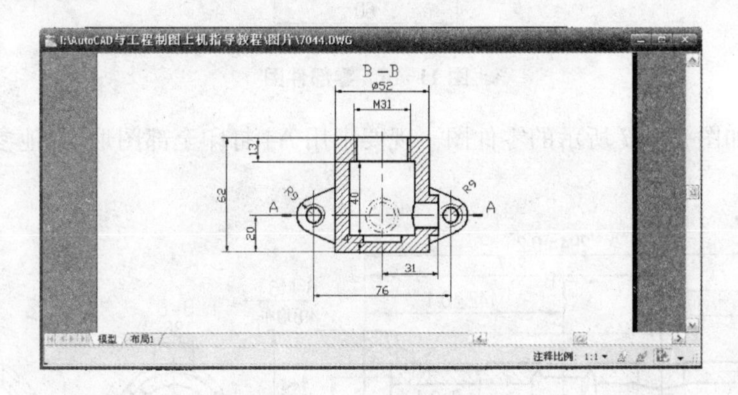

图 11-15　打印预览效果

小结：本章主要讲述图形输出的基本知识、操作步骤及一些应用技巧。图形输出是绘图的最后阶段，这部分知识在工程施工和设计中必被用到，大家要在今后的学习与实践中逐步掌握这些知识，为今后更好地进行工程施工与设计打下良好的基础。

11.5　上机实践

(1) 绘制如图 11-16 所示的零部件图，该图由三个零件图及一个部件图组成。现要求打印各零件图、部件图的详图，使用 B5 纸，比例为 1∶1。

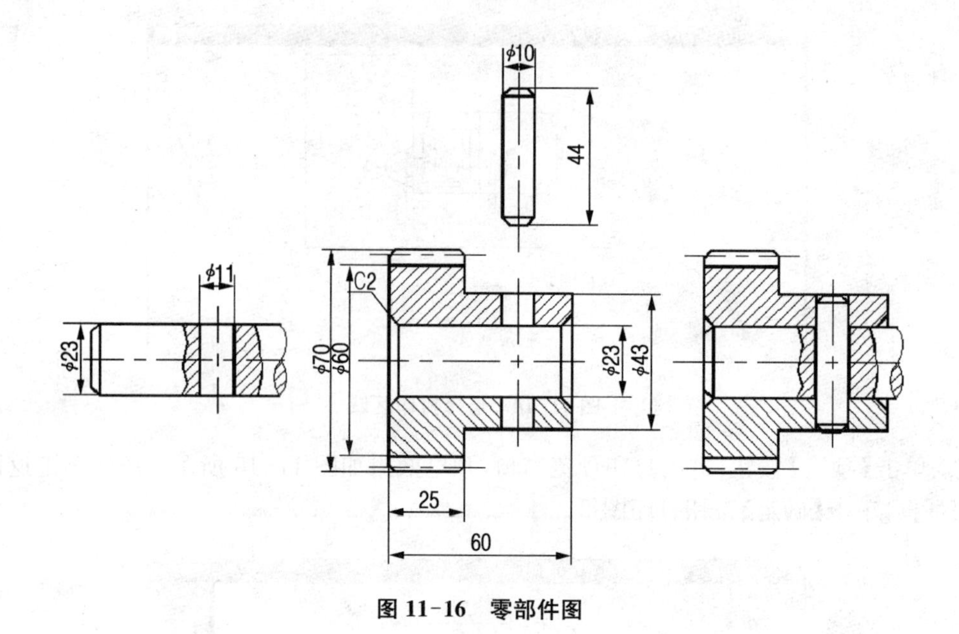

图 11-16　零部件图

(2) 绘制如图 11-17 所示的零件图。现要求用 A4 打印全部图形,其他参数由用户自己调整。

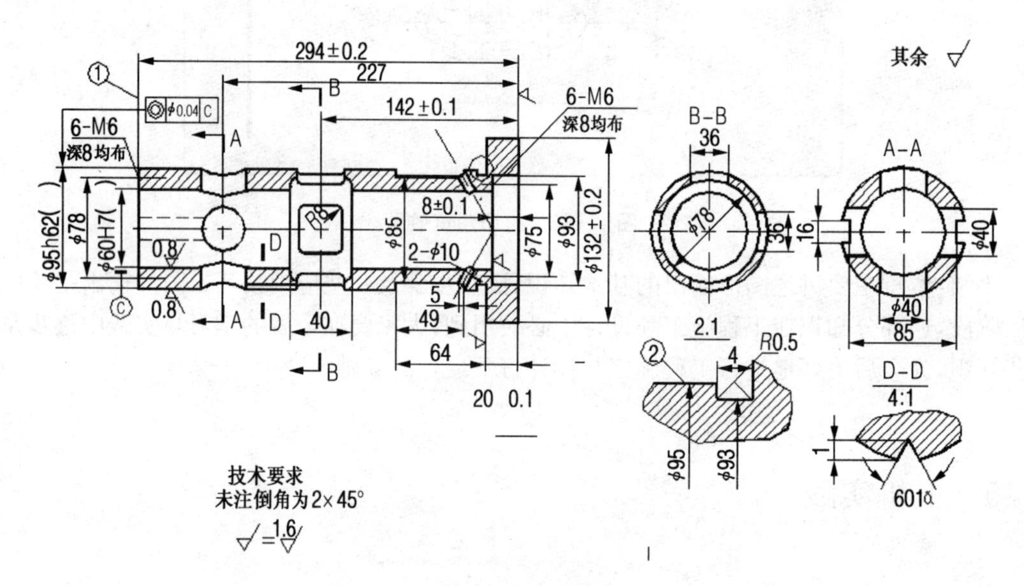

图 11-17　零件图

实践题库

一、制图员等级考试模拟试题

中级制图员计算机绘图测试试题库

国家职业技能鉴定统一考试中级制图员《计算机绘图》测试试卷 A

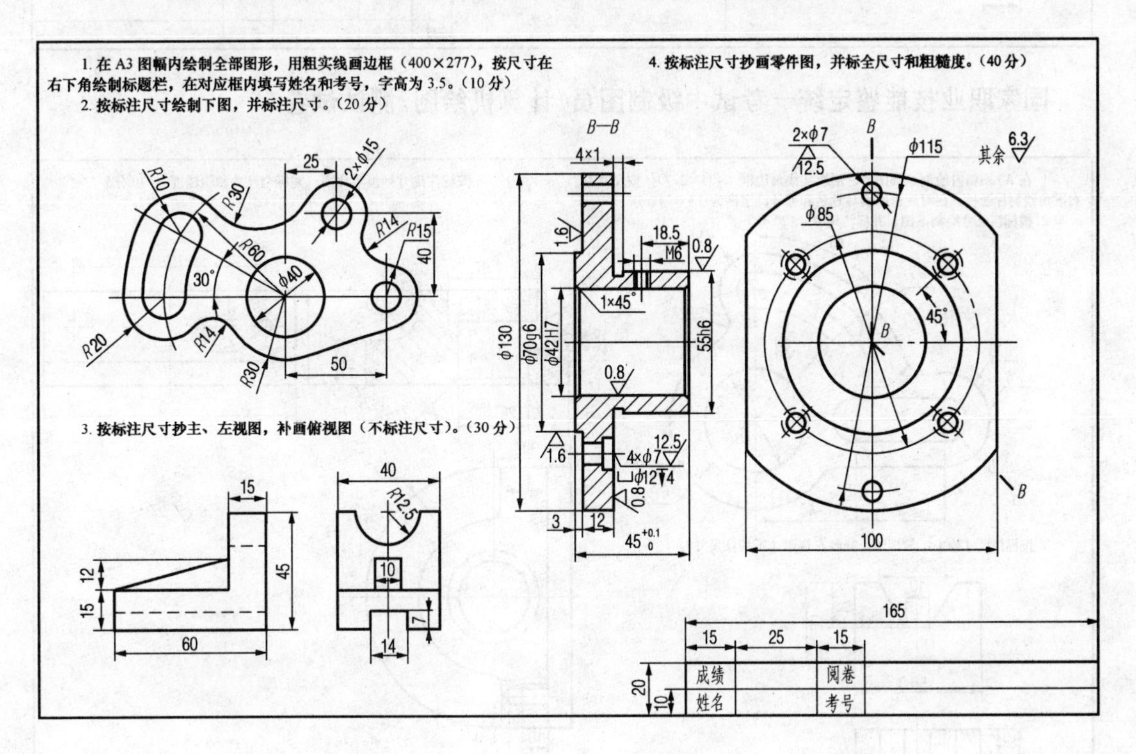

1. 在 A3 图幅内绘制全部图形，用粗实线画边框（400×277），按尺寸在右下角绘制标题栏，在对应框内填写姓名和考号，字高为 3.5。（10 分）
2. 按标注尺寸绘制下图，并标注尺寸。（20 分）
3. 按标注尺寸抄主、左视图，补画俯视图（不标注尺寸）。（30 分）
4. 按标注尺寸抄画零件图，并标全尺寸和粗糙度。（40 分）
B—B
其余
成绩
阅卷
姓名
考号
165

国家职业技能鉴定统一考试中级制图员《计算机绘图》测试试卷 B

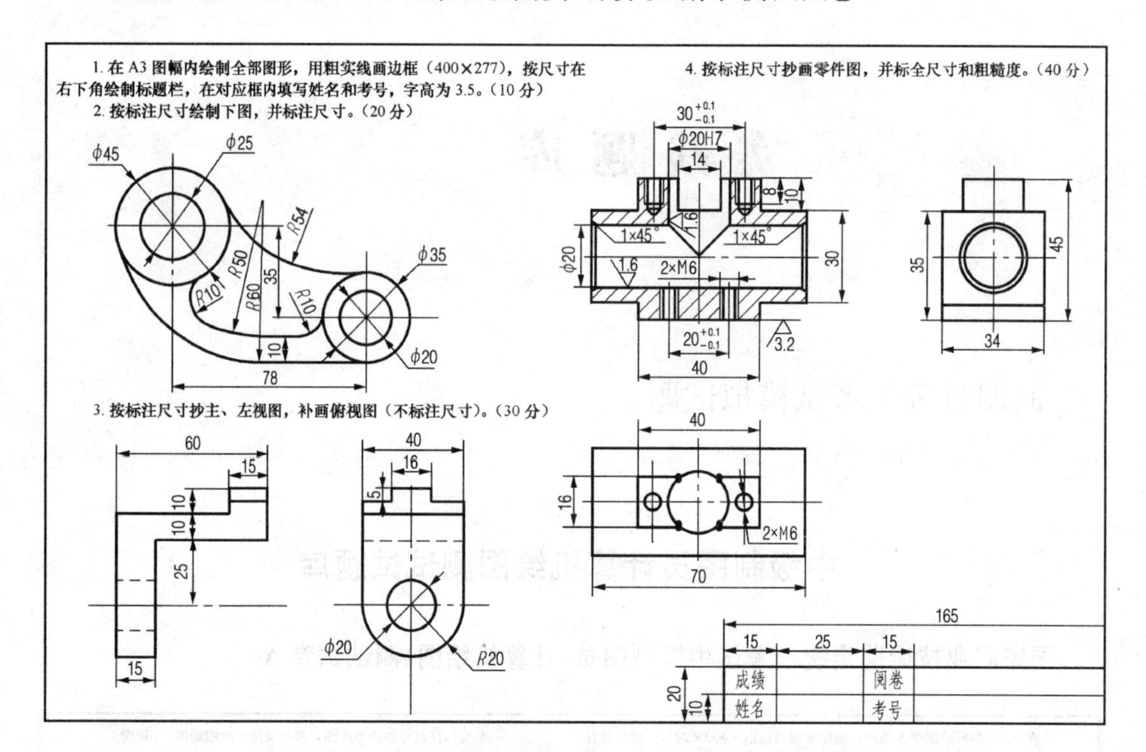

1. 在 A3 图幅内绘制全部图形，用粗实线画边框（400×277），按尺寸在右下角绘制标题栏，在对应框内填写姓名和考号，字高为 3.5。（10 分）
2. 按标注尺寸绘制下图，并标注尺寸。（20 分）
3. 按标注尺寸抄主、左视图，补画俯视图（不标注尺寸）。（30 分）
4. 按标注尺寸抄画零件图，并标全尺寸和粗糙度。（40 分）
成绩
阅卷
姓名
考号

国家职业技能鉴定统一考试中级制图员《计算机绘图》测试试卷 C

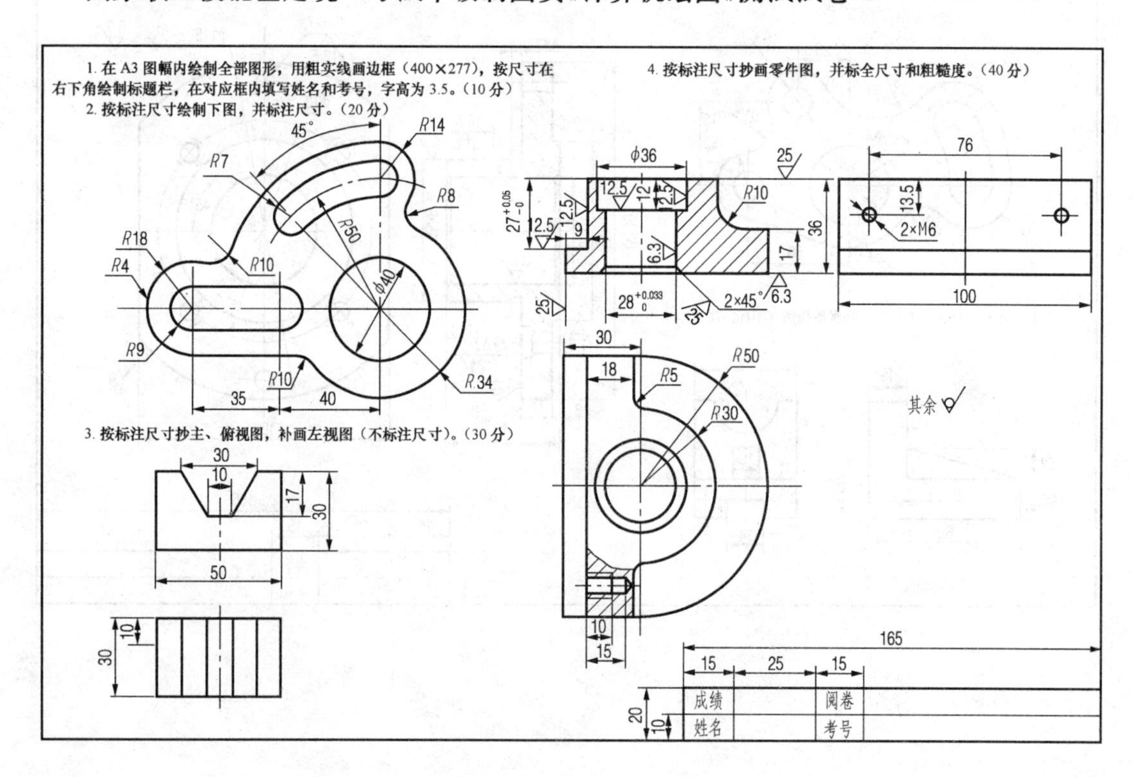

1. 在 A3 图幅内绘制全部图形，用粗实线画边框（400×277），按尺寸在右下角绘制标题栏，在对应框内填写姓名和考号，字高为 3.5。（10 分）
2. 按标注尺寸绘制下图，并标注尺寸。（20 分）
3. 按标注尺寸抄主、俯视图，补画左视图（不标注尺寸）。（30 分）
4. 按标注尺寸抄画零件图，并标全尺寸和粗糙度。（40 分）
其余
成绩
阅卷
姓名
考号

国家职业技能鉴定统一考试中级制图员《计算机绘图》测试试卷 D

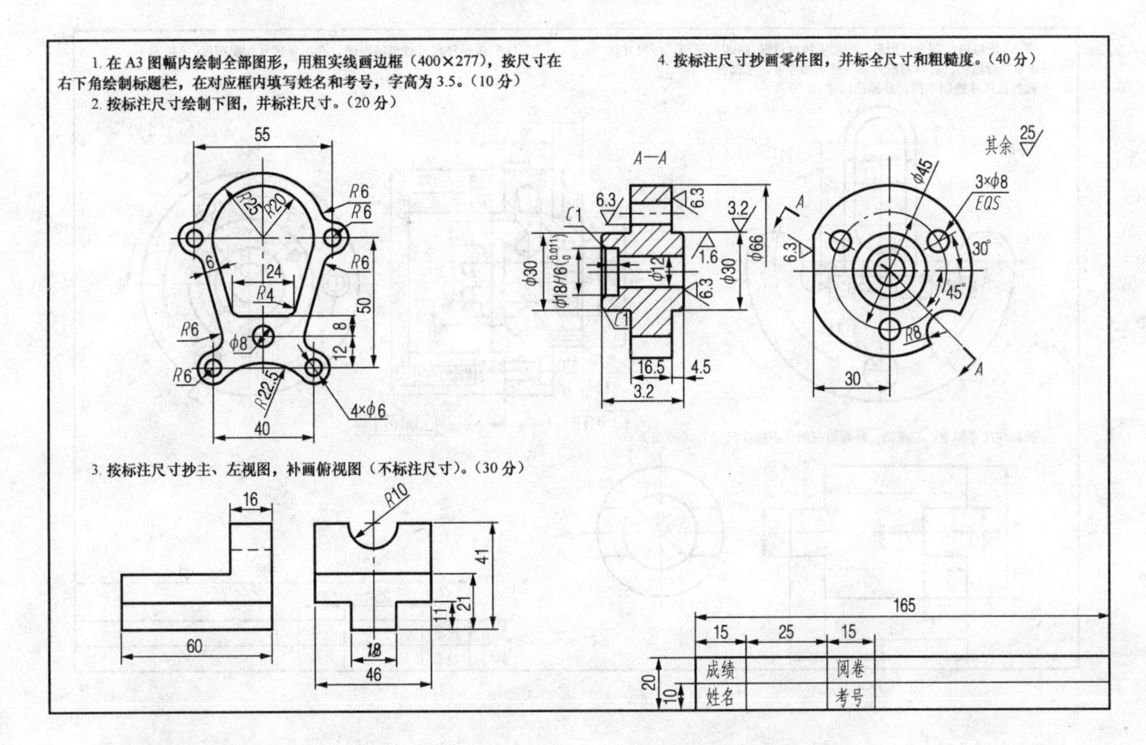

1. 在 A3 图幅内绘制全部图形，用粗实线画边框（400×277），按尺寸在右下角绘制标题栏，在对应框内填写姓名和考号，字高为 3.5。（10 分）
2. 按标注尺寸绘制下图，并标注尺寸。（20 分）
3. 按标注尺寸抄主、左视图，补画俯视图（不标注尺寸）。（30 分）
4. 按标注尺寸抄画零件图，并标全尺寸和粗糙度。（40 分）
A—A
其余
3×ϕ8
EQS
4×ϕ6
成绩
阅卷
姓名
考号

国家职业技能鉴定统一考试中级制图员《计算机绘图》测试试卷 E

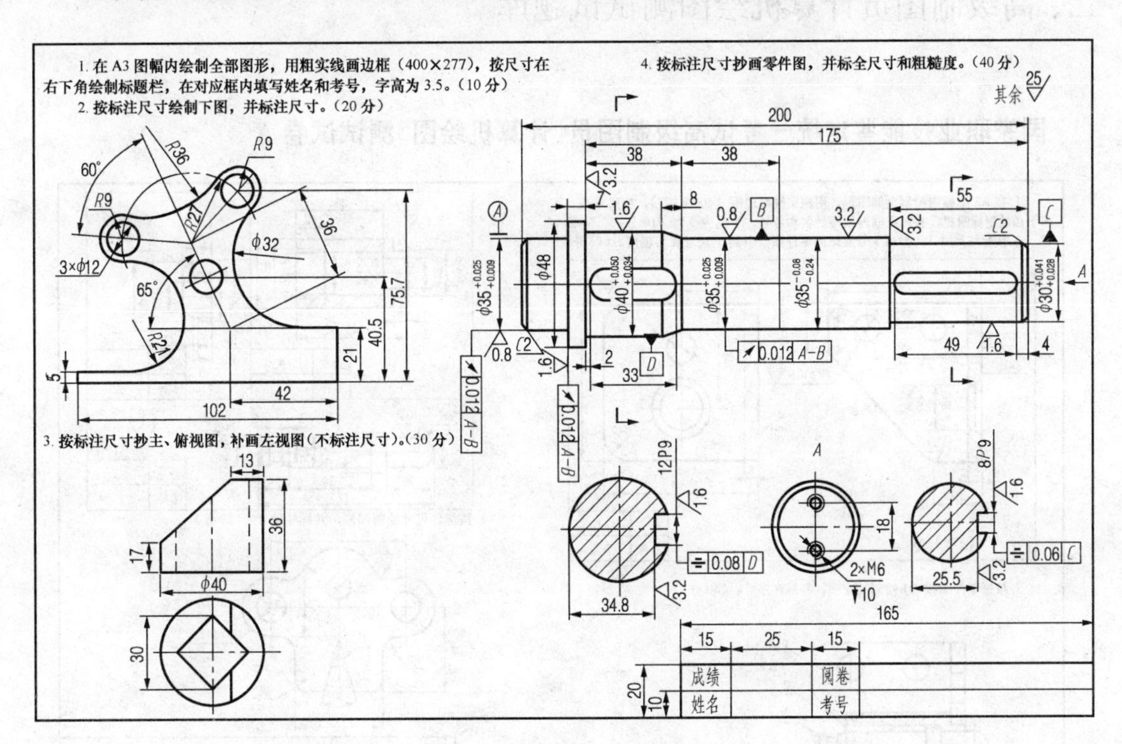

1. 在 A3 图幅内绘制全部图形，用粗实线画边框（400×277），按尺寸在右下角绘制标题栏，在对应框内填写姓名和考号，字高为 3.5。（10 分）
2. 按标注尺寸绘制下图，并标注尺寸。（20 分）
3. 按标注尺寸抄主、俯视图，补画左视图（不标注尺寸）。（30 分）
4. 按标注尺寸抄画零件图，并标全尺寸和粗糙度。（40 分）
其余
3×ϕ12
2×M6
12P9
8P9
成绩
阅卷
姓名
考号

国家职业技能鉴定统一考试中级制图员《计算机绘图》测试试卷 F

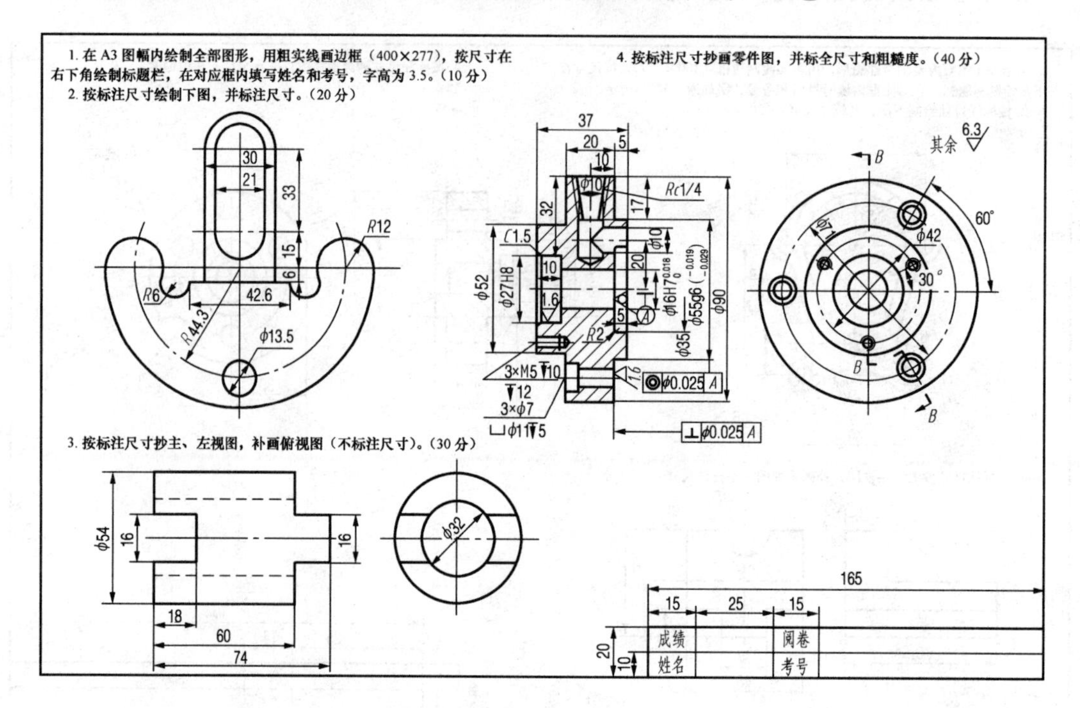

1. 在A3图幅内绘制全部图形，用粗实线画边框（400×277），按尺寸在右下角绘制标题栏，在对应框内填写姓名和考号，字高为3.5。（10分）
2. 按标注尺寸绘制下图，并标注尺寸。（20分）
3. 按标注尺寸抄主、左视图，补画俯视图（不标注尺寸）。（30分）
4. 按标注尺寸抄画零件图，并标全尺寸和粗糙度。（40分）
其余
成绩
阅卷
姓名
考号

二、高级制图员计算机绘图测试试题库

国家职业技能鉴定统一考试高级制图员《计算机绘图》测试试卷 A

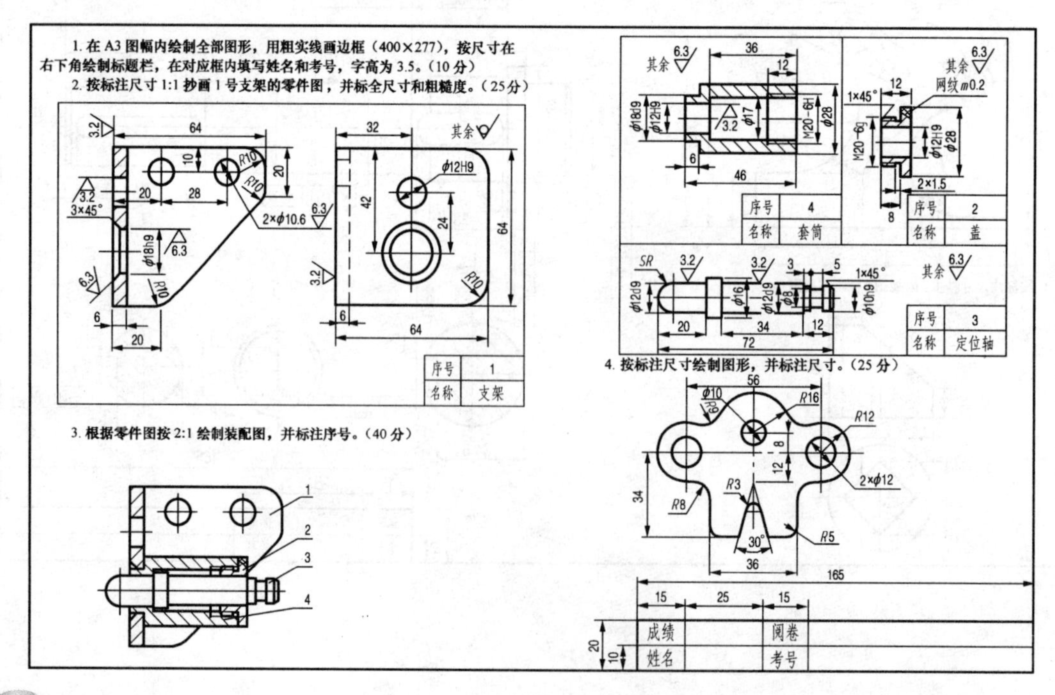

国家职业技能鉴定统一考试高级制图员《计算机绘图》测试试卷 B

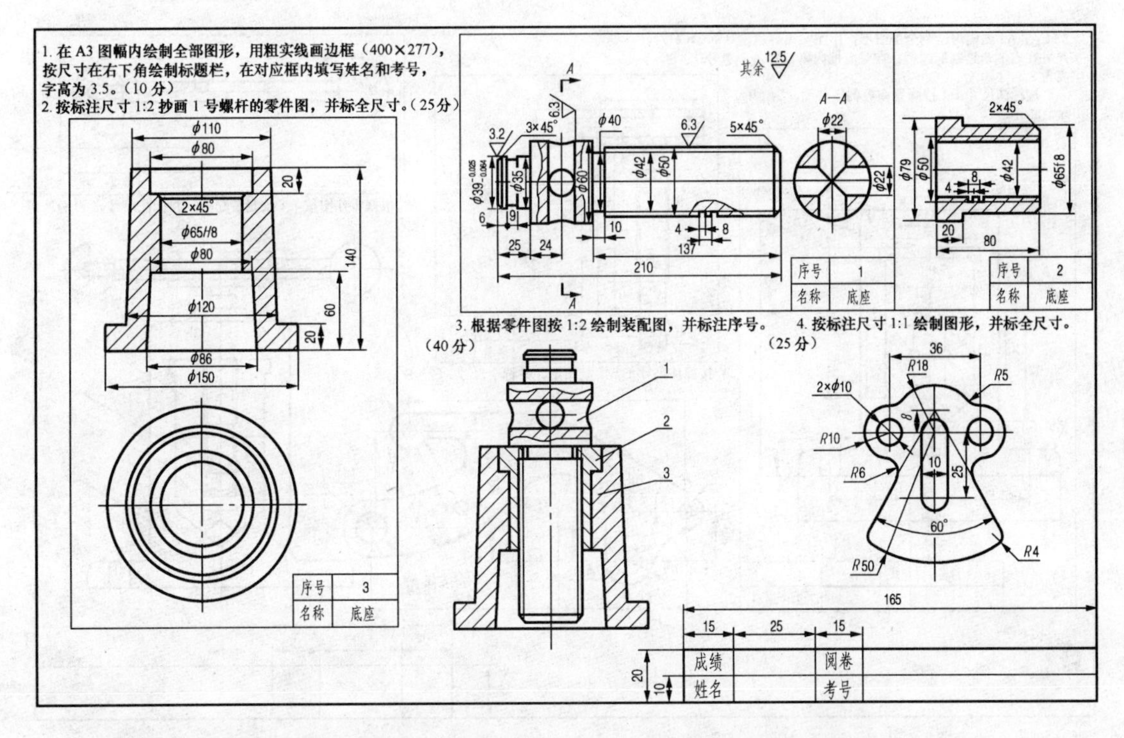
1. 在 A3 图幅内绘制全部图形，用粗实线画边框（400×277），按尺寸在右下角绘制标题栏，在对应框内填写姓名和考号，字高为 3.5。（10 分）
2. 按标注尺寸 1:2 抄画 1 号螺杆的零件图，并标全尺寸。（25 分）
3. 根据零件图按 1:2 绘制装配图，并标注序号。（40 分）
4. 按标注尺寸 1:1 绘制图形，并标全尺寸。（25 分）
其余
A—A
序号 1
名称 底座
序号 2
名称 底座
序号 3
名称 底座
成绩
阅卷
姓名
考号

国家职业技能鉴定统一考试高级制图员《计算机绘图》测试试卷 C

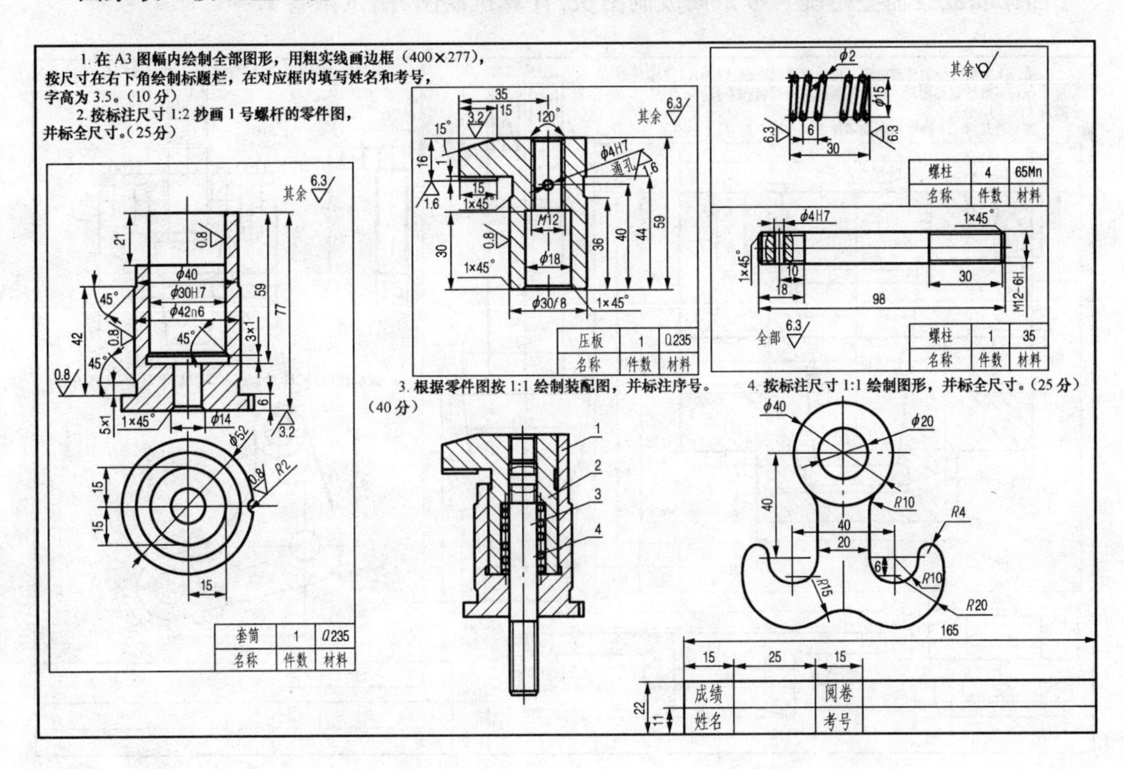
1. 在 A3 图幅内绘制全部图形，用粗实线画边框（400×277），按尺寸在右下角绘制标题栏，在对应框内填写姓名和考号，字高为 3.5。（10 分）
2. 按标注尺寸 1:2 抄画 1 号螺杆的零件图，并标全尺寸。（25 分）
3. 根据零件图按 1:1 绘制装配图，并标注序号。（40 分）
4. 按标注尺寸 1:1 绘制图形，并标全尺寸。（25 分）
其余
通孔
全部
螺柱 4 65Mn
名称 件数 材料
螺柱 1 35
名称 件数 材料
压板 1 Q235
名称 件数 材料
套筒 1 Q235
名称 件数 材料
成绩
阅卷
姓名
考号

国家职业技能鉴定统一考试高级制图员《计算机绘图》测试试卷 D

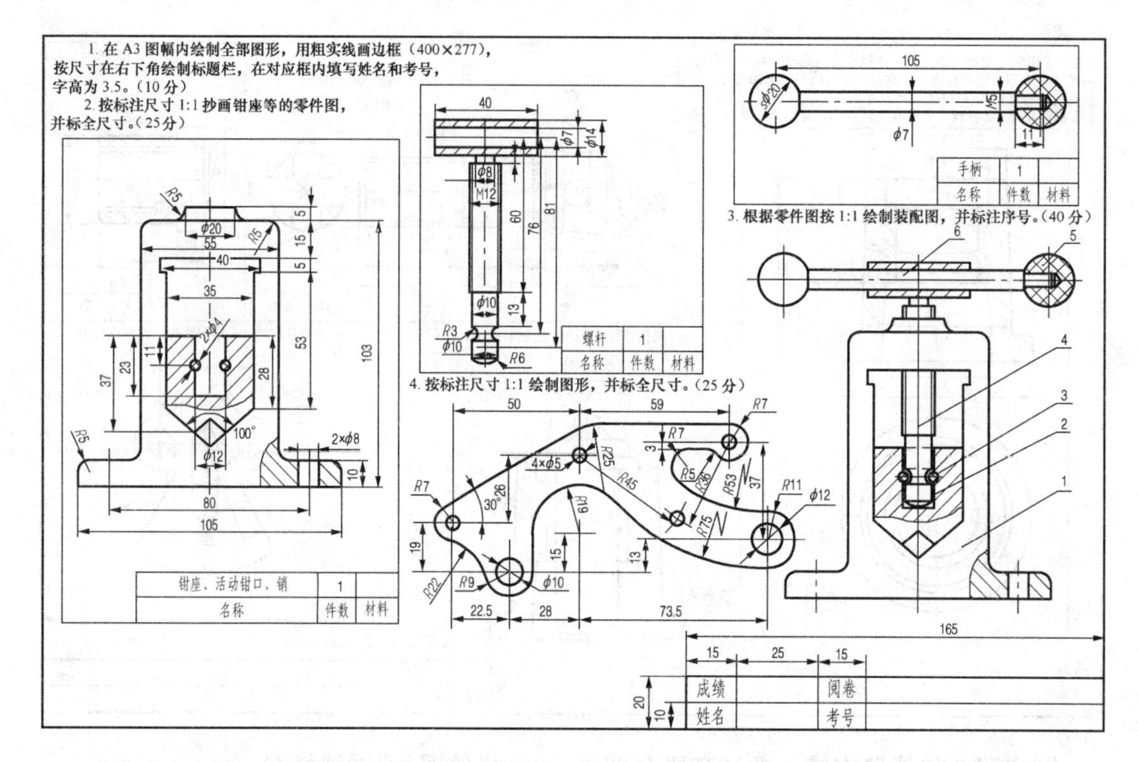

1. 在 A3 图幅内绘制全部图形，用粗实线画边框（400×277），按尺寸在右下角绘制标题栏，在对应框内填写姓名和考号，字高为 3.5。（10 分）
2. 按标注尺寸 1:1 抄画钳座等的零件图，并标全尺寸。（25 分）
3. 根据零件图按 1:1 绘制装配图，并标注序号。（40 分）
4. 按标注尺寸 1:1 绘制图形，并标全尺寸。（25 分）
钳座、活动钳口、销
螺杆
手柄
名称
件数
材料
成绩
阅卷
姓名
考号

国家职业技能鉴定统一考试高级制图员《计算机绘图》测试试卷 E

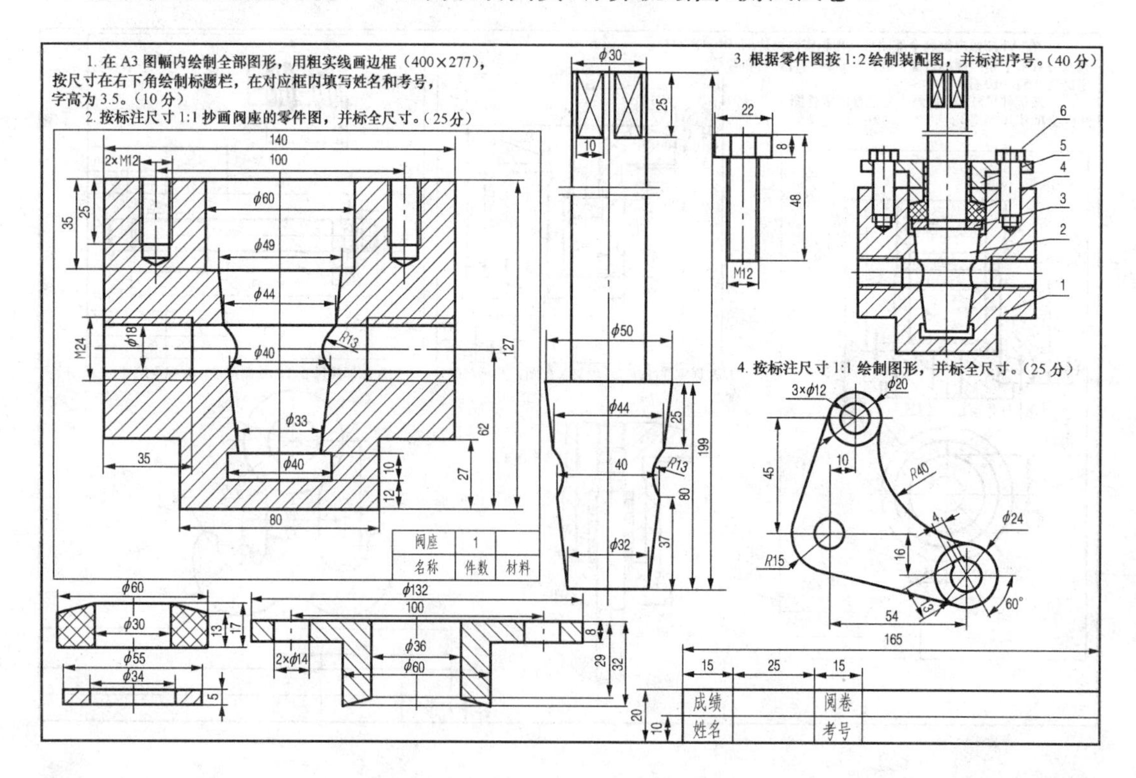

1. 在 A3 图幅内绘制全部图形，用粗实线画边框（400×277），按尺寸在右下角绘制标题栏，在对应框内填写姓名和考号，字高为 3.5。（10 分）
2. 按标注尺寸 1:1 抄画阀座的零件图，并标全尺寸。（25 分）
3. 根据零件图按 1:2 绘制装配图，并标注序号。（40 分）
4. 按标注尺寸 1:1 绘制图形，并标全尺寸。（25 分）
阀座
名称
件数
材料
成绩
阅卷
姓名
考号

国家职业技能鉴定统一考试高级制图员《计算机绘图》测试试卷 F

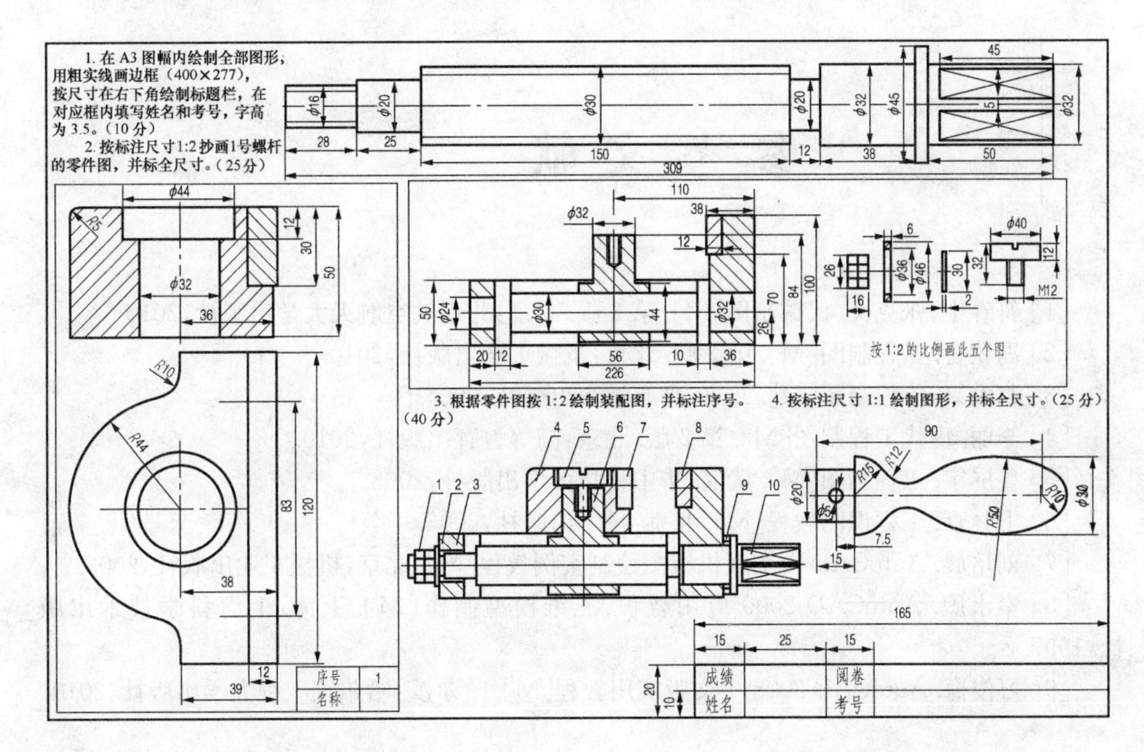

1. 在 A3 图幅内绘制全部图形，用粗实线画边框（400×277），按尺寸在右下角绘制标题栏，在对应框内填写姓名和考号，字高为 3.5。（10 分）
2. 按标注尺寸 1:2 抄画 1 号螺杆的零件图，并标全尺寸。（25 分）
按 1:2 的比例画此五个图
3. 根据零件图按 1:2 绘制装配图，并标注序号。（40 分）
4. 按标注尺寸 1:1 绘制图形，并标全尺寸。（25 分）
序号
1
名称
成绩
姓名
阅卷
考号
309
150
28
25
12
38
50
45
165
90
226
110

参考文献

[1] 符春生,张克义. 机械制图[M]. 第2版. 北京:北京航空航天大学出版社,2010

[2] 冯秋官. 工程制图[M]. 第2版. 北京:机械工业出版社,2010.

[3] 赵大兴. 工程制图[M]. 北京:高等教育出版社,2004.

[4] 李丽. 现代工程制图[M]. 第2版. 北京:高等教育出版社,2010.

[5] 鲁屏宇. 工程制图[M]. 武汉:华中科技大学出版社,2008.

[6] 卜林森. 工程识图教程[M]. 北京:科学出版社,2003.

[7] 刘培晨. AutoCAD 中文版机械图绘制实例教程[M]. 北京:机械工业出版社,2003.

[8] 秦永廪. AutoCAD 2000 应用教程:三维模型制作[M]. 上海:上海科学技术出版社,1997.

[9] 习俊梅. AutoCAD 2008 中文版实用教程[M]. 哈尔滨:哈尔滨工程大学出版社,2010.